생체시료분석학 및 실습

한국임상병리학과 교수협의회
임상화학분과 편

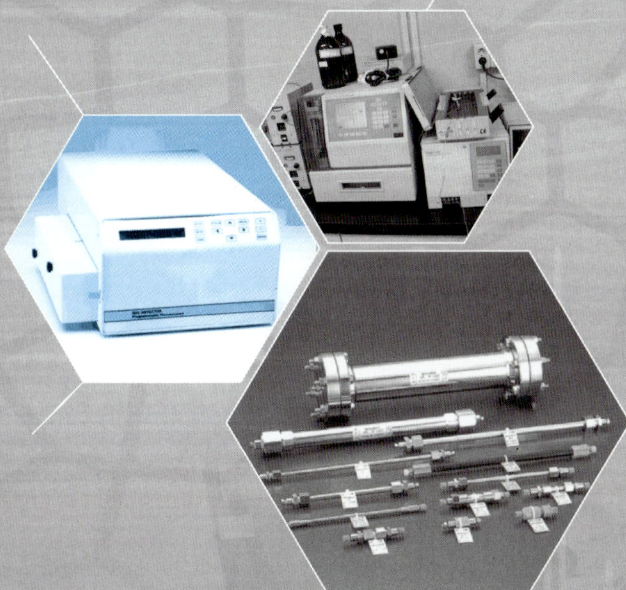

고려의학
http://www.komb.co.kr

생체시료분석학 및 실습

편저자

강영태	목포과학대학
김재영	부산가톨릭대학교
김종호	원광보건대학
도성탁	대구보건대학
류재두	마산대학
신숙희	대전보건대학

차 례

제 1 장 산업보건

제 2 장 산업안전보건법

제 3 장 정도관리

제 4 장 생체 시료관리

제 5 장 분석기기

제 6 장 유기화합물 검사

제 7 장 중금속(Heavy metal)

머리말

질병은 다양한 원인에 의하여 발생한다. 특히 직업병은 동일 작업 환경에 오래 동안 노출됨으로써 유기물질이나 특수화합물질 그리고 중금속과 같은 유해물질로 인하여 다양한 질병이 발생된다. 따라서 작업장에서 근무하는 근로자들이 쾌적한 환경에서 안정되게 업무를 수행하기 위하여 직업병에 대한 두려움이 없는 건강한 환경을 제공하는 것은 매우 중요한 요소이다.

이 책은 산업보건법을 근거로 작업 환경에 기인하여 발생할 수 있는 질병의 예방과 진단 그리고 치료에 중요한 최신 정보를 기술하였고, 근로자의 각종 직업병을 진단하기위하여 실시하는 건강진단법을 손쉽게 이해할 수 있도록 기술하였기 때문에 산업의학, 임상병리학 그리고 산업보건학을 전공하는 교수나 학생 그리고 산업체 근로자 등 관심 있는 모든 분들에게 초석이 될 것이다.

이 책은 근로자의 인체로부터 채취한 혈액, 요 등 모든 검체를 대상으로 질병의 원인물질이나 대사물질을 분석하고 이해할 수 있도록 기술하였기 때문에 교제명을 **생체시료 분석학 및 실습**이라 하였다.

이 학문을 처음 배우는 이를 위하여 그림과 도표 그리고 현장에서 실시하는 분석방법을 제시함으로써 흥미를 잃지 않고 쉽게 이해할 수 있도록 집필 하였다.

날로 가속화되는 공업화시대에 작업장에서 일하고 있는 근로자들이 건강을 유지하며 쾌적한 작업환경에서 일할 수 있도록 이 책이 공헌하기를 기대하며 이 학문과 관계있는 모든 분야에 있어서 이해와 응용의 기초가 되기를 바란다.

저자들은 보다 더 새롭고 신속한 학문의 발전을 위하여 노력을 아끼지 않을 것이며 독자들의 조언을 겸허하게 수렴할 것이다.

끝으로 이 책의 편집에서 출판까지 최선을 다하여 주신 고려의학 최 병진 사장님과 편집부 임직원 여러분들께 감사드리며 좋은 책이 되도록 도와주신 모든 분들께 감사드린다.

2006년 8월

저자일동

1 산업보건

1. 산업보건의 개념

1) 산업보건의 정의 및 목적

산업보건은 근로자들이 건강한 심신으로 작업효율을 증진하면서 오랜 세월동안 일할 수 있도록 하고, 생산성을 높이기 위하여 작업방법과 작업조건을 개선하는 것을 연구하는 분야이다. 그러므로 산업보건은 산업의학과 산업위생을 총괄한 전문분야라고 할 수 있다.

국제노동기구(ILO)와 세계보건기구(WHO)공동위원회(1950)은 "산업보건이란 모든 직업에서 일하는 근로자들의 육체적, 정신적, 그리고 사회적 건강을 고도로 유지 증진시키며, 작업조건으로 인한 질병을 예방하고, 건강에 유해한 취업을 방지하며, 근로자를 생리적으로나 심리적으로 적합한 작업환경에 배치하여 일하도록 하는 것이다."라고 정의하였다.

또한 국제노동기구는 산업보건사업의 권장목표로서 다음의 3가지 기본목표를 제시하고 있다.

㉮ 노동과 노동조건으로 일어날 수 있는 건강장해로부터의 근로자보호

㉯ 작업에 있어서 근로자들의 정신적 육체적 적응 특히 채용시 적성배치에 기여

㉰ 근로자의 정신적 육체적 안녕의 상태를 최대한으로 유지·증진시키는데 기여이다.

우리나라의 산업안전보건법에는 제1조에 "이 법은 산업안전보건에 관한 기준을 확립하고 그 책임의 소재를 명확하게 하여 산업재해를 예방하고 쾌적한 작업환경을 조성하므로써 근로자의 안전과 보건을 유지 증진함을 목적으로 한다."라고 규정하고 있다.

산업보건의 목적은 훌륭한 근로자를 확보하는데 있어서 이들이 노동으로 인한 질병의 문제뿐만 아니라, 인간 기능의 한계와 노동조건에의 적용을 과학적으로 연구하며, 산업기술이 요구하는 노동조건을 가능한 인간에게 적합하도록 그 방책을 강구함으로써 근로자의 건강을 보호 증진하고 나아가서는 노동 생산성을 향상시키는 것이다.

2) 산업보건의 필요성 및 기능

산업보건의 필요성은 첫째, 급격한 산업의 발달로 산업장의 노동인구가 많아졌으며 둘째, 노동력의 유지, 증진을 통하여 생산성과 품질을 향상시킬 수 있으며 셋째, 산업보건관리가 노동자들의 인권문제로 대두되었다. 산업의 발달로 선진국에서 노동력이 부족하게 되자 노동자들의 건강을 보호하는 것이 단지 도의적, 법적인 측면에서 뿐만 아니라 경제적인 측면에서도 그 필요성이 인정되게 되었다. 근대의학의 발전 속에서 근로자들의 건강문제는 산업보건분야에서 중요한 부분을 차지하게 되었다. 근로자의 질병을 사전에 예방하고 질병자를 조기 발견함으로서 치료를 통해 사회에 복귀시키고 작업조건을 근로자에게 적합하도록 하기 위한 산업보건업무는 작업환경관리, 작업관리, 건강관리, 산업보건교육, 산업보건관리체제의 운영 등으로 대별할 수 있다. 산업보건은 산업의 다양화와 그 인접 학문의 다양화로 산업의학, 산업위생학, 인간공학, 산업간호학 등 많은 연관 분야가 있다.

산업보건은 모든 이를 위한 보건이라는 WHO의 범세계적 전략의 중요한 일환으로 1977년 세계보건총회에서 채택되었으며 아직도 WHO와 그 회원국에서 주요한 사회적 목표로 간주되고 있다. 이는 전 세계 사람들이 사회적, 경제적으로 생산적인 삶을 영위할 수 있도록 하는 건강의 획득을 추구하고 있는 것이다.

근본적인 정책의 토대로서 WHO의 모든 이를 위한 산업보건전략은 다음과 같이 구성되어 있다.

㉮ 산업안전보건은 사회경제 발전의 한 부분인 보건개념의 중요한 구성원이다.

㉯ 작업장에서 산업안전보건은 기본적 인간의 권리이며 전세계적 사회목표이다.

㉰ 보건성이나 노동성만이 아닌 전국가적인 정치적 공약이 모든 이를 위한 산업안전보건 획득에 필수적인 것이다.

㉱ 작업장 안전보건에 대한 계획 및 시행에 관여한 모든 부서가 각 부서를 통괄하는 복합 조정기구를 통하여 참여하는 것이 중요한 요건이다.

㉲ 한 국가와 세계적 차원에서 기술적 협력을 통하여 산업보건을 위해 세계의 자원을 잘 사용한 것이 중요한 요건이다.

전 세계의 노동력은 대략 21억 5천만 명이며 이는 전 세계 인구의 약 41%에 해당된다. 그러므로 모든 WHO의 전략은 안전보건증진을 통해 모든 이를 위한 보건을 실행하는 데 있어 산업보건의 가치와 기여도를 인정하고 있다. 산업보건은 선진국에서는 우선적 과제로 되어 있다. 신흥공업국과 개발도상국에서도 진전은 있으나 아직 해결할 일이 많이 남아 있다.

산업보건서비스는 특정한 형태이며 이는 근로자의 건강을 해칠 수 있는 직업성 유해인자에 종종 노출되는 근로자에게 제공되는 것이다.

3) 세계의 산업보건 연구동향

WHO 산업보건센터협의회(1994)는 산업보건사업의 향후 발전을 위한 세계전략을 발표하였다.

① 세계의 모든 부분에서 작업의 조건과 건강이 평등해지기 위해 모두를 위한 산업보건의 세계적 발전
② 노출의 건강위험을 사전에 예측하고 산업 기획가, 디자이너와 기술자에게 보건과 안전기준을 제공하기 위한 보다 나은 예측방법의 개발
③ 기업의 다른 활동과 함께 하는 산업보건 사업을 제공하는 향상된 체계의 개발
④ 새로운 기술, 재료와 물질의 도입에 의한 잠재적 위험의 측정의 가속화 향상
⑤ 작업의 위험을 조절하고 위해효과를 방지하면서 정신사회적인 측면에 적용할 수 있는 전략과 방법을 강화
⑥ 근골격계 질환, 누적외상성 장해 및 직무 스트레스를 예방하고 조절하는 능력의 향상
⑦ 고령 근로자의 요구에 대한 관심의 증가와 그들의 작업에 대한 적응방법을 향상하고 작업능력의 유지
⑧ 비고용인의 노동능력의 유지와 그들의 재고용을 촉진하는 프로그램을 개발하고 향상
⑨ 산업보건 및 안전과 관련되어 있는 많은 원칙에 대한 전문가의 숫자 및 경쟁력을 제고하고 작업조직에 대한 과학, 질 관리 및 보건경제 등과 같은 새로운 원칙에 관련한 필요성을 인식

표 1-1. 세계의 산업보건 연구동향

선진국	개발도상국	공동과제
1. 산업화학물질의 독성검사(발암성과 최기성)	1. 중소기업/일차의료 모형	1. 산업보건을 위한 건강체계
2. 경견완 증후군과 VDT증상	2. 농약중독	2. 교육과 훈련
3. 정보/산업보건을 위한 컴퓨터 시스템	3. 열대산업보건문제/열중증	3. 산업중독
4. 산업보건을 위한 악성종양연구	4. 진폐증, 소음, 중금속과 유기용제	4. 산업장의 정신신경 문제
5. 작업과 관련된 질환 건강증진	5. 여성, 청년 및 이민근로자들을 위한 산업보건	

4) 산업보건의 역사

(1) 외국의 산업보건

납중독은 직업병으로서 가장 오래된 기록을 갖고 있다. Hippocrates(B.C. 460~377)는 이미 광부나 야금업에 종사하는 사람이 납에 폭로됨으로써 유해하다는 것을 기록하였으며 이집트의 파피루스 문서(papyrus)에도 직업병에 따른 신체장애가 기재되어 있다. 그 후 Galen, Celsus 등 몇 몇 학자에 의해 직업병에 대한 관심이 단편적으로 표명되어 왔으며 15세기에 이르러 Ellenberg(1473)는 몇 몇 금속 증기의 위험성을 인지하고 납 및 은에 의한 중독 증상을 기술했으며 그 예방법을 암시하였다.

이탈리아의 Georgius Agricola(1494~1555)는 벌써 16세기에 그의 저서 Dere metallica (1556)에서 오늘날의 규폐에 관한 과학적인 기술을 하였다. Philippus Paracelsus(1493~1541, Swiss)는 각종 "miner's disease", 여러 금속을 취급하는 과정에 초래되는 폐 및 위장장애에 대해 기술하였고 그들 금속과의 접촉을 피해야 된다고 하였다. Samuel Stockhausen(1656)은 "일산화연의 유독한 연기, 그 원인에 의한 질환 및 광부 천식에 관한 논설"이라는 연구 보고서를 내었다.

그러나 산업의학이 근대적인 학문으로서의 기반을 굳히게 된 것은 Bernardino Ramazzini(1633~1714)에 이르러서였으며 그는 "근로자의 질병"(De morbis artificum diatriba, 1700)이라는 저서를 통해서 직업과 질병과의 관계를 분명히 함으로써 직업병에 관한 과학적인 체계가 확립되었다.

그 후 산업혁명(1760~1830)이 일어나면서 노동형태는 일변하여 근로자의 부담은 증가되고 새로운 공업의 발달에 따라 독물, 폭발물의 제조가 증가되었으며 거기에 불량한 생활환경 때문에 근로자의 건강은 위협받게 되어 근로자의 대다수가 20세 이전에 사망하게 되었고 그 사망원인 가운데 직업병으로 인한 것이 상당한 비율을 차지하고 있음을 알게 되었다. 여기서 직업병으로부터 근로자의 건강을 보호하기 위한 제도적인 뒷받침으로 1833년 영국에서 공장법(English Factory Act)이 제정됨으로써 햇빛을 보게 되었다. 이어서 프랑스, 독일, 이탈리아 등 여러 나라에서 근로자 보호에 관한 입법을 서두르게 되었다.

19세기에 이르러 예방의학 및 공중보건학이 발달함에 따라 산업보건은 급속도로 그 중요성이 인정되었다. 그 이유는 두 차례의 세계 대전을 계기로 각종 산업이 급속히 발달되고 고도로 전문화되어 산업장에 취업하는 노동인구가 많아졌을 뿐 아니라 직업병의 예방, 근로자의 건강 증진은 그것이 근로가 자신을 위하는 길이며, 국민복지 증진과 생산성을 높이고 그 이익이 국가와 경영자에게 직결된다는 사실을 인식하게 된 때문이라고 말할 수 있다.

(2) 우리나라의 산업보건

① 직업성 질환의 발생

우리나라는 선진국들이 200~300년에 걸쳐 이루어 놓은 경제발전을 짧은 시간에 이루기 위하여 노력한 결과 개발도상국 중에서는 선진국에 진입하려는 단계에 있지만 이 과정에서 주역을 담당하였던 산업현장 근로자들은 건강장해라는 비싼 대가를 지불하였다.

진폐증과 같은 직업성 질환은 이미 1960년대에 보고되기 시작하였고 1970년 초에는 벤젠과 수은 중독이 발생하였으며, 1976년과 78년에는 노멀 핵산에 의한 하반신 마비 사건과 사염화탄소 중독 등이 발생하여 정부 당국은 1981년에 근로자들의 재해와 직업성 질환을 예방하기 위한 산업안전보건법을 제정하게 되었다. 그러나 1984년 반월공단에서 납중독 환자가 집단적으로 발생하였으며 1987년에는 수은중독에 의한 사망자와 카드뮴 중독증 여부에 관한 논란이 비등하였는가 하면 형광등 제조업체에서 수은중독 환자가 집단적으로 발생하기도 하였다.

그러나 본격적으로 직업성 질환문제가 사회적으로 대두된 것은 1988년 이후라고 할 수 있다. 1988년도에 도금업체에서 크롬중독환자가 다수 발생하여 사회문제화 되기도 하였지만 일반 사람들에게 관심을 크게 일으키고, 정부기관으로 하여금 직업성 질환에 관하여 적극적으로 대처하게 만든 것은 원진 레이온 근로자들의 이황화탄소 중독사건이었다. 단일 사업장에서 동일 직업성 질환으로 판정된 사람이 100명이 넘는다는 것은 세계적으로 그 유례를 찾아볼 수 없는 것이다.

② 산업안전보건제도

■ 1945~1959년

가. 군정(軍政)법령

우리나라는 해방 후 1946년 11월 7일 군정법령 제121호로 제정된 근로자 보호 입법인 "최고노동시간법(Regulations on Maximum Working Hours)"과 과도정부 법령 제4호로 "미성년자 노동보호법"이 제정 되었으나, 1953년 "근로기준법"이 제정·공포됨에 따라 동법 부칙 제114조에 의하여 폐지되었다.

나. 근로기준법 제정

우리나라의 산업안전보건에 관한 법은 근로기준법으로부터 태동되었다.

근로기준법은 헌법에 근거를 두고 근로자의 근로조건 기준을 정함으로써 근로자의 기본적 생활을 보장·향상시키며 균형있는 국민경제 발전을 기함을 목적으로 하는 법이다.

1948년 제1공화국 헌법 제17조(현행 헌법 제32조)에서 "근로조건의 기준은 법률로서 정하고 여자와 연소자의 근로는 특별보호를 받는다"고 규정한지 약 5년후인 1953년 5월 10일 법률 제286호로 노동법으로서는 최초의 법으로 "근로기준법"이 제정·공포되었다.

이 법에서는 사업장의 기계, 기구, 설비 및 작업환경 등에 관하여 일정한 기준을 설정하고 안전관리자와 보건관리자를 두도록 하는 등 동법 제6장에 "안전과 보건"에 관한 10개조항을 규정하고 산업재해의 발생을 예방하고자 사업주로 하여금 그 준수를 강제하였으며 산업안전보건법이 제정, 공포될 때까지 약 28년간 시행되었다.

그 내용은 ① 위험방지(법 제64조) ② 안전장치(법 제65조) ③ 특히 위험한 작업(법 제66조) ④ 유해물(법 제67조) ⑤ 위험작업의 취업제한(법 제68조) ⑥ 안전보건교육(법 제69조) ⑦ 병자의 취업금지(법 제70조) ⑧ 건강진단(법 제71조) ⑨ 안전관리자와 보건관리자(법 제72조) ⑩ 감독상의 행정조치(법 제73조)로 구성되어 있다. 근로기준법은 제정이후 8차에 걸쳐 개정이 있었으나 "안전과 보건"에 관한 개정은 없었다.

■ 1960~1979년

1960년대는 우리나라의 산업재해예방을 위한 제도적 체제가 구축된 시기라 할 수 있다. 1961년에는 근로보건관리규칙이, 1962년에는 근로안전관리규칙이 제정됨에 따라 안전보건 관리업무를 구체적으로 명문화하는 틀이 마련되었다. 또 1963년 3월에는 광산근로자의 안전을 규정하는 광산보안법이, 동년 11월에는 산업재해보상보험법이, 1964년 6월에는 동법 시행령이 제정·공포되었다.

가. 근로보건관리규칙 제정

1961년 9월 11일 각령 제132호로 "근로보건관리규칙"이 공포되었으며, 1969년 11월 10일 대통령령 제4222호로 개정되었다. 이 규칙의 제정은 우리나라 보건관리제도의 기틀을 처음으로 마련하였으며 이를 기점으로 법에 의한 "산업보건"이 본 궤도에 진입하는 원동력이 된 것이다.

동 규칙은 5장 [제1장 : 보건관리자(제1조~제8조), 제2장 : 건강진단(제9조~제14조), 제3장 : 취업금지(제15조), 제4장 : 보건기준(제16조~제59조)은 제1절 (유해물), 제2절 (보호구), 제3절 (고기압), 제4절 (기적 및 환기), 제5절 (채광 및 조명), 제6절 (기온 및 습도), 제7절 (휴양), 제8절 (청결), 제9절 (식당 및 취사장), 제10절 (구급용구), 제5장 : 잡칙(제60조~제61조)]으로 구성되었다.

나. 근로안전관리규칙 제정

1962년 5월 7일 "근로안전관리규칙"이 공포되었고 동 규칙은 1969년 11월 10일 대통령령 제4221호 "근로안전관리규정"으로 개정되었다. 그 후 1975년 4월 17일 제2차 개정(대통령령 제7599호)이 있었다.

이 규정은 전문 122조로 구성되었고 그 내용은 제1장 총칙[안전관리자(제1조~제9조), 안전장치(제10조~제13조), 성능검사(제14조~제16조), 취업제한 및 금지(제17조~제19조), 보칙(제20조~제21조)], 제2장 안전기준[원동기 및 동력전도장치(제22조~제30조), 기계장치(제31조~제41조), 통로 및 작업장(제42조~제59조), 비계(제60조~제67조), 추락방지(제68조~제71조), 붕괴 및 낙하의 방지(제72조~제79조), 전기(제80조~제83조), 보호구 기타(제84조~제90조), 화재 및 폭발의 방지(제91조~제110조), 건조실(제111조~제120조)], 제3장 보칙(제121조~제122조)으로 되어 있다.

다. 산업재해보상보험법 제정

근로자의 업무상 재해를 신속하고 공정하게 보상하고 이에 필요한 보험시설을 설치, 운영하여 산업재해예방 및 근로자의 복지증진을 위한 사업을 행함으로써 근로자 보호에 기여함을 목적으로 하는 산업재해보상보험법이 1963년 11월 5일 법률 제1438호로 공포되었고, 그 후 12차에 걸쳐 개정되었다. 이 법은 전문 37조로 구성되어 있었으나 1994년 12월 22일 법률 제4826호로 전면 개정되면서 106조로 구성되었다.

■ 1980년대

가. 산업안전보건법 제정

경제의 고도 성장기에 접어들면서 사업장 기계설비의 대형화, 고속화 및 건설공사의 대규모화 등에 따른 중대재해 발생이 급증하고, 유해물질의 대량사용 등으로 새로운 직업성 질병이 증가하는 등 산업사회의 급속한 변화에 대응하는 산업안전보건 대책을 추진하기 위해 정부에서는 산업안전보건 분야를 근로기준법에서 분리하여 새로운 독립법으로서의 제정 필요성을 제기하기에 이르렀다.

당시의 우리나라 산업재해 발생현황을 살펴보면,

첫째, 전산업의 재해자수는 1970년에 37,752명에 불과하였으나, 1980년에는 113,375명으로 3배 증가하였고,

둘째, 산업재해로 인한 사망자수도 1970년에 639명이던 것이 1980년에는 1,273명으로 2배 늘어났으며,

셋째, 직업병자수 또한, 1970년에 780명에서 1980년에는 4,828명으로 6.2배 늘어났고,

넷째, 산업재해로 인한 경제적손실 추정액은 1970년에 92억1,500만원 이었으나 1980년에는 3,125억 2,300만원으로 33.9배 증가되어 산업재해로 인한 인적·경제적손실의 심각성을 보여주고 있다.

이 법은 1981년 11월 29일 국회 보건사회위원회 소속 김집 의원외 35인의 발의로 국회에 제안되어 심의를 거쳐 1981년 12월 18일 국회 본회의에서 통과되었으며, 1981년 12월 31일 법률 제3532호로 공포됨으로써 우리나라의 산업안전보건에 관한 독립법인 "산업안전보건법"이 탄생하게 되어 1982년 7월 1일부터 시행하게 되었다

그 후 7년이 경과되면서 산업재해의 발생률은 둔화경향에 있다고는 하나 산업구조의 변화에 따라 새로운 형태의 산업재해와 직업병이 발생하고 있어 이에 대한 예방대책을 강구할 필요성이 대두되었다.

이와 같은 요청에 의거 산업안전보건법을 전면 개정하기에 이르렀으며 1990년 1월 13일 법률 제4220호로 공포하여 1990년 7월 14일부터 시행하게 된 이후 2006년 3월 24일 법률 제7920호로 14회에 걸쳐 개정되었다.

③ 산업안전보건법령 체계

■ 현행 법령 조문수

1) 산업안전보건법 : 92개조문
2) 동법 시행령 : 99개 조문
3) 동법 시행규칙 : 171개조문
4) 산업안전기준에 관한 규칙 : 507개 조문
5) 산업보건기준에 관한 규칙 : 265개조문
6) 유해, 위험작업취업제한에 관한 규칙 : 13개조문
7) 고시 : 100여개
8) 예규 : 12여개
9) 훈령 : 3여개

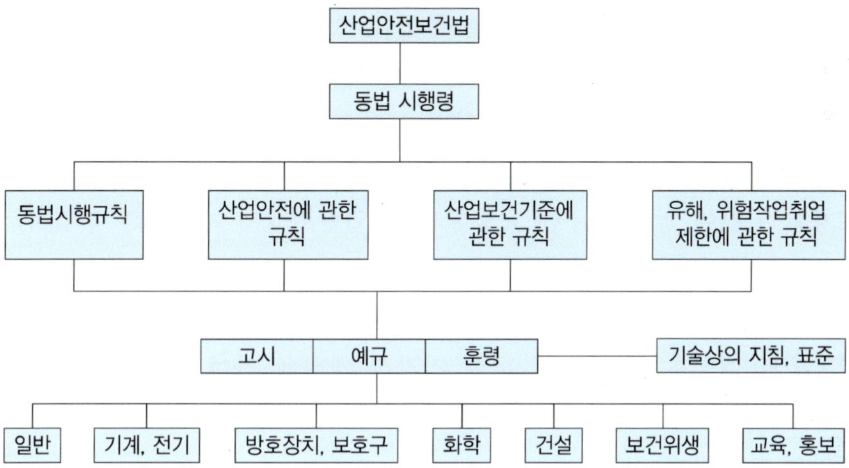

그림 1-1. 법령체계도

2. 산업보건 사업

산업보건 사업이란 각 산업장에서의 보건 상태를 유지, 증진시킬 목적으로 실시되는 조직적이며 지속적인 사업을 말한다. 안전한 작업환경의 조성, 산업재해와 직업병의 예방, 치료 및 보상은 궁극적으로 경영자의 책임이며, 보건관리자는 경영자를 대신하여 이러한 사업을 추진하고 지도, 감독하며 경영자에게 조언할 책임을 진다. 그러나 그 환경의 위생적 유지, 제반 안전수칙의 준수, 개인 위생관리 문제의 일차적 책임은 근로자 각 개인에게 있다.

산업보건 사업을 실천함에 있어서는

① 근로기준법 및 산업안전보건법과 이에 관련되는 여러 가지 규정이 준수되어야 하며

② 훈련된 보건관리자(의사)와 이를 보좌하는 보건 관리 요원이 확보되어야 한다.
③ 안전보건위원회를 구성하여 전문가들의 자문과 지도를 받도록 하며 근로감독관은 산업보건 사업이 규정대로 잘 실천되고 있는가를 감독한다.
④ 전문적인 산업보건연구소 또는 협회를 통한 기술지도와 계몽 교육 및 조사연구 활동이 이루어져야 한다.

1) 산업보건 관리업무

ILO 161호 조약(1985)에 제시된 산업보건관리업무는 본질적으로 예방기능을 가진 것으로서 노동과 관련 하여 최적의 신체적, 정신적, 건강을 유지할 수 있는 안전하며 건강한 노동환경을 확립 유지하기 위한 제요건과 근로자의 신체적, 정신적, 건강측면에서 본 노동의 적합성을 위하여 노력하는 것으로서 다음의 조항을 열거할 수 있다.
① 직장에서 건강유해요인에 대한 위험성의 확인과 평가
② 근로자의 건강에 영향을 주는 노동환경, 작업방법상의 제요인의 점검(위생시설, 식당, 주택포함)
③ 기계와 그 설비의 선택, 보수와 작업에 사용되는 물질에 대한 건강상 조언
④ 작업방법의 개선과 새 설비에 대한 건강상 계획에 참여
⑤ 안전, 위생에 관한 인간공학적 조언, 보호구 관리
⑥ 근로자의 건강상태 점검
⑦ 노동의 적성에 관한 연구
⑧ 재활대책에의 참여
⑨ 산업보건교육, 훈련과 정보에 관한 협력
⑩ 구급조치와 긴급치료
⑪ 재해와 직업병의 분석

산업보건관리를 위한 기본적인 팀 구성은 산업보건의, 간호사, 산업위생관리기사로 구분되고 있으며 보건관리자 직무를 수행하기 위해서는 상호연계하에 서로간의 보건관리자로서의 직무를 수행하는 것이 필요하다.

2) 산업보건업무의 구분

보건관리업무를 크게 나누어 보면 보건관리, 건강관리, 환경관리 그리고 작업관리업무

로 구분된다.

표 1-2. 산업보건업무

구 분	내 용	담당분야
보건관리	보건계획, 기록보존, 통계작성, 위원회참여, 보건교육, 건강 상담, 일반보건관리위생지도, 사업장순시	건강관리 위생관리
건강관리	채용 및 배치전 건강상담, 일반건강진단, 특수건강진단, 사후관리, 구급조치와 일차진료	건강관리 의료관리
환경관리	유해인자와 물질의 파악과 대책, 작업환경조사와 평가, 위생보호구 점검과 교육	위생공학
작업관리	시설물 점검, 작업방버과 공정의 인간공학적 조사와 개선, 작업시간과 휴식시간, 교대제 연구	위생공학 산업심리

① 작업 환경의 위생적 관리

산업보건 사업의 여러 업무 중에서 가장 근본적이며 중요한 업무가 건강에 해로운 작업 조건이나 유해 물질 및 위험 물질이 있는 작업 환경의 위생적 관리이다. 보건관리자 및 그 요원은 작업장 안의 모든 부서를 자주 순시하여 유해 요소의 측정, 조업 방법, 작업원의 태도, 보호구 착용 상태 등을 점검하고 발견된 결함의 시정 방안을 건의하여야 하며 경영자는 특별한 이유가 없는 한 이러한 건의를 조속히 실천할 의무가 있다. 이를 1차 예방이라 하겠다.

② 건강 관리와 신체 검사

근로자들의 건강 관리는 보건 관리자의 책임하에 이루어지는 것이며, 건강 관리 신체 검사에는 그 실시 시기에 따라서 채용 신체 검사, 정기 신체 검사, 임시 또는 수시 신체 검사의 세 가지로 구분하고 색출 대상 질병에 따라서 일반 및 특수 건강진단으로 구분한다. 또한 건강진단을 실시하는 절차에 따라 이상자 색출검사(제1차 건강진단)와 정밀검사(제2차 건강진단)로 구분한다.

■ 채용시 신체검사

채용시 신체검사의 목적은 그 작업에 종사함에 알맞은 정신적 신체적 조건을 갖춘자를 선발하고 그 특성에 따라 직장내의 가장 적합한 부서에 배치함으로써 건강 장해를 예방하려는 데 있으며 그 밖에도 채용시의 건강상태를 파악하여 앞으로 유해 작업에 종사함으로써 일어날 신체적 변화를 판단하는 기본적 자료를 얻는 데 있다. 근로기준법에 의해 13세 미만의 소아는 취업이 금지되고 18세 미만의 미성년자와 여자는 위험한 직업에 종사하지 못하며 다른 사람에게 위험을 줄 수 있는 전염성 질환이나 재해를 일으킬 수 있는 간질병 환자들은 취업이 금지되어 있다.

■ 정기신체검사

채용시 신체검사는 그 결과를 기초로 하여 종업원의 건강 상태를 파악하고 질병을 조기에 발견하기 위한 것이며 이와 같은 조기 발견, 조기 치료의 원칙은 신체적 손상을 최소한으로 예방하고 치료 경비를 절감할 수 있는 효과를 가져다 준다. 이는 2차 예방이다.

정기신체검사의 횟수는 관리직은 2년에 1회, 현장, 공장 종사자는 1년에 1회이지만 유해 작업장 종사자에 대해서는 1년에 2회를 실시하고 있다. 또한 질병으로 인하여 휴직하던 근로자가 복직하는 경우, 취사장 근무자등에 대해서는 수시로 건강진단을 실시하여 전염성 질환의 만연을 막아야 한다.

■ 특수 건강 진단

모든 산업장에서는 반드시 그 업종에 특유한 작업 환경과 작업 조건이 있기 마련이며 여기서 일하는 근로자들은 유해 인자의 작용으로 특정한 직업성 질환에 걸리게 된다.

특수 건강 진단에서 제1차 건강 진단(screening test)은 근로자 전원에 대하여 실시하는 것으로 그 집단의 건강 수준을 파악하여 건강 관리상의 참고자료로 이용하고 그 집단으로부터 직업병의 의심이 있는 사람을 찾아내어 보다 정밀한 검사를 실시하는 근거를 얻는 데 그 의의가 있다. 제2차 건강 진단(정밀검사)은 제1차 건강 진단으로써 발견된 건강 이상자에 대하여 실시하며 직업병 여부에 대한 최종적인 판정을 내린다.

③ 질병 관리

■ 직업성 질환 및 재해

모든 직업성 질환과 재해의 진료는 경영자의 책임속에 속하며 보건 관리자는 계약된 병원과 협력하여 적절한 치료를 시행하고 영구적인 신체장애에 대한 보상을 위하여 그 장해의 정도를 평가하여야 한다.

■ 비직업성 질환

비직업성 질환의 치료는 원칙적으로 경영자의 책임은 아니나 직장에서 발생하는 각종 상해와 질병에 대한 응급처치 및 조기치료는 환자의 생명을 구하고 영구적 불구 상태 발생을 방지하는 데 결정적인 역할을 한다. 보건관리자는 이들에 대한 즉각적이며 적절한 응급치료를 시행함과 아울러 병원으로 후송하기까지 계속적인 관찰과 치료를 제공하여야 한다.

④ 예방 접종

전염병과 예방법에 의해 전국적으로 예방접종이 실시되는 경우는 물론이고 직업에 따라서는 파상풍(tetanus)등 특별히 이환되기 쉬운 질환에 대하여 예방 접종을 하는 것이 좋고 해외 파견, 출장이 많은 경우에는 자체적으로 국제 검역 질환에 대해 접종을 하는 경우도 있다.

⑤ 보건교육·건강상담

유해 작업장에 종사하는 근로자들은 유해물질에 대한 지식이 없어서 자기도 모르게 건강의 피해를 입거나, 건강의 피해를 입고서도 모르고 지내는 수가 있다. 그러므로 보건관리자는 근로자들에게 유해물에 대하여 잘 인식시켜서 불필요하게 유해물질에 폭로되는 일이 없도록 함은 물론이고 이들 유해 물질에 의한 신체 장해의 증후가 나타날 때에는 바로 신고하도록 하여야 한다. 그러기 위하여 직원들이 신체 장해에 관하여 치료나 상담을 받으러 오는 기회를 이용하여 대담형식으로 교육하는 것이 바람직하며 보건관리자의 사업장순시는 좋은 보건교육의 기회이다. 작업장의 비생적 상태나 비위생적 행위를 그 자리에서 지적하는 것은 가장 효과적인 방법이다.

⑥ 의무 기록

직장 내에서 발생되는 각종 질병, 상해에 관한 부서별, 시기별, 연령별 통계와 각 종업원에 관한 입사 이래의 모든 건강 기록의 작성 유지는 그 직장의 환경 위생학적 평가, 종업원 개개인의 건강유지와 장해의 조기발견, 장기적인 개선책의 수립 등 산업보건 업무 전반에 걸쳐 가장 기본적이며 귀중한 자료를 제공한다.

⑦ 기타 보건 관계업무

보건관리자는 이상의 기본적인 임무 이외에도 안전보건위원회의 일원으로 각종 재해 방지에 관한 의학적 조언을 하고 종업원의 복지시설에 관하여 관심을 가지고 필요한 조언을 한다.

3) 산업보건 서비스

산업보건서비스는 특정한 형태이며 이는 근로자의 건강을 해칠 수 있는 직업성 유해인자에 종종 노출되는 근로자에게 제공되는 것이다.

산업보건사업으로 제공될 서비스의 종류는 어떤 것이 있는가? 이는 산업보건서비스의 기능을 보면 알 수 있다. Rantanen 교수가 정의한 바에 의하면

① 작업환경의 감시

② 작업장 유해인자에 대한 대책의 선도 및 권고

③ 근로자 건강의 감시

④ 건강상 취약한 그룹에 대한 follow-up

⑤ 근로자의 작업자세 및 작업환경에의 순응

⑥ 긴급출동 및 응급조치 조직구성

⑦ 보건교육 및 건강증진

⑧ 근로자 건강에 대한 정보수집

⑨ 직업성 질환에 대한 치료차원의 서비스제공

⑩ 일반 건강관리 서비스 제공

이러한 기능을 다하기 위해서는 여러 분야의 전문가가 관여하여야 한다.

3. 산업위생

1) 산업위생의 개념

산업위생(industrial Hygiene)에 대하여 국제노동기구(ILO)와 세계보건기구(WHO)의 합동위원회에서는 "The promotion and maintenance of the highest degree of physical, mental and social well-being of workers in all occupation"으로 정의하고 그동안 소홀히 여겨왔던 산업현장에서의 근로자들에 대한 건강 및 권익보호를 위한 사항들을 국제적으로 명문화시켰다.

미국산업위생학회(American Industrial Hygiene Association,AIHA)는 "산업위생이란, 근로자나 일반대중에게 질병, 건강장애와 안녕방해, 심각한 불쾌감 및 능률 저하 등을 초래하는 작업환경요인과 스트레스를 예측, 측정, 평가하고 관리하는 과학과 기술이다." (Industrial Hygiene is that science and art devoted to the anticipation, recognition, evaluation, and control of those environmental factors or stress arising in or from the workplace that may cause sickness, impaired health and well-being, or significant and inefficiency among workers or among the citizens of the community.)로 정의함으로써 산업장의 곳곳으로부터 발생되는 유해인자 및 작업조건과 근로자의 복지 등에 대한 산업위생의 역할과 정의를 보다 구체화시켰다.

1992년 3월에 일본작업환경측정협회에서 발간한 "노동위생공학협회"는 노동위생공학에 기초를 둔 산업위생의 대략적인 정의에 대하여 "작업장 내외에서 발생하는 각종 질병이나 건강장해, 분명한 불쾌감 등을 유발시키는 환경인자에 대하여 인식하고, 평가하고, 제어를 하기 위한 과학과 기술이다"로 기재되어 있다.

2) 산업위생의 영역

오늘날 산업위생학이 다루어야 할 분야는 과학의 첨단화와 기술의 혁신에 따른 산업구조의 복잡성으로 인해 가장 기본적인 노동생리학 이외에 심리학, 화학, 물리학, 통계학, 사회학 등 넓은 영역에서 그 활동이 요청되고 있다.

실질적인 산업위생의 활동범위는 경제발전에서 이루어지는 기술의 혁신, 생산물질 및 수요구조의 변화, 분업관계의 변화 등 산업구조의 변화로 인해 이를 수행하는 근로자의 역할이 복잡해 짐에 따라 이들 근로자의 작업환경 및 인간관계, 근로조건 등을 체계적으로 전문 관리해야 하는데까지 이르렀다.

현재 우리나라에서 산업위생관리자의 역할에 관한 법률체제를 살펴보면 "경영관리자가 안전보건에 관심과 책임을 갖게 하기위해 안전보건관리자를 중심으로 하여 안전관리자와 보건관리자를 통솔하게 하며, 이들 각각의 안전관리자와 보건관리자는 안전담당업무와 건강관리보건담당업무 및 산업위생보건담당업무를 관장하게 한다"고 되어 있다.

안전보건관리조직으로서는 안전보건관리책임자, 안전관리자, 보건관리자와 이들을 보조할 안전 담당자, 보건 담당자를 두도록 하였다.

3) 산업위생전문가

산업위생전문가(Industrial Hygienist)란, 4년제 대학에서 공학, 화학, 물리학, 의학 또는 생물학 및 관련 학과를 전공하고 특별한 교육과 훈련을 통하여 산업위생 분야의 전문지식을 얻은 사람을 말한다. 4년제 대학을 졸업한 후 3년 이상의 산업위생 분야 경력을 가진 사람을 “Professional Industrial Hygienist”라고 한다. 또, American Board of Industrial Hygiene(ABIH)에서는 5년 이상의 경력을 가진 자로서 자격시험에 합격한 사람에게 “Certified Industrial Hygienist(CIH)”라는 최고 수준의 자격을 부여하는데 이것은 공학 분야의 기술사에 해당한다(AIHA, 1997).

4. 산업의학

1) 산업의학의 정의

산업의학이란 산업장 근로자들에서 발생되고 있는 질환의 진단, 치료, 재활을 목표로 하는 의학의 한 분과이며 사회의 산업화에 대응하는 의학이며 산업의학의 사회적 적용이 곧 산업보건인 것이다. 그러나 산업의학은 사회의학의 범주 안에서 예방의학적인 목적론을 갖고 직업으로 인한 건강장해를 인간의 측면에서 파악하여 조직적인 보건활동을 전개하는 경향이 강하고, 지역보건학적인 지식과 역학 및 임상의학적 방법론에 중점을 두고 있는 학문이다.

최근까지 근로자들의 건강문제는 산업위생학적인 측면에서, 또 한편으로는 개별적인 임상의학의 진단과 치료의학의 입장에서 취급하여 왔으나 산업위생과 치료의학의 전문 분야별로 분화 발전하여 오늘에 이르러서는 인간과 환경과의 상호작용에 대한 유기적인 통일을 기하여 근로자들의 건강을 유지 증진하기 위한 지식과 방법을 체계화 한 것이 산업의학이다.

2) 산업의학의 목적

직업병 및 환경병 전분야에 걸친 고도의 지식과 기술을 구비하여 산업장 근로자와 지역주민들의 각종 유해인자로 인한 건강장해의 연구와 진료 및 예방활동을 수행하고, 전문인력 양성이 목적이다.

3) 산업의학의 영역

직업관련질환의 평가 및 진단(evaluation and Dx of occupational related disease)

환경관련질환의 평가 및 진단(evaluation and Dx of environmental related disease)
일반 및 직업병 집단검진(medical and occupational screening)
채용건강진단(preplacement evaluation)
직업병 및 환경성 질환의 감시(medical surveillance)
산업위생평가(industrial hygiene evaluation)
환경 및 작업조건의 진단과 개선(Dx & Tx of environmental & occupational condition)
보건교육(health education)
직업병 및 환경성 질환의 자문(consultator to labor & industry)
작업장의 인간공학적 평가(ergonomic evaluation of workplace)

4) 연구 및 진료대상질환

■ 직업성 질환
화학적 중독(chemical toxicity)
-중금속 중독(heavy metal exposure)
-유기용제 독성(solvent toxicity)
직업성 천식(occupational asthma)
직업성 폐질환(occupational lung disease)
직업성 피부질환(occupational skin disease)
직업성 신경장애(occupational neurologic disorder)
누적외상성장애(cumulative trauma disorder)
소음성 난청(noise-induced hearing loss)
VDT증후군(VDT syndrome)
의료종사자의 질환(disease of health care worker)
농업관련 질환(agriculture-related disorder)

■ 환경성 질환
다중화학민감증(multiple chemical sensitivity)
화학적폭로
-농약폭로(pesticide exposure)
-고엽제 폭로(agent orange exposure)

-연 폭로(lead exposurd)
지하수오염(ground water contamination)
빌딩증후군(sick building syndrome)
전자기파의 영향(health effect of EMF)

5) 산업의학관련 대상사업 (산업안전보건법에 의거)

■ 특수건강진단기관
-년 2회 산업장 근로자 직업병 진단
▸ 보건관리대행기관
-산업장 근로자 교육, 환경 및 보건관리 역할을 담당
▸ 작업환경측정기관
-년 1~2회 산업장 작업환경 측정 및 개선

6) 산업의학전문의 제도

직업병과 환경관련질환의 진료와 관리에 있어서 전문성을 확보하기 위하여 이미 선진외국에서 시행되고 있는 산업의학 전문의제도를 도입하기로 하여 1996년 4년 과정의 전문의제도 실시와 함께 제1회 전문의시험이 시행되었다.

1998년 현재 전국 25개 수련기관에서 전공의 수련 중이며, 임상수기의 수련을 필요로 하므로 수련기관은 병원의 산업의학과를 원칙으로 하며 기타 수련기관의 경우 지도전문의와 일정규모 이상의 병원이 있어야 한다.

현재 산업의학전문의는 산업의학전문의 수련기관의 필수인력이며, 산업의학관련사업 수행에 있어서도 필수인력으로 관련법이 개정되고 있다.

7) 국내외 산업의학 연구기관의 현황

Association of Occupational & Environmental Clinics

직업병과 환경관련 질환을 취급하고 전문인력을 배출하고 있는 미국과 캐나다의 55개 산업의학관련 연구기관의 대표적인 모임.

국내에는 현재 다수의 1, 2차 의료기관에 직업병 및 환경의학 관련부서가 개설되어 있고, 전남, 경북, 카톨릭, 한양, 경희, 영남, 계명, 동아, 아주, 울산, 인하, 한림, 건국, 연세 원주, 인제의대 등 15개 대학병원내에 산업의학과를 운영하고 있으며 전문의 제도의 실시와 함께 각 대학들에서 산업의학과의 개설 또는 관련부서의 개칭을 추진 중이다.

최근 병원에 산업의학과를 개설한 대학들에서 조직의 대내외 위상을 강화하여 교육과 연구수행능력을 극대화하고 조직의 효율적으로 발전시키기 위하여 산업의학교실의 설립을 추진하고 있으며 현재 서울대학교보건대학원, 동아의대, 아주대학이 산업의학 교실을 설치하였고 가톨릭대학의 경우 산업보건대학원을 운영하고 있다.

5. 안전보건관리체계

1) 산업보건의

사업주는 근로자의 건강관리 기타 보건관리자의 업무를 지도하기 위하여 사업장에 산업보건의를 두어야 한다. 다만, 의사인 보건관리자를 두어야 한다(산업안전보건법 제17조).

2) 산업보건의 자격

산업보건의 자격은 의료법에 의한 산업의학전문의, 예방의학전문의 또는 산업보건에 관한 학식과 경험이 풍부한 의사로 한다.

3) 산업보건의 채용 또는 위촉

사업주는 근로자의 건강관리 기타 의사가 아닌 보건관리자의 업무를 지도하기 위하여 산업보건의를 채용 또는 위촉하여야 하나, 특조법 제24조의 규정에 의하여 산업보건의를 채용 또는 위촉하지 아니할 수 있다.

4) 산업보건의를 두어야 하는 사업의 종류 및 규모

산업보건의를 두어야 하는 사업은 상시 근로자 50인 이상으로서 의사가 아닌 보건관리자를 선임하여야하는 사업이나, 보건관리업무를 보건관리대행기관에 위탁한 사업은 산업보건의를 위촉하지 않아도 된다.

5) 산업보건의가 담당하는 사업장 및 근로자수

산업보건의가 담당하는 할 수 있는 사업장 및 근로자수 등은 위촉된 산업보건의가 담당할 사업장 및 근로자 등에 관한 규정(노동부예규 제195호, '91.3.8)에서 정한다.

6) 산업보건의를 선임신고

산업보건의를 채용 또는 위촉한 사업주는 14일 이내에 관할 지방노동관서의 장에게 이를 증명할 수 있는 서류를 제출하여야 한다.

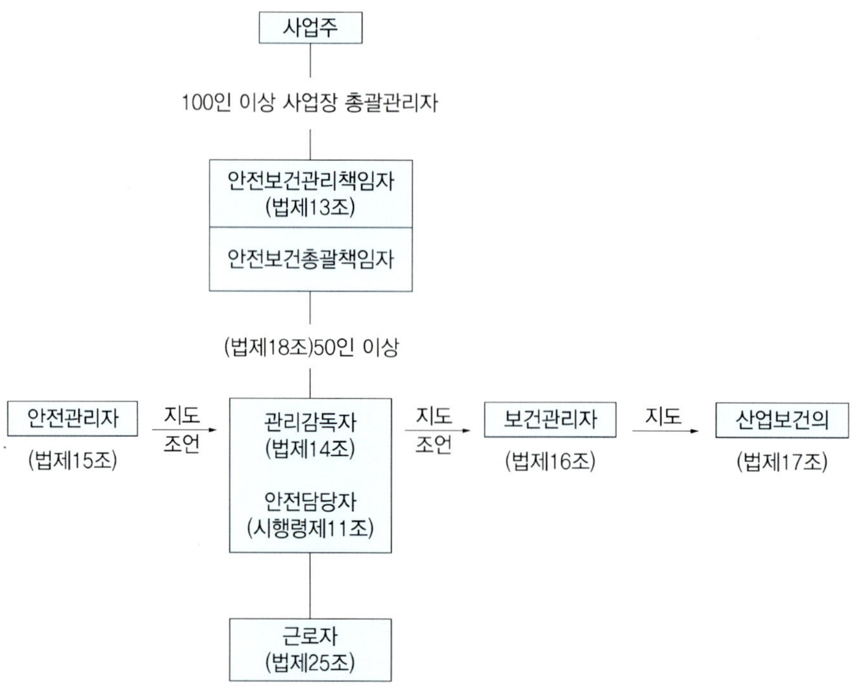

그림 1-2. 안전보건관리체계 구성도

7) 산업보건의의 직무

산업보건의는 산업안전보건법 제43조 규정에 의한 건강진단 실시결과의 검토 및 그 결과에 따른 작업배치, 작업전환, 근로시간의 단축 등 근로자의 건강보호조치, 근로자의 건강장해의 원인조사와 재발방지를 위한 의학적 조치 등의 직무를 수행하여야 한다.

8) 사업장에서 갖추어야 할 안전보건관리체계

사업장의 자율적인 재해예방활동을 촉진시키기 위하여 당해 사업장을 실질적으로 총괄, 관리하는 자로서 산업안전보건업무를 총괄, 관리하는 자를 의미한다(산업안전보건법 제13조).

6. 산업보건서비스체계

노동부 장관은 산업재해 예방 및 직업병 예방을 위하여 필요하다고 인정할 때는 사업주에 대해 건설물이나 그 부속건물, 기계, 기구, 설비, 원재료의 대체, 사용중지, 제거 또는 시설의 개선 등 기타 필요한 조치를 명할 수 있고, 근로자에 대해서는 안전보건관리 규정의 준수 등에 적절한 조치를 취할 것을 명할 수 있다.

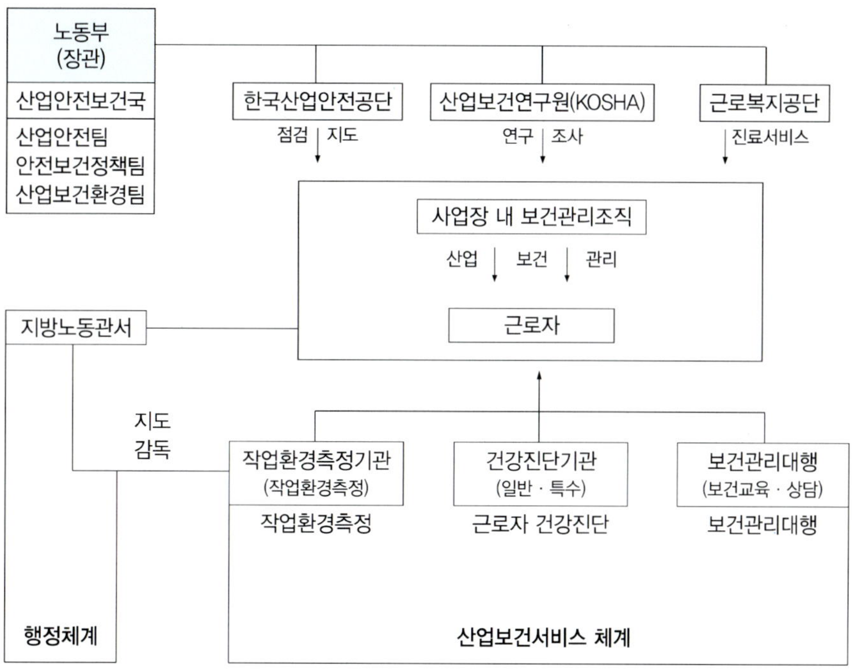

그림 1-3. 우리나라 산업보건 서비스 체계

2 산업안전보건법

생체시료분석학 및 실습을 공부하는 학생들이 산업안전보건법에 대한 이해가 필요한 것은 산업안전보건법 제1조(목적)에 이 법은 "산업안전·보건에 관한 기준을 확립하고 그 책임의 소재를 명확하게 하여 산업재해를 예방하고 쾌적한 작업환경을 조성함으로써 근로자의 안전과 보건을 유지·증진함을 목적으로 한다." 라고 이법의 목적을 규정하였듯이 산업체 근로자의 건강을 해치는 작업환경을 이해하고 유해물질에 의한 건강장애를 확인하기 위하여 실시하는 유해물질들의 노출지표와 건강진단을 위한 시료분석의 업무를 수행하여야 하기 때문이다. 산업안전보건법은 9장 72조로 되어있으며 제1장 총칙, 제2장 안전보건관리체제, 제3장 안전보건관리규정, 제4장 유해, 위험방지조치, 제5장 근로자의 보건관리, 제6장 감독과 명령, 제6장의 2 산업안전지도사 및 산업위생지도사, 제8장 보칙, 제9장 벌칙으로 되어있다. 법률 산업안전보건법을 원활히 시행하기위하여 대통령령인 산업안전보건법시행령과 노동부령인 산업안전보건법시행규칙이 있다. 제 2장에서는 산업안전보건법 제5장에 규정되어 있는 근로자의 보건관리를 위하여 작업환경측정과 건강진단에 필요한 근로자의 검체를 분석하는 사항을 정리하였다.

1. 작업환경측정

1) 작업환경측정이란(산업안전보건법 제42조)

시행규칙 별표 11의3의 작업환경측정 대상 유해인자에 노출되는 근로자가 유해인자에 얼마나 노출되는 지를 측정·평가함으로써 유해한 작업장의 시설·설비를 개선하고 근로자의 건강을 보호하기 위하여 실시하는 것이다.

2) 측정을 하여야 할 작업장

산업안전보건법 시행규칙 제93조제1항에 규정되어 있는 시행규칙 별표 11의3의 작업환경측정 대상 유해인자에 근로자가 노출되는 작업장이다. 유해물질의 특성별로 분류한 작업장은 아래와 같다.

- ○ 파쇄, 용접, 연마 등 작업으로 분진(먼지)이 발산되는 옥내작업장
- ○ 연(납), 4알킬연 업무를 행하는 옥내작업장
- ○ 사염화탄소, 아세톤, 석유에테르, 사염화탄소 등 유기용제 업무를 행하는 옥내작업장
- ○ 벤젠, 석면, 페놀 등 특정화학물질 등을 취급하는 옥내작업장
- ○ 갱내, 맨홀, 탱크 등 산소결핍의 위험이 있는 작업장
- ○ 목재 · 광물 · 금속물질을 가공하는 작업등으로 소음이 발생되는 옥내작업장
- ○ 코크스를 제조하는 작업장
- ○ 고열, 한냉 또는 다습한 옥내작업장
- ○ 기타 유해화학물질을 취급 또는 제조하는 등 노동부장관이 정하는 인체에 해로운 작업을 행하는 작업장

옥내작업장이란 갱내, 터널 등도 포함되며 천장과 2면 이상의 벽면을 갖추고 자연 통풍을 저해할 정도의 밀폐된 작업장을 말한다.

표 2-1 작업환경측정대상 유해인자(제93조제1항 별표 11의 3 관련)

1. 화학적 인자

가. 유기화합물 (113종)

(1) 글루타르알데히드 (Glutaraldehyde)
(2) 니트로글리세린 (Nitroglycerin)
(3) 니트로메탄 (Nitromethane)
(4) 니트로벤젠 (Nitrobenzene)
(5) p-니트로아닐린 (p-Nitroaniline)
(6) p-니트로클로로벤젠 (p-Nitrochlorobenzene)
(7) 디니트로톨루엔 (Dinitrotoluene)
(8) 디메틸아닐린 (Dimethylaniline, N,N-Dimethylaniline)
(9) 디메틸아민 (Dimethylamine)
(10) N,N-디메틸아세트아미드 (N,N-Dimethylacetamide)
(11) 디메틸포름아미드 (Dimethylformamide)
(12) 디에탄올아민 (Diethanolamine)
(13) 디에틸렌 트리아민 (Diethylene triamine)

(14) 2-디에틸아미노에탄올 (2-Diethylaminoethanol)
(15) 디에틸 에테르 (Diethyl ether)
(16) 디에틸아민 (Diethylamine)
(17) 1,4-디옥산 (1,4-Dioxane, Diethyl dioxide)
(18) 디이소부틸케톤 (Diisobutylketone)
(19) 디클로로메탄 (Dichloromethane)
(20) o-디클로로벤젠 (o-Dichlorobenzene)
(21) 1,2-디클로로에틸렌 (1,2-Dichloroethylene)
(22) 디클로로플루오로메탄 (Dichlorofluoromethane)
(23) 1,1-디클로로-1-플루오로에탄 (1,1-Dichloro-1-fluoroethane)
(24) 디하이드록시벤젠 (Dihydroxybenzene)
(25) 2-메톡시에탄올 (2-Methoxyethanol ; 에틸렌 글리콜 모노 에테르, EGME)
(26) 메틸렌디(비스)페닐 디이소시아네이트 (4,4'-Methylenedi(bis) phenyl diisocyanate)
(27) 메틸 아민 (Methyl amine)
(28) 메틸 알코올 (Methyl alcohol)
(29) 메틸 에틸 케톤 (Methyl ethyl ketone)
(30) 메틸 이소부틸 케톤 (Methyl isobutyl ketone)
(31) 메틸 클로라이드 (Methyl chloride)
(32) 메틸 n-부틸케톤 (Methyl n-butyl ketone)
(33) 메틸 n-아밀케톤 (Methyl n-amylketone)
(34) o-메틸시클로헥사논 (o-Methyl cyclohexanone)
(35) 메틸시클로헥사놀 (Methyl cyclohexanol)
(36) 메틸클로로포름 (Methyl chloroform)
(37) 말레익 언하이드라이드(무수 말레인) (Maleic anhydride)
(38) 프탈릭 언하이드라이드(무수 프탈산) (Phthalic anhydride)
(39) 벤젠 (Benzene)
(40) 1,3-부타디엔 (1,3-Butadiene)
(41) sec-부틸알콜 (sec-부탄올) (sec-Butyl alcohol)
(42) n-부틸알콜 (1-부탄올) (n-Butyl alcohol)
(43) 1-브로모프로판 (1-Bromopropane)
(44) 2-브로모프로판 (2-Bromopropane)
(45) 브롬화 메틸 (Methyl bromide)
(46) 비닐 아세테이트 (Vinyl acetate)
(47) 사염화탄소 (Carbon tetrachloride)
(48) 스티렌 (Styrene)
(49) 시클로헥사논 (Cyclohexanone)
(50) 시클로헥사놀 (Cyclohexanol)
(51) 시클로헥산 (Cyclohexane)
(52) 시클로헥센 (Cyclohexene)
(53) 아닐린과 아닐린동족체 (Aniline & homologues)
(54) 아세토니트릴 (Acetonitrile)

(55) 아세톤 (Acetone)
(56) 아세트알데히드 (Acetaldehyde)
(57) 아크릴로니트릴 (Acrylonitrile)
(58) 아크릴아미드 (Acrylamide)
(59) 알릴글리시딜에테르 (Allylglycidylether)
(60) 에탄올아민 (Ethanolamine)
(61) 에틸 벤젠 (Ethyl benzene)
(62) 에틸아민 (Ethylamine)
(63) 에틸 아크릴레이트 (Ethyl acrylate)
(64) 에틸렌 글리콜 디니트레이트 (Ethylene glycol dinitrate)
(65) 2-메톡시에틸아세테이트 (2-Methoxyethyl acetate, EGMEA)
(66) 2-에톡시에탄올 (2-Ethoxy ethanol, EGEE)
(67) 2-에톡시에틸아세테이트 (2-Ethoxyethylacetate, EGEEA)
(68) 2-부톡시에탄올 (2-Butoxyethanol, EGBE)
(69) 에틸렌 글리콜 모노 부틸 아세테이트 (Ethylene glycol mono butyl acetate)
(70) 에틸렌 글리콜 (Ethylene glycol)
(71) 에틸렌 클로로하이드린 (Ethylene chlorohydrin)
(72) 에틸렌이민 (Ethyleneimine)
(73) 2,3-에폭시-1-프로판올 (2,3-Expoxy-1-propanol)
(74) 1,2-에폭시프로판 (1,2-Epoxypropane)
(75) 에피클로로히드린 (Epichlorohydrin)
(76) 요오드화 메틸 (Methyl iodide)
(77) 이소부틸 알콜 (Isobutyl alcohol)
(78) 이소아밀 알콜 (Isoamyl alcohol)
(79) 이소프로필 알콜 (Isopropyl alcohol)
(80) 이염화 에틸렌 (Ethylene dichloride)
(81) 이황화탄소 (Carbon disulfide)
(82) 초산 메틸 (Methyl acetate)
(83) 초산 부틸 (n-Butyl acetate)
(84) 초산 에틸 (Ethyl acetate)
(85) 초산 프로필 (n-Propyl acetate)
(86) 초산 이소부틸 (Isobutyl acetate)
(87) 초산 이소프로필 (Isopropyl acetate)
(88) 초산 이소아밀 (Isoamyl acetate)
(89) 크레졸(모든 이성체) (Cresol, all isomers)
(90) 크실렌(오르토, 메타, 파라이성체) (Xylene, o,m,p-isomers)
(91) 클로로벤젠 (Chlorobenzene)
(92) 1,1,2,2-테트라클로로에탄 (1,1,2,2-Tetrachloroethane)
(93) 1,1,2-트리클로로에탄 (1,1,2-Trichloroethane)
(94) 1,2,3-트리클로로프로판 (1,2,3-Trichloropropane)
(95) 테트라하이드로퓨란 (Tetrahydrofuran)

(96) 톨루엔 (Toluene)
(97) 톨루엔-2,4-디이소시아네이트 (Toluene-2,4-diisocyanate)
(98) 톨루엔-2,6-디이소시아네이트 (Toluene-2,6-diisocyanate)
(99) 트리에틸아민 (Triethylamine)
(100) 트리클로로메탄 (Trichloromethane)
(101) 트리클로로에틸렌 (Trichloroethylene)
(102) 퍼클로로에틸렌 (Perchloroethylene)
(103) 페놀 (Phenol)
(104) 펜타클로로페놀 (Pentachlorophenol)
(105) 포름알데히드 (Formaldehyde)
(106) 스토다드 솔벤트 (Stoddard solvent)
(107) 프로필렌 이민 (Propylene imine)
(108) 피리딘 (Pyridine)
(109) 하이드라진 (Hydrazine)
(110) 헥사메틸렌 디이소시아네이트 (Hexamethylene diisocyanate)
(111) 헥산 (Hexane, n-Hexane)
(112) 헵탄 (Heptane, n-Heptane)
(113) 황산디메틸 (Dimethylsulfate)
(114) 1목 내지 113목의 규정에 의한 물질을 중량비율 1% 이상 함유한 제제

나. 금속류(23종)

(1) 구리 (Copper)
  가) 흄 (Fume)
  나) 분진과 미스트 (Dusts and Mists, as Cu)
(2) 납 및 그 무기화합물 (Lead and inorganic compounds, as Pb)
(3) 니켈 (Nickel, as Ni)
  가) 원소 (Elemental)
  나) 가용성 무기화합물 (Soluble inorganic compounds)
  다) 불용성 무기화합물 (Insoluble inorganic compounds)
  라) 니켈카르보닐 (Nickel carbonyl)
(4) 망간 및 그 무기 화합물 (Manganese and inorganic compounds, as Mn)
(5) 바륨 및 그 가용성화합물 (Barium and soluble compounds, as Ba)
(6) 백금 (Platinum)
  가) 금속 (Metal)
  나) 가용성 염 (Soluble salts)
(7) 산화마그네슘 (Magnesium oxide)
(8) 셀레늄 및 그 화합물 (Selenium and compounds, as Se)
(9) 수은 (Mercury, as Hg)
  가) 알킬화합물 (Alkyl compounds)
  나) 아릴화합물 (Aryl compounds)
  다) 원소 및 무기형태 (Elemental and inorganic forms)

(10) 산화아연 (Zinc oxide)
  가) 흄 (Fume)
  나) 분진 (Dust)
(11) 안티몬과 그 화합물 (Antimony and compounds, as Sb)
(12) 알루미늄 및 그 화합물 (Aluminum and compounds, as Al)
  가) 금속분진 (Metal dust)
  나) 피로파우더 (Pyro powders)
  다) 흄 (Fumes)
  라) 가용성 염 (Soluble salts)
  마) 알킬 (Alkyls, NOS)
(13) 요오드 (Iodine)
(14) 은 (Silver)
  가) 금속 (Metal)
  나) 가용성 화합물 (Soluble compounds, as Ag)
(15) 이산화티타늄 (Titanium dioxide)
(16) 주석 (Tin, as Sn)
  가) 금속 (Metal)
  나) 산화 및 무기화합물 (Oxide & inorganic compounds, except tin hydride)
  다) 유기화합물 (Organic compounds)
(17) 지르코니움과 그 화합물 (Zirconium and compounds, as Zr)
(18) 산화철 분진과 흄 (Iron oxide dust and fume, as Fe)
(19) 카드뮴 및 그 화합물 (Cadmium and compounds, Cd)
(20) 코발트 및 그 무기화합물 (Cobalt and inorganic compounds, as Co)
(21) 크롬과 그 무기화합물 (Chromium and inorganic compounds, as Cr)
  가) 금속과 크롬3가 화합물 (Metal and Cr Ⅲ compounds)
(22) 텅스텐 (Tungsten, as W)
  가) 금속과 불용성 화합물 (Metal and insoluble compounds)
  나) 가용성 화합물 (Soluble compounds)
(23) 오산화바나듐 (Vanadium pentoxide)
  가) 분진과 흄 (Dust and fume)
(24) 1목 내지 23목의 규정에 의한 물질을 중량비율 1% 이상 함유한 제제

다. 산 및 알칼리류 (17종)

(1) 개미산 (Formic acid)
(2) 과산화수소 (Hydrogen peroxide)
(3) 무수초산 (Acetic anhydride)
(4) 불화수소 (Hydrogen fluoride)
(5) 브롬화수소 (Hydrogen bromide)
(6) 수산화나트륨 (Sodium hydroxide)
(7) 수산화칼륨 (Potassium hydroxide)
(8) 시안화나트륨 (Sodium cyanide)

(9) 시안화칼륨 (Potassium cyanide)
(10) 시안화칼슘 (Calcium cyanide)
(11) 아크릴산 (Acrylic acid)
(12) 염화수소 (Hydrogen chloride)
(13) 인산 (Phosphoric acid)
(14) 질산 (Nitric acid)
(15) 초산 (Acetic acid)
(16) 트리클로로아세트산 (Trichloro acetic acid)
(17) 황산 (Sulfuric acid)
(18) 1목 내지 17목의 규정에 의한 물질을 중량비율 1%이상 함유한 제제

라. 가스상 물질류 (15종)

(1) 불소 (Fluorine)
(2) 브롬 (Bromine)
(3) 산화에틸렌 (Ethylene oxide)
(4) 삼수소화비소 (Arsine)
(5) 시안화수소 (Hydrogen cyanide)
(6) 암모니아 (Ammonia)
(7) 염소 (Chlorine)
(8) 오존 (Ozone)
(9) 아황산가스 (Sulfur dioxide)
(10) 이산화질소 (Nitrogen dioxide)
(11) 일산화질소 (Nitric oxide)
(12) 일산화탄소 (Carbon monoxide)
(13) 포스겐 (Phosgene)
(14) 포스핀 (Phosphine)
(15) 황화수소 (Hydrogen sulfide)
(16) 1목 내지 15목의 규정에 의한 물질을 중량비율 1%이상 함유한 제제

마. 영 제30조의 규정에 의한 허가대상유해물질 (14종)

(1) 디클로로벤지딘과 그 염 (Dichlorobenzidine and its salts)
(2) 알파-나프틸아민과 그 염 (α-naphthylamine and its salts)
(3) 크롬산아연 (Zinc chromate, as Cr)
(4) 오르토-톨리딘과 그 염 (o-Tolidine and its salts)
(5) 디아니시딘과 그 염 (Dianisidine and its salts)
(6) 베릴륨 (Beryllium & compounds)
(7) 비소 및 그 무기화합물 (Arsenic and inorganic compounds, as As)
(8) 크롬광 (Chromite or processing (chromate), as Cr)
(9) 6가크롬 (Chromium Ⅵ, as Cr)
  가) 수용성 6가크롬 화합물 (Water soluble Cr Ⅵ compounds)
  나) 불용성 6가크롬 화합물 (Insoluble Cr Ⅵ compounds)

(10) 휘발성 콜타르피치 (Coal tar pitch volatiles, as benzene soluble aerosol)
(11) 황화니켈 (Nickel subsulfide, as Ni)
(12) 염화비닐 (Vinyl chloride)
(13) 벤조트리클로리드 (Benzotrichloride)
(14) 석면 (Asbestos, crysotile)
(15) 1목내지 14목의 규정에 의한 물질은 1% 이상 함유한 제제 (단, 13목의 규정에 의한 물질은 0.5%함유한 제제)

바. 삭제〈2005.10.7.〉
사. 금속가공유 (Metal working fluids, 1종)

2. 물리적 인자 (2종)

가. 8시간 시간가중평균 80dB 이상의 소음
나. 보건규칙 제7장의 규정에 의한 고열

3. 분진(6종)

(1) 광물성 분진(Mineral dusts)
(가) 규산(Sillica)
1) 석영(Quartz)
2) 크리스토바라이트(Cristobalite)
3) 트리디마이트(Trydimite)
(나) 규산염(Sillicates, less than 1% crytalline sillica)
1) 운모(Mica)
2) 포틀랜드 시멘트(Potland cement)
3) 솝 스톤(Soap stone)
4) 활석(Talc, non-asbestiform)
5) 흑연(Graphite)
(다) 그 밖에 광물성 분진(Particulates)
(2) 곡물분진(Grain dust)
(3) 면분진(Cotton dust)
(4) 목분진(Wood dust)
(가) 연목(Soft wood)
(나) 강목(Hard wood)
(5) 용접흄(Welding fume)
(6) 유리섬유(Glass fiber)

4. 그 밖에 노동부장관이 정하여 고시하는 인체에 해로운 유해인자

3) 측정실시 시기

작업환경측정은 6월에 1회 이상 실시함을 원칙으로 하고 있으나 작업환경이 양호(노출기준 미만)한 작업장(공정)에 대하여 측정횟수를 1년에 1회 또는 3년에 1회 이상으로 경감 조정할 수 있다(시행규칙 제93조의 2 및 작업환경측정 및 정도관리규정 제4조, 제5조). 단 작업 환경 측정 대상 중 발암성 및 발암성 추정물질과 중금속중 수은, 납(납땜작업은 제외), 크롬, 카드뮴, 망간, 비소, 니켈, 베릴륨 등 8종과 관련된 작업장은 횟수 조정대상에서 제외한다.

4) 작업환경측정방법(작업환경측정 및 정도관리규정 제16조 내지 제32조)

■ 시료측정방법

측정기기를 근로자의 몸에 부착하여 근로자 호흡기 위치에서 측정하는 개인 시료 포집 방법을 원칙으로 한다. 그러나 유해물질 발생원 파악 또는 개인시료 포집이 불가능할 경우 등에는 측정기기를 일정한 지역에 고정시켜 측정하는 지역시료 포집방법을 사용할 수 있다.

다만 예비조사 목적의 측정인 경우, 검지관 방식외에 다른 측정방법이 없는 경우, 발생하는 유해물질이 단일물질인 경우에 보건관리자가 측정하는 경우에 한하여 검지관방식의 측정할 수 있다.

■ 측정시간

측정시간은 1일 작업시간 동안 6시간이상 연속측정하거나 작업시간을 같은 간격으로 나누어 6시간이상 연속 분리측정 하여야 한다. 다만, 유해물질 발생시간이 6시간이내 또는 간헐적 작업인 경우와 단 시간 노출기준이 설정된 물질로서 단 시간 고농도에 노출될 경우에는 6시간 미만 측정이 가능하다.

■ 시료포집근로자수

시료 포집 근로자 수는 단위 작업 장소에서 유해물질에 최고 노출된 근로자 2인 이상에 대하여 동시 측정하여야 하며, 동일 작업근로자수가 10인 이상인 경우에는 5인 증가시마다 1인 이상을 추가로 측정하여야 한다. 측정시료포집 근로자는 최고 20인까지 가능하다. 지역 시료 포집 방법은 2개소 이상 동시 측정하여야하고 작업장소가 50평방미터

이상인 경우 30평방미터 초과 시마다 1개소 이상 추가 측정하여야 한다.

■ 예비조사 실시

예비조사는 측정 실시 전에 실시하여 측정기간, 측정방법, 측정항목, 측정 작업장과 시료포집 근로자등을 선정하기 위한 사전 조사로서 측정의 효율성과 정확성을 기할수 있도록 하여야 함.

5. 생물학적 노출지표검사

1) 작업자의 노출상태와 생물학적 노출지표검사

근로자의 유해물질에 노출되는 정도를 파악하는 방법으로 작업환경측정이 있는데, 이는 근로자의 호흡구 위치에서 공기를 채취하여 분석한 것으로 실제 근로자가 흡수한 유해물질의 양과는 차이가 있을 수 있다. 또 같은 양의 유해물질을 흡수한다 하더라도 물질의 대사기전과 개인의 차이에 의해 독성을 일으키는 정도는 다를 수 있다. 그리고 작업환경측정은 호흡기를 통해 흡수되는 양을 파악하는 것이므로 보호구를 착용하는 경우, 피부로도 흡수되는 물질을 측정하는 경우의 체내 흡수량은 당연히 다를 수 밖에 없다. 이러한 점을 고려하여 근로자의 생체시료(혈액, 소변, 호기, 머리카락 등)를 이용하여 근로자의 노출정도를 파악하는 것이 생물학적 노출지표검사이다. 생물학적 노출지표검사는 혈액, 소변, 모발 등 생체시료로 부터 유해물질 그 자체, 또는 유해물질의 대사산물 또는 생화학적 변화산물 등 '생물학적노출지표(물질)'를 분석하여 유해물질 노출에 의한 체내 흡수정도 또는 건강영향 가능성 등을 평가하는 것을 말한다.

2) 생물학적 노출기준값

생물학적 노출기준값이란 일주일에 44시간 작업하는 근로자가 노동부고시에서 제시하는 작업환경 노출기준 정도의 수준에 노출될 때 혈액 및 요중에서 검출되는 생물학적노출지표의 수치이다. 노출기준값은 주 44시간의 작업을 할 때 대부분의 근로자들에게 건강상의 장해를 주지 않는 수준이다. 노출기준값 이상의 수준에 장기간 노출될 경우에는 해당 유해물질에 의해 건강상의 장해를 일으킬 수 있다. 그러나, 근로자가 노출기준값을 넘는 수치를 보였다고 해서 이것이 비가역적인 건강장해가 있다는 것을 의미하지는 않는다. 마찬가지로 노출 기준값 이하에서도 해당 유해물질에 의한 건강장해가 나타날 수 있다. 대부분의 물질에서 생물학적 노출기준은 해당 물질이 실질적으로 체내에 흡수된 양을 의미한다. 많은 양의 유해물질이 체내에 장기간 흡수되면 건강장해를 일으킬 가능성이 높다. 따라서 생물학적 노출지표의 값이 높다는 것은 '현재 건강장해가 있다'라기보다 '현재 있을 가능성이 높거나 앞으로 발생할 가능성이 높다'는 것을 의미한다.

3) 대상 생물학적 노출지표물질의 종류

(1) 항목 분류

개정된 특수건강진단제도에서는 생물학적 노출지표검사에서 실시할 수 있는 생물학적 노출지표 물질을 필수와 선택지표물질로 구분하였다. 필수지표물질은 건강진단의 필수항목에 포함되어 있어 반드시 실시하여야 하는 노출지표물질이며, 선택지표물질은 선택항목 검사시 필요하다고 인정되는 경우에 실시할 수 있는 노출지표물질이다. 필수지표물질은 유기화합물 8종 9항목, 금속류 4종 3항목, 가스상물질류 1종 2항목으로 모두 13종 14항목이 규정되어 있다. 선택지표물질은 유기화학물 26종 30항목, 산 및 알칼리류는 2종목 2항목, 가스류는 2종목 3항목 등 30종 35항목을 규정하였다(표 2-2). 이외에 금속표지류 12종 14항목이 있으나 표에는 나타내지 않았다. 특수건강진단 항목에는 필수나 선택지표물질로 규정되어 있지는 않지만, 유기화합물 3종 4개 항목을 권장지표물질로 제시하였다(표 2-2).

표 2-2. 유기화합물, 산 및 알칼리류, 가스류의 생물학적 노출지표의 노출기준값 및 검사방법

구분	번호*	유해물질명	시료체취		지표물질명	권장 분석법*	검사값	표시단위*	비고
			종류	시기			노출기준		
필수	81	크실렌	소변	당일	메틸마뇨산	HPLC, GC	1.5	g/g crea.	
	12	N,N-디메틸아세트아미드	소변	당일	N-메틸아세트아미드	GC	30	mg/g crea	피부
	95	퍼클로로에틸렌	소변	주말	삼염화초산	GC	5	mg/L	
	88	톨루엔	소변	당일	마뇨산	HPLC, GC	2.5	g/g crea.	피부
	48	스티렌	소변 소변	당일 당일	만델릭산 페닐글리옥실산	HPLC, GC HPLC, GC	800 240	mg/g crea mg/g crea	피부 피부
	35	1,1,1-트리클로로에탄	소변 소변	주말 주말	삼염화초산 총삼염화에탄올	GC GC	10 30	mg/L mg/L	
	93	트리클로로에틸렌	소변 소변	주말 주말	총삼염화물 삼염화초산	GC, UV GC	300 100	mg/g crea mg/g crea	
	13	디메틸포름아미드	소변	당일	N-메틸포름아미드	GC	15	mg/L	피부

표 2-2. 유기화합물, 산 및 알칼리류, 가스류의 생물학적 노출지표의 노출기준값 및 검사방법(계속)

구분	번호*	유해물질명	시료체취 종류	시료체취 시기	지표물질명	권장 분석법*	검사값 노출기준	표시단위*	비고
선택	47	노르말헥산	소변	당일	2,5-헥산디온	GC	5	mg/g crea	
	19	디클로로메탄	혈액	당일	카복시헤모글로빈	GC	3.5	%	
	31	메틸알코올	소변	당일	메탄올	GC	15	mg/L	
	32	메틸에틸케톤	소변	당일	메틸에틸케톤	GC	2	mg/L	
	33	메틸이소부틸케톤	소변	당일	메틸이소부틸케톤	GC	2	mg/g crea	
	55	아세톤	소변	당일	아세톤	GC	80	mg/L	
선택	60	에틸렌글리콜모노에틸에테르 (셀로솔브)	소변	주말	2-에톡시초산	GC	100	mg/g crea	피부
	77	에틸렌글리콜모노에틸아세테이트(셀로솔브아세테이트)	소변	주말	2-에톡시초산	GC	100	mg/g crea	피부
	74	이소프로필알코올	혈액	당일	아세톤	GC	50	mg/L	
			소변			GC	50	mg/L	
	76	이황화탄소	소변	당일	TTCA	HPLC	5	mg/g crea	
	84	클로로벤젠	소변	당일	총 클로로카테콜	GC	150	mg/g crea	
	36	벤젠 1ppm 기준	소변	당일	S-페닐머캅토산	GC	50	μg/g crea	피부
			소변	당일	뮤콘산	HPLC	1	mg/g crea	
			혈액	당일	벤젠	GC	5	μg/L	
		벤젠 10ppm 기준	소변	당일	페놀	GC	50	mg/g crea	
		불화수소	소변	당일	불화물	이온선택전극법	10	mg/g crea	
		일산화탄소	혈액	당일	혈중카복시헤모글로빈	UV	5	%	
			호기		호기중 일산화탄소	UV	40	ppm	
		질산	혈액	수시	메트헤모글로빈	UV	1.5	%	
	79	콜타르	소변	주말	1-하이드록시파이렌	HPLC	4.6	μg/L	
	8	파라니트로클로로벤젠	혈액	수시	메트헤모글로빈	UV	1.5	%	
	10	디메틸아닐린	혈액	수시	메트헤모글로빈	UV	1.5	%	
	11	파라디메틸아미노아조벤젠	혈액	수시	메트헤모글로빈	UV	1.5	%	
	97	펜타클로로페놀(나트륨)	소변	수시	총펜타클로로페놀	GC	2	mg/g crea	피부
			혈액	당일	유리펜타클로로페놀	GC	5	mg/L	
		코오크스	소변	주말	1-하이드록시파이렌	HPLC	4.6	μg/L	
권장	41	톨루엔(50ppm기준)	소변	당일	o-크레졸	GC	0.8	mg/L	
			혈액	당일	톨루엔	GC	1	mg/dL	
	40	퍼클로로에틸렌	혈액	주말	퍼클로로에틸렌	GC	1	mg/dL	
	35	페놀	소변	당일	페놀	GC	250	mg/g crea	피부

* GC : gas chromatography, HPLC : high performance liquid chromatography,
UV : ultra violet-visible spectrometer, AAS : atomic absorption spectrometer
* 번호 : 유기화합물류는 번호 기술, 산 및 알칼리류, 가스류는 번호 없음

4) 생물학적 노출지표검사에서 유의해야 할 점

(1) 실시시기

특수건강진단기관이 해당 사업장의 생물학적 노출지표검사를 실시할 때는 정상작업이 이루어지고 있을 때 실시하여야 한다. 그리고 가급적 작업환경측정 시점과 동일한 시점에 생물학적 노출지표검사를 실시한다면, 개인별 노출량 평가 자료로서 작업환경 측정자료와 함께 근로자 건강진단에 활용할 수 있을 것이다.

(2) 시료채취시기

생물학적 노출지표검사를 할 때는 정해진 시료 채취시기를 따라야 한다. 납이나 카드뮴처럼 아무 때나 시료를 채취해도 일정한 농도 수준을 유지하는 물질이 있는 반면, 대부분의 유기용제처럼 작업 종료 직후에 가장 높은 농도를 유지하다가 수 시간 이내에 농도가 급격히 낮아지는 물질이 있다. 이는 물질의 생체 내 배설반감기의 차이로 인해 발생하는데 같은 작업을 하는 근로자도 채취시간에 따라 생물학적 노출지표의 농도가 크게 차이가 날 수 있다. 그러므로 시료채취는 정해진 시기를 지켜야 하고, 건강진단을 할 때 아무 시기에 채취하지 않아야 한다. 시료채취시기는 해당 물질의 생물학적 반감기를 고려하여 '수시', '당일', '주말'로 구분하였다. '수시'란 하루 중 아무 때나 시료를 채취하여도 되며, '당일'을 당일 작업 종료 2시간 전부터 직후까지, '주말'이란 목요일이나 금요일 또는 4~5일간의 연속작업의 작업 종료 2시간 전부터 직후까지를 말한다. '작업 전'이란 작업을 시작하기 전에 채취하는 것을 말한다.

(3) 시료채취용기, 채취량, 채취방법

시료채취용기는 오염되지 않은 것을 사용하여야 한다. 혈중 및 요중 중금속 농도는 매우 미량이어서 용기에 오염된 적은 양이라도 결과 수치를 크게 달라지게 할 수 있다. 생물학적 노출지표검사으로 쓸 수 있도록 만들어진 용기를 사용하거나 일반 용기는 산 세척 등으로 오염물질을 제거하고 사용하여야 한다. 시료채취용기로 분석대상물질을 용출시키는 용기를 사용하지 말아야 한다. 예를 들어 초자기구, 고무, 수지에는 납을 사용하고 있는 것이 있으므로 이러한 용기를 사용하면 납이 용출되어 나와서 혈중 또는 요중 연농도를 높일 우려가 있다. 분석대상물질을 흡착시키는 용기도 사용하지 말아야 한다. 일부 물질은 용기에 흡착되어 실제보다 낮은 농도로 나타날 수 있기 때문이다.

시료채취량은 측정 및 분석감도를 고려하여, 분석에 필요한 양을 충분히 확보하여야 한다. 만일을 위해 재분석이 가능한 양을 확보하여 보관하는 것이 좋다. 작업 후 소변을 채취하는데 어려움이 따르는 것을 예방하기 위해 시료채취 2시간 전에는 배뇨를 하지 않도록 사전에 교육한다.

시료를 채취할 때는 작업환경이나 의복에 있는 물질에 오염되는 것을 방지하여야 한다. 특히 소변을 채취할 때는 우선 손을 깨끗이 닦고 난 후 미리 산세척한 용기에 소변을 채취하도록 한다. 그러나 혈액이나 호기 중 유기용제는 작업 후 급격히 감소하므로 정상 작업 직후에 채취하도록 유의한다.

혈액 중 유기용제를 분석하려고 하는 경우에는 진공채혈관에 90% 정도를 채워 채취한다. 마개를 단단히 막은 후 냉장 보관하여 유기용제가 휘발되지 않도록 한다.

(4) 시료운반과 보관방법

혈장으로 분석하는 것은 혈액 채취 후 빠른 시간 내에 원심 분리하여 혈장을 확보하고 즉시 분석하지 못하면 냉장 보관한다. 전혈중 중금속을 분석하는 경우 즉시 분석하지 못하는 경우에는 냉동 보관하도록 한다. 소변은 채취하여 아이스박스 등을 이용하여 냉장 상태로 즉시 실험실로 옮긴 후 분석하도록 한다. 분석은 가능하며 2일 이내로 하도록 하는 그 이상 지연되는 경우에는 냉동보관을 하도록 한다.

(5) 시료 분석 및 정도관리

시료의 전처리와 분석은 타당성이 검증된 방법을 사용하여 처리하거나 분석하여야 한다. 분석기기는 도표에 제시한 분석기기를 이용하여야 하며, 분석자는 분석기기의 취급방법을 숙지하고 유지관리를 철저히 하여, 항상 최상의 조건에서 분석할 수 있도록 하여야 한다. 각 실험실에서는 반드시 내부정도관리를 실시하고, 산업안전보건연구원에서 실시하는 분석정도관리 등 외부정도관리에 참여하도록 권장한다. 혈중납과 요중 마뇨산을 분석하는 경우에는 반드시 분석정도관리에 참여하여 분석 능력을 적합한 수준으로 유지하여야 한다. 기타 항목도 가능하면 분석정도관리에 참여하는 것이 좋다. 부득이 외부 정도관리에 참여할 수 없는 경우에는 노출 근로자의 시료 분석시, 비노출근로자의 시료 분석도 병행하여 대조군 값을 확보하여 비교해 보는 것이 좋다.

(6) 요검사에 대한 보정

소변은 지나치게 농축되었거나 묽을 경우 물질의 대사메카니즘에 변화가 일어나 요중 농도가 실제와 다르게 나타날 수 있으므로 이러한 시료는 분석하지 말고 부적합한 시료로 처리하여 버려야 한다. 부적합한 시료는 통상 크레아티닌이 0.5 이하이거나 3.0 이상인 경우, 비중이 1.01이하이거나 또는 1.03 이상인 경우를 말한다.

적합한 시료를 선택한 후 분석값은 물질의 종류에 따라 그냥 사용할 수도 있고, 크레아티닌, 요비중으로 보정하여야 한다. 분자확산 등으로 배설되는 저분자물질은 보정하지 않고 분석결과를 그대로 사용하여 통상 w mg(또는 gram) /L로 표시한다. 크레아틴으로 보정된 결과는 mg or g/g creatine으로 표현한다. 그러므로, 소변 중 생물학적 지표물질의 농도를 구하거나 활용할 때는 단위를 정확히 기록하고 확인하여야 한다.

크레아티닌 또는 요비중의 측정은 시료분석시점과 동일한 시점에서 행하여야 한다. 크레아티닌, 요비중 또는 배설량으로 보정이 필요한 경우에는 다음과 같은 변환 공식을 이용하여 보정할 수 있다.

① 요비중 보정시: 농도 = 0.02 × 측정농도/(요비중−1)

② 크레아티닌 보정시: 농도 = 측정농도/크레아티닌농도

③ 배설량(w/hr) 보정시: 농도 = 측정 소변배설량(L/hr) × 측정농도(g/L)/0.050

* 소변 배설량 측정은 다음과 같이 한다. 즉, 작업 종료 3시간 전에 소변을 다 누어 방광을 비우게 하고 이때의 시간을 기록한다. 작업종료 직후 눈금있는 500mL 시료병을 주어 소변을 누게 하고 그 양을 확인하고 이때의 시간을 기록한다.

(6) 피부흡수

유기용제류는 호흡기로 흡수되는 것 뿐아니라 피부로도 흡수될 수 있다. 보기에 피부로 표기된 것은 피부로도 흡수될 수 있으므로 작업환경 노출 수준이 낮다하더라도 생물학적 노출지표의 농도는 높게 나타날 수 있다.

(7) 노출기준값의 해석

노출기준값은 미국의 생물학적노출기준(BEI)와 독일의 생물학적허용농도(BAT)와 국내의 연구결과를 참조하여 산업안전보건연구원의 생물학적노출기준제정위원회에서 제시하는 수치이다. 외국과 노출기준에 차이가 있는 경우에는 현재 우리나라 노출기준을 기준으로 제시하였다. 표 2-2의 노출기준은 작업환경 노출기준에 해당하는 농도에 노출된 근로자에게서 검출되는 평균 농도에 해당한다. 일반인의 값이 제시되지 않은 다른 항목을 조사할 때에 일반 대조군을 분석하여 서로 비교하는 것도 생물학적 노출지표검사 결과 해석에 도움을 줄 수 있다.

(8) 자료의 보관

시료 채취일, 시료 채취자, 시료 보관용기, 분석자, 분석일, 사용한 분석 방법, 분석기기 종류 및 조건, 기타 크로마토그람 등을 포함한 분석 관련 자료, 정도관리 관련 자료 등을 기록하여 보관한다.

6. 근로자의 건강진단

근로자의 건강관리를 위하여 사업주는 건강진단실시시기를 안전보건관리규정 또는 취업규칙에 명시하여 정기적으로 실시되도록 노력해야한다고 규정되어 있으며 건강진단의 종류, 실시시기, 검사항목 및 실시 방법 등이 규정되어 있다.

1) 건강진단의 종류

(1) 일반건강진단

상시 사용하는 근로자에 대하여 주기적으로 실시하는 건강진단을 말한다.

■ 실시시기

근로자 중 40세 미만의 사무직에 종사하는 근로자("사무직에 종사하는 근로자"라 함은 공장 또는 공사현장과 동일한 구내에 있지 아니한 사무실에서 서무·인사·경리·판매·설계 등의 사무업무에 종사하는 근로자를 말하며, 판매업무 등에 직접 종사하는 근로자는 제외한다.)에 대하여는 2년에 1회 이상, 기타 근로자에 대하여는 1년에 1회 이상 일반건강진단을 실시하여야 한다.

(2) 특수건강진단

별표 12-2(표 2-3)에서 정한 특수건강진단대상유해인자에 노출되는 업무(특수건강진단대상업무)에 종사하는 근로자와 근로자건강진단 실시결과 직업병 유소견자로 판정받은 후 작업전환을 하거나 작업장소를 변경하고, 직업병 유소견 판정의 원인이 된 유해인자에 대한 건강진단이 필요하다는 의사의 소견이 있는 근로자에 대하여 사업주가 실시하는 건강진단을 말한다.

■ 실시시기

특수건강진단대상업무에 종사하는 근로자에 대하여는 별표 12의 3(표 2-4)에서 특수건강진단대상 유해인자별로 정한 시기 및 주기에 따라 특수건강진단을 실시하여야 하고 근로자건강진단 실시결과 직업병 유소견자로 판정받은 후 작업전환을 하거나 작업장소를 변경한 근로자에 대하여는 직업병유소견자 발생의 원인이 된 유해인자에 대하여 당해 근로자를 진단한 의사가 필요하다고 인정하는 시기에 특수건강진단을 실시하여야 한다.

표 2-3. 특수건강진단 대상유해인자(제98조제3호관련 별표 12-2)

1. 화학적 인자

가. 유기화합물(108)

(1) 가솔린(Gasoline)
(2) 글루타르알데히드(Glutaraldehyde)
(3) β-나프틸아민(β-Naphthylamine)
(4) 니트로글리세린(Nitroglycerin)
(5) 니트로메탄(Nitromethane)
(6) 니트로벤젠(Nitrobenzene)
(7) ρ-니트로아닐린(ρ-아미노니트로벤젠, p-Nitroaniline)
(8) ρ-니트로클로로벤젠(ρ-Nitrochlorobenzene)
(9) 디니트로톨루엔(Dinitrotoluene)
(10) 디메틸아닐린(아미노디메틸벤젠, Dimethylaniline)
(11) ρ-디메틸아미노아조벤젠(ρ-Dimethylaminoazobenzene)
(12) N,N-디메틸아세트아미드(N,N-Dimethylacetamide)
(13) 디메틸포름아미드(N,N-디메틸포름아미드, Dimethylformamide)
(14) 4,4-디아미노-3,3-디클로로디페닐메탄(4,4'-Diamino-3,3'-Dichlorodiphenylmethane)
(15) 디에틸렌트리아민(Diethylenetriamine)
(16) 디에틸에테르(에틸에테르, Diethylether)
(17) 1,4-디옥산(1,4-Dioxane)
(18) 디이소부틸케톤(Diisobutylketone)
(19) 디클로로메탄(이염화메틸렌, Dichloromethane)
(20) ο-디클로로벤젠(ο-Dichlorobenzene)
(21) 1,2-디클로로에틸렌(이염화아세틸렌, 1,2-Dichloroethylene)
(22) 디클로로플루오로메탄(디클로로모노플루오로메탄, Dichlorofluoromethane)
(23) 마젠타(Magenta)
(24) 말레익 언하이드라이드(무수 말레인산, Maleic anhydride)
(25) 2-메톡시에탄올(에틸렌 글리콜 모노 메틸 에테르, 메틸셀로솔브, 2-Methoxyethanol)
(26) 메틸렌 비스페닐 이소시아네이트(Methylene bisphenyl isocyanate)
(27) 메틸 n-부틸 케톤(메틸부틸케톤, Methyl n-buthyl ketone)
(28) ο-메틸 시클로헥사논(ο-Methyl cyclohexanone)
(29) 메틸 시클로헥사놀(Methyl cyclohexanol)
(30) 메틸 n-아밀 케톤(2-헵타논, Methyl n-amyl ketone)

(31) 메틸 알코올(Methyl alcohol)
(32) 메틸 에틸 케톤(Methyl ethyl ketone)
(33) 메틸 이소부틸 케톤(Methyl isobutyl ketone)
(34) 메틸 클로라이드(클로로메탄, Methyl chloride)
(35) 메틸 클로로포름(1,1,1-트리클로로에탄, Methyl chloroform)
(36) 벤젠(Benzene)
(37) 벤지딘과 그 염(Benzidine and its salts)
(38) 1,3-부타디엔(1,3-Butadiene)
(39) 2-부톡시에탄올(에틸렌 글리콜 모노부틸 에테르, 부틸셀로솔브, 2-Butoxyethanol, EGBE)
(40) 2-부톡시에탄올아세테이트(에틸렌 글리콜 모노부틸 에테르 아세테이트, 2-Butoxyethanolacetate)
(41) 1-부틸 알코올(1-부탄올, n-Butyl alcohol)
(42) 2-부틸 알코올(2-부탄올, sec-Butyl alcohol)
(43) 1-브로모프로판(1-Bromopropane)
(44) 2-브로모프로판(2-Bromopropane)
(45) 브롬화메틸(Methylbromide)
(46) 사염화탄소(Carbontetrachloride)
(47) 스토다드 솔벤트(Stoddard solvent)
(48) 스티렌(Styrene)
(49) 시클로헥사논(Cyclohexanone)
(50) 시클로헥사놀(Cyclohexanol)
(51) 시클로헥산(Cyclohexane)
(52) 시클로헥센(Cyclohexene)
(53) 아닐린(아미노벤젠)과 그 동족체(Aniline & homologues)
(54) 아세토니트릴(Acetonitrile)
(55) 아세톤(Acetone)
(56) 아세트산 2-에톡시에틸(에틸렌 글리콜 모노에틸 에테르 아세테이트, 2-Ethoxyethyl acetate)
(57) 아세트알데히드(Acetaldehyde)
(58) 아크릴로니트릴(Acrylonitrile)
(59) 아크릴아미드(Acrylamide)
(60) 2-에톡시에탄올(에틸렌 글리콜 모노에틸 에테르, 셀로솔브, 2-Ethoxyethanol)
(61) 에틸렌 글리콜(1,2-디히드록시에탄, Ethylene glycol)
(62) 에틸렌 글리콜 디니트레이트(니트로글리콜, Ethylene glycol dinitrate)
(63) 에틸렌 이민(Ethylene imine)
(64) 에틸렌 클로로하이드린(2-클로로에탄올, Ethylene chlorohydrin)
(65) 에틸벤젠(Ethylbenzene)
(66) 에틸아크릴레이트(에틸아크릴엑시드, Ethylacrylate)
(67) 2,3-에폭시-1-프로판올(글리시돌, 2,3-Epoxy-1-propanol)
(68) 에피클로로하이드린(Epichlorohydrin)
(69) 염소화비페닐(Polychlorobiphenyl)
(70) 오라민(Auramine)

(71) 요오드화 메틸(Methyl iodi
(72) 이소부틸 알코올(Isobutyl alcohol)
(73) 이소아밀 알코올(이소펜틸 알코올, Isoamyl alcohol)
(74) 이소프로필 알코올(Isopropyl alcohol)
(75) 이염화 에틸렌(1,2-디클로로에탄, Ethylene dichloride)
(76) 이황화탄소(Carbon disulfide)
(77) 초산 2-메톡시에틸(에틸렌 글리콜 모노메틸 에테르 아세테이트, 셀로솔브아세테이트, 2-Methoxyethyl acetate)
(78) 초산 이소아밀(초산 펜틸, Isoamyl acetate)
(79) 콜타르(Coal tar pitch volatiles)
(80) 크레졸(Cresol)
(81) 크실렌(Xylene)
(82) 클로로메틸메틸에테르(Chloromethylmethylether)
(83) bis-클로로메틸에테르(클로로에테르, bis-chloromethylether)
(84) 클로로벤젠(Chlorobenzene)
(85) 테레핀유(Oil of turpentile)
(86) 1,1,2,2-테트라클로로에탄(사염화아세틸렌, 1,1,2,2-Tetrachloroethane)
(87) 테트라하이드로퓨란(Tetrahydrofuran)
(88) 톨루엔(Toluene)
(89) 톨루엔 2,4-디이소시아네이트(Toluene-2,4-diisocyanate)
(90) 톨루엔 2,6-디이소시아네이트(Toluene-2,6-diisocyanate)
(91) 트리클로로메탄(클로로포름, Trichloromethane)
(92) 1,1,2-트리클로로에탄(1,1,2-Trichloroethane)
(93) 트리클로로에틸렌(Trichloroethylene)
(94) 1,2,3-트리클로로프로판(1,2,3-Trichloropropane)
(95) 퍼클로로에틸렌(테트라클로로에틸렌, Perchloroethylene)
(96) 페놀(Phenol)
(97) 펜타클로로페놀(Pentachlorophenol)
(98) 포름알데히드(Formaldehyde)
(99) β-프로피오락톤(β-Propiolactone)
(100) o-프탈로디니트릴(o-Phthalodinitrile)
(101) 프탈릭언하이드라이드(무수 프탈산, Phthalic anhydride)
(102) 피리딘(Pyridine)
(103) 하이드라진(Hydrazine)
(104) 헥사메틸렌 디이소시아네이트(Hexamethylene diisocyanate)
(105) 헥산(n-헥산, Hexane)
(106) 헵탄(n-헵탄, Heptane)
(107) 황산디메틸(Dimethylsulfate)
(108) 히드로퀴논(1,4-디히도록시벤젠, Hydroquinone)
(109) (1) 내지 (108)의 규정에 의한 물질을 중량비율 1% 이상 함유한 제제

나. 금속류(19)

(1) 구리(분진, 흄 및 미스트에 한함)(Copper dusts, fume and Mists, as Cu)

(2) 납(연)과 그 무기화합물(Lead and inorganic compounds, as Pb)
(3) 니켈과 그 화합물(Nickel and inorganic compounds, as Ni)
(4) 망간과 그 화합물(Manganese and inorganic compounds, as Mn)
(5) 산화아연(분진에 한함)(Zinc oxide dust, as Zn)
(6) 산화철(분진 및 흄에 한함)(Iron oxide dust and fume, as Fe)
(7) 삼산화비소(Arsenic)
(8) 수은과 그 화합물(Mercury and compounds, as Hg)
(9) 안티몬과 그 화합물(Antimony and compounds, as Sb)
(10) 알루미늄과 그 화합물(Aluminum and compounds, as Al)
(11) 4알킬연(Tetraalkyl lead)
(12) 오산화바나듐(분진 및 흄에 한함)(Vanadium pentoxide dust and fume, as V2O5)
(13) 요오드(Iodine)
(14) 주석과 그 무기화합물(Tin and inorganic compounds, as Sn)
(15) 지르코니움과 그 화합물(Zirconium and compounds, as Zr)
(16) 카드뮴과 그 화합물(Cadmium and compounds, as Cd)
(17) 코발트(분진 및 흄에 한함) (Cobalt dust and fume, as Co)
(18) 크롬과 그 화합물(Chromium and compounds, as Cr)
(19) 텅스텐과 그 화합물(Tungsten and compounds, as W)
(20) (1) 내지 (19)의 규정에 의한 물질을 중량비율 1% 이상 함유한 제제

다. 산 및 알카리류(8)

(1) 무수초산(무수 아세틱엑시드, Acetic anhydride)
(2) 불화수소(불산, Hydrogen fluoride)
(3) 시안화나트륨(Sodium cyanide)
(4) 시안화칼륨(Potassium cyanide)
(5) 염화수소(Hydrogen chloride)
(6) 질산(Nitric acid)
(7) 트리클로로아세트산(삼염화초산, Trichloro acetic acid)
(8) 황산(Sulfuric acid)
(9) (1) 내지 (8)의 규정에 의한 물질을 중량비율 1% 이상 함유한 제제

라. 가스상 물질류(14)

(1) 불소(Fluorine)
(2) 브롬(Bromine)
(3) 산화에틸렌(Ethylene oxide)
(4) 삼수소화비소(Arsine)
(5) 시안화수소(Hydrogen cyanide)
(6) 아황산가스(Sulfur dioxide)
(7) 염소(Chlorine)
(8) 오존(Ozone)
(9) 이산화질소(Nitrogen dioxide)
(10) 일산화질소(Nitric oxide)
(11) 일산화탄소(Carbon monoxide)

(12) 포스겐(Phosgene)
(13) 포스핀(인화수소, Phosphine)
(14) 황화수소(Hydrogen sulfide)
(15) (1) 내지 (14)의 규정에 의한 물질을 중량비율 1% 이상 함유한 제제

마. 영 제30조의 규정에 의한 허가대상물질(13)

(1) 디클로로벤지딘과 그 염(Dichlorobenzidine and its salts)
(2) α-나프틸아민과 그 염(α-naphthylamine and its salts)
(3) 크롬산 아연(Zinc chromate, as Cr)
(4) *o*-톨리딘과 그 염(*o*-Tolidine and its salts)
(5) 디아니시딘과 그 염(Dianisidine and its salts)
(6) 베릴륨(Beryllium & compounds, as Be)
(7) 비소 및 그 무기화합물(Arsenic and inorganic compounds, as As)
(8) 크롬광(Chromite ore processing (chromate), as Cr)
(9) 휘발성 콜타르피치(코우크스 제조 또는 취급업무)(Coal tar pitch volatiles, as benzene soluble aerosol)
(10) 황화니켈(Nickel subsulfide, as Ni)
(11) 염화비닐(Vinyl chloride)
(12) 벤조트리클로리드(Benzotrichloride)
(13) 석면(Asbestos, crysotile)
(14) (1) 내지 (11) 및 (13)의 규정에 의한 물질을 중량비율 1% 이상 함유한 제제
(15) (12)의 규정에 의한 물질을 중량비율 0.5% 이상 함유한 제제

바. 금속가공유 : 미네랄 오일미스트(광물성 오일, Oil mist, mineral)

2. 분진(6)

(1) 곡물 분진(Grain dust)
(2) 광물성 분진(Mineral dusts)
(3) 면분진(Cotton dust)
(4) 목분진(Wood dust)
(5) 용접 흄(Welding fume)
(6) 유리섬유 분진(Glass fiber)

3. 물리적 인자(8)

(1) 보건규칙 제58조제1호 내지 제3호의 소음작업·강렬한 소음작업 및 충격소음작업에서 발생하는 소음
(2) 보건규칙 제58조제4호의 "진동작업"에서 발생하는 진동
(3) 보건규칙 제123조제1호의 "방사선"
(4) 고기압
(5) 저기압
(6) 유해광선(자외선, 적외선, 마이크로파 및 라디오파)

표 2-4. 특수건강진단의 시기 및 주기(제99조제3항관련 별표 12-3)

구 분	대상 유해인자	시 기 배치후 첫 번째 특수건강진단	주 기
1	N,N-디메틸아세트아미드 N,N-디메틸포름아미드	1월 이내	6월
2	벤젠	2월 이내	6월
3	1,1,2,2-테트라클로로에탄 사염화탄소 아크릴로니트릴 염화비닐	3월 이내	6월
4	석면, 면분진	12월 이내	12월
5	광물성분진 목분진 소음 및 충격소음	12월 이내	24월
6	제1호 내지 제5호의 대상 유해인자를 제외한 별표 12의2의 모든 대상 유해인자	6월 이내	12월

(3) 배치전건강진단

특수건강진단대상업무에 종사할 근로자에 대하여 배치예정업무에 대한 적합성 평가를 위하여 사업주가 실시하는 건강진단을 말한다.

■ 실시시기

특수건강진단대상업무에 근로자를 배치하고자 하는 때에는 당해 작업에 배치하기 전에 배치전건강진단을 실시하여야 하고, 특수건강진단기관에 당해 근로자가 담당할 업무나 배치하고자 하는 작업장의 특수건강진단대상 유해인자 등 관련 정보를 미리 알려주어야 한다. 다만, 다른 사업장에서 당해 유해인자에 대한 배치전건강진단을 받았거나 배치전건강진단의 필수검사항목을 모두 포함하는 특수건강진단·수시건강진단 또는 임시건강진단을 받고 6월이 경과하지 아니한 근로자로서 건강진단결과를 기재한 서류(건강진단개인표) 또는 그 사본을 제출한 근로자나 당해 사업장에서 당해 유해인자에 대한 배치전건강진단을 받았거나 배치전건강진단의 필수검사항목을 모두 포함하는 특수건강진단·수시건강진단 또는 임시건강진단을 받고 6월이 경과하지 아니한 근로자는 배치전 건강진단을 실시한 것으로 본다.

(4) 수시건강진단

특수건강진단대상업무로 인하여 해당 유해인자에 의한 직업성천식·직업성피부염 기타 건강장해를 의심하게 하는 증상을 보이거나 의학적 소견이 있는 근로자에 대하여 사업주가 실시하는 건강진단을 말한다.

■ 실시시기

특수건강진단대상업무에 종사하는 근로자가 특수건강진단대상유해인자에 의한 직업성천식·직업성피부염 기타 건강장해를 의심하게 하는 증상을 보이거나 의학적 소견이 있는 경우 당해 근로자의 신속한 건강관리를 위하여 노동부장관이 정하는 바에 따라 수시건강진단을 실시하여야 한다.

(5) 임시건강진단

다음 각목의 1에 해당하는 경우에 특수건강진단대상유해인자 기타 유해인자에 의한 중독의 여부, 질병의 이환여부 또는 질병의 발생원인등을 확인하기 위하여 지방노동관서의 장의 명령에 따라 사업주가 실시하는 건강진단을 말한다.

■ 실시시기

- 동일 부서에 근무하는 근로자 또는 동일한 유해인자에 노출되는 근로자에게 유사한 질병의 자각 및 타각증상이 발생한 경우
- 직업병유소견자가 발생하거나 다수 발생할 우려가 있는 경우
- 기타 지방노동관서의 장이 필요하다고 판단하는 경우

2) 검사항목

(1) 일반건강진단의 제1차 건강진단 검사항목

- 과거병력, 작업경력 및 자각·타각증상(시진·촉진·청진 및 문진)
- 혈압·혈당·요당·요단백 및 빈혈검사
- 체중·시력 및 청력
- 흉부방사선 간접촬영
- 혈청 지·오·티 및 지·피·티, 감마 지·티·피 및 총콜레스테롤
- 제1차 건강진단 검사항목중 혈당·총콜레스테롤 및 감마 지·티·피는 노동부장관

이 따로 정하는 근로자에 대하여 실시한다(표 2-5).

- 제1차 건강진단에 의하여 질병의 확진이 곤란한 경우에는 제2차 건강진단을 받아야 하며, 제2차 건강진단의 범위 · 검사항목 · 방법 및 시기등은 노동부장관이 따로 정한다(표 2-6).

표 2-5. 일반건강진단 제1차 검사항목 중 혈당, 총콜레스테롤 및 감마지 · 티 · 피 검사의 실시대상 근로자(제10조 관련)

검사항목	실시대상 근로자
혈당 검사	직전 일반건강진단에서 "당뇨병 의심(R)" 판정을 받은 자
총콜레스테롤 검사	가. 직전 일반건강진단에서 "고혈압 요관찰(C)" 판정을 받은 자 나. 일반건강진단시 실시한 혈압측정에서 수축기 또는 이완기 혈압이 각각 150mmHg 또는 95mmHg 이상 초과한 자
감마지 · 티 · 피 검사	35세 이상인 자

표 2-6. 일반건강진단에 대한 제2차 건강진단 검사항목(제11조 관련)

질 환 구 분	제2차 건강진단 검사항목
폐결핵 및 비결핵성 흉부질환	흉부방사선 직접촬영 검사, 결핵균 농축도말 검사
순환기계 질환	혈압 검사, 정밀안저 검사, 심전도(E.C.G) 검사, 트리글리세라이드 검사, 총콜레스테롤 검사, H.D.L-콜레스테롤 검사
간장질환	총단백 검사, 혈청알부민 검사, 총빌리루빈 검사, 알칼리포스파타제 검사, 혈청지오티 검사, 혈청지피티 검사, 감마지티피 검사, B형간염 검사(표면항원-항체 검사, 알파훼토(α-feto)단백 검사
신장질환	요침사현미경 검사, 요소질소 검사, 요단백 검사, 크레아티닌 검사
빈혈증질환	혈색소 검사, 백혈구수 검사, 적혈구수 검사, 혈청철 검사, 철결합능(T.I.B.C) 검사
당뇨질환	혈당 검사나. 요당 검사, 혈색소A1C 검사
피부질환	의사가 필요하다고 인정하여 사업주가 동의한 검사
기타 질환	의사가 필요하다고 인정하여 사업주가 동의한 검사

(2) 특수건강진단 · 배치전건강진단 및 수시건강진단의 검사항목(100조 5항 관련)

- 필수검사항목(표 2-7)과 선택검사항목 (표 2-8)으로 구분하며, 각 세부검사항목은 별표 13과 같다 (표 2-9). 별표 3에는 유해인자별, 분진 (표 2-15), 물리적인자 (표

2-16)등으로 구분하고 유해인자를 유기화합 물 (표 2-9), 금속류(표 2-10), 산 및 알카리류 (표 2-11), 가스상물질 (표 2-12), 영 제 30조의 규정에 의한 허가대상물질 (표 2-13) 그리고 금속가공류 (표 2-14)로 구분하였다.

- 필수검사항목은 특수건강진단·배치전건강진단 및 수시건강진단의 대상이 되는 근로자 모두에 대 하여 실시한다.
- 선택검사항목은 필수검사항목에 대한 검사결과 건강수준의 평가가 곤란한 자에 대하여 실시하 되, 당해 유해인자에 대한 근로자의 노출정도·과거병력등을 고려하여 필요하다고 인정하는 경우에는 선택검사항목의 일부 또는 전부를 필수검사항목 검사시에 추가하여 실시할 수 있다.

표 2-7. 특수건강진단 · 배치전건강진단 및 수시건강진단의 필수검사항목과 세부항목(별표 13에 관련)

검사항목	세부항목
혈액학적 검사	혈색소량·혈구용적치
요검사	단백뇨·요침사 현미경검사
간기능검사	혈청지오티·혈청지피티·감마지티피

표 2-8. 특수건강진단 · 배치전건강진단 및 수시건강진단의 선택검사항목과 세부항목(별표 13에 관련)

검사항목	세부항목
신기능검사	요침사 현미경검사·단백뇨정량·크레아티닌·요소질소(BUN)
간기능검사	총단백/알부민·총빌리루빈·알카리포스파타제(ALP)·유산탈수효소(LDH)
간염바이러스 검사	B형간염 s항원(HBsAg)·B형간염 s항체(HBsAb)·B형간염 e항원(HBeAg)·B형간염 e항체(HBeAb)·B형간염 c항체(HBcAb)·C형간염검사(Anti- HCV)·A형간염검사(Anti-HAV)
혈액학적검사	적혈구수·백혈구수·혈소판수·망상적혈구수·백혈구백분율·혈액도말검사
빈혈검사	혈중 철, 총철결합능, 혈청 페리틴

표 2-9. 특수건강진단·배치전건강진단·수시건강진단의 검사항목(유기화합물)

번호	유해인자	필 수 검 사 항 목	선 택 검 사 항 목
1	가솔린	(1) 직업력 및 노출력 조사 (2) 과거병력조사 : 주요 표적장기와 관련된 질병력 조사 (3) 자각증상조사 : 문진표 작성내용 확인 포함	(1) 신기능검사 : 요침사 현미경검사·단백뇨정량·크레아티닌·요소질소(BUN) (2) 간기능검사 : 총단백/알부민·총 빌리루빈·알카리포스파타제(AP)·유

표 2-9. 특수건강진단·배치전건강진단·수시건강진단의 검사항목(유기화합물)(계속)

번호	유해인자	필수검사항목	선택검사항목
1	가솔린	(4) 임상진찰: 피부·간·신장·조혈기에 유의하여 진찰 (5) 임상검사 ① 혈액학적 검사: 혈색소량·혈구용적치 ② 요검사: 단백뇨 ③ 간기능검사: 혈청지오티·혈청지피티·감마지티피	산탈수효소(LDH) (3) 간염바이러스검사: B형간염 s항원(HBsAg)· B형간염 s항체(HBsAb)· B형간염 e항원(HBeAg)· B형간염 e항체(HBeAb)· B형간염 c항체(HBcAb)· C형간염검사(Anti-HCV)· A형간염검사(Anti-HAV)· (4) 혈액학적검사: 적혈구수·백혈구수·혈소판수·망상적혈구수·백혈구백분율·혈액도말검사 (5) 심전도 검사
2	글루타르알데히드	(1) 직업력·노출력 조사 (2) 과거병력조사 : 주요 표적장기와 관련된 질병력 조사 (3) 자각증상조사 : 문진표 작성내용 확인 포함 (4) 임상진찰 : 천식, 피부 질환에 유의하여 진찰 (5) 임상검사 ① 혈액학적 검사: 혈색소량·혈구용적치 ② 요검사: 단백뇨 ③ 간기능검사: 혈청지오티·혈청지피티·감마지티피 ④ 폐기능검사	(1) 최대호기유속 연속 측정 (2) 흉부 방사선 검사 (3) 비특이 기도과민 검사
3	β-나프틸아민	(1) 직업력 및 노출력 조사 (2) 과거병력조사: 주요 표적장기와 관련된 질병력 조사 (3) 자각증상조사 :문진표 작성내용 확인 포함 (4) 임상진찰: 요로계·피부에 유의하여 진찰 (5) 임상검사 ① 혈액학적 검사: 혈색소량·혈구용적치 ② 요검사: 단백뇨·요침사 현미경검사 ③ 간기능검사: 혈청지오티·혈청지피티·감마지티피	요세포 검사(파파니콜라우 검사): (아침 첫 소변채취)
4	니트로글리세린	(1) 직업력·노출력 조사 (2) 과거병력조사 : 주요 표적장기와 관련된 질병력 조사	심전도검사

표 2-9. 특수건강진단·배치전건강진단·수시건강진단의 검사항목(유기화합물)(계속)

번호	유해인자	필수검사항목	선택검사항목
4	니트로글리세린	(3) 자각증상조사 : 문진표 작성내용 확인 포함 (4) 임상진찰 : 심장, 혈액, 신경계 질환에 유의하여 진찰 (5) 임상검사 ① 혈액학적 검사: 혈색소량·혈구용적치 ② 요검사: 단백뇨 ③ 간기능검사: 혈청지오티·혈청지피티·감마지티피	심전도검사
5	니트로메탄	(1) 직업력·노출력 조사 (2) 과거병력조사 : 주요 표적장기와 관련된 질병력 조사 (3) 자각증상조사 : 문진표 작성내용 확인 포함 (4) 임상진찰: 간, 중추신경계 질환에 유의하여 진찰 (5) 임상검사 ① 혈액학적 검사: 혈색소량·혈구용적치 ② 요검사: 단백뇨 ③ 간기능검사: 혈청지오티·혈청지피티·감마지티피	(1) 신기능검사: 요침사 현미경검사·단백뇨정량·크레아티닌·요소질소(BUN) (2) 간기능검사: 총단백/알부민·총 빌리루빈·알카리포스파타제(AP)·유산탈수효소(LDH) (3) 간염바이러스검사: B형간염 s항원(HBsAg)· B형간염 s항체(HBsAb)· B형간염 e항원(HBeAg)· B형간염 e항체(HBeAb)· B형간염 c항체(HBcAb)· C형간염검사(Anti-HCV)· A형간염검사(Anti-HAV)
6	니트로벤젠	(1) 직업력·노출력 조사 (2) 과거병력조사 : 주요 표적장기와 관련된 질병력 조사 (3) 자각증상조사 : 문진표 작성내용 확인 포함 (4) 임상진찰 : 간, 신장, 혈액 질환에 유의하여 진찰 (5) 임상검사 ① 혈액학적 검사: 혈색소량·혈구용적치 ② 요검사: 단백뇨 ③ 간기능검사: 혈청지오티·혈청지피티·감마지티피	(1) 신기능검사: 요침사 현미경검사·단백뇨정량·크레아티닌·요소질소(BUN) (2) 간기능검사: 총단백/알부민·총 빌리루빈·알카리포스파타제(AP)·유산탈수효소(LDH) (3) 간염바이러스검사: B형간염 s항원(HBsAg)· B형간염 s항체(HBsAb)· B형간염 e항원(HBeAg)· B형간염 e항체(HBeAb)· B형간염 c항체(HBcAb)· C형간염검사(Anti-HCV)· A형간염검사(Anti-HAV)· (4) 혈액학적검사: 적혈구수·백혈구수·혈소판수·망상적혈구수·백혈구백분율·혈액도말검사
7		(1) 직업력·노출력 조사 (2) 과거병력조사 : 주요 표적장기와 관	(1) 신기능검사: 요침사 현미경검사·단백뇨정량·크레아티닌·요소질소

표 2-9. 특수건강진단·배치전건강진단·수시건강진단의 검사항목(유기화합물)(계속)

번호	유해인자	필수검사항목	선택검사항목
7	ρ-니트로아닐린 (ρ-아미노니트로벤젠)	련된 질병력 조사 (3) 자각증상조사 : 문진표 작성내용 확인 포함 (4) 임상진찰 : 간, 혈액 질환에 유의하여 진찰 (5) 임상검사 ① 혈액학적 검사: 혈색소량·혈구용적치 ② 요검사: 단백뇨 ③ 간기능검사: 혈청지오티·혈청지피티·감마지티피	(BUN) (2) 간기능검사: 총단백/알부민·총 빌리루빈·알카리포스파타제(AP)·유산탈수효소(LDH) (3) 간염바이러스검사: B형간염 s항원(HBsAg)· B형간염 s항체(HBsAb)· B형간염 e항원(HBeAg)· B형간염 e항체(HBeAb)· B형간염 c항체(HBcAb)· C형간염검사(Anti-HCV)· A형간염검사(Anti-HAV)
8	ρ-니트로클로로벤젠	(1) 직업력 및 노출력 조사 (2) 과거병력 조사: 주요 표적장기와 관련된 질병력 조사 (3) 자각증상 조사: 문진표 작성내용 확인 포함 (4) 임상진찰: 신경계·간·신장에 유의하여 진찰 (5) 임상검사 ① 혈액학적 검사: 혈색소량·혈구용적치 ② 요검사: 단백뇨 ③ 간기능검사: 혈청지오티·혈청지피티·감마지티피	(1) 간기능검사: 총단백/알부민·총 빌리루빈·알카리포스파타제(AP)·유산탈수효소(LDH) (2) 간염바이러스 검사: B형간염 s항원(HBsAg)· B형간염 s항체(HBsAb)· B형간염 e항원(HBeAg)· B형간염 e항체(HBeAb)· B형간염 c항체(HBcAb)· C형간염검사(Anti-HCV)· A형간염검사(Anti-HAV)· (3) 신기능검사: 요침사 현미경검사·단백뇨정량·크레아티닌·요소질소(BUN) (4) 혈액학적검사: 적혈구수·백혈구수·혈소판수·망상적혈구수·백혈구백분율·혈액도말검사 (5) 생물학적노출지표검사: 혈중 메트헤모글로빈
9	디니트로톨루엔	(1) 직업력·노출력 조사 (2) 과거병력조사 : 주요 표적장기와 관련된 질병력 조사 (3) 자각증상조사 : 문진표 작성내용 확인 포함 (4) 임상진찰 : 간, 혈액, 신경계 질환에 유의하여 진찰 (5) 임상검사 ① 혈액학적 검사: 혈색소량·혈구용적치 ② 요검사: 단백뇨 ③ 간기능검사: 혈청지오티·혈청지	(1) 신기능검사: 요침사 현미경검사·단백뇨정량·크레아티닌·요소질소(BUN) (2) 간기능검사: 총단백/알부민·총 빌리루빈·알카리포스파타제(AP)·유산탈수효소(LDH) (3) 간염바이러스검사: B형간염 s항원(HBsAg)· B형간염 s항체(HBsAb)· B형간염 e항원(HBeAg)· B형간염 e항체(HBeAb)· B형간염 c항체(HBcAb)· C형간염검사(Anti-HCV)· A형간염검사(Anti-HAV)·

표 2-9. 특수건강진단·배치전건강진단·수시건강진단의 검사항목(유기화합물)(계속)

번호	유해인자	필 수 검 사 항 목	선 택 검 사 항 목
9		피티·감마지티피	
10	디메틸아닐린(아미노디메틸벤젠)	(1) 직업력·노출력 조사 (2) 과거병력조사 : 주요 표적장기와 관련된 질병력 조사 (3) 자각증상조사 : 문진표 작성내용 확인 포함 (4) 임상진찰 : 간, 혈액, 신경계 질환에 유의하여 진찰 (5) 임상검사 ① 혈액학적 검사: 혈색소량·혈구용적치 ② 요검사: 단백뇨 ③ 간기능검사: 혈청지오티·혈청지피티·감마지티피	(1) 신기능검사: 요침사 현미경검사·단백뇨정량·크레아티닌·요소질소(BUN) (2) 간기능검사: 총단백/알부민·총 빌리루빈·알카리포스파타제(AP)·유산탈수효소(LDH) (3) 간염바이러스검사: B형간염 s항원(HBsAg)· B형간염 s항체(HBsAb)· B형간염 e항원(HBeAg)· B형간염 e항체(HBeAb)· B형간염 c항체(HBcAb)· C형간염검사(Anti-HCV)· A형간염검사(Anti-HAV) (4) 생물학적노출지표검사 : 혈중 메트헤모글로빈
11	ρ-디메틸아미노아조벤젠	(1) 직업력 및 노출력 조사 (2) 과거병력조사: 주요 표적장기와 관련된 질병력 조사 (3) 자각증상조사: 문진표 작성내용 확인 포함 (4) 임상진찰: 피부·신경계·간 및 신장에 유의하여 진찰 (5) 임상검사 ① 혈액학적 검사: 혈색소량·혈구용적치 ② 요검사: 단백뇨 ③ 간기능검사: 혈청지오티·혈청지피티·감마지티피	(1) 간기능검사: 총단백/알부민·총 빌리루빈·알카리포스파타제(AP)·유산탈수효소(LDH) (2) 간염바이러스 검사: B형간염 s항원(HBsAg)· B형간염 s항체(HBsAb)· B형간염 e항원(HBeAg)· B형간염 e항체(HBeAb)· B형간염 c항체(HBcAb)· C형간염검사(Anti-HCV)· A형간염검사(Anti-HAV)· (3) 신기능검사: 요침사 현미경검사·단백뇨정량·크레아티닌·요소질소(BUN) (4) 혈액학적검사: 적혈구수·백혈구수·혈소판수·망상적혈구수·백혈구백분율·혈액도말검사 (5) 생물학적노출지표검사: 혈중 메트헤모글로빈
12	N,N-디메틸아세트아미드	(1) 직업력·노출력 조사 (2) 과거병력조사 : 주요 표적장기와 관련된 질병력 조사 (3) 자각증상조사 : 문진표 작성내용 확인 포함 (4) 임상진찰 : 간 질환에 유의하여 진찰	(1) 간기능검사: 총단백/알부민·총 빌리루빈·알카리포스파타제(AP)·유산탈수효소(LDH) (2) 간염바이러스검사: B형간염 s항원(HBsAg)· B형간염 s항체(HBsAb)·

표 2-9. 특수건강진단·배치전건강진단·수시건강진단의 검사항목(유기화합물)(계속)

번호	유해인자	필수검사항목	선택검사항목
12	N,N-디메틸아세트아미드	(5) 임상검사 ① 혈액학적 검사: 혈색소량·혈구용적치 ② 요검사: 단백뇨 ③ 간기능검사: 혈청지오티·혈청지피티·감마지티피 (6) 요중 N-메틸아세트아미드(작업종료시)	B형간염 e항원(HBeAg)· B형간염 e항체(HBeAb)· B형간염 c항체(HBcAb)· C형간염검사(Anti-HCV)· A형간염검사(Anti-HAV)· (3) 간디스토마에 대한 피부반응검사 및 대변검사 (4) 신기능검사: 요침사 현미경검사·단백뇨정량·크레아티닌·요소질소(BUN)
13	디메틸포름아미드 (N, N-디메틸포름아미드)	(1) 직업력 및 노출력 조사 (2) 과거병력조사: 주요 표적장기와 관련된 질병력 조사 (3) 자각증상조사: 문진표 작성내용 확인 포함 (4) 임상진찰: 간 및 피부에 유의하여 진찰 (5) 임상검사 ① 혈액학적 검사: 혈색소량·혈구용적치 ② 요검사: 단백뇨 ③ 간기능검사: 혈청지오티·혈청지피티·감마지티피 (6) 생물학적 노출지표 검사: 요중 N-메틸포름아미드(NMF)(작업 종료시 채취)	(1) 간기능검사: 총단백/알부민·총 빌리루빈·알카리포스파타제(AP)·유산탈수효소(LDH) (2) 간염바이러스검사: B형간염 s항원(HBsAg)· B형간염 s항체(HBsAb)· B형간염 e항원(HBeAg)· B형간염 e항체(HBeAb)· B형간염 c항체(HBcAb)· C형간염검사(Anti-HCV)· A형간염검사(Anti-HAV)· (3) 간디스토마에 대한 피부반응검사 및 대변검사 (4) 신기능검사: 요침사 현미경검사·단백뇨정량·크레아티닌·요소질소(BUN)
14	4,4-디아미노-3,3-디클로로디페닐메탄	(1) 직업력 및 노출력 조사 (2) 과거병력조사: 주요 표적장기와 관련된 질병력 조사 (3) 자각증상조사: 문진표 작성내용 확인 포함 (4) 임상진찰: 호흡기·요로계에 유의하여 진찰 (5) 임상검사 ① 혈액학적 검사: 혈색소량·혈구용적치 ② 요검사: 단백뇨 ③ 간기능검사: 혈청지오티·혈청지피티·감마지티피	(1) 신기능검사: 요침사 현미경검사·단백뇨정량·크레아티닌·요소질소(BUN) (2) 흉부 방사선검사
15	디에틸렌트리아민	(1) 직업력·노출력 조사 (2) 과거병력조사 : 주요 표적장기와 관련된 질병력 조사	(1) 최대호기유속 연속 측정 (2) 흉부 방사선 검사 (3) 비특이 기도과민 검사

표 2-9. 특수건강진단·배치전건강진단·수시건강진단의 검사항목(유기화합물)(계속)

번호	유해인자	필수검사항목	선택검사항목
15	디에틸렌트리아민	(3) 자각증상조사 : 문진표 작성내용 확인 포함 (4) 임상진찰 : 천식에 유의하여 진찰 (5) 임상검사 ① 혈액학적 검사 : 혈색소량·혈구용적치 ② 요검사 : 단백뇨 ③ 간기능검사 : 혈청지오티·혈청지피티·감마지티피 ④ 폐기능검사	
16	디에틸에테르(에틸에테르)	(1) 직업력 및 노출력 조사 (2) 과거병력조사 : 주요 표적장기와 관련된 질병력 조사 (3) 자각증상조사 : 문진표 작성내용 확인 포함 (4) 임상진찰 : 신경계·피부·간·신장에 유의하여 진찰 (5) 임상검사 ① 혈액학적 검사 : 혈색소량·혈구용적치 ② 요검사 : 단백뇨 ③ 간기능검사 : 혈청지오티·혈청지피티·감마지티피	(1) 신기능검사 : 요침사 현미경검사·단백뇨정량·크레아티닌·요소질소(BUN) (2) 간기능검사 : 총단백/알부민·총 빌리루빈·알카리포스파타제(AP)·유산탈수효소(LDH) (3) 간염바이러스검사 : B형간염 s항원(HBsAg)· B형간염 s항체(HBsAb)· B형간염 e항원(HBeAg)· B형간염 e항체(HBeAb)· B형간염 c항체(HBcAb)· C형간염검사(Anti-HCV)· A형간염검사(Anti-HAV)· (4) 혈액학적검사 : 적혈구수·백혈구수·혈소판수·망상적혈구수·백혈구백분율·혈액도말검사
17	1,4-디옥산	(1) 직업력 및 노출력 조사 (2) 과거병력조사 : 주요 표적장기와 관련된 질병력 조사 (3) 자각증상조사 : 문진표 작성내용 확인 포함 (4) 임상진찰 : 신경계·간·신장에 유의하여 진찰 (5) 임상검사 ① 혈액학적 검사 : 혈색소량·혈구용적치 ② 요검사 : 단백뇨 ③ 간기능검사 : 혈청지오티·혈청지피티·감마지티피	(1) 신기능검사 : 요침사 현미경검사·단백뇨정량·크레아티닌·요소질소(BUN) (2) 간기능검사 : 총단백/알부민·총 빌리루빈·알카리포스파타제(AP)·유산탈수효소(LDH) (3) 간염바이러스검사 : B형간염 s항원(HBsAg)· B형간염 s항체(HBsAb)· B형간염 e항원(HBeAg)· B형간염 e항체(HBeAb)· B형간염 c항체(HBcAb)· C형간염검사(Anti-HCV)· A형간염검사(Anti-HAV)· (4) 심전도검사

표 2-9. 특수건강진단·배치전건강진단·수시건강진단의 검사항목(유기화합물)(계속)

번호	유해인자	필수검사항목	선택검사항목
18	디이소부틸케톤	(1) 직업력·노출력 조사 (2) 과거병력조사 : 주요 표적장기와 관련된 질병력 조사 (3) 자각증상조사 : 문진표 작성내용 확인 포함 (4) 임상진찰 : 신경계 질환에 유의하여 진찰 (5) 임상검사 ① 혈액학적 검사: 혈색소량·혈구용적치 ② 요검사: 단백뇨 ③ 간기능검사: 혈청지오티·혈청지피티·감마지티피	(1) 신기능검사: 요침사 현미경검사·단백뇨정량·크레아티닌·요소질소(BUN) (2) 간기능검사: 총단백/알부민·총 빌리루빈·알카리포스파타제(AP)·유산탈수효소(LDH) (3) 간염바이러스검사: B형간염 s항원(HBsAg)· B형간염 s항체(HBsAb)· B형간염 e항원(HBeAg)· B형간염 e항체(HBeAb)· B형간염 c항체(HBcAb)· C형간염검사(Anti-HCV)· A형간염검사(Anti-HAV)· (4) 흉부방사선검사 (5) 폐기능검사
19	디클로로메탄(이염화메틸렌)	(1) 직업력 및 노출력 조사 (2) 과거병력조사: 주요 표적장기와 관련된 질병력 조사 (3) 자각증상조사: 문진표 작성내용 확인 포함 (4) 임상진찰: 심장, 간 등에 유의하여 진찰 (5) 임상검사 ① 혈액학적 검사: 혈색소량·혈구용적치 ② 요검사: 단백뇨 ③ 간기능검사: 혈청지오티·혈청지피티·감마지티피	(1) 신기능검사: 요침사 현미경검사·단백뇨정량·크레아티닌·요소질소(BUN) (2) 간기능검사: 총단백/알부민·총 빌리루빈·알카리포스파타제(AP)·유산탈수효소(LDH) (3) 간염바이러스검사: B형간염 s항원(HBsAg)· B형간염 s항체(HBsAb)· B형간염 e항원(HBeAg)· B형간염 e항체(HBeAb)· B형간염 c항체(HBcAb)· C형간염검사(Anti-HCV)· A형간염검사(Anti-HAV)· (4) 심전도 검사 (5) 혈중 카복시헤모글로빈 측정(작업 종료시 채혈)
20	*o*-디클로로벤젠	(1) 직업력 및 노출력 조사 (2) 과거병력조사 :주요표적장기와 관련된 질병력 조사 (3) 자각증상조사: 문진표 작성내용 확인 포함 (4) 임상진찰: 눈·피부·호흡기·신경계에 유의하여 진찰 (5) 임상검사 ① 혈액학적 검사: 혈색소량·혈구용적치	(1) 신기능검사: 요침사 현미경검사·단백뇨정량·크레아티닌·요소질소(BUN) (2) 간기능검사: 총단백/알부민·총 빌리루빈·알카리포스파타제(AP)·유산탈수효소(LDH) (3) 간염바이러스검사: B형간염 s항원(HBsAg)· B형간염 s항체(HBsAb)· B형간염 e항원(HBeAg)·

표 2-9. 특수건강진단·배치전건강진단·수시건강진단의 검사항목(유기화합물)(계속)

번호	유해인자	필수검사항목	선택검사항목
20	*o*-디클로로벤젠	② 요검사: 단백뇨 ③ 간기능검사: 혈청지오티·혈청지피티·감마지티피	B형간염 e항체(HBeAb)· B형간염 c항체(HBcAb)· C형간염검사(Anti-HCV)· A형간염검사(Anti-HAV) (4) 혈액학적검사: 적혈구수·백혈구수·혈소판수·망상적혈구수·백혈구백분율·혈액도말검사
21	1,2-디클로로에틸렌(이염화아세틸렌)	(1) 직업력 및 노출력 조사 (2) 과거병력조사: 주요 표적장기와 관련된 질병력 조사 (3) 자각증상조사: 문진표 작성내용 확인 포함 (4) 임상진찰: 신경계·간·신장·피부에 유의하여 진찰 (5) 임상검사 ① 혈액학적 검사: 혈색소량·혈구용적치 ② 요검사: 단백뇨 ③ 간기능검사: 혈청지오티·혈청지피티·감마지티피	(1) 신기능검사: 요침사 현미경검사·단백뇨정량·크레아티닌·요소질소(BUN) (2) 간기능검사: 총단백/알부민·총 빌리루빈·알카리포스파타제(AP)·유산탈수효소(LDH) (3) 간염바이러스검사: B형간염 s항원(HBsAg)· B형간염 s항체(HBsAb)· B형간염 e항원(HBeAg)· B형간염 e항체(HBeAb)· B형간염 c항체(HBcAb)· C형간염검사(Anti-HCV)· A형간염검사(Anti-HAV)· (4) 혈액학적검사: 적혈구수·백혈구수·혈소판수·망상적혈구수·백혈구백분율·혈액도말검사
22	디클로로플루오로메탄(디클로로모노플루오로메탄)	(1) 직업력·노출력 조사 (2) 과거병력조사 : 주요 표적장기와 관련된 질병력 조사 (3) 자각증상조사 : 문진표 작성내용 확인 포함 (4) 임상진찰 : 간질환, 부정맥에 유의하여 진찰 (5) 임상검사 ① 혈액학적 검사: 혈색소량·혈구용적치 ② 요검사: 단백뇨 ③ 간기능검사: 혈청지오티·혈청지피티·감마지티피	심전도검사
23	마젠타	(1) 직업력 및 노출력 조사 (2) 과거병력조사: 주요 표적장기와 관련된 질병력 조사 (3) 자각증상조사: 문진표 작성내용 확인 포함 (4) 임상진찰: 호흡기·요로계·피부에	요세포 검사(파파니콜라우 검사): (아침 첫 소변채취)

표 2-9. 특수건강진단·배치전건강진단·수시건강진단의 검사항목(유기화합물)(계속)

번호	유해인자	필수검사항목	선택검사항목
23	마젠타	유의하여 진찰 (5) 임상검사 ① 혈액학적 검사: 혈색소량·혈구용적치 ② 요검사: 단백뇨·요침사 현미경검사 ③ 간기능검사: 혈청지오티·혈청지피티·감마지티피	
24	말레익언하이드라이드(무수 말레인산)	(1) 직업력·노출력 조사 (2) 과거병력조사 : 주요 표적장기와 관련된 질병력 조사 (3) 자각증상조사 : 문진표 작성내용 확인 포함 (4) 임상진찰 :천식에 유의하여 진찰 (5) 임상검사 ① 혈액학적 검사: 혈색소량·혈구용적치 ② 요검사: 단백뇨 ③ 간기능검사: 혈청지오티·혈청지피티·감마지티피 ④ 폐기능검사	(1) 최대호기유속 연속 측정 (2) 흉부 방사선 검사 (3) 비특이 기도과민 검사
25	2-메톡시에탄올(에틸렌글리콜모노 메틸 에테르, 메틸셀로솔브)	(1) 직업력 및 노출력 조사 (2) 과거병력조사: 주요 표적장기와 관련된 질병력 조사 (3) 자각증상조사: 문진표 작성내용 확인 포함 (4) 임상진찰: 신경계·피부·조혈기·생식기능에 유의하여 진찰 (5) 임상검사 ① 혈액학적 검사: 혈색소량·혈구용적치 ② 요검사: 단백뇨 ③ 간기능검사: 혈청지오티·혈청지피티·감마지티피	(1) 신기능검사: 요침사 현미경검사·단백뇨정량·크레아티닌·요소질소(BUN) (2) 간기능검사: 총단백/알부민·총 빌리루빈·알카리포스파타제(AP)·유산탈수효소(LDH) (3) 간염바이러스검사: B형간염 s항원(HBsAg)· B형간염 s항체(HBsAb)· B형간염 e항원(HBeAg)· B형간염 e항체(HBeAb)· B형간염 c항체(HBcAb)· C형 간염검사(Anti-HCV)· A형 간염검사(Anti-HAV)· (4) 혈액학적검사: 적혈구수·백혈구수·혈소판수·망상적혈구수·백혈구백분율·혈액도말검사 (5) 생식기능 검사: 정액검사·테스토스테론·황체호르몬·여포자극호르몬·에스트로젠·프로락틴
26		(1) 직업력·노출력 조사 (2) 과거병력조사 : 주요 표적장기와 관	(1) 최대호기유속 연속 측정 (2) 흉부 방사선 검사

표 2-9. 특수건강진단·배치전건강진단·수시건강진단의 검사항목(유기화합물)(계속)

번호	유해인자	필수검사항목	선택검사항목
26	메틸렌비스페닐이소시아네이트	련된 질병력 조사 (3) 자각증상조사 : 문진표 작성내용 확인 포함 (4) 임상진찰 : 천식에 유의하여 진찰 (5) 임상검사 ① 혈액학적 검사: 혈색소량·혈구용적치 ② 요검사: 단백뇨 ③ 간기능검사 : 혈청지오티·혈청지피티·감마지티피 ④ 폐기능검사	(3) 비특이 기도과민 검사
27	메틸 n-부틸 케톤(메틸부틸케톤)	(1) 직업력 및 노출력 조사 (2) 과거병력조사: 주요 표적장기와 관련된 질병력 조사 (3) 자각증상조사: 문진표 작성내용 확인 포함 (4) 임상진찰: 신경계에 유의하여 진찰 (5) 임상검사 ① 혈액학적 검사: 혈색소량·혈구용적치 ② 요검사: 단백뇨 ③ 간기능검사 : 혈청지오티·혈청지피티·감마지티피	(1) 신기능검사: 요침사 현미경검사·단백뇨정량·크레아티닌·요소질소(BUN) (2) 간기능검사 : 총단백/알부민·총 빌리루빈·알카리포스파타제(AP)·유산탈수효소(LDH) (3) 간염바이러스검사: B형간염 s항원(HBsAg)· B형간염 s항체(HBsAb)· B형간염 e항원(HBeAg)· B형간염 e항체(HBeAb)· B형간염 c항체(HBcAb)· C형간염검사(Anti-HCV)· A형간염검사(Anti-HAV)· (4) 신경과 검사: 신경전도검사 (5) 생물학적노출지표검사: 요중 2, 5-핵산디온(작업종료시 채취)
28	*o*-메틸시클로헥사논	(1) 직업력 및 노출력 조사 (2) 과거병력조사: 주요 표적장기와 관련된 질병력 조사 (3) 자각증상조사: 문진표 작성내용 확인 포함 (4) 임상진찰: 신경계·피부에 유의하여 진찰 (5) 임상검사 ① 혈액학적 검사: 혈색소량·혈구용적치 ② 요검사: 단백뇨 ③ 간기능검사 : 혈청지오티·혈청지피티·감마지티피	(1) 신기능검사: 요침사 현미경검사·단백뇨정량·크레아티닌·요소질소(BUN) (2) 간기능검사 : 총단백/알부민·총 빌리루빈·알카리포스파타제(AP)·유산탈수효소(LDH) (3) 간염바이러스검사: B형간염 s항원(HBsAg)· B형간염 s항체(HBsAb)· B형간염 e항원(HBeAg)· B형간염 e항체(HBeAb)· B형간염 c항체(HBcAb)· C형간염검사(Anti-HCV)· A형간염검사(Anti-HAV)·

표 2-9. 특수건강진단·배치전건강진단·수시건강진단의 검사항목(유기화합물)(계속)

번호	유해인자	필 수 검 사 항 목	선 택 검 사 항 목
29	메틸 시클로헥사놀	(1) 직업력 및 노출력 조사 (2) 과거병력조사: 주요 표적장기와 관련된 질병력 조사 (3) 자각증상조사: 문진표 작성내용 확인 포함 (4) 임상진찰: 신경계·조혈기에 유의하여 진찰 (5) 임상검사 ① 혈액학적 검사: 혈색소량·혈구용적치 ② 요검사: 단백뇨 ③ 간기능검사: 혈청지오티·혈청지피티·감마지티피	(1) 신기능검사: 요침사 현미경검사·단백뇨정량·크레아티닌·요소질소(BUN) (2) 간기능검사: 총단백/알부민·총 빌리루빈·알카리포스파타제(AP)·유산탈수효소(LDH) (3) 간염바이러스검사: B형간염 s항원(HBsAg)· B형간염 s항체(HBsAb)· B형간염 e항원(HBeAg)· B형간염 e항체(HBeAb)· B형간염 c항체(HBcAb)· C형간염검사(Anti-HCV)· A형 간염검사(Anti-HAV)· (4) 혈액학적검사: 적혈구수·백혈구수·혈소판수·망상적혈구수·백혈구백분율·혈액도말검사
30	메틸 n-아밀 케톤(2-헵타논)	(1) 직업력·노출력 조사 (2) 과거병력조사 : 주요 표적장기와 관련된 질병력 조사 (3) 자각증상조사 : 문진표 작성내용 확인 포함 (4) 임상진찰 : 신경계 질환에 유의하여 진찰 (5) 임상검사 ① 혈액학적 검사: 혈색소량·혈구용적치 ② 요검사: 단백뇨 ③ 간기능검사: 혈청지오티·혈청지피티·감마지티피	
31	메틸 알코올	(1) 직업력 및 노출력 조사 (2) 과거병력조사: 주요 표적장기와 관련된 질병력 조사 (3) 자각증상조사: 문진표 작성내용 확인 포함 (4) 임상진찰: 신경계·피부·간·신장·눈에 유의하여 진찰 (5) 임상검사 ① 혈액학적 검사: 혈색소량·혈구용적치 ② 요검사: 단백뇨 ③ 간기능검사: 혈청지오티·혈청지	(1) 신기능검사: 요침사 현미경검사·단백뇨정량·크레아티닌·요소질소(BUN) (2) 간기능검사: 총단백/알부민·총 빌리루빈·알카리포스파타제(AP)·유산탈수효소(LDH) (3) 간염바이러스검사: B형간염 s항원(HBsAg)· B형간염 s항체(HBsAb)· B형간염 e항원(HBeAg)· B형간염 e항체(HBeAb)· B형간염 c항체(HBcAb)·

표 2-9. 특수건강진단·배치전건강진단·수시건강진단의 검사항목(유기화합물)(계속)

번호	유해인자	필수검사항목	선택검사항목
31	메틸 알코올	피티·감마지티피	C형간염검사(Anti-HCV)· A형간염검사(Anti-HAV)· (4) 안과 검사: 시야검사·안저검사 (5) 생물학적 노출지표 검사: 혈중 또는 요중 메타놀(작업종료시 채취)
32	메틸 에틸 케톤	(1) 직업력 및 노출력 조사 (2) 과거병력조사: 주요 표적장기와 관련된 질병력 조사 (3) 자각증상조사: 문진표 작성내용 확인 포함 (4) 임상진찰: 특히 신경계에 유의하여 진찰 (5) 임상검사 ① 혈액학적 검사: 혈색소량·혈구용적치 ② 요검사: 단백뇨 ③ 간기능검사: 혈청지오티·혈청지피티·감마지티피	(1) 신기능검사: 요침사 현미경검사·단백뇨정량·크레아티닌·요소질소(BUN) (2) 간기능검사: 총단백/알부민·총 빌리루빈·알카리포스파타제(AP)·유산탈수효소(LDH) (3) 간염바이러스검사: B형간염 s항원(HBsAg)· B형간염 s항체(HBsAb)· B형간염 e항원(HBeAg)· B형간염 e항체(HBeAb)· B형간염 c항체(HBcAb)· C형간염검사(Anti-HCV)· A형간염검사(Anti-HAV)· (4) 흉부방사선검사 (5) 폐활량검사 (6) 안과 검사: 시신경 기능 검사 (7) 생물학적 노출지표 검사: 요중 메틸에틸케톤(작업종료시 채취)
33	메틸 이소부틸 케톤	(1) 직업력 및 노출력 조사 (2) 과거병력조사: 주요 표적장기와 관련된 질병력 조사 (3) 자각증상조사: 문진표 작성내용 확인 포함 (4) 임상진찰: 피부·신경계 및 호흡기에 유의하여 진찰 (5) 임상검사 ① 혈액학적 검사: 혈색소량·혈구용적치 ② 요검사: 단백뇨 ③ 간기능검사: 혈청지오티·혈청지피티·감마지티피	(1) 신기능검사: 요침사 현미경검사·단백뇨정량·크레아티닌·요소질소(BUN) (2) 간기능검사: 총단백/알부민·총 빌리루빈·알카리포스파타제(AP)·유산탈수효소(LDH) (3) 간염바이러스검사: B형간염 s항원(HBsAg)· B형간염 s항체(HBsAb)· B형간염 e항원(HBeAg)· B형간염 e항체(HBeAb)· B형간염 c항체(HBcAb)· C형간염검사(Anti-HCV)· A형간염검사(Anti-HAV)· (4) 흉부방사선검사 (5) 폐활량검사 (6) 생물학적 노출지표 검사: 요중 메틸이소부틸케톤(MIBK)(작업종료시 채취)

표 2-9. 특수건강진단·배치전건강진단·수시건강진단의 검사항목(유기화합물)(계속)

번호	유해인자	필수검사항목	선택검사항목
34	메틸 클로라이드(클로로메탄)	(1) 직업력·노출력 조사 (2) 과거병력조사 : 주요 표적장기와 관련된 질병력 조사 (3) 자각증상조사 : 문진표 작성내용 확인 포함 (4) 임상진찰 : 간, 신경계 및 안질환에 유의하여 진찰 (5) 임상검사 ① 혈액학적 검사: 혈색소량·혈구용적치 ② 요검사: 단백뇨 ③ 간기능검사: 혈청지오티·혈청지피티·감마지티피	(1) 신기능검사: 요침사 현미경검사·단백뇨정량·크레아티닌·요소질소(BUN) (2) 간기능검사: 총단백/알부민·총 빌리루빈·알카리포스파타제(AP)·유산탈수효소(LDH) (3) 간염바이러스검사: B형간염 s항원(HBsAg)· B형간염 s항체(HBsAb)· B형간염 e항원(HBeAg)· B형간염 e항체(HBeAb)· B형간염 c항체(HBcAb)· C형간염검사(Anti-HCV)· A형간염검사(Anti-HAV)
35	메틸 클로로포름(1,1,1-트리클로로에탄)	(1) 직업력 및 노출력 조사 (2) 과거병력조사: 주요 표적장기와 관련된 질병력 조사 (3) 자각증상조사: 문진표 작성내용 확인 포함 (4) 임상진찰: 신경계·피부·간·신장·심장에 유의하여 진찰 (5) 임상검사 ① 혈액학적 검사: 혈색소량·혈구용적치 ② 요검사: 단백뇨 ③ 간기능검사: 혈청지오티·혈청지피티·감마지티피 (6) 생물학적 노출지표검사: 요중 총삼염화물 또는 삼염화초산(주말작업 종료시 채취)	(1) 신기능검사: 요침사 현미경검사·단백뇨정량·크레아티닌·요소질소(BUN) (2) 간기능검사: 총단백/알부민·총 빌리루빈·알카리포스파타제(AP)·유산탈수효소(LDH) (3) 간염바이러스검사: B형간염 s항원(HBsAg)· B형간염 s항체(HBsAb)· B형간염 e항원(HBeAg)· B형간염 e항체(HBeAb)· B형간염 c항체(HBcAb)· C형간염검사(Anti-HCV)· A형간염검사(Anti-HAV)· (4) 심전도 검사
36	벤젠	(1) 직업력 및 노출력 조사 (2) 과거병력조사: 주요 표적장기와 관련된 질병력 조사 (3) 자각증상조사: 문진표 작성내용 확인 포함 (4) 임상진찰: 조혈기에 유의하여 진찰 (5) 임상검사 ① 혈액학적검사: 혈색소량·혈구용적치·적혈구수·백혈구수·혈소판수·백혈구백분율 ② 요검사: 단백뇨 ③ 간기능검사: 혈청지오티·혈청지	(1) 혈액학적 검사 : 망상적혈구수·혈액도말검사 (2) 간기능검사: 총단백/알부민·총 빌리루빈·알카리포스파타제(AP)·유산탈수효소(LDH) (3) 신기능검사: 요침사 현미경검사·단백뇨정량·크레아티닌·요소질소(BUN) (4)간염바이러스검사: B형간염 s항원(HBsAg)· B형간염 s항체(HBsAb)· B형간염 e항원(HBeAg)·

표 2-9. 특수건강진단·배치전건강진단·수시건강진단의 검사항목(유기화합물)(계속)

번호	유해인자	필수검사항목	선택검사항목
36	벤젠	피티·감마지티피	B형간염 e항체(HBeAb)· B형간염 c항체(HBcAb)· C형간염검사(Anti-HCV)· A형간염검사(Anti-HAV)· (5) 생물학적 노출지표 검사 : 혈중 벤젠·요중페놀·요중 S-페닐머캅토산·알카리포스파타제(AP)·요중 뮤코산(작업 종료시 채취)
37	벤지딘과 그 염	(1) 직업력 및 노출력 조사 (2) 과거병력조사 : 주요 표적장기와 관련된 질병력 조사 (3) 자각증상조사 : 문진표 작성내용 확인 포함 (4) 임상진찰 : 신장·요로계·피부에 유의하여 진찰 (5) 임상검사 ① 혈액학적 검사 : 혈색소량·혈구용적치 ② 요검사 : 단백뇨·요침사현미경 검사 ③ 간기능검사 : 혈청지오티·혈청지피티·감마지티피	요세포 검사(파파니콜라우 검사) : (아침 첫 소변채취)
38	1,3-부타디엔	(1) 직업력·노출력 조사 (2) 과거병력조사 : 주요 표적장기와 관련된 질병력 조사 (3) 자각증상조사 : 문진표 작성내용 확인 포함 (4) 임상진찰 : 조혈기계 질환에 유의하여 진찰 (5) 임상검사 ① 혈액학적 검사 : 혈색소량·혈구용적치 ② 요검사 : 단백뇨 ③ 간기능검사 : 혈청지오티·혈청지피티·감마지티피	(1) 신기능검사 : 요침사 현미경검사·단백뇨정량·크레아티닌·요소질소(BUN) (2) 간기능검사 : 총단백/알부민·총 빌리루빈·알카리포스파타제(AP)·유산탈수효소(LDH) (3) 간염바이러스검사 : B형간염 s항원(HBsAg)· B형간염 s항체(HBsAb)· B형간염 e항원(HBeAg)· B형간염 e항체(HBeAb)· B형간염 c항체(HBcAb)· C형간염검사(Anti-HCV)· A형간염검사(Anti-HAV)· (4) 신경과 검사 : 신경전도검사 (5) 흉부방사선검사 (6) 폐기능검사
39		(1) 직업력 및 노출력 조사 (2) 과거병력조사 : 주요 표적장기와 관련된 질병력 조사 (3) 자각증상조사 : 문진표 작성내용 확	(1) 신기능검사 : 요침사 현미경검사·단백뇨정량·크레아티닌·요소질소(BUN) (2) 간기능검사 : 총단백/알부민·총 빌

표 2-9. 특수건강진단·배치전건강진단·수시건강진단의 검사항목(유기화합물)(계속)

번호	유해인자	필수검사항목	선택검사항목
39	2-부톡시에탄올(에틸렌글리콜모노부틸에테르, 부틸셀로솔브)	인 포함 (4) 임상진찰 : 신경계·피부·조혈기에 유의하여 진찰 (5) 임상검사 ① 혈액학적 검사 : 혈색소량·혈구용적치 ② 요검사 : 단백뇨 ③ 간기능검사 : 혈청지오티·혈청지피티·감마지티피	리루빈·알카리포스파타제(AP)·유산탈수효소(LDH) (3) 간염바이러스검사 : B형간염 s항원(HBsAg)· B형간염 s항체(HBsAb)· B형간염 e항원(HBeAg)· B형간염 e항체(HBeAb)· B형간염 c항체(HBcAb)· C형간염검사(Anti-HCV)· A형 간염검사(Anti-HAV) (4) 혈액학적검사 : 적혈구수·백혈구수·혈소판수·망상적혈구수·백혈구백분율·혈액도말검사
40	2-부톡시에탄올아세테이트(에틸렌글리콜모노부틸에테르아세테이트)	(1) 직업력·노출력 조사 (2) 과거병력조사 : 주요 표적장기와 관련된 질병력 조사 (3) 자각증상조사 : 문진표 작성내용 확인 포함 (4) 임상진찰 : 조혈기계 질환에 유의하여 진찰 (5) 임상검사 ① 혈액학적 검사 : 혈색소량·혈구용적치 ② 요검사 : 단백뇨 ③ 간기능검사 : 혈청지오티·혈청지피티·감마지티피	(1) 신기능검사 : 요침사 현미경검사·단백뇨정량·크레아티닌·요소질소(BUN) (2) 간기능검사 : 총단백/알부민·총 빌리루빈·알카리포스파타제(AP)·유산탈수효소(LDH) (3) 간염바이러스검사 : B형간염 s항원(HBsAg)· B형간염 s항체(HBsAb)· B형간염 e항원(HBeAg)· B형간염 e항체(HBeAb)· B형간염 c항체(HBcAb)· C형간염검사(Anti-HCV)· A형 간염검사(Anti-HAV) (4) 혈액학적검사 : 적혈구수·백혈구수·혈소판수·망상적혈구수·백혈구백분율·혈액도말검사
41	1-부틸알코올(n-부탄올)	(1) 직업력 및 노출력 조사 (2) 과거병력조사 : 주요 표적장기와 관련된 질병력 조사 (3) 자각증상조사 : 문진표 작성내용 확인 포함 (4) 임상진찰 : 피부·신경계·청력·눈에 유의하여 진찰 (5) 임상검사 ① 혈액학적 검사 : 혈색소량·혈구용적치 ② 요검사 : 단백뇨 ③ 간기능검사 : 혈청지오티·혈청지피티·감마지티피	(1) 신기능검사 : 요침사 현미경검사·단백뇨정량·크레아티닌·요소질소(BUN) (2) 간기능검사 : 총단백/알부민·총 빌리루빈·알카리포스파타제(AP)·유산탈수효소(LDH) (3) 간염바이러스검사 : B형간염 s항원(HBsAg)· B형간염 s항체(HBsAb)· B형간염 e항원(HBeAg)· B형간염 e항체(HBeAb)· B형간염 c항체(HBcAb)· C형 간염검사(Anti-HCV)·

표 2-9. 특수건강진단·배치전건강진단·수시건강진단의 검사항목(유기화합물)(계속)

번호	유해인자	필수검사항목	선택검사항목
41	1-부틸 알코올(n-부탄올)		A형 간염검사(Anti-HAV)· (4) 흉부방사선검사 (5) 순음청력검사
42	2-부틸 알코올 (sec-부탄올)	(1) 직업력 및 노출력 조사 (2) 과거병력조사: 주요 표적장기와 관련된 질병력 조사 (3) 자각증상조사: 문진표 작성내용 확인 포함 (4) 임상진찰: 특히 피부·신경계에 유의하여 진찰 (5) 임상검사 ① 혈액학적 검사: 혈색소량·혈구용적치 ② 요검사: 단백뇨 ③ 간기능검사: 혈청지오티·혈청지피티·감마지티피	(1) 신기능검사: 요침사 현미경검사·단백뇨정량·크레아티닌·요소질소(BUN) (2) 간기능검사: 총단백/알부민·총 빌리루빈·알카리포스파타제(AP)·유산탈수효소(LDH) (3) 간염바이러스검사: B형간염 s항원(HBsAg)· B형간염 s항체(HBsAb)· B형간염 e항원(HBeAg)· B형간염 e항체(HBeAb)· B형간염 c항체(HBcAb)· C형간염검사(Anti-HCV)· A형간염검사(Anti-HAV)·
43	1-브로모프로판	(1) 직업력·노출력 조사 (2) 과거병력조사 : 주요 표적장기와 관련된 질병력 조사 (3) 자각증상조사 : 문진표 작성내용 확인 포함 (4) 임상진찰 : 신경계, 간, 신장 질환에 유의하여 진찰 (5) 임상검사 ① 혈액학적 검사: 혈색소량·혈구용적치 ② 요검사: 단백뇨 ③ 간기능검사: 혈청지오티·혈청지피티·감마지티피	혈액학적검사: 적혈구수·백혈구수·혈소판수·망상적혈구수·백혈구백분율·혈액도말검사
44	2-브로모프로판	(1) 직업력 및 노출력 조사 (2) 과거병력조사: 주요 표적장기와 관련된 질병력 조사 (3) 자각증상조사: 문진표 작성내용 확인 포함 (4) 임상진찰: 생식기계·조혈기·중추신경계에 유의하여 진찰 (5) 임상검사 ① 혈액학적 검사: 혈색소량·혈구용적치 ② 요검사: 단백뇨 ③ 간기능검사: 혈청지오티·혈청지피티·감마지티피	(1) 혈액학적검사: 적혈구수·백혈구수·혈소판수·망상적혈구수·백혈구백분율·혈액도말검사 (2) 생식기능 검사: 정액검사·테스토스테론·황체호르몬·여포자극호르몬·에스트로젠·프로락틴

표 2-9. 특수건강진단·배치전건강진단·수시건강진단의 검사항목(유기화합물)(계속)

번호	유해인자	필 수 검 사 항 목	선 택 검 사 항 목
45	브롬화메틸	(1) 직업력 및 노출력 조사 (2) 과거병력조사: 주요 표적장기와 관련된 질병력 조사 (3) 자각증상조사: 문진표 작성내용 확인 포함 (4) 임상진찰: 호흡기·피부·신경계에 유의하여 진찰 (5) 임상검사 ① 혈액학적 검사: 혈색소량·혈구용적치 ② 요검사: 단백뇨 ③ 간기능검사: 혈청지오티·혈청지피티·감마지티피	(1) 흉부방사선검사 (2) 폐활량검사
46	사염화탄소	(1) 직업력 및 노출력 조사 (2) 과거병력조사: 주요 표적장기와 관련된 질병력 조사 (3) 자각증상조사: 문진표 작성내용 확인 포함 (4) 임상진찰: 신경계·간·신장·피부에 유의하여 진찰 (5) 임상검사 ① 혈액학적 검사: 혈색소량·혈구용적치 ② 요검사: 단백뇨 ③ 간기능검사: 혈청지오티·혈청지피티·감마지티피	(1) 신기능검사: 요침사 현미경검사·단백뇨정량·크레아티닌·요소질소(BUN) (2) 간기능검사: 총단백/알부민·총 빌리루빈·알카리포스파타제(AP)·유산탈수효소(LDH) (3) 간염바이러스검사: B형간염 s항원(HBsAg)· B형간염 s항체(HBsAb)· B형간염 e항원(HBeAg)· B형간염 e항체(HBeAb)· B형간염 c항체(HBcAb)· C형간염검사(Anti-HCV)· A형간염검사(Anti-HAV)· (4) 심전도 검사
47	스토다드솔벤트	(1) 직업력·노출력 조사 (2) 과거병력조사 : 주요 표적장기와 관련된 질병력 조사 (3) 자각증상조사 : 문진표 작성내용 확인 포함 (4) 임상진찰 : 간, 신경계 질환에 유의하여 진찰 (5) 임상검사 ① 혈액학적 검사: 혈색소량·혈구용적치 ② 요검사: 단백뇨 ③ 간기능검사: 혈청지오티·혈청지피티·감마지티피	(1) 신기능검사: 요침사 현미경검사·단백뇨정량·크레아티닌·요소질소(BUN) (2) 간기능검사: 총단백/알부민·총 빌리루빈·알카리포스파타제(AP)·유산탈수효소(LDH) (3) 간염바이러스검사: B형간염 s항원(HBsAg)· B형간염 s항체(HBsAb)· B형간염 e항원(HBeAg)· B형간염 e항체(HBeAb)· B형간염 c항체(HBcAb)· C형간염검사(Anti-HCV)· A형간염검사(Anti-HAV)·

표 2-9. 특수건강진단·배치전건강진단·수시건강진단의 검사항목(유기화합물)(계속)

번호	유해인자	필수검사항목	선택검사항목
47	스토다드 솔벤트		(4) 혈액학적검사 : 적혈구수·백혈구수·혈소판수·망상적혈구수·백혈구백분율·혈액도말검사 (5) 심전도 검사
48	스티렌	(1) 직업력 및 노출력 조사 (2) 과거병력조사 : 주요 표적장기와 관련된 질병력 조사 (3) 자각증상조사 : 문진표 작성내용 확인 포함 (4) 임상진찰 : 신경계·피부에 유의하여 진찰 (5) 임상검사 ① 혈액학적 검사 : 혈색소량·혈구용적치 ② 요검사 : 단백뇨 ③ 간기능검사 : 혈청지오티·혈청지피티·감마지티피 (6) 생물학적 노출지표 검사 : 요중 만델릭산 또는 페닐글리옥실산(작업 종료시 채취)	(1) 신기능검사 : 요침사 현미경검사·단백뇨정량·크레아티닌·요소질소(BUN) (2) 간기능검사 : 총단백/알부민·총 빌리루빈·알카리포스파타제(AP)·유산탈수효소(LDH) (3) 간염바이러스검사 : B형간염 s항원(HBsAg)· B형간염 s항체(HBsAb)· B형간염 e항원(HBeAg)· B형간염 e항체(HBeAb)· B형간염 c항체(HBcAb)· C형간염검사(Anti-HCV)· A형간염검사(Anti-HAV)· (4) 신경과 검사 : 신경전도검사 (5) 흉부방사선검사 (6) 폐활량검사
49	시클로헥사논	(1) 직업력 및 노출력 조사 (2) 과거병력조사 : 주요 표적장기와 관련된 질병력 조사 (3) 자각증상조사 : 문진표 작성내용 확인 포함 (4) 임상진찰 : 특히 피부, 신경계에 유의하여 진찰 (5) 임상검사 ① 혈액학적 검사 : 혈색소량·혈구용적치 ② 요검사 : 단백뇨 ③ 간기능검사 : 혈청지오티·혈청지피티·감마지티피	(1) 신기능검사 : 요침사 현미경검사·단백뇨정량·크레아티닌·요소질소(BUN) (2) 간기능검사 : 총단백/알부민·총 빌리루빈·알카리포스파타제(AP)·유산탈수효소(LDH) (3) 간염바이러스검사 : B형간염 s항원(HBsAg)· B형간염 s항체(HBsAb)· B형간염 e항원(HBeAg)· B형간염 e항체(HBeAb)· B형간염 c항체(HBcAb)· C형간염검사(Anti-HCV)· A형간염검사(Anti-HAV)·
50	시클로헥사놀	(1) 직업력 및 노출력 조사 (2) 과거병력조사 : 주요 표적장기와 관련된 질병력 조사 (3) 자각증상조사 : 문진표 작성내용 확인 포함 (4) 임상진찰 : 특히 피부·신경계에 유의하여 진찰	(1) 신기능검사 : 요침사 현미경검사·단백뇨정량·크레아티닌·요소질소(BUN) (2) 간기능검사 : 총단백/알부민·총 빌리루빈·알카리포스파타제(AP)·유산탈수효소(LDH) (3) 간염바이러스검사 :

표 2-9. 특수건강진단·배치전건강진단·수시건강진단의 검사항목(유기화합물)(계속)

번호	유해인자	필수검사항목	선택검사항목
50	시클로헥사놀	(5) 임상검사 ① 혈액학적 검사: 혈색소량·혈구용적치 ② 요검사: 단백뇨 ③ 간기능검사: 혈청지오티·혈청지피티·감마지티피	B형간염 s항원(HBsAg)· B형간염 s항체(HBsAb)· B형간염 e항원(HBeAg)· B형간염 e항체(HBeAb)· B형간염 c항체(HBcAb)· C형간염검사(Anti-HCV)· A형간염검사(Anti-HAV)· (4) 심전도검사
51	시클로헥산	(1) 직업력·노출력 조사 (2) 과거병력조사 : 주요 표적장기와 관련된 질병력 조사 (3) 자각증상조사 : 문진표 작성내용 확인 포함 (4) 임상진찰 : 신경계, 간, 신장 질환에 유의하여 진찰 (5) 임상검사 ① 혈액학적 검사: 혈색소량·혈구용적치 ② 요검사: 단백뇨 ③ 간기능검사: 혈청지오티·혈청지피티·감마지티피	(1) 신기능검사: 요침사 현미경검사·단백뇨정량·크레아티닌·요소질소(BUN) (2) 간기능검사: 총단백/알부민·총 빌리루빈·알카리포스파타제(AP)·유산탈수효소(LDH) (3) 간염바이러스검사: B형간염 s항원(HBsAg)· B형간염 s항체(HBsAb)· B형간염 e항원(HBeAg)· B형간염 e항체(HBeAb)· B형간염 c항체(HBcAb)· C형간염검사(Anti-HCV)· A형간염검사(Anti-HAV)· (4) 심전도검사
52	시클로헥센	(1) 직업력·노출력 조사 (2) 과거병력조사 : 주요 표적장기와 관련된 질병력 조사 (3) 자각증상조사 : 문진표 작성내용 확인 포함 (4) 임상진찰 : 신경계 질환에 유의하여 진찰 (5) 임상검사 ① 혈액학적 검사: 혈색소량·혈구용적치 ② 요검사: 단백뇨 ③ 간기능검사: 혈청지오티·혈청지피티·감마지티피	(1) 신기능검사: 요침사 현미경검사·단백뇨정량·크레아티닌·요소질소(BUN) (2) 간기능검사: 총단백/알부민·총 빌리루빈·알카리포스파타제(AP)·유산탈수효소(LDH) (3) 간염바이러스검사: B형간염 s항원(HBsAg)· B형간염 s항체(HBsAb)· B형간염 e항원(HBeAg)· B형간염 e항체(HBeAb)· B형간염 c항체(HBcAb)· C형간염검사(Anti-HCV)· A형간염검사(Anti-HAV)· (4) 심전도검사
53	아닐린(아미노벤젠) 과 그 동족체	(1) 직업력·노출력 조사 (2) 과거병력조사 : 주요 표적장기와 관련된 질병력 조사 (3) 자각증상조사 : 문진표 작성내용 확	(1) 신기능검사: 요침사 현미경검사·단백뇨정량·크레아티닌·요소질소(BUN) (2) 간기능검사: 총단백/알부민·총 빌

표 2-9. 특수건강진단·배치전건강진단·수시건강진단의 검사항목(유기화합물)(계속)

번호	유해인자	필 수 검 사 항 목	선 택 검 사 항 목
53	아닐린(아미노벤젠) 과 그 동족체	인 포함 (4) 임상진찰 : 혈액, 신장 질환에 유의하여 진찰 (5) 임상검사 ① 혈액학적 검사: 혈색소량·혈구용적치 ② 요검사: 단백뇨 ③ 간기능검사: 혈청지오티·혈청지피티·감마지티피	리루빈·알카리포스파타제(AP)·유산탈수효소(LDH) (3) 간염바이러스검사: B형간염 s항원(HBsAg)· B형간염 s항체(HBsAb)· B형간염 e항원(HBeAg)· B형간염 e항체(HBeAb)· B형간염 c항체(HBcAb)· C형간염검사(Anti-HCV)· A형간염검사(Anti-HAV)
54	아세토니트릴	(1) 직업력·노출력 조사 (2) 과거병력조사 : 주요 표적장기와 관련된 질병력 조사 (3) 자각증상조사 : 문진표 작성내용 확인 포함 (4) 임상진찰 : 신경계 질환에 유의하여 진찰 (5) 임상검사 ① 혈액학적 검사: 혈색소량·혈구용적치 ② 요검사: 단백뇨 ③ 간기능검사: 혈청지오티·혈청지피티·감마지티피	(1) 신기능검사: 요침사 현미경검사·단백뇨정량·크레아티닌·요소질소(BUN) (2) 간기능검사: 총단백/알부민·총 빌리루빈·알카리포스파타제(AP)·유산탈수효소(LDH) (3) 간염바이러스검사: B형간염 s항원(HBsAg)· B형간염 s항체(HBsAb)· B형간염 e항원(HBeAg)· B형간염 e항체(HBeAb)· B형간염 c항체(HBcAb)· C형간염검사(Anti-HCV)· A형간염검사(Anti-HAV)· (4) 심전도검사
55	아세톤	(1) 직업력 및 노출력 조사 (2) 과거병력조사: 주요 표적장기와 관련된 질병력 조사 (3) 자각증상조사: 문진표 작성내용 확인 포함 (4) 임상진찰: 피부·눈·신경계·호흡기계에 유의하여 진찰 (5) 임상검사 ① 혈액학적 검사: 혈색소량·혈구용적치 ② 요검사: 단백뇨 ③ 간기능검사: 혈청지오티·혈청지피티·감마지티피	(1) 신기능검사: 요침사 현미경검사·단백뇨정량·크레아티닌·요소질소(BUN) (2) 간기능검사: 총단백/알부민·총 빌리루빈·알카리포스파타제(AP)·유산탈수효소(LDH) (3) 간염바이러스검사: B형간염 s항원(HBsAg)· B형간염 s항체(HBsAb)· B형간염 e항원(HBeAg)· B형간염 e항체(HBeAb)· B형간염 c항체(HBcAb)· C형간염검사(Anti-HCV)· A형간염검사(Anti-HAV)· (4) 흉부방사선검사 (5) 폐활량검사 (6) 생물학적 노출지표검사: 요중 아세톤(작업종료시 채취)

표 2-9. 특수건강진단·배치전건강진단·수시건강진단의 검사항목(유기화합물)(계속)

번호	유해인자	필수검사항목	선택검사항목
56	아세트산 2-에톡시에틸(에틸렌 글리콜 모노 에틸 에테르 아세테이트)	(1) 직업력·노출력 조사 (2) 과거병력조사 : 주요 표적장기와 관련된 질병력 조사 (3) 자각증상조사 : 문진표 작성내용 확인 포함 (4) 임상진찰 : 조혈기계, 생식기계 질환에 유의하여 진찰 (5) 임상검사 ① 혈액학적 검사: 혈색소량·혈구용적치 ② 요검사: 단백뇨 ③ 간기능검사: 혈청지오티·혈청지피티·감마지티피	(1) 신기능검사: 요침사 현미경검사·단백뇨정량·크레아티닌·요소질소(BUN) (2) 간기능검사: 총단백/알부민·총 빌리루빈·알카리포스파타제(AP)·유산탈수효소(LDH) (3) 간염바이러스검사: B형간염 s항원(HBsAg)· B형간염 s항체(HBsAb)· B형간염 e항원(HBeAg)· B형간염 e항체(HBeAb)· B형간염 c항체(HBcAb)· C형간염검사(Anti-HCV)· A형간염검사(Anti-HAV)· (4) 혈액학적검사: 적혈구수·백혈구수·혈소판수·망상적혈구수·백혈구백분율·혈액도말검사 (5) 생식기능 검사: 정액검사·테스토스테론·황체호르몬·여포자극호르몬·에스트로젠·프로락틴
57	아세트알데히드	(1) 직업력·노출력 조사 (2) 과거병력조사 : 주요 표적장기와 관련된 질병력 조사 (3) 자각증상조사 : 문진표 작성내용 확인 포함 (4) 임상진찰 : 신경계 질환에 유의하여 진찰 (5) 임상검사 ① 혈액학적 검사: 혈색소량·혈구용적치 ② 요검사: 단백뇨 ③ 간기능검사: 혈청지오티·혈청지피티·감마지티피	
58	아크릴로니트릴	(1) 직업력 및 노출력 조사 (2) 과거병력조사: 주요 표적장기와 관련된 질병력 조사 (3) 자각증상조사: 문진표 작성내용 확인 포함 (4) 임상진찰: 심혈관계·피부·폐·대장·눈에 유의하여 진찰 (5) 임상검사 ① 혈액학적 검사: 혈색소량·혈구용적치	(1) 흉부 방사선 검사 (2) 폐활량검사 (3) 심전도 검사

표 2-9. 특수건강진단·배치전건강진단·수시건강진단의 검사항목(유기화합물)(계속)

번호	유해인자	필수검사항목	선택검사항목
58	아크릴로니트릴	② 요검사: 단백뇨 ③ 간기능검사: 혈청지오티·혈청지피티·감마지티피	
59	아크릴아미드	(1) 직업력 및 노출력 조사 (2) 과거병력조사: 주요 표적장기와 관련된 질병력 조사 (3) 자각증상조사: 문진표 작성내용 확인 포함 (4) 임상진찰: 피부·중추 또는 말초신경계에 유의하여 진찰 (5) 임상검사 ① 혈액학적 검사: 혈색소량·혈구용적치 ② 요검사: 단백뇨 ③ 간기능검사: 혈청지오티·혈청지피티·감마지티피	신경과 검사: 신경전도검사
60	2-에톡시에탄올(에틸렌 글리콜 모노에틸 에테르, 셀로솔브)	(1) 직업력 및 노출력 조사 (2) 과거병력조사: 주요 표적장기와 관련된 질병력 조사 (3) 자각증상조사: 문진표 작성내용 확인 포함 (4) 임상진찰: 신경계·피부·조혈기·생식기능에 유의하여 진찰 (5) 임상검사 ① 혈액학적 검사: 혈색소량·혈구용적치 ② 요검사: 단백뇨 ③ 간기능검사: 혈청지오티·혈청지피티·감마지티피	(1) 신기능검사: 요침사 현미경검사·단백뇨정량·크레아티닌·요소질소(BUN) (2) 간기능검사: 총단백/알부민·총 빌리루빈·알카리포스파타제(AP)·유산탈수효소(LDH) (3) 간염바이러스검사: B형간염 s항원(HBsAg)·B형간염 s항체(HBsAb)·B형간염 e항원(HBeAg)·B형간염 e항체(HBeAb)·B형간염 c항체(HBcAb)·C형간염검사(Anti-HCV)·A형간염검사(Anti-HAV)· (4) 혈액학적검사: 적혈구수·백혈구수·혈소판수·망상적혈구수·백혈구백분율·혈액도말검사 (5) 생식기능 검사: 정액검사·테스토스테론·황체호르몬·여포자극호르몬·에스트로젠 ·프로락틴 (6) 생물학적 노출지표 검사: 요중 2-에톡시초산(주말작업 종료시 채취)
61		(1) 직업력·노출력 조사 (2) 과거병력조사 : 주요 표적장기와 관련된 질병력 조사 (3) 자각증상조사 : 문진표 작성내용 확인 포함	

표 2-9. 특수건강진단·배치전건강진단·수시건강진단의 검사항목(유기화합물)(계속)

번호	유해인자	필수검사항목	선택검사항목
61	에틸렌글리콜(1,2-디히드록시에탄)	(4) 임상진찰 : 신경계 질환에 유의하여 진찰 (5) 임상검사 ① 혈액학적 검사: 혈색소량·혈구용적치 ② 요검사: 단백뇨 ③ 간기능검사: 혈청지오티·혈청지피티·감마지티피	
62	에틸렌글리콜디니트레이트(니트로글리콜)	(1) 직업력 및 노출력 조사 (2) 과거병력조사: 주요 표적장기와 관련된 질병력 조사 (3) 자각증상조사: 문진표 작성내용 확인 포함 (4) 임상진찰: 심혈관계에 유의하여 진찰 (5) 임상검사 ① 혈액학적 검사: 혈색소량·혈구용적치 ② 요검사: 단백뇨 ③ 간기능검사: 혈청지오티·혈청지피티·감마지티피 ④ 심전도 검사	(1) 간기능검사: 총단백/알부민·총 빌리루빈·알카리포스파타제(AP)·유산탈수효소(LDH) (2) 간염바이러스검사: B형간염 s항원(HBsAg)· B형간염 s항체(HBsAb)· B형간염 e항원(HBeAg)· B형간염 e항체(HBeAb)· B형간염 c항체(HBcAb)· C형간염검사(Anti-HCV)· A형간염검사(Anti-HAV)· (3) 혈액학적검사: 적혈구수·백혈구수·혈소판수·망상적혈구수
63	에틸렌이민	(1) 직업력 및 노출력 조사 (2) 과거병력조사: 주요 표적장기와 관련된 질병력 조사 (3) 자각증상조사: 문진표 작성내용 확인 포함 (4) 임상진찰: 피부·호흡기·신장에 유의하여 진찰 (5) 임상검사 ① 혈액학적 검사: 혈색소량·혈구용적치 ② 요검사: 단백뇨 ③ 간기능검사: 혈청지오티·혈청지피티·감마지티피	(1) 흉부방사선검사 (2) 폐활량검사 (3) 신기능검사: 요침사 현미경검사·단백뇨정량·크레아티닌·요소질소(BUN)
64	에틸렌클로로하이드린(2-클로로에탄올)	(1) 직업력·노출력 조사 (2) 과거병력조사 : 주요 표적장기와 관련된 질병력 조사 (3) 자각증상조사 : 문진표 작성내용 확인 포함 (4) 임상진찰 : 신경계, 간, 신장 질환에 유의하여 진찰 (5) 임상검사	(1) 신기능검사: 요침사 현미경검사·단백뇨정량·크레아티닌·요소질소(BUN) (2) 간기능검사: 총단백/알부민·총 빌리루빈·알카리포스파타제(AP)·유산탈수효소(LDH) (3) 간염바이러스검사: B형간염 s항원(HBsAg)·

표 2-9. 특수건강진단·배치전건강진단·수시건강진단의 검사항목(유기화합물)(계속)

번호	유해인자	필수검사항목	선택검사항목
64	에틸렌클로로하이드린(2-클로로에탄올)	① 혈액학적 검사: 혈색소량·혈구용적치 ② 요검사: 단백뇨 ③ 간기능검사: 혈청지오티·혈청지피티·감마지티피	B형간염 s항체(HBsAb)· B형간염 e항원(HBeAg)· B형간염 e항체(HBeAb)· B형간염 c항체(HBcAb)· C형간염검사(Anti-HCV)· A형간염검사(Anti-HAV)· (4) 심전도검사
65	에틸벤젠	(1) 직업력·노출력 조사 (2) 과거병력조사 : 주요 표적장기와 관련된 질병력 조사 (3) 자각증상조사 : 문진표 작성내용 확인 포함 (4) 임상진찰 : 신경계 질환에 유의하여 진찰 (5) 임상검사 ① 혈액학적 검사: 혈색소량·혈구용적치 ② 요검사: 단백뇨 ③ 간기능검사: 혈청지오티·혈청지피티·감마지티피	(1) 신기능검사: 요침사 현미경검사·단백뇨정량·크레아티닌·요소질소(BUN) (2) 간기능검사: 총단백/알부민·총 빌리루빈·알카리포스파타제(AP)·유산탈수효소(LDH) (3) 간염바이러스검사: B형간염 s항원(HBsAg)· B형간염 s항체(HBsAb)· B형간염 e항원(HBeAg)· B형간염 e항체(HBeAb)· B형간염 c항체(HBcAb)· C형간염검사(Anti-HCV)· A형간염검사(Anti-HAV)
66	에틸아크릴레이트(에틸아크릴엑시드)	(1) 직업력·노출력 조사 (2) 과거병력조사 : 주요 표적장기와 관련된 질병력 조사 (3) 자각증상조사 : 문진표 작성내용 확인 포함 (4) 임상진찰 : 신경계 질환에 유의하여 진찰 (5) 임상검사 ① 혈액학적 검사: 혈색소량·혈구용적치 ② 요검사: 단백뇨 ③ 간기능검사: 혈청지오티·혈청지피티·감마지티피	
67	2,3-에폭시-1-프로판올(글리시돌)	(1) 직업력·노출력 조사 (2) 과거병력조사 : 주요 표적장기와 관련된 질병력 조사 (3) 자각증상조사 : 문진표 작성내용 확인 포함 (4) 임상진찰 : 신경계 질환에 유의하여 진찰 (5) 임상검사	

표 2-9. 특수건강진단·배치전건강진단·수시건강진단의 검사항목(유기화합물)(계속)

번호	유해인자	필수검사항목	선택검사항목
67	2,3-에폭시-1-프로판올(글리시돌)	① 혈액학적 검사: 혈색소량·혈구용적치 ② 요검사: 단백뇨 ③ 간기능검사: 혈청지오티·혈청지피티·감마지티피	
68	에피클로로하이드린	(1) 직업력·노출력 조사 (2) 과거병력조사 : 주요 표적장기와 관련된 질병력 조사 (3) 자각증상조사 : 문진표 작성내용 확인 포함 (4) 임상진찰 : 간, 신장, 호흡기, 조혈기계 질환에 유의하여 진찰 (5) 임상검사 ① 혈액학적 검사: 혈색소량·혈구용적치 ② 요검사: 단백뇨 ③ 간기능검사: 혈청지오티·혈청지피티·감마지티피	(1) 신기능검사: 요침사 현미경검사·단백뇨정량·크레아티닌·요소질소(BUN) (2) 간기능검사: 총단백/알부민·총 빌리루빈·알카리포스파타제(AP)·유산탈수효소(LDH) (3) 간염바이러스검사: B형간염 s항원(HBsAg)· B형간염 s항체(HBsAb)· B형간염 e항원(HBeAg)· B형간염 e항체(HBeAb)· B형간염 c항체(HBcAb)· C형간염검사(Anti-HCV)· A형간염검사(Anti-HAV)· (4) 혈액학적검사: 적혈구수·백혈구수·혈소판수·망상적혈구수·백혈구백분율·혈액도말검사
69	염소화비페닐	(1) 직업력 및 노출력 조사 (2) 과거병력조사: 주요 표적장기와 관련된 질병력 조사 (3) 자각증상조사: 문진표 작성내용 확인 포함 (4) 임상 진찰: 간·신장·피부에 유의하여 진찰 (5) 임상검사 ① 혈액학적 검사: 혈색소량·혈구용적치 ② 요검사: 단백뇨 ③ 간기능검사: 혈청지오티·혈청지피티·감마지티피	(1) 신기능검사: 요침사 현미경검사·단백뇨정량·크레아티닌·요소질소(BUN) (2) 간기능검사: 총단백/알부민·총 빌리루빈·알카리포스파타제(AP)·유산탈수효소(LDH) (3) 간염바이러스 검사: B형간염 s항원(HBsAg)· B형간염 s항체(HBsAb)· B형간염 e항원(HBeAg)· B간염 e항체(HBeAb)· B형간염 c항체(HBcAb)· C형간염검사(Anti-HCV)· A형간염검사(Anti-HAV)·
70	오라민	(1) 직업력 및 노출력 조사 (2) 과거병력조사: 주요 표적장기와 관련된 질병력 조사 (3) 자각증상조사: 문진표 작성내용 확인 포함 (4) 임상진찰: 요로계에 유의하여 진찰	요세포 검사(파파니콜라우 검사): (아침 첫 소변채취)

표 2-9. 특수건강진단·배치전건강진단·수시건강진단의 검사항목(유기화합물)(계속)

번호	유해인자	필수검사항목	선택검사항목
70	오라민	(5) 임상검사 ① 혈액학적 검사: 혈색소량·혈구용적치 ② 요검사: 단백뇨·요침사 현미경검사 ③ 간기능검사: 혈청지오티·혈청지피티·감마지티피	
71	요오드화메틸	(1) 직업력 및 노출력 조사 (2) 과거병력조사: 주요 표적장기와 관련된 질병력 조사 (3) 자각증상조사: 문진표 작성내용 확인 포함 (4) 임상진찰: 신경계·피부·눈·호흡기에 유의하여 진찰 (5) 임상검사 ① 혈액학적 검사: 혈색소량·혈구용적치 ② 요검사: 단백뇨 ③ 간기능검사: 혈청지오티·혈청지피티·감마지티피	(1) 간기능 검사: 총단백/알부민·총 빌리루빈·알카리포스파타제(AP)·유산탈수효소(LDH) (2) 간염바이러스 검사: B형간염 s항원(HBsAg)· B형간염 s항체(HBsAb)· B형간염 e항원(HBeAg)· B간염 e항체(HBeAb)· B형간염 c항체(HBcAb)· C형간염검사(Anti-HCV)· A형간염검사(Anti-HAV)· (3) 흉부방사선검사 (4) 폐활량검사
72	이소부틸알코올	(1) 직업력 및 노출력 조사 (2) 과거병력조사: 주요 표적장기와 관련된 질병력 조사 (3) 자각증상조사: 문진표 작성내용 확인 포함 (4) 임상진찰: 피부·신경계 및 호흡기에 유의하여 진찰 (5) 임상검사 ① 혈액학적 검사: 혈색소량·혈구용적치 ② 요검사: 단백뇨 ③ 간기능검사: 혈청지오티·혈청지피티·감마지티피	(1) 신기능검사: 요침사 현미경검사·단백뇨정량·크레아티닌·요소질소(BUN) (2) 간기능검사: 총단백/알부민·총 빌리루빈·알카리포스파타제(AP)·유산탈수효소(LDH) (3) 간염바이러스검사: B형간염 s항원(HBsAg)· B형간염 s항체(HBsAb)· B형간염 e항원(HBeAg)· B형간염 e항체(HBeAb)· B형간염 c항체(HBcAb)· C형간염검사(Anti-HCV)· A형간염검사(Anti-HAV)· (4) 흉부방사선검사 (5) 폐활량검사
73	이소아밀알코올(이소펜틸알코올)	(1) 직업력 및 노출력 조사 (2) 과거병력조사: 주요 표적장기와 관련된 질병력 조사 (3) 자각증상조사: 문진표 작성내용 확인 포함 (4) 임상진찰: 피부·신경계 및 호흡기에 유의하여 진찰	(1) 신기능검사: 요침사 현미경검사·단백뇨정량·크레아티닌·요소질소(BUN) (2) 간기능검사: 총단백/알부민·총 빌리루빈·알카리포스파타제(AP)·유산탈수효소(LDH) (3) 간염바이러스검사:

표 2-9. 특수건강진단·배치전건강진단·수시건강진단의 검사항목(유기화합물)(계속)

번호	유해인자	필 수 검 사 항 목	선 택 검 사 항 목
73	이소아밀 알코올 (이소펜틸 알코올)	(5) 임상검사 ① 혈액학적 검사: 혈색소량·혈구용적치 ② 요검사: 단백뇨 ③ 간기능검사: 혈청지오티·혈청지피티·감마지티피	B형간염 s항원(HBsAg)· B형간염 s항체(HBsAb)· B형간염 e항원(HBeAg)· B형간염 e항체(HBeAb)· B형간염 c항체(HBcAb)· C형간염검사(Anti-HCV)· A형간염검사(Anti-HAV)· (4) 흉부방사선검사 (5) 폐활량검사
74	이소프로필 알코올	(1) 직업력 및 노출력 조사 (2) 과거병력조사: 주요 표적장기와 관련된 질병력 조사 (3) 자각증상조사: 문진표 작성내용 확인 포함 (4) 임상진찰: 신경계·비강 및 인후두에 유의하여 진찰 (5) 임상검사 ① 혈액학적 검사: 혈색소량·혈구용적치 ② 요검사: 단백뇨 ③ 간기능검사: 혈청지오티·혈청지피티·감마지티피	(1) 신기능검사: 요침사 현미경검사·단백뇨정량·크레아티닌·요소질소(BUN) (2) 간기능검사: 총단백/알부민·총 빌리루빈·알카리포스파타제(AP)·유산탈수효소(LDH) (3) 간염바이러스검사: B형간염 s항원(HBsAg)· B형간염 s항체(HBsAb)· B형간염 e항원(HBeAg)· B형간염 e항체(HBeAb)· B형간염 c항체(HBcAb)· C형간염검사(Anti-HCV)· A형간염검사(Anti-HAV)· (4) 흉부방사선검사 (5) 폐활량검사 (6) 생물학적 노출지표 검사: 혈중 또는 요중아세톤(작업종료시 채취)
75	이염화에틸렌 (1,2-디클로로에탄)	(1) 직업력 및 노출력 조사 (2) 과거병력조사: 주요 표적장기와 관련된 질병력 조사 (3) 자각증상조사: 문진표 작성내용 확인 포함 (4) 임상진찰: 신경계·간·신장·피부에 유의하여 진찰 (5) 임상검사 ① 혈액학적 검사: 혈색소량·혈구용적치 ② 요검사: 단백뇨 ③ 간기능검사: 혈청지오티·혈청지피티·감마지티피	(1) 신기능검사: 요침사 현미경검사·단백뇨정량·크레아티닌·요소질소(BUN) (2) 간기능검사: 총단백/알부민·총 빌리루빈·알카리포스파타제(AP)·유산탈수효소(LDH) (3) 간염바이러스검사: B형간염 s항원(HBsAg)· B형간염 s항체(HBsAb)· B형간염 e항원(HBeAg)· B형간염 e항체(HBeAb)· B형간염 c항체(HBcAb)· C형간염검사(Anti-HCV)· A형간염검사(Anti-HAV)·
76		(1) 직업력 및 노출력 조사	(1) 신기능검사: 요침사 현미경검사·단

표 2-9. 특수건강진단·배치전건강진단·수시건강진단의 검사항목(유기화합물)(계속)

번호	유해인자	필수검사항목	선택검사항목
76	이황화탄소	(1) 직업력 및 노출력 조사 (2) 과거병력조사: 주요 표적장기와 관련된 질병력 조사 (3) 자각증상조사: 문진표 작성내용 확인 포함 (4) 임상진찰: 신경계·간·신장·순환계·눈에 유의하여 진찰 (5) 임상검사 ① 혈액학적 검사: 혈색소량·혈구용적치 ② 요검사: 단백뇨 ③ 간기능검사: 혈청지오티·혈청지피티·감마지티피	(1) 신기능검사: 요침사 현미경검사·단백뇨정량·크레아티닌·요소질소(BUN) (2) 간기능검사: 총단백/알부민·총 빌리루빈·알카리포스파타제(AP)·유산탈수효소(LDH) (3) 간염바이러스검사: B형간염 s항원(HBsAg)· B형간염 s항체(HBsAb)· B형간염 e항원(HBeAg)· B형간염 e항체(HBeAb)· B형간염 c항체(HBcAb)· C형간염검사(Anti-HCV)· A형간염검사(Anti-HAV)· (4) 신경과 검사: 신경전도검사 (5) 생식기능검사: 정액검사·테스토스테론·황체호르몬·여포자극호르몬·에스트로젠·프로락틴 (6) 안과검사: 안저검사 (7) 순음청력검사 (8) 생물학적노출지표검사: 요중 2-티오티아졸리딘-4-카르복시산(TTCA)(작업종료시 채취)
77	초산 2-메톡시에틸(에틸렌 글리콜 모노메틸 에테르 아세테이트, 셀로솔브아세테이트)	(1) 직업력 및 노출력 조사 (2) 과거병력조사: 주요 표적장기와 관련된 질병력 조사 (3) 자각증상조사: 문진표 작성내용 확인 포함 (4) 임상진찰: 신경계·피부·조혈기·생식기능에 유의하여 진찰 (5) 임상검사 ① 혈액학적 검사: 혈색소량·혈구용적치 ② 요검사: 단백뇨 ③ 간기능검사: 혈청지오티·혈청지피티·감마지티피	(1) 신기능검사: 요침사 현미경검사·단백뇨정량·크레아티닌·요소질소(BUN) (2) 간기능검사: 총단백/알부민·총 빌리루빈·알카리포스파타제(AP)·유산탈수효소(LDH) (3) 간염바이러스검사: B형간염 s항원(HBsAg)· B형간염 s항체(HBsAb)· B형간염 e항원(HBeAg)· B형간염 e항체(HBeAb)· B형간염 c항체(HBcAb)· C형간염검사(Anti-HCV)· A형간염검사(Anti-HAV)· (4) 혈액학적검사: 적혈구수·백혈구수·혈소판수·망상적혈구수·백혈구백분율·혈액도말검사 (5) 생식기능 검사: 정액검사·테스토스테론·황체호르몬·여포자극호르몬·에스트로젠·프로락틴

표 2-9. 특수건강진단·배치전건강진단·수시건강진단의 검사항목(유기화합물)(계속)

번호	유해인자	필수검사항목	선택검사항목
77			(6) 생물학적 노출지표 검사: 요중 2-에톡시초산(주말작업 종료시 채취)
78	초산 이소아밀(초산 펜틸)	(1) 직업력 및 노출력 조사 (2) 과거병력조사: 주요 표적장기와 관련된 질병력 조사 (3) 자각증상조사: 문진표 작성내용 확인 포함 (4) 임상진찰: 신경계·피부에 유의하여 진찰 (5) 임상검사 ① 혈액학적 검사: 혈색소량·혈구용적치 ② 요검사: 단백뇨 ③ 간기능검사: 혈청지오티·혈청지피티·감마지티피	(1) 신기능검사: 요침사 현미경검사·단백뇨정량·크레아티닌·요소질소(BUN) (2) 간기능검사: 총단백/알부민·총 빌리루빈·알카리포스파타제(AP)·유산탈수효소(LDH) (3) 간염바이러스검사: B형간염 s항원(HBsAg)· B형간염 s항체(HBsAb)· B형간염 e항원(HBeAg)· B형간염 e항체(HBeAb)· B형간염 c항체(HBcAb)· C형간염검사(Anti-HCV)· A형간염검사(Anti-HAV)· (4) 흉부방사선검사 (5) 폐활량검사
79	콜타르	(1) 직업력 및 노출력 조사 (2) 과거병력조사: 주요 표적장기와 관련된 질병력 조사 (3) 자각증상조사: 문진표 작성내용 확인 포함 (4) 임상진찰: 피부·호흡기·조혈기·요로계·신경계·심혈관계에 유의하여 진찰 (5) 임상검사 ① 혈액학적 검사: 혈색소량·혈구용적치 ② 요검사: 단백뇨 ③ 간기능검사: 혈청지오티·혈청지피티·감마지티피	(1) 객담세포 검사 (2) 신기능검사: 요침사 현미경검사·단백뇨정량·크레아티닌·요소질소(BUN) (3) 간기능검사: 총단백/알부민·총 빌리루빈·알카리포스파타제(AP)·유산탈수효소(LDH) (4) 간염바이러스 검사: B형간염 s항원(HBsAg)· B형간염 s항체(HBsAb)· B형간염 e항원(HBeAg)· B간염 e항체(HBeAb)· B형간염 c항체(HBcAb)· C형간염검사(Anti-HCV)· A형간염검사(Anti-HAV)· (5) 혈액학적검사: 적혈구수·백혈구수·혈소판수·망상적혈구수·백혈구백분율·혈액도말검사 (6) 흉부방사선 검사 (7) 생물학적폭로지표검사: 요중 1-하이드록시파이렌
80	크레졸	(1) 직업력 및 노출력 조사 (2) 과거병력조사: 주요 표적장기와 관련된 질병력 조사	(1) 신기능검사: 요침사 현미경검사·단백뇨정량·크레아티닌·요소질소(BUN)

표 2-9. 특수건강진단·배치전건강진단·수시건강진단의 검사항목(유기화합물)(계속)

번호	유해인자	필 수 검 사 항 목	선 택 검 사 항 목
80	크레졸	(3) 자각증상조사: 문진표 작성내용 확인 포함 (4) 임상진찰: 신경계·피부에 유의하여 진찰 (5) 임상검사 ① 혈액학적 검사: 혈색소량·혈구용적치 ② 요검사: 단백뇨 ③ 간기능검사: 혈청지오티·혈청지피티·감마지티피	(2) 간기능검사: 총단백/알부민·총 빌리루빈·알카리포스파타제(AP)·유산탈수효소(LDH) (3) 간염바이러스검사: B형간염 s항원(HBsAg)· B형간염 s항체(HBsAb)· B형간염 e항원(HBeAg)· B형간염 e항체(HBeAb)· B형간염 c항체(HBcAb)· C형간염검사(Anti-HCV)· A형간염검사(Anti-HAV)·
81	크실렌	(1) 직업력 및 노출력 조사 (2) 과거병력조사: 주요 표적장기와 관련된 질병력 조사 (3) 자각증상조사: 문진표 작성내용 확인 포함 (4) 임상진찰: 신경계·피부에 유의하여 진찰 (5) 임상검사 ① 혈액학적 검사: 혈색소량·혈구용적치 ② 요검사: 단백뇨 ③ 간기능검사: 혈청지오티·혈청지피티·감마지티피 (6) 생물학적 노출지표 검사: 요중 메틸마뇨산(작업종료시 채취)	(1) 신기능검사: 요침사 현미경검사·단백뇨정량·크레아티닌·요소질소(BUN) (2) 간기능검사: 총단백/알부민·총 빌리루빈·알카리포스파타제(AP)·유산탈수효소(LDH) (3) 간염바이러스검사: B형간염 s항원(HBsAg)· B형간염 s항체(HBsAb)· B형간염 e항원(HBeAg)· B형간염 e항체(HBeAb)· B형간염 c항체(HBcAb)· C형간염검사(Anti-HCV)· A형간염검사(Anti-HAV)· (4) 심전도 검사 (5) 흉부방사선검사 (6) 폐활량검사
82	클로로메틸메틸에테르	(1) 직업력 및 노출력 조사 (2) 과거병력조사: 주요 표적장기와 관련된 질병력 조사 (3) 자각증상조사: 문진표 작성내용 확인 포함 (4) 임상진찰: 호흡기·피부·눈에 유의하여 진찰 (5) 임상검사 ① 혈액학적 검사: 혈색소량·혈구용적치 ② 요검사: 단백뇨 ③ 간기능검사: 혈청지오티·혈청지피티·감마지티피 ④ 흉부 방사선 검사	객담 세포 검사

표 2-9. 특수건강진단·배치전건강진단·수시건강진단의 검사항목(유기화합물)(계속)

번호	유해인자	필수검사항목	선택검사항목
83	bis-클로로메틸에테르(클로로에테르)	(1) 직업력·노출력 조사 (2) 과거병력조사 : 주요 표적장기와 관련된 질병력 조사 (3) 자각증상조사 : 문진표 작성내용 확인 포함 (4) 임상진찰 : 호흡기, 피부 질환을 유의하여 진찰 (5) 임상검사 ① 혈액학적 검사: 혈색소량·혈구용적치 ② 요검사: 단백뇨 ③ 간기능검사: 혈청지오티·혈청지피티·감마지티피	폐기능검사
84	클로로벤젠	(1) 직업력 및 노출력 조사 (2) 과거병력조사: 주요 표적장기와 관련된 질병력 조사 (3) 자각증상조사: 문진표 작성내용 확인 포함 (4) 임상진찰: 피부에 유의하여 진찰 (5) 임상검사 ① 혈액학적 검사: 혈색소량·혈구용적치 ② 요검사: 단백뇨 ③ 간기능검사: 혈청지오티·혈청지피티·감마지티피	(1) 신기능검사: 요침사 현미경검사·단백뇨정량·크레아티닌·요소질소(BUN) (2) 간기능검사: 총단백/알부민·총 빌리루빈·알카리포스파타제(AP)·유산탈수효소(LDH) (3) 간염바이러스검사: B형간염 s항원(HBsAg)· B형간염 s항체(HBsAb)· B형간염 e항원(HBeAg)· B형간염 e항체(HBeAb)· B형간염 c항체(HBcAb)· C형간염검사(Anti-HCV)· A형간염검사(Anti-HAV)· (4) 생물학적 노출지표 검사: 요중 총 클로로카테콜(작업종료시 채취)
85	테레핀유	(1) 직업력 및 노출력 조사 (2) 과거병력조사: 주요 표적장기와 관련된 질병력 조사 (3) 자각증상조사: 문진표 작성내용 확인 포함 (4) 임상진찰: 신경계·피부에 유의하여 진찰 (5) 임상검사 ① 혈액학적 검사: 혈색소량·혈구용적치 ② 요검사: 단백뇨 ③ 간기능검사: 혈청지오티·혈청지피티·감마지티피	(1) 신기능검사: 요침사 현미경검사·단백뇨정량·크레아티닌·요소질소(BUN) (2) 간기능검사: 총단백/알부민·총 빌리루빈·알카리포스파타제(AP)·유산탈수효소(LDH) (3) 간염바이러스검사: B형간염 s항원(HBsAg)· B형간염 s항체(HBsAb)· B형간염 e항원(HBeAg)· B형간염 e항체(HBeAb)· B형간염 c항체(HBcAb)· C형 간염검사(Anti-HCV)

표 2-9. 특수건강진단·배치전건강진단·수시건강진단의 검사항목(유기화합물)(계속)

번호	유해인자	필수 검사 항목	선택 검사 항목
85	테레핀유		A형 간염검사(Anti-HAV) (4) 흉부방사선검사 (5) 폐활량 검사 (6) 피부첩포검사
86	1,1,2,2-테트라클로로에탄(사염화아세틸렌,)	(1) 직업력 및 노출력 조사 (2) 과거병력조사: 주요 표적장기와 관련된 질병력 조사 (3) 자각증상 조사: 문진표 작성내용 확인 포함 (4) 임상진찰: 신경계·간·신장·피부에 유의하여 진찰 (5) 임상검사 ① 혈액학적 검사: 혈색소량·혈구용적치 ② 요검사: 단백뇨 ③ 간기능검사: 혈청지오티·혈청지피티·감마지티피	(1) 신기능검사: 요침사 현미경검사·단백뇨정량·크레아티닌·요소질소(BUN) (2) 간기능검사: 총단백/알부민·총 빌리루빈·알카리포스파타제(AP)·유산탈수효소(LDH) (3) 간염바이러스검사: B형간염 s항원(HBsAg)· B형간염 s항체(HBsAb)· B형간염 e항원(HBeAg)· B형간염 e항체(HBeAb)· B형간염 c항체(HBcAb)· C형간염검사(Anti-HCV)· A형간염검사(Anti-HAV)·
87	테트라하이드로퓨란	(1) 직업력 및 노출력 조사 (2) 과거병력조사: 주요 표적장기와 관련된 질병력 조사 (3) 자각증상조사: 문진표 작성내용 확인 포함 (4) 임상진찰: 신경계·간·신장·심장·피부에 유의하여 진찰 (5) 임상검사 ① 혈액학적 검사: 혈색소량·혈구용적치 ② 요검사: 단백뇨 ③ 간기능검사: 혈청지오티·혈청지피티·감마지티피	(1) 신기능검사: 요침사 현미경검사·단백뇨정량·크레아티닌·요소질소(BUN) (2) 간기능검사: 총단백/알부민·총 빌리루빈·알카리포스파타제(AP)·유산탈수효소(LDH) (3) 간염바이러스검사: B형간염 s항원(HBsAg)· B형간염 s항체(HBsAb)· B형간염 e항원(HBeAg)· B형간염 e항체(HBeAb)· B형간염 c항체(HBcAb)· C형간염검사(Anti-HCV)· A형간염검사(Anti-HAV)· (4) 심전도 검사
88	톨루엔	(1) 직업력 및 노출력 조사 (2) 과거병력조사: 주요 표적장기와 관련된 질병력 조사 (3) 자각증상조사: 문진표 작성내용 확인 포함 (4) 임상진찰: 신경계·피부에 유의하여 진찰 (5) 임상검사 ① 혈액학적 검사: 혈색소량·혈구용	(1) 신기능검사: 요침사 현미경검사·단백뇨정량·크레아티닌·요소질소(BUN) (2) 간기능검사: 총단백/알부민·총 빌리루빈·알카리포스파타제(AP)·유산탈수효소(LDH) (3) 간염바이러스검사: B형간염 s항원(HBsAg)· B형간염 s항체(HBsAb)·

표 2-9. 특수건강진단·배치전건강진단·수시건강진단의 검사항목(유기화합물)(계속)

번호	유해인자	필수검사항목	선택검사항목
88	톨루엔	적치 ② 요검사: 단백뇨 ③ 간기능검사: 혈청지오티·혈청지피티·감마지티피 (6) 생물학적 노출지표 검사: 요중 마뇨산(작업 종료시 채취)	B형간염 e항원(HBeAg)· B형간염 e항체(HBeAb)· B형간염 c항체(HBcAb)· C형간염검사(Anti-HCV)· A형간염검사(Anti-HAV)· (4) 심전도 검사
89	톨루엔 2,4-디이소시아네이트	(1) 직업력 및 노출력 조사 (2) 과거병력조사: 주요 표적장기와 관련된 질병력 조사 (3) 자각증상조사: 문진표 작성내용 확인 포함 (4) 임상진찰: 호흡기에 유의하여 진찰 (5) 임상검사 ① 혈액학적 검사: 혈색소량·혈구용적치 ② 요검사: 단백뇨 ③ 간기능검사: 혈청지오티·혈청지피티·감마지티피 ④ 폐활량 검사	(1) 최대호기유속 연속 측정 (2) 흉부 방사선 검사 (3) 비특이 기도과민 검사
90	톨루엔 2,6-디이소시아네이트	(1) 직업력·노출력 조사 (2) 과거병력조사 : 주요 표적장기와 관련된 질병력 조사 (3) 자각증상조사 : 문진표 작성내용 확인 포함 (4) 임상진찰 : 천식에 유의하여 진찰 (5) 임상검사 ① 혈액학적 검사: 혈색소량·혈구용적치 ② 요검사: 단백뇨 ③ 간기능검사: 혈청지오티·혈청지피티·감마지티피 ④ 폐기능검사	(1) 최대호기유속 연속 측정 (2) 흉부 방사선 검사 (3) 비특이 기도과민 검사
91	트리클로로메탄(클로로포름)	(1) 직업력 및 노출력 조사 (2) 과거병력조사: 주요 표적장기와 관련된 질병력 조사 (3) 자각증상조사: 문진표 작성내용 확인 포함 (4) 임상진찰: 신경계·간·신장·피부에 유의하여 진찰 (5) 임상검사 ① 혈액학적 검사: 혈색소량·혈구용적치	(1) 신기능검사: 요침사 현미경검사·단백뇨정량·크레아티닌·요소질소(BUN) (2) 간기능검사: 총단백/알부민·총 빌리루빈·알카리포스파타제(AP)·유산탈수효소(LDH) (3) 간염바이러스검사: B형간염 s항원(HBsAg)· B형간염 s항체(HBsAb)· B형간염 e항원(HBeAg)·

표 2-9. 특수건강진단·배치전건강진단·수시건강진단의 검사항목(유기화합물)(계속)

번호	유해인자	필수검사항목	선택검사항목
91	트리클로로메탄(클로로포름)	② 요검사: 단백뇨 ③ 간기능검사: 혈청지오티·혈청지피티·감마지티피	B형간염 e항체(HBeAb)· B형간염 c항체(HBcAb)· C형간염검사(Anti-HCV)· A형간염검사(Anti-HAV)· (4) 심전도검사
92	1,1,2-트리클로로에탄	(1) 직업력 및 노출력 조사 (2) 과거병력조사: 주요 표적장기와 관련된 질병력 조사 (3) 자각증상조사: 문진표 작성내용 확인 포함 (4) 임상진찰: 신경계·피부·간·신장·심장에 유의하여 진찰 (5) 임상검사 ① 혈액학적 검사: 혈색소량·혈구용적치 ② 요검사: 단백뇨 ③ 간기능검사: 혈청지오티·혈청지피티·감마지티피	(1) 신기능검사: 요침사 현미경검사·단백뇨정량·크레아티닌·요소질소(BUN) (2) 간기능검사: 총단백/알부민·총 빌리루빈·알카리포스파타제(AP)·유산탈수효소(LDH) (3) 심전도 검사 (4) 간염바이러스검사: B형간염 s항원(HBsAg)· B형간염 s항체(HBsAb)· B형간염 e항원(HBeAg)· B형간염 e항체(HBeAb)· B형간염 c항체(HBcAb)· C형간염검사(Anti-HCV)· A형간염검사(Anti-HAV)·
93	트리클로로에틸렌	(1) 직업력 및 노출력 조사 (2) 과거병력조사: 주요 표적장기와 관련된 질병력 조사 (3) 자각증상조사: 문진표 작성내용 확인 포함 (4) 임상진찰: 신경계·피부·간·신장·심장에 유의하여 진찰 (5) 임상검사 ① 혈액학적 검사: 혈색소량·혈구용적치 ② 요검사: 단백뇨 ③ 간기능검사: 혈청지오티·혈청지피티·감마지티피 (6) 생물학적 노출지표 검사: 요중 총삼염화물 또는 삼염화초산(주말작업 종료시 채취)	(1) 신기능검사: 요침사 현미경검사·단백뇨정량·크레아티닌·요소질소(BUN) (2) 간기능검사: 총단백/알부민·총 빌리루빈·알카리포스파타제(AP)·유산탈수효소(LDH) (3) 간염바이러스검사: B형간염 s항원(HBsAg)· B형간염 s항체(HBsAb)· B형간염 e항원(HBeAg)· B형간염 e항체(HBeAb)· B형간염 c항체(HBcAb)· C형간염검사(Anti-HCV)· A형간염검사(Anti-HAV)· (4) 심전도 검사
94	1,2,3-트리클로로프로판	(1) 직업력·노출력 조사 (2) 과거병력조사 : 주요 표적장기와 관련된 질병력 조사 (3) 자각증상조사 : 문진표 작성내용 확인 포함 (4) 임상진찰 : 간, 신장, 신경계 질환에	(1) 신기능검사: 요침사 현미경검사·단백뇨정량·크레아티닌·요소질소(BUN) (2) 간기능검사: 총단백/알부민·총 빌리루빈·알카리포스파타제(AP)·유산탈수효소(LDH)

표 2-9. 특수건강진단·배치전건강진단·수시건강진단의 검사항목(유기화합물)(계속)

번호	유해인자	필수검사항목	선택검사항목
94	1,2,3-트리클로로프로판	유의하여 진찰 (5) 임상검사 ① 혈액학적 검사: 혈색소량·혈구용적치 ② 요검사: 단백뇨 ③ 간기능검사: 혈청지오티·혈청지피티·감마지티피	(3) 간염바이러스검사: B형간염 s항원(HBsAg)· B형간염 s항체(HBsAb)· B형간염 e항원(HBeAg)· B형간염 e항체(HBeAb)· B형간염 c항체(HBcAb)· C형간염검사(Anti-HCV)· A형간염검사(Anti-HAV)
95	퍼클로로에틸렌(테트라클로로에틸렌)	(1) 직업력 및 노출력 조사 (2) 과거병력조사: 주요 표적장기와 관련된 질병력 조사 (3) 자각증상조사: 문진표 작성내용 확인 포함 (4) 임상진찰: 신경계·피부에 유의하여 진찰 (5) 임상검사 ① 혈액학적 검사: 혈색소량·혈구용적치 ② 요검사: 단백뇨 ③ 간기능검사: 혈청지오티·혈청지피티·감마지티피 (6) 생물학적 노출지표검사: 요중 총삼염화물 또는 삼염화초산(주말작업 종료시 채취)	(1) 신기능검사: 요침사 현미경검사·단백뇨정량·크레아티닌·요소질소(BUN) (2) 간기능검사: 총단백/알부민·총 빌리루빈·알카리포스파타제(AP)·유산탈수효소(LDH) (3) 간염바이러스검사: B형간염 s항원(HBsAg)· B형간염 s항체(HBsAb)· B형간염 e항원(HBeAg)· B형간염 e항체(HBeAb)· B형간염 c항체(HBcAb)· C형간염검사(Anti-HCV)· A형간염검사(Anti-HAV)· (4) 심전도 검사
96	페놀	(1) 직업력 및 노출력 조사 (2) 과거병력조사: 주요 표적장기와 관련된 질병력 조사 (3) 자각증상조사: 문진표 작성내용 확인 포함 (4) 임상진찰: 간·신장·호흡기·눈·피부·신경계에 유의하여 진찰 (5) 임상검사 ① 혈액학적 검사: 혈색소량·혈구용적치 ② 요검사: 단백뇨 ③ 간기능검사: 혈청지오티·혈청지피티·감마지티피	(1) 간기능검사: 총단백/알부민·총 빌리루빈·알카리포스파타제(AP)·유산탈수효소(LDH) (2) 간염바이러스 검사: B형간염 s항원(HBsAg)· B형간염 s항체(HBsAb)· B형간염 e항원(HBeAg)· B간염 e항체(HBeAb)· B형간염 c항체(HBcAb)· C형간염검사(Anti-HCV)· A형간염검사(Anti-HAV)· (3) 신기능검사: 요침사 현미경검사·단백뇨정량·크레아티닌·요소질소(BUN) (4) 혈액학적검사: 적혈구수·백혈구수·혈소판수·망상적혈구수·백혈구백분율·혈액도말검사 (5) 흉부방사선 검사 (6) 폐활량검사

표 2-9. 특수건강진단·배치전건강진단·수시건강진단의 검사항목(유기화합물)(계속)

번호	유해인자	필수검사항목	선택검사항목
97	펜타클로로페놀	(1) 직업력 및 노출력 조사 (2) 과거병력조사: 주요 표적장기와 관련된 질병력 조사 (3) 자각증상조사: 문진표 작성내용 확인 포함 (4) 임상진찰: 호흡기·신경계·눈·상기도·피부·간·신장에 유의하여 진찰 (5) 임상검사 ① 혈액학적 검사: 혈색소량·혈구용적치 ② 요검사: 단백뇨 ③ 간기능검사: 혈청지오티·혈청지피티·감마지티피	(1) 간기능검사: 총단백/알부민·총 빌리루빈·알카리포스파타제(AP)·유산탈수효소(LDH) (2) 간염바이러스 검사: B형간염 s항원(HBsAg)· B형간염 s항체(HBsAb)· B형간염 e항원(HBeAg)· B형간염 e항체(HBeAb)· B형간염 c항체(HBcAb)· C형간염검사(Anti-HCV)· A형간염검사(Anti-HAV)· (3) 신기능검사: 요침사 현미경검사·단백뇨정량·크레아티닌·요소질소(BUN) (4) 흉부방사선 검사 (5) 폐활량검사 (6) 생물학적 노출지표 검사: 요중 펜타클로로페놀(주말작업 종료시)·혈중유리펜타클로로페놀(작업 종료시)
98	포름알데히드	(1) 직업력 및 노출력 조사 (2) 과거병력조사: 주요 표적장기와 관련된 질병력 조사 (3) 자각증상조사: 문진표 작성내용 확인 포함 (4) 임상진찰: 눈·피부·호흡기·중추신경계에 유의하여 진찰 (5) 임상검사 ① 혈액학적 검사: 혈색소량·혈구용적치 ② 요검사: 단백뇨 ③ 간기능검사: 혈청지오티·혈청지피티·감마지티피	(1) 비강 및 인두 검사 (2) 피부 첩포시험 (3) 흉부방사선 검사 (4) 폐활량검사 (5) 최대호기유속연속측정
99	β-프로피오락톤	(1) 직업력 및 노출력 조사 (2) 과거병력조사 :주요 표적장기와 관련된 질병력 조사 (3) 자각증상조사: 문진표 작성내용 확인 포함 (4) 임상진찰: 피부에 유의하여 진찰 (5) 임상검사 ① 혈액학적 검사: 혈색소량·혈구용적치 ② 요검사: 단백뇨 ③ 간기능검사: 혈청지오티·혈청지피티·감마지티피	

표 2-9. 특수건강진단·배치전건강진단·수시건강진단의 검사항목(유기화합물)(계속)

번호	유해인자	필수검사항목	선택검사항목
100	*o*-프탈로디니트릴	(1) 직업력 및 노출력 조사 (2) 과거병력조사: 주요 표적장기와 관련된 질병력 조사 (3) 자각증상조사: 문진표 작성내용 확인 포함 (4) 임상진찰: 신경계에 유의하여 진찰 (5) 임상검사 ① 혈액학적 검사: 혈색소량·혈구용적치 ② 요검사: 단백뇨 ③ 간기능검사: 혈청지오티·혈청지피티·감마지티피	혈액학적검사: 적혈구수·백혈구수·혈소판수·망상적혈구수·백혈구백분율·혈액도말검사
101	프탈릭언하이드라이드(무수프탈산)	(1) 직업력·노출력 조사 (2) 과거병력조사 : 주요 표적장기와 관련된 질병력 조사 (3) 자각증상조사 : 문진표 작성내용 확인 포함 (4) 임상진찰 : 천식에 유의하여 진찰 (5) 임상검사 ① 혈액학적 검사: 혈색소량·혈구용적치 ② 요검사: 단백뇨 ③ 간기능검사: 혈청지오티·혈청지피티·감마지티피 ④ 폐기능검사	(1) 최대호기유속 연속 측정 (2) 흉부 방사선 검사 (3) 비특이 기도과민 검사
102	피리딘	(1) 직업력·노출력 조사 (2) 과거병력조사 : 주요 표적장기와 관련된 질병력 조사 (3) 자각증상조사 : 문진표 작성내용 확인 포함 (4) 임상진찰 : 간, 신장 질환에 유의하여 진찰 (5) 임상검사 ① 혈액학적 검사: 혈색소량·혈구용적치 ② 요검사: 단백뇨 ③ 간기능검사: 혈청지오티·혈청지피티·감마지티피	(1) 신기능검사: 요침사 현미경검사·단백뇨정량·크레아티닌·요소질소(BUN) (2) 간기능검사: 총단백/알부민·총 빌리루빈·알카리포스파타제(AP)·유산탈수효소(LDH) (3) 간염바이러스검사: B형간염 s항원(HBsAg)· B형간염 s항체(HBsAb)· B형간염 e항원(HBeAg)· B형간염 e항체(HBeAb)· B형간염 c항체(HBcAb)· C형간염검사(Anti-HCV)· A형간염검사(Anti-HAV)
103		(1) 직업력·노출력 조사 (2) 과거병력조사 : 주요 표적장기와 관련된 질병력 조사	(1) 신기능검사: 요침사 현미경검사·단백뇨정량·크레아티닌·요소질소(BUN)

표 2-9. 특수건강진단·배치전건강진단·수시건강진단의 검사항목(유기화합물)(계속)

번호	유해인자	필수검사항목	선택검사항목
103	하이드라진	(3) 자각증상조사 : 문진표 작성내용 확인 포함 (4) 임상진찰 : 간, 혈액 질환에 유의하여 진찰 (5) 임상검사 ① 혈액학적 검사: 혈색소량·혈구용적치 ② 요검사: 단백뇨 ③ 간기능검사: 혈청지오티·혈청지피티·감마지티피	(2) 간기능검사: 총단백/알부민·총 빌리루빈·알카리포스파타제(AP)·유산탈수효소(LDH) (3) 간염바이러스검사: B형간염 s항원(HBsAg)· B형간염 s항체(HBsAb)· B형간염 e항원(HBeAg)· B형간염 e항체(HBeAb)· B형간염 c항체(HBcAb)· C형간염검사(Anti-HCV)· A형간염검사(Anti-HAV)·
104	헥사메틸렌 디이소시아네이트	(1) 직업력·노출력 조사 (2) 과거병력조사 : 주요 표적장기와 관련된 질병력 조사 (3) 자각증상조사 : 문진표 작성내용 확인 포함 (4) 임상진찰 : 천식에 유의하여 진찰 (5) 임상검사 ① 혈액학적 검사: 혈색소량·혈구용적치 ② 요검사: 단백뇨 ③ 간기능검사: 혈청지오티·혈청지피티·감마지티피 ④ 폐기능검사	(1) 최대호기유속 연속 측정 (2) 흉부 방사선 검사 (3) 비특이 기도과민 검사
105	헥산(n-헥산)	(1) 직업력·노출력 조사 (2) 과거병력조사: 주요 표적장기와 관련된 질병력 조사 (3) 자각증상조사: 문진표 작성내용 확인 포함 (4) 임상진찰: 신경계·피부에 유의하여 진찰 (5) 임상검사 ① 혈액학적 검사: 혈색소량·혈구용적치 ② 요검사: 단백뇨 ③ 간기능검사: 혈청지오티·혈청지피티·감마지티피	(1) 신기능검사: 요침사 현미경검사·단백뇨정량·크레아티닌·요소질소(BUN) (2) 간기능검사: 총단백/알부민·총 빌리루빈·알카리포스파타제(AP)·유산탈수효소(LDH) (3) 간염바이러스검사: B형간염 s항원(HBsAg)· B형간염 s항체(HBsAb)· B형간염 e항원(HBeAg)· B형간염 e항체(HBeAb)· B형간염 c항체(HBcAb)· C형간염검사(Anti-HCV)· A형간염검사(Anti-HAV)· (4) 생물학적 노출지표검사 : 요중 2,5-헥산디온(작업종료시 채취) (5) 신경과적 검사 : 근전도 검사
106		(1) 직업력·노출력 조사	

표 2-9. 특수건강진단·배치전건강진단·수시건강진단의 검사항목(유기화합물)(계속)

번호	유해인자	필수검사항목	선택검사항목
106	헵탄(n-헵탄)	(2) 과거병력조사 : 주요 표적장기와 관련된 질병력 조사 (3) 자각증상조사 : 문진표 작성내용 확인 포함 (4) 임상진찰 : 신경계 질환에 유의하여 진찰 (5) 임상검사 ① 혈액학적 검사: 혈색소량·혈구용적치 ② 요검사: 단백뇨 ③ 간기능검사: 혈청지오티·혈청지피티·감마지티피	
107	황산디메틸	(1) 직업력 및 노출력 조사 (2) 과거병력조사: 주요 표적장기와 관련된 질병력 조사 (3) 자각증상조사: 문진표 작성내용 확인 포함 (4) 임상진찰: 눈·피부·심장·호흡기계·간·신장·중추신경계에 유의하여 진찰 (5) 임상검사 ① 혈액학적 검사: 혈색소량·혈구용적치 ② 요검사: 단백뇨 ③ 간기능검사: 혈청지오티·혈청지피티·감마지티피	(1) 간기능검사: 총단백/알부민·총 빌리루빈·알카리포스파타제(AP)·유산탈수효소(LDH) (2) 간염바이러스 검사: B형간염 s항원(HBsAg)· B형간염 s항체(HBsAb)· B형간염 e항원(HBeAg)· B간염 e항체(HBeAb)· B형간염 c항체(HBcAb)· C형간염검사(Anti-HCV)· A형간염검사(Anti-HAV)· (3) 신기능검사: 요침사 현미경검사·단백뇨정량·크레아티닌·요소질소(BUN) (4) 흉부방사선 검사 (5) 폐활량검사
108	히드로퀴논(1,4-디히도록시벤젠)	(1) 직업력·노출력 조사 (2) 과거병력조사 : 주요 표적장기와 관련된 질병력 조사 (3) 자각증상조사 : 문진표 작성내용 확인 포함 (4) 임상진찰 : 피부 질환(백반증)및 신경계 질환에 유의하여 진찰 (5) 임상검사 ① 혈액학적 검사: 혈색소량·혈구용적치 ② 요검사: 단백뇨 ③ 간기능검사: 혈청지오티·혈청지피티·감마지티피	

※ 검사항목 중 생물학적 노출지표검사는 당해 작업에 처음 배치되는 근로자에게는 실시하지 아니한다.

표 2-10. 특수건강진단·배치전건강진단·수시건강진단의 검사항목(금속류)

번호	유해인자	필수검사항목	선택검사항목
1	구리 (분진, 흄 및 미스트에 한함)	(1) 직업력·노출력 조사 (2) 과거병력조사 : 주요 표적장기와 관련된 질병력 조사 (3) 자각증상조사 : 문진표 작성내용 확인 포함 (4) 임상진찰 : 금속열에 유의하여 진찰 (5) 임상검사 ① 혈액학적 검사: 혈색소량·혈구용적치 ② 요검사: 단백뇨 ③ 간기능검사: 혈청지오티·혈청지피티·감마지티피	
2	납(연)과 그 무기화합물	(1) 직업력 및 노출력 조사 (2) 과거병력조사: 주요 표적장기와 관련된 질병력 조사 (3) 자각증상조사: 문진표 작성내용 확인 포함 (4) 임상진찰: 조혈기·소화기·정신신경계·신장에 유의하여 진찰 (5) 임상검사 ① 혈액학적 검사: 혈색소량·혈구용적치 ② 요검사: 단백뇨 ③ 간기능검사: 혈청지오티·혈청지피티·감마지티피 (6) 생물학적 노출지표 검사: 혈중 연	(1) 신기능검사: 요침사 현미경검사·단백뇨정량·크레아티닌·요소질소(BUN) (2) 빈혈검사: 혈중 철, 총철결합능, 혈청 페리틴 (3) 신경과검사: 신경전도검사 (4) 생물학적 노출지표 검사 ① 혈중 징크프로토포피린 ② 요중 델타-아미노레뷸린산 ③ 요중 연
3	니켈과 그 화합물	(1) 직업력 및 노출력 조사 (2) 과거병력조사: 주요 표적장기와 관련된 질병력 조사 (3) 자각증상조사: 문진표 작성내용 확인 포함 (4) 임상진찰: 비강·피부·호흡기에 유의하여 진찰 (5) 임상검사 ① 혈액학적 검사: 혈색소량·혈구용적치 ② 요검사: 단백뇨 ③ 간기능검사: 혈청지오티·혈청지피티·감마지티피	(1) 객담 세포검사 (2) 흉부방사선검사 (3) 폐활량검사 (4) 생물학적노출지표검사: 요중 니켈
4	망간과 그 화합물	(1) 직업력 및 노출력 조사 (2) 과거병력조사: 주요 표적장기와 관련된 질병력 조사	(1) 빈혈검사: 혈중 철·총철결합능·혈청 페리틴 (2) 흉부방사선검사

표 2-10. 특수건강진단·배치전건강진단·수시건강진단의 검사항목(금속류)(계속)

번호	유해인자	필수검사항목	선택검사항목
4	망간과 그 화합물	(3) 자각증상조사: 문진표 작성내용 확인 포함 (4) 임상진찰: 정신증상, 신경계(파킨슨 증후군과 유사한 증상), 호흡기에 유의하여 진찰 (5) 임상검사 ① 혈액학적 검사: 혈색소량·혈구용적치 ② 요검사: 단백뇨 ③ 간기능검사: 혈청지오티·혈청지피티·감마지티피	(3) 폐활량검사 (4) 간기능검사: 총단백/알부민·총 빌리루빈·알카리포스파타제(AP)·유산탈수효소(LDH) (5) 간염바이러스 검사: B형간염 s항원(HBsAg)· B형간염 s항체(HBsAb)· B형간염 e항원(HBeAg)· B형간염 e항체(HBeAb)· B형간염 c항체(HBcAb)· C형간염검사(Anti-HCV)· A형간염검사(Anti-HAV)· (6) 생물학적노출지표검사: 요중 또는 혈중 망간
5	산화아연(분진에 한함)	(1) 직업력·노출력 조사 (2) 과거병력조사 : 주요 표적장기와 관련된 질병력 조사 (3) 자각증상조사 : 문진표 작성내용 확인 포함 (4) 임상진찰 : 금속열 및 부정맥에 유의하여 진찰 (5) 임상검사 ① 혈액학적 검사: 혈색소량·혈구용적치 ② 요검사: 단백뇨 ③ 간기능검사: 혈청지오티·혈청지피티·감마지티피	폐기능검사
6	산화철(분진 및 흄에 한함)	(1) 직업력·노출력 조사 (2) 과거병력조사 : 주요 표적장기와 관련된 질병력 조사 (3) 자각증상조사 : 문진표 작성내용 확인 포함 (4) 임상진찰 : 호흡기 질환(진폐)에 유의하여 진찰 (5) 임상검사 ① 혈액학적 검사: 혈색소량·혈구용적치 ② 요검사: 단백뇨 ③ 간기능검사: 혈청지오티·혈청지피티·감마지티피 ④ 흉부방사선 검사	(1) 흉부방사선 검사(측면 촬영) (2) 객담 결핵균 도말 검사 (3) 폐기능검사 (4) 심전도검사
7		(1) 직업력·노출력 조사	(1) 간기능검사: 총단백/알부민·총 빌

표 2-10. 특수건강진단·배치전건강진단·수시건강진단의 검사항목(금속류)(계속)

번호	유해인자	필 수 검 사 항 목	선 택 검 사 항 목
7	삼산화 비소	(2) 과거병력조사: 주요 표적장기와 관련된 질병력 조사 (3) 자각증상조사: 문진표 작성내용 확인 포함 (4) 임상진찰: 비강·피부·간·신경계에 유의하여 진찰 (5) 임상검사 ① 혈액학적 검사: 혈색소량·혈구용적치 ② 요검사: 단백뇨 ③ 간기능검사: 혈청지오티·혈청지피티·감마지티피	리루빈·알카리포스파타제(AP)·유산탈수효소(LDH) (2) 간염바이러스 검사: B형간염 s항원(HBsAg)· B형간염 s항체(HBsAb)· B형간염 e항원(HBeAg)· B간염 e항체(HBeAb)· B형간염 c항체(HBcAb)· C형간염검사(Anti-HCV) A형간염검사(Anti-HAV) (3) 흉부방사선검사 (4) 혈액학적검사: 적혈구수·백혈구수·혈소판수·망상적혈구수·백혈구백분율·혈액도말검사 (5) 신경과 검사: 신경전도검사 (6) 생물학적노출지표검사: 요중 또는 혈중 비소
8	수은과 그 화합물	(1) 직업력 및 노출력 조사 (2) 과거병력조사: 주요 표적장기와 관련된 질병력 조사 (3) 자각증상조사: 문진표 작성내용 확인 포함 (4) 임상진찰: 피부·정신신경계·신장·구강에 유의하여 진찰 (5) 임상검사 ① 혈액학적 검사: 혈색소량·혈구용적치 ② 요검사: 단백뇨 ③ 간기능검사: 혈청지오티·혈청지피티·감마지티피 (6) 생물학적 노출지표 검사: 요중 수은	(1) 신경과 검사: 신경전도검사 (2) 신기능검사: 요침사 현미경검사·단백뇨정량·크레아티닌·요소질소(BUN) (3) 생물학적 노출지표검사: 혈중 수은
9	안티몬과 그 화합물	(1) 직업력·노출력 조사 (2) 과거병력조사 : 주요 표적장기와 관련된 질병력 조사 (3) 자각증상조사 : 문진표 작성내용 확인 포함 (4) 임상진찰 : 호흡기(진폐), 피부 질환 및 부정맥에 유의하여 진찰 (5) 임상검사 ① 혈액학적 검사: 혈색소량·혈구용적치 ② 요검사: 단백뇨	(1) 흉부방사선 검사(측면 촬영) (2) 객담 결핵균 도말 검사 (3) 폐기능검사 (4) 심전도검사

표 2-10. 특수건강진단·배치전건강진단·수시건강진단의 검사항목(금속류)(계속)

번호	유해인자	필수검사항목	선택검사항목
9	안티몬과 그 화합물	③ 간기능검사: 혈청지오티·혈청지피티·감마지티피 ④ 흉부방사선 검사	
10	알루미늄과 그 화합물	(1) 직업력·노출력 조사 (2) 과거병력조사 : 주요 표적장기와 관련된 질병력 조사 (3) 자각증상조사 : 문진표 작성내용 확인 포함 (4) 임상진찰 : 호흡기, 신경계 질환에 유의하여 진찰 (5) 임상검사 ① 혈액학적 검사: 혈색소량·혈구적용치 ② 요검사: 단백뇨 ③ 간기능검사: 혈청지오티·혈청지피티·감마지티피	폐기능검사
11	4알킬연	(1) 직업력 및 노출력 조사 (2) 과거병력조사: 주요 표적장기와 관련된 질병력 조사 (3) 자각증상조사: 문진표 작성내용 확인 포함 (4) 임상진찰: 심혈관계 조혈기·소화기·정신신경계·신장에 유의하여 진찰 (5) 임상검사 ① 혈액학적 검사: 혈색소량·혈구용적치 ② 요검사: 단백뇨 ③ 간기능검사: 혈청지오티·혈청지피티·감마지티피 (6) 생물학적 노출지표 검사: 혈중 연	(1) 신기능검사: 요침사 현미경검사·단백뇨정량·크레아티닌·요소질소(BUN) (2) 빈혈검사: 혈중 철, 총철결합능, 혈청 페리틴 (3) 신경과 검사: 신경전도검사 (4) 생물학적 노출지표 검사 ① 혈중 징크프로토포피린 ② 요중 델타-아미노레불린산 ③ 요중 연
12	오산화바나듐(분진 및 흄에 한함)	(1) 직업력 및 노출력 조사 (2) 과거병력조사: 주요 표적장기와 관련된 질병력 조사 (3) 자각증상조사: 문진표 작성내용 확인 포함 (4) 임상진찰: 구강·피부·호흡기에 유의하여 진찰 (5) 임상검사 ① 혈액학적 검사: 혈색소량·혈구용적치 ② 요검사: 단백뇨 ③ 간기능검사: 혈청지오티·혈청지피티·감마지티피	(1) 폐활량검사 (2) 피부첩포검사 (3) 흉부방사선검사 (4) 신경학적 검사 (5) 생물학적노출지표검사: 요중 바나듐

표 2-10. 특수건강진단·배치전건강진단·수시건강진단의 검사항목(금속류)(계속)

번호	유해인자	필수검사항목	선택검사항목
13	요오드	(1) 직업력·노출력 조사 (2) 과거병력조사 : 주요 표적장기와 관련된 질병력 조사 (3) 자각증상조사 : 문진표 작성내용 확인 포함 (4) 임상진찰 : 호흡기 질환에 유의하여 진찰 (5) 임상검사 ① 혈액학적 검사: 혈색소량·혈구용적치 ② 요검사: 단백뇨 ③ 간기능검사: 혈청지오티·혈청지피티·감마지티피	
14	주석과 그 무기화합물	(1) 직업력·노출력 조사 (2) 과거병력조사 : 주요 표적장기와 관련된 질병력 조사 (3) 자각증상조사 : 문진표 작성내용 확인 포함 (4) 임상진찰 : 호흡기 질환(진폐)에 유의하여 진찰 (5) 임상검사 ① 혈액학적 검사: 혈색소량·혈구용적치 ② 요검사: 단백뇨 ③ 간기능검사: 혈청지오티·혈청지피티·감마지티피 ④ 흉부방사선 검사	(1) 흉부방사선 검사(측면 촬영) (2) 객담 결핵균 도말 검사 (3) 폐기능검사 (4) 심전도검사
15	지르코니움과 그 화합물	(1) 직업력·노출력 조사 (2) 과거병력조사 : 주요 표적장기와 관련된 질병력 조사 (3) 자각증상조사 : 문진표 작성내용 확인 포함 (4) 임상진찰 : 호흡기 질환에 유의하여 진찰 (5) 임상검사 ① 혈액학적 검사: 혈색소량·혈구용적치 ② 요검사: 단백뇨 ③ 간기능검사: 혈청지오티·혈청지피티·감마지티피	폐기능검사
16	카드뮴과 그 화합물	(1) 직업력 및 노출력 조사 (2) 과거병력조사: 주요 표적장기와 관	(1) 흉부방사선검사 (2) 폐활량검사

표 2-10. 특수건강진단·배치전건강진단·수시건강진단의 검사항목(금속류)(계속)

번호	유해인자	필 수 검 사 항 목	선 택 검 사 항 목
16	카드뮴과 그 화합물	련된 질병력 조사 (3) 자각증상조사 : 문진표 작성내용 확인 포함 (4) 임상진찰 : 치아·소화기·폐·신장에 유의하여 진찰 (5) 임상검사 ① 혈액학적 검사 : 혈색소량·혈구용적치 ② 요검사 : 단백뇨 ③ 간기능검사 : 혈청지오티·혈청지피티·감마지티피 (6) 생물학적 노출 지표 검사 : 혈중 카드뮴	(3) 신기능검사 : 요침사 현미경검사·단백뇨정량·크레아티닌·요소질소(BUN) (4) 생물학적노출지표검사 : 요중 카드뮴·요중 $\beta 2$ - 마이크로글로불린
17	코발트(분진 및 흄에 한함)	(1) 직업력·노출력 조사 (2) 과거병력조사 : 주요 표적장기와 관련된 질병력 조사 (3) 자각증상조사 : 문진표 작성내용 확인 포함 (4) 임상진찰 : 호흡기 질환(진폐, 천식) 및 신장질환에 유의하여 진찰 (5) 임상검사 ① 혈액학적 검사 : 혈색소량·혈구용적치 ② 요검사 : 단백뇨 ③ 간기능검사 : 혈청지오티·혈청지피티·감마지티피 ④ 흉부방사선 검사 ⑤ 폐기능검사	(1) 흉부방사선 검사(측면 촬영) (2) 객담 결핵균 도말 검사 (3) 폐기능검사 (4) 심전도검사 (5) 최대호기유속 연속 측정 (6) 비특이 기도과민 검사
18	크롬과 그 화합물	(1) 직업력 및 노출력 조사 (2) 과거병력조사 : 주요 표적장기와 관련된 질병력 조사 (3) 자각증상조사 : 문진표 작성내용 확인 포함 (4) 임상진찰: 비강·피부·폐에 유의하여 진찰 (5) 임상검사 ① 혈액학적 검사 : 혈색소량·혈구용적치 ② 요검사 : 단백뇨 ③ 간기능검사 : 혈청지오티·혈청지피티·감마지티피	(1) 신기능검사 : 요침사 현미경검사·단백뇨정량·크레아티닌·요소질소(BUN) (2) 객담 세포검사 (3) 흉부 방사선검사 (4) 생물학적노출지표검사 : 요중 또는 혈중 크롬
19		(1) 직업력·노출력 조사	(1) 흉부방사선 검사(측면 촬영)

표 2-10. 특수건강진단·배치전건강진단·수시건강진단의 검사항목(금속류)(계속)

번호	유해인자	필수검사항목	선택검사항목
19	텅스텐과 그 화합물	(2) 과거병력조사 : 주요 표적장기와 관련된 질병력 조사 (3) 자각증상조사 : 문진표 작성내용 확인 포함 (4) 임상진찰 : 호흡기 질환(진폐)에 유의하여 진찰 (5) 임상검사 ① 혈액학적 검사: 혈색소량·혈구용적치 ② 요검사: 단백뇨 ③ 간기능검사: 혈청지오티·혈청지피티·감마지티피 ④ 흉부방사선 검사	(2) 객담 결핵균 도말 검사 (3) 폐기능검사 (4) 심전도검사

표 2-11. 특수건강진단·배치전건강진단·수시건강진단의 검사항목(산 및 알카리류)

번호	유해인자	필수검사항목	선택검사항목
1	무수초산(무수 아세틱엑시드)	(1) 직업력·노출력 조사 (2) 과거병력조사 : 주요 표적장기와 관련된 질병력 조사 (3) 자각증상조사 : 문진표 작성내용 확인 포함 (4) 임상진찰 : 호흡기, 피부 질환에 유의하여 진찰 (5) 임상검사 ① 혈액학적 검사: 혈색소량·혈구용적치 ② 요검사: 단백뇨 ③ 간기능검사: 혈청지오티·혈청지피티·감마지티피	폐기능검사
2	불화수소(불산)	(1) 직업력 및 노출력 조사 (2) 과거병력조사: 주요 표적장기와 관련된 질병력 조사 (3) 자각증상조사: 문진표 작성내용 확인 포함 (4) 임상진찰: 화상·피부·호흡기에 유의하여 진찰 (5) 치과진찰: 치아부식증에 유의하여 치과의사에 의한 치아검사 (6) 임상검사 ① 혈액학적 검사: 혈색소량·혈구용	(1) 간기능검사: 총단백/알부민·총 빌리루빈·알카리포스파타제(AP)·유산탈수효소(LDH) (2) 간염바이러스검사: B형간염 s항원(HBsAg)· B형간염 s항체(HBsAb)· B형간염 e항원(HBeAg)· B간염 e항체(HBeAb)· B형간염 c항체(HBcAb)· C형간염검사(Anti-HCV)· A형간염검사(Anti-HAV)·

표 2-11. 특수건강진단·배치전건강진단·수시건강진단의 검사항목(산 및 알카리류)(계속)

번호	유해인자	필수검사항목	선택검사항목
2	불화수소 (불산)	적치 ② 요검사: 단백뇨 ③ 간기능검사: 혈청지오티·혈청지피티·감마지티피	(3) 신기능검사: 요침사 현미경검사·단백뇨정량·크레아티닌·요소질소(BUN) (4) 흉부 방사선검사·골반부 방사선검사 (5) 폐활량 검사 (6) 생물학적 노출지표검사: 요중 불화물(작업전-후 측정하여 그 차이를 비교)
3	시안화나트륨	(1) 직업력 및 노출력 조사 (2) 과거병력조사: 주요 표적장기와 관련된 질병력 조사 (3) 자각증상조사: 문진표 작성내용 확인 포함 (4) 임상진찰: 신경계·피부·심혈관계·호흡기에 유의하여 진찰 (5) 임상검사 ① 혈액학적 검사: 혈색소량·혈구용적치 ② 요검사: 단백뇨 ③ 간기능검사: 혈청지오티·혈청지피티·감마지티피	(1) 흉부방사선검사 (2) 폐활량검사 (3) 심전도 검사
4	시안화칼륨	(1) 직업력 및 노출력 조사 (2) 과거병력조사: 주요 표적장기와 관련된 질병력 조사 (3) 자각증상조사: 문진표 작성내용 확인 포함 (4) 임상진찰: 신경계·피부·심혈관계·호흡기에 유의하여 진찰 (5) 임상검사 ① 혈액학적 검사: 혈색소량·혈구용적치 ② 요검사: 단백뇨 ③ 간기능검사: 혈청지오티·혈청지피티·감마지티피	(1) 흉부방사선검사 (2) 폐활량검사 (3) 심전도 검사
5	염화수소	(1) 직업력 및 노출력 조사 (2) 과거병력조사: 주요 표적장기와 관련된 질병력 조사 (3) 자각증상조사: 문진표 작성내용 확인 포함 (4) 임상진찰: 피부·눈·호흡기(특히 상기도)에 유의하여 진찰 (5) 치과진찰: 치아부식증에 유의하여 치과의사에 의한 치아검사	(1) 비경검사 (2) 흉부방사선 검사 (3) 폐활량검사

표 2-11. 특수건강진단·배치전건강진단·수시건강진단의 검사항목(산 및 알카리류)(계속)

번호	유해인자	필수검사항목	선택검사항목
5	염화수소	(6) 임상검사 ① 혈액학적 검사: 혈색소량·혈구용적치 ② 요검사: 단백뇨 ③ 간기능검사: 혈청지오티·혈청지피티·감마지티피	
6	질산	(1) 직업력 및 노출력 조사 (2) 과거병력조사: 주요 표적장기와 관련된 질병력 조사 (3) 자각증상조사: 문진표 작성내용 확인 포함 (4) 임상진찰: 눈·호흡기·피부에 유의하여 진찰 (5) 치과진찰: 치아부식증에 유의하여 치과의사에 의한 치아검사 (6) 임상검사 ① 혈액학적 검사: 혈색소량·혈구용적치 ② 요검사: 단백뇨 ③ 간기능검사: 혈청지오티·혈청지피티·감마지티피	(1) 흉부방사선 검사 (2) 폐활량검사 (3) 생물학적 노출지표검사: 혈중 메트헤모글로빈
7	트리클로로아세트산(삼염화 초산)	(1) 직업력·노출력 조사 (2) 과거병력조사 : 주요 표적장기와 관련된 질병력 조사 (3) 자각증상조사 : 문진표 작성내용 확인 포함 (4) 임상진찰 : 호흡기, 피부 질환 유의하여 진찰 (5) 임상검사 ① 혈액학적 검사: 혈색소량·혈구용적치 ② 요검사: 단백뇨 ③ 간기능검사: 혈청지오티·혈청지피티·감마지티피	(1) 신기능검사: 요침사 현미경검사·단백뇨정량·크레아티닌·요소질소(BUN) (2) 간기능검사: 총단백/알부민·총 빌리루빈·알카리포스파타제(AP)·유산탈수효소(LDH) (3) 간염바이러스검사: B형간염 s항원(HBsAg)· B형간염 s항체(HBsAb)· B형간염 e항원(HBeAg)· B형간염 e항체(HBeAb)· B형간염 c항체(HBcAb)· C형간염검사(Anti-HCV)· A형간염검사(Anti-HAV)· (4) 심전도 검사
8	황산	(1) 직업력 및 노출력 조사 (2) 과거병력조사: 주요 표적장기와 관련된 질병력 조사 (3) 자각증상조사: 문진표 작성내용 확인 포함 (4) 임상진찰: 눈·호흡기·피부를 유의	(1) 흉부방사선 검사 (2) 폐활량검사

표 2-11. 특수건강진단·배치전건강진단·수시건강진단의 검사항목(산 및 알카리류)(계속)

번호	유해인자	필수검사항목	선택검사항목
8	황산	하여 진찰 (5) 치과진찰: 치아부식증에 유의하여 치과의사에 의한 치아검사 (6) 임상검사 ① 혈액학적 검사: 혈색소량·혈구용적치 ② 요검사: 단백뇨 ③ 간기능검사: 혈청지오티·혈청지피티·감마지티피	

※ 검사항목 중 생물학적 노출지표검사는 당해 작업에 처음 배치되는 근로자에게는 실시하지 아니한다.

표 2-12. 특수건강진단·배치전건강진단·수시건강진단의 검사항목(가스상 물질류)

번호	유해인자	필수검사항목	선택검사항목
1	불소	(1) 직업력·노출력 조사 (2) 과거병력조사 : 주요 표적장기와 관련된 질병력 조사 (3) 자각증상조사 : 문진표 작성내용 확인 포함 (4) 임상진찰 : 호흡기 질환에 유의하여 진찰 (5) 임상검사 ① 혈액학적 검사: 혈색소량·혈구용적치 ② 요검사: 단백뇨 ③ 간기능검사: 혈청지오티·혈청지피티·감마지티피	폐기능검사
2	브롬	(1) 직업력·노출력 조사 (2) 과거병력조사 : 주요 표적장기와 관련된 질병력 조사 (3) 자각증상조사 : 문진표 작성내용 확인 포함 (4) 임상진찰 : 신경계, 호흡기 질환에 유의하여 진찰 (5) 임상검사 ① 혈액학적 검사: 혈색소량·혈구용적치 ② 요검사: 단백뇨 ③ 간기능검사: 혈청지오티·혈청지피티·감마지티피	생물학적 노출지표검사 : 혈중 브롬이온검사

표 2-12. 특수건강진단·배치전건강진단·수시건강진단의 검사항목(가스상 물질류)(계속)

번호	유해인자	필수검사항목	선택검사항목
3	산화에틸렌	(1) 직업력·노출력 조사 (2) 과거병력조사 : 주요 표적장기와 관련된 질병력 조사 (3) 자각증상조사 : 문진표 작성내용 확인 포함 (4) 임상진찰 : 호흡기, 신경계, 조혈기, 생식 질환에 유의하여 진찰 (5) 임상검사 ① 혈액학적 검사: 혈색소량·혈구용적치 ② 요검사: 단백뇨 ③ 간기능검사: 혈청지오티·혈청지피티·감마지티피	(1) 신기능검사: 요침사 현미경검사·단백뇨정량·크레아티닌·요소질소(BUN) (2) 간기능검사: 총단백/알부민·총 빌리루빈·알카리포스파타제(AP)·유산탈수효소(LDH) (3) 간염바이러스검사: B형간염 s항원(HBsAg)· B형간염 s항체(HBsAb)· B형간염 e항원(HBeAg)· B형간염 e항체(HBeAb)· B형간염 c항체(HBcAb)· C형간염검사(Anti-HCV)· A형간염검사(Anti-HAV)· (4) 혈액학적검사: 적혈구수·백혈구수·혈소판수·망상적혈구수·백혈구백분율·혈액도말검사 (5) 생식검사 : 에스트로겐·난포자극호르몬
4	삼수소화비소	(1) 직업력·노출력 조사 (2) 과거병력조사 : 주요 표적장기와 관련된 질병력 조사 (3) 자각증상조사 : 문진표 작성내용 확인 포함 (4) 임상진찰 : 간, 신장, 혈액, 말초신경계, 호흡기, 피부 질환에 유의하여 진찰 (5) 임상검사 ① 혈액학적 검사: 혈색소량·혈구용적치 ② 요검사: 단백뇨 ③ 간기능검사: 혈청지오티·혈청지피티·감마지티피	(1) 신기능검사: 요침사 현미경검사·단백뇨정량·크레아티닌·요소질소(BUN) (2) 간기능검사: 총단백/알부민·총 빌리루빈·알카리포스파타제(AP)·유산탈수효소(LDH) (3) 간염바이러스검사: B형간염 s항원(HBsAg)· B형간염 s항체(HBsAb)· B형간염 e항원(HBeAg)· B형간염 e항체(HBeAb)· B형간염 c항체(HBcAb)· C형간염검사(Anti-HCV)· A형간염검사(Anti-HAV)· (4) 혈액학적검사: 적혈구수·백혈구수·혈소판수·망상적혈구수·백혈구백분율·혈액도말검사
5	시안화수소	(1) 직업력 및 노출력 조사 (2) 과거병력조사: 주요 표적장기와 관련된 질병력 조사 (3) 자각증상조사: 문진표 작성내용 확인 포함 (4) 임상진찰: 신경계·피부·심혈관계·	(1) 흉부방사선검사 (2) 폐활량검사 (3) 심전도 검사

표 2-12. 특수건강진단·배치전건강진단·수시건강진단의 검사항목(가스상 물질류)(계속)

번호	유해인자	필수검사항목	선택검사항목
5	시안화수소	호흡기에 유의하여 진찰 (5) 임상검사 ① 혈액학적 검사: 혈색소량·혈구용적치 ② 요검사: 단백뇨 ③ 간기능검사: 혈청지오티·혈청지피티·감마지티피	
6	아황산가스	(1) 직업력 및 노출력 조사 (2) 과거병력조사: 주요 표적장기와 관련된 질병력 조사 (3) 자각증상조사: 문진표 작성내용 확인 포함 (4) 임상진찰: 상기도·폐·눈에 유의하여 진찰 (5) 임상검사 ① 혈액학적 검사: 혈색소량·혈구용적치 ② 요검사: 단백뇨 ③ 간기능검사: 혈청지오티·혈청지피티·감마지티피	(1) 흉부방사선 검사 (2) 폐활량검사 (3) 치과진찰: 치아부식증에 유의하여 치과의사에 의한 치아검사
7	염소	(1) 직업력 및 노출력 조사 (2) 과거병력조사: 주요 표적장기와 관련된 질병력 조사 (3) 자각증상조사: 문진표 작성내용 확인 포함 (4) 임상진찰: 피부·호흡기·치아에 유의하여 진찰 (5) 치과진찰: 치아부식증에 유의하여 치과의사에 의한 치아검사 (6) 임상검사 ① 혈액학적 검사: 혈색소량·혈구용적치 ② 요검사: 단백뇨 ③ 간기능검사: 혈청지오티·혈청지피티·감마지티피	(1) 흉부방사선검사 (2) 폐활량검사
8	오존	(1) 직업력·노출력 조사 (2) 과거병력조사 : 주요 표적장기와 관련된 질병력 조사 (3) 자각증상조사 : 문진표 작성내용 확인 포함 (4) 임상진찰 : 호흡기, 안질환에 유의하여 진찰	폐기능검사

표 2-12. 특수건강진단·배치전건강진단·수시건강진단의 검사항목(가스상 물질류)(계속)

번호	유해인자	필수검사항목	선택검사항목
8	오존	(1) 직업력·노출력 조사 (2) 과거병력조사 : 주요 표적장기와 관련된 질병력 조사 (3) 자각증상조사 : 문진표 작성내용 확인 포함 (4) 임상진찰 : 호흡기, 안질환에 유의하여 진찰 (5) 임상검사 ① 혈액학적 검사: 혈색소량·혈구용적치 ② 요검사: 단백뇨 ③ 간기능검사: 혈청지오티·혈청지피티·감마지티피	폐기능검사
9	이산화질소	(1) 직업력·노출력 조사 (2) 과거병력조사 : 주요 표적장기와 관련된 질병력 조사 (3) 자각증상조사 : 문진표 작성내용 확인 포함 (4) 임상진찰 : 호흡기 질환에 유의하여 진찰 (5) 임상검사 ① 혈액학적 검사: 혈색소량·혈구용적치 ② 요검사: 단백뇨 ③ 간기능검사: 혈청지오티·혈청지피티·감마지티피	폐기능검사
10	일산화질소	(1) 직업력·노출력 조사 (2) 과거병력조사 : 주요 표적장기와 관련된 질병력 조사 (3) 자각증상조사 : 문진표 작성내용 확인 포함 (4) 임상진찰 : 호흡기 질환에 유의하여 진찰 (5) 임상검사 ① 혈액학적 검사: 혈색소량·혈구용적치 ② 요검사: 단백뇨 ③ 간기능검사: 혈청지오티·혈청지피티·감마지티피	폐기능검사
11	일산화탄소	(1) 직업력 및 노출력 조사 (2) 과거병력조사: 주요 표적장기와 관련된 질병력 조사	(1) 심전도 검사 (2) 순음청력검사 (3) 안과검사: 시야검사·안저검사

표 2-12. 특수건강진단·배치전건강진단·수시건강진단의 검사항목(가스상 물질류)(계속)

번호	유해인자	필수검사항목	선택검사항목
11	일산화탄소	(3) 자각증상조사: 문진표 작성내용 확인 포함 (4) 임상진찰: 폐·심혈관계·신경계에 유의하여 진찰 (5) 임상검사 ① 혈액학적 검사: 혈색소량·혈구용적치 ② 요검사: 단백뇨 ③ 간기능검사: 혈청지오티·혈청지피티·감마지티피 ④ 생물학적노출지표검사: 혈중 카복시헤모글로빈(작업 종료후 10~15분 이내에 채취)또는 호기중 일산화탄소 농도(작업 종료후 10~15분 이내, 마지막 호기 채취)	(4) 흉부방사선 검사 (5) 폐활량 검사
12	포스겐	(1) 직업력 및 노출력 조사 (2) 과거병력조사: 주요 표적장기와 관련된 질병력 조사 (3) 자각증상조사: 문진표 작성내용 확인 포함 (4) 임상진찰: 호흡기·심혈관계에 유의하여 진찰 (5) 임상검사 ① 혈액학적 검사: 혈색소량·혈구용적치 ② 요검사: 단백뇨 ③ 간기능검사: 혈청지오티·혈청지피티·감마지티피	(1) 심전도 검사 (2) 동맥혈 가스분압 검사 (3) 흉부방사선 검사 (4) 폐활량검사
13	포스핀(인화수소)	(1) 직업력·노출력 조사 (2) 과거병력조사 : 주요 표적장기와 관련된 질병력 조사 (3) 자각증상조사 : 문진표 작성내용 확인 포함 (4) 임상진찰 : 호흡기 질환에 유의하여 진찰 (5) 임상검사 ① 혈액학적 검사: 혈색소량·혈구용적치 ② 요검사: 단백뇨 ③ 간기능검사: 혈청지오티·혈청지피티·감마지티피	폐기능검사
14	황화수소	(1) 직업력 및 노출력 조사	(1) 흉부방사선 검사

표 2-12. 특수건강진단·배치전건강진단·수시건강진단의 검사항목(가스상 물질류)(계속)

번호	유해인자	필 수 검 사 항 목	선 택 검 사 항 목
14	황화수소	(2) 과거병력조사: 주요 표적장기와 관련된 질병력 조사 (3) 자각증상조사: 문진표 작성내용 확인 포함 (4) 임상진찰: 상기도·폐·눈·중추신경계·심혈관계에 유의하여 진찰 (5) 임상검사 ① 혈액학적 검사: 혈색소량·혈구용적치 ② 요검사: 단백뇨 ③ 간기능검사: 혈청지오티·혈청지피티·감마지티피	(2) 폐활량검사 (3) 심전도 검사 (4) 치과진찰: 치아부식증에 유의하여 치과의사에 의한 치아검사

※ 검사항목 중 생물학적 노출지표검사는 당해 작업에 처음 배치되는 근로자에게는 실시하지 아니한다.

표 2-13. 특수건강진단·배치전건강진단·수시건강진단의 검사항목(영 제30조의 규정에 의한 허가대상물질)

번호	유해인자	필 수 검 사 항 목	선 택 검 사 항 목
1	디클로로벤지딘과 그 염	(1) 직업력 및 노출력 조사 (2) 과거병력조사: 주요 표적장기와 관련된 질병력 조사 (3) 자각증상조사: 문진표 작성내용 확인 포함 (4) 임상진찰: 요로계·피부에 유의하여 진찰 (5) 임상검사 ① 혈액학적 검사: 혈색소량·혈구용적치 ② 요검사: 단백뇨·요침사 현미경검사 ③ 간기능검사: 혈청지오티·혈청지피티·감마지티피	요세포 검사(파파니콜라우 검사): (아침 첫 소변채취)
2	α-나프틸아민과 그 염	(1) 직업력 및 노출력 조사 (2) 과거병력조사: 주요 표적장기와 관련된 질병력 조사 (3) 자각증상조사: 문진표 작성내용 확인 포함 (4) 임상진찰: 요로계·피부에 유의하여 진찰 (5) 임상검사 ① 혈액학적 검사: 혈색소량·혈구용	요세포 검사(파파니콜라우 검사): (아침 첫 소변채취)

표 2-13. 특수건강진단·배치전건강진단·수시건강진단의 검사항목(영 제30조의 규정에 의한 허가대상물질)(계속)

번호	유해인자	필수검사항목	선택검사항목
		적치 ② 요검사: 단백뇨·요침사 현미경검사 ③ 간기능검사: 혈청지오티·혈청지피티·감마지티피	
3	크롬 산아연	(1) 직업력·노출력 조사 (2) 과거병력조사 : 주요 표적장기와 관련된 질병력 조사 (3) 자각증상조사 : 문진표 작성내용 확인 포함 (4) 임상진찰 : 호흡기, 신장, 피부 질환 및 비강에 유의하여 진찰 (5) 임상검사 ① 혈액학적 검사: 혈색소량·혈구용적치 ② 요검사: 단백뇨 ③ 간기능검사: 혈청지오티·혈청지피티·감마지티피	(1) 신기능검사: 요침사 현미경검사·단백뇨정량·크레아티닌·요소질소(BUN) (2) 객담 세포검사 (3) 흉부 방사선검사 (4) 생물학적노출지표검사: 요중 또는 혈중 크롬
4	*o*-톨리딘과그염	(1) 직업력 및 노출력 조사 (2) 과거병력조사: 주요 표적장기와 관련된 질병력 조사 (3) 자각증상조사: 문진표 작성내용 확인 포함 (4) 임상진찰: 요로계에 유의하여 진찰 (5) 임상검사 ① 혈액학적 검사: 혈색소량·혈구용적치 ② 요검사: 단백뇨·요침사 현미경검사 ③ 간기능검사: 혈청지오티·혈청지피티·감마지티피	요세포 검사(파파니콜라우 검사): (아침 첫 소변채취)
5	디아니시딘과 그 염	(1) 직업력 및 노출력 조사 (2) 과거병력조사: 주요 표적장기와 관련된 질병력 조사 (3) 자각증상조사: 문진표 작성내용 확인 포함 (4) 임상진찰: 신장 및 요로계·호흡기·피부에 유의하여 진찰 (5) 임상검사 ① 혈액학적 검사: 혈색소량·혈구용적치 ② 요검사: 단백뇨·요침사 현미경검사 ③ 간기능검사: 혈청지오티·혈청지피티·감마지티피	요세포 검사(파파니콜라우 검사): (아침 첫 소변채취)

표 2-13. 특수건강진단·배치전건강진단·수시건강진단의 검사항목(영 제30조의 규정에 의한 허가대상물질)(계속)

번호	유해인자	필수검사항목	선택검사항목
5	디아니시딘과 그 염	② 요검사: 단백뇨 ③ 간기능검사: 혈청지오티·혈청지피티·감마지티피	
6	베릴륨	(1) 직업력 및 노출력 조사 (2) 과거병력조사: 주요 표적장기와 관련된 질병력 조사 (3) 자각증상조사: 문진표 작성내용 확인 포함 (4) 임상진찰: 눈·피부·호흡기에 유의하여 진찰 (5) 임상검사 ① 혈액학적 검사: 혈색소량·혈구용적치 ② 요검사: 단백뇨 ③ 간기능검사: 혈청지오티·혈청지피티·감마지티피 ④ 폐활량검사 ⑤ 흉부 방사선검사	(1) 피부첩포검사 (2) 혈청 감마글로불린 검사 (3) 동맥혈 가스분압 검사 (4) 생물학적노출지표검사: 요중 베릴륨
7	비소 및 그 무기화합물	(1) 직업력·노출력 조사 (2) 과거병력조사 : 주요 표적장기와 관련된 질병력 조사 (3) 자각증상조사 : 문진표 작성내용 확인 포함 (4) 임상진찰 : 간, 신장, 혈액, 말초신경계, 호흡기, 피부 질환에 유의하여 진찰 (5) 임상검사 ① 혈액학적 검사: 혈색소량·혈구용적치 ② 요검사: 단백뇨 ③ 간기능검사: 혈청지오티·혈청지피티·감마지티피	(1) 신기능검사: 요침사 현미경검사·단백뇨정량·크레아티닌·요소질소(BUN) (2) 간기능검사: 총단백/알부민·총 빌리루빈·알카리포스파타제(AP)·유산탈수효소(LDH) (3) 간염바이러스검사: B형간염 s항원(HBsAg)· B형간염 s항체(HBsAb)· B형간염 e항원(HBeAg)· B형간염 e항체(HBeAb)· B형간염 c항체(HBcAb)· C형간염검사(Anti-HCV)· A형간염검사(Anti-HAV)· (4) 혈액학적검사: 적혈구수·백혈구수·혈소판수·망상적혈구수·백혈구백분율·혈액도말검사 (5) 생물학적 노출지표검사 : 요중 비소(주말 작업종료시)
8	크롬광	(1) 직업력·노출력 조사 (2) 과거병력조사 : 주요 표적장기와 관련된 질병력 조사 (3) 자각증상조사 : 문진표 작성내용 확	(1) 신기능검사: 요침사 현미경검사·단백뇨정량·크레아티닌·요소질소(BUN) (2) 객담 세포검사

표 2-13. 특수건강진단·배치전건강진단·수시건강진단의 검사항목(영 제30조의 규정에 의한 허가대상물질)(계속)

번호	유해인자	필수검사항목	선택검사항목
8	크롬광	인 포함 (4) 임상진찰 : 호흡기, 신장, 피부 질환 및 비강에 유의하여 진찰 (5) 임상검사 ① 혈액학적 검사: 혈색소량·혈구용적치	(3) 흉부 방사선검사 (4) 생물학적노출지표검사: 요중 또는 혈중 크롬
9	휘발성 콜타르피치(코우크스 제조 또는 취급업무)	(1) 직업력 및 노출력 조사 (2) 과거병력조사: 주요 표적장기와 관련된 질병력 조사 (3) 자각증상조사: 문진표 작성내용 확인 포함 (4) 임상진찰: 호흡기·눈·신장·간에 유의하여 진찰 (5) 임상검사 ① 혈액학적 검사: 혈색소량·혈구용적치 ② 요검사: 단백뇨 ③ 간기능검사: 혈청지오티·혈청지피티·감마지티피 ④ 흉부 방사선 검사	(1) 간기능검사: 총단백/알부민·총 빌리루빈·알카리포스파타제(AP)·유산탈수효소(LDH) (2) 간염바이러스 검사: B형간염 s항원(HBsAg)· B형간염 s항체(HBsAb)· B형간염 e원(HBeAg)· B형간염 e항체(HBeAb)· B형간염 c항체(HBcAb)· C형간염검사(Anti-HCV)· A형간염검사(Anti-HAV)· (3) 신기능검사: 요침사 현미경검사·단백뇨정량·크레아티닌·요소질소(BUN) (4) 객담 및 요세포검사(파파니콜라우검사) (5) 생물학적 노출지표검사: 요중 방향족 탄화수소의 대사산물 (1-하이드록시파이렌 또는 1- 하이드록시파이렌 글루크로나이드)(작업종료후 채취
10	황화니켈	(1) 직업력·노출력 조사 (2) 과거병력조사 : 주요 표적장기와 관련된 질병력 조사 (3) 자각증상조사 : 문진표 작성내용 확인 포함 (4) 임상진찰 : 호흡기, 피부 질환에 유의하여 진찰 (5) 임상검사 ① 혈액학적 검사: 혈색소량·혈구용적치 ② 요검사: 단백뇨 ③ 간기능검사: 혈청지오티·혈청지피티·감마지티피	(1) 객담 세포검사 (2) 흉부방사선검사 (3) 폐기능검사 (4) 생물학적노출지표검사: 요중 니켈
11	염화비닐	(1) 직업력 및 노출력 조사 (2) 과거병력조사: 주요 표적장기와 관	(1) 간기능검사: 총단백/알부민·총 빌리루빈·알카리포스파타제(AP)·유

표 2-13. 특수건강진단·배치전건강진단·수시건강진단의 검사항목(영 제30조의 규정에 의한 허가대상물질)(계속)

번호	유해인자	필수검사항목	선택검사항목
11	염화비닐	련된 질병력 조사 (3) 자각증상조사 : 문진표 작성내용 확인 포함 (4) 임상진찰 : 신경계·근골격계·피부에 유의하여 진찰 (5) 임상검사 ① 혈액학적 검사 : 혈색소량·혈구용적치 ② 요검사 : 단백뇨 ③ 간기능검사 : 혈청지오티·혈청지피티·감마지티피	산탈수효소(LDH) (2) 간염바이러스 검사 : B형간염 s항원(HBsAg)· B형간염 s항체(HBsAb)· B형간염 e항원(HBeAg)· B간염 e항체(HBeAb)· B형간염 c항체(HBcAb)· C형간염검사(Anti-HCV)· A형간염검사(Anti-HAV)· (3) 양손의 단순 X-선 촬영 (4) 흉부방사선검사 (5) 폐활량검사
12	벤조트리클로리드	(1) 직업력 및 노출력 조사 (2) 과거병력조사 : 주요 표적장기와 관련된 질병력 조사 (3) 자각증상조사 : 문진표 작성내용 확인 포함 (4) 임상진찰 : 호흡기·피부에 유의하여 진찰 (5) 임상검사 ① 혈액학적 검사 : 혈색소량·혈구용적치 ② 요검사 : 단백뇨 ③ 간기능검사 : 혈청지오티·혈청지피티·감마지티피	흉부방사선 검사
13	석면	(1) 직업력 및 노출력 조사 (2) 과거병력조사 : 주요 표적장기와 관련된 질병력 조사 (3) 자각증상조사 : 문진표 작성내용 확인 포함 (4) 임상진찰 : 폐에 유의하여 진찰 (5) 임상검사 ① 혈액학적 검사 : 혈색소량·혈구용적치 ② 요검사 : 단백뇨 ③ 간기능검사 : 혈청지오티·혈청지피티·감마지티피 ④ 흉부방사선 검사 ⑤ 폐활량 검사	(1) 흉부방사선 검사(측면 촬영) (2) 객담 결핵균 도말검사 (3) 객담 석면소체검사 (4) 객담세포검사 (5) 심전도검사

※ 휘발성 콜타르피치의 검사항목 중 생물학적 노출지표검사는 당해 작업에 처음 배치되는 근로자에게는 실시하지 아니한다.

표 2-14. 특수건강진단·배치전건강진단·수시건강진단의 검사항목(금속가공유 : 미네랄 오일미스트)

번호	유해인자	필수검사항목	선택검사항목
1	미네랄 오일미스트(광물성 오일)	(1) 직업력·노출력 조사 (2) 과거병력조사 : 주요 표적장기와 관련된 질병력 조사 (3) 자각증상조사 : 문진표 작성내용 확인 포함 (4) 임상진찰 : 호흡기, 피부 질환에 유의하여 진찰 (5) 임상검사 ① 혈액학적 검사: 혈색소량·혈구용적치 ② 요검사: 단백뇨 ③ 간기능검사: 혈청지오티·혈청지피티·감마지티피	폐기능검사

표 2-15. 특수건강진단·배치전건강진단·수시건강진단의 검사항목(분진)

번호	유해인자	필수검사항목	선택검사항목
1	곡물 분진	(1) 직업력·노출력 조사 (2) 과거병력조사 : 주요 표적장기와 관련된 질병력 조사 (3) 자각증상조사 : 문진표 작성내용 확인 포함 (4) 임상진찰 : 천식에 유의하여 진찰 (5) 임상검사 ① 혈액학적 검사: 혈색소량·혈구용적치 ② 요검사: 단백뇨 ③ 간기능검사: 혈청지오티·혈청지피티·감마지티피 ④ 흉부방사선 검사	(1) 흉부방사선 검사(측면 촬영) (2) 객담 결핵균 도말검사 (3) 폐기능검사 (4) 심전도검사
2	광물성 분진	(1) 직업력 및 노출력 조사 (2) 과거병력조사: 주요 표적장기와 관련된 질병력 조사 (3) 자각증상조사: 문진표 작성내용 확인 포함 (4) 임상진찰: 폐에 유의하여 진찰 (5) 임상검사 ① 혈액학적 검사: 혈색소량·혈구용적치 ② 요검사: 단백뇨 ③ 간기능검사: 혈청지오티·혈청지피티·감마지티피 ④ 흉부방사선 검사	(1) 흉부방사선 검사(측면 촬영) (2) 객담 결핵균 도말 검사 (3) 폐활량검사 (4) 심전도검사

표 2-15. 특수건강진단·배치전건강진단·수시건강진단의 검사항목(분진)(계속)

번호	유해인자	필수검사항목	선택검사항목
3	면분진	(1) 직업력 및 노출력 조사 (2) 과거병력조사 : 주요 표적장기와 관련된 질병력 조사 (3) 자각증상조사 : 문진표 작성내용 확인 포함 (4) 임상진찰 : 폐에 유의하여 진찰 (5) 임상검사 ① 혈액학적 검사 : 혈색소량·혈구용적치 ② 요검사 : 단백뇨 ③ 간기능검사 : 혈청지오티·혈청지피티·감마지티피 ④ 흉부방사선 검사	(1) 흉부방사선 검사(측면 촬영) (2) 객담 결핵균 도말검사 (3) 폐활량검사 (4) 심전도검사
4	목분진	(1) 직업력·노출력 조사 (2) 과거병력조사 : 주요 표적장기와 관련된 질병력 조사 (3) 자각증상조사 : 문진표 작성내용 확인 포함 (4) 임상진찰 : 호흡기(진폐, 천식)질환에 유의하여 진찰 (5) 임상검사 ① 혈액학적 검사 : 혈색소량·혈구용적치 ② 요검사 : 단백뇨 ③ 간기능검사 : 혈청지오티·혈청지피티·감마지티피 ④ 흉부방사선 검사	(1) 흉부방사선 검사(측면 촬영) (2) 객담 결핵균 도말검사 (3) 폐기능검사 (4) 심전도검사
5	용접 흄	(1) 직업력·노출력 조사 (2) 과거병력조사 : 주요 표적장기와 관련된 질병력 조사 (3) 자각증상조사 : 문진표 작성내용 확인 포함 (4) 임상진찰 : 호흡기(진폐, 천식)질환에 유의하여 진찰 (5) 임상검사 ① 혈액학적 검사 : 혈색소량·혈구용적치 ② 요검사 : 단백뇨 ③ 간기능검사 : 혈청지오티·혈청지피티·감마지티피 ④ 흉부방사선 검사	(1) 흉부방사선 검사(측면 촬영) (2) 객담 결핵균 도말검사 (3) 폐기능검사 (4) 심전도검사
6		(1) 직업력·노출력 조사	

표 2-15. 특수건강진단·배치전건강진단·수시건강진단의 검사항목(분진)(계속)

번호	유해인자	필수검사항목	선택검사항목
6	유리섬유 분진	(2) 과거병력조사 : 주요 표적장기와 관련된 질병력 조사 (3) 자각증상조사 : 문진표 작성내용 확인 포함 (4) 임상진찰 : 호흡기, 피부 질환에 유의하여 진찰 (5) 임상검사 ① 혈액학적 검사: 혈색소량·혈구용적치 ② 요검사: 단백뇨 ③ 간기능검사: 혈청지오티·혈청지피티·감마지티피 폐기능검사	

표 2-16. 특수건강진단·배치전건강진단·수시건강진단의 검사항목(물리적인자)

번호	유해인자	필수검사항목	선택검사항목
1	보건규칙 제58조 제1호 내지 제3호의 소음작업·강렬한 소음작업 및 충격소음작업에서 발생하는 소음	(1) 직업력·노출력 조사 (2) 과거병력조사: 주요 표적장기와 관련된 질병력 조사 (3) 자각증상조사: 문진표 작성내용 확인 포함 (4) 임상진찰: 귀·혈압에 유의하여 진찰 (5) 임상검사 ① 혈액학적 검사: 혈색소량·혈구용적치 ② 요검사: 단백뇨 ③ 간기능검사: 혈청지오티·혈청지피티·감마지티피 ④ 순음기도 청력검사(양측 귀에서 2000, 3000, 4000Hz - 배치전건강진단시에는 500, 1000, 6000 Hz를 포함한다)	(1) 순음 청력검사(양측 귀의 기도 및 골도: 500, 1000, 2000, 3000 4000, 6000 Hz 순음검사 - 기도의 500, 1000, 2000 Hz에 대한 평균 청력손실이 25dB 미만인 경우에는 골도 청력검사를 실시하지 아니할 수 있다) (2) 중이검사: 팀파노메트리 검사
2	보건규칙 제58조제4호의 "진동작업"에서 발생하는 진동	(1) 직업력 및 노출력 조사 (2) 과거병력조사: 주요 표적장기와 관련된 질병력 조사 (3) 자각증상조사: 문진표 작성내용 확인 포함 (4) 임상진찰: 사지의 말초순환기능(손톱압박)·신경기능(통각, 진동각)·운동기능(악력)등에 유의하여 진찰	(1) 혈액학적검사: 적혈구수·백혈구수·적혈구침강속도·백혈구 백분율 (2) 심전도검사 (3) 안저검사 (4) 냉각부하검사: 냉각부하시의 수지의 피부온도·통각·진동각 검사 (5) 운동기능검사: 태핑검사

표 2-16. 특수건강진단·배치전건강진단·수시건강진단의 검사항목(물리적인자)(계속)

번호	유해인자	필수검사항목	선택검사항목
2	보건규칙 제58조제4호의 "진동작업"에서 발생하는 진동	(5) 임상검사 ① 혈액학적 검사: 혈색소량·혈구용적치 ② 요검사: 단백뇨 ③ 간기능검사: 혈청지오티·혈청지피티·감마지티피	
3	보건규칙 제123조제1호의 "방사선"	(1) 직업력 및 노출력 조사 (2) 과거병력조사: 주요 표적장기와 관련된 질병력 조사 (3) 자각증상조사: 문진표 작성내용 확인 포함 (4) 임상진찰: 눈·피부·신경계·조혈기에 유의하여 진찰 (5) 임상검사 ① 혈액학적 검사: 혈색소량·혈구용적치·적혈구수·백혈구수·혈소판수·백혈구백분율 ② 요검사: 단백뇨 ③ 간기능검사: 혈청지오티·혈청지피티·감마지티피	(1) 혈액학적검사: 혈액도말검사, 망상적혈구수 (2) 백내장 검사: 세극 등 검사 (3) 흉부방사선검사
4	고기압	(1) 직업력 및 노출력 조사 (2) 과거병력조사: 주요 표적장기와 관련된 질병력 조사 (3) 자각증상조사: 문진표 작성내용 확인 포함 (4) 임상진찰: 시력·혈압·귀·피부·신경계에 유의하여 진찰 (5) 임상검사 ① 혈액학적 검사: 혈색소량·혈구용적치 ② 요검사: 단백뇨 ③ 간기능검사: 혈청지오티·혈청지피티·감마지티피	(1) 순음청력검사(양측 귀의 기도 및 골도: 500, 1000, 2000, 4000, 6000 Hz) (2) 중이검사: 팀파노메트리검사 (3) 폐활량검사 (4) 골 및 관절 방사선검사 (5) 심전도검사 (6) 치과진찰: 치통을 동반하는 치은염, 치주염에 유의하여 치과의사에 의한 검사
5	저기압	(1) 직업력 및 노출력 조사 (2) 과거병력조사: 주요 표적장기와 관련된 질병력 조사 (3) 자각증상조사: 문진표 작성내용 확인 포함 (4) 임상진찰: 시력·혈압·심장·폐에 유의하여 진찰 (5) 임상검사	(1) 혈액학적검사: 적혈구수·백혈구수·혈소판수·백혈구백분율·적혈구침강속도·백혈구 백분율 (2) 흉부 방사선검사 (3) 폐활량검사 (4) 동맥혈가스 분압 검사 (5) 안저검사 (6) 심전도검사

표 2-16. 특수건강진단·배치전건강진단·수시건강진단의 검사항목(물리적인자)(계속)

번호	유해인자	필수검사항목	선택검사항목
5	저기압	① 혈액학적 검사: 혈색소량·혈구용적치 ② 요검사: 단백뇨 ③ 간기능검사: 혈청지오티·혈청지피티·감마지티피	
6	자외선	(1) 직업력 및 노출력 조사 (2) 과거병력조사: 주요 표적장기와 관련된 질병력 조사 (3) 자각증상조사: 문진표 작성내용 확인 포함 (4) 임상진찰: 피부·눈에 유의하여 진찰 (5) 임상검사 ① 혈액학적 검사: 혈색소량·혈구용적치 ② 요검사: 단백뇨 ③ 간기능검사: 혈청지오티·혈청지피티·감마지티피	백내장 검사: 세극 등 검사
7	적외선	(1) 직업력 및 노출력 조사 (2) 과거병력조사: 주요 표적장기와 관련된 질병력 조사 (3) 자각증상조사: 문진표 작성내용 확인 포함 (4) 임상진찰: 피부·눈에 유의하여 진찰 (5) 임상검사 ① 혈액학적 검사: 혈색소량·혈구용적치 ② 요검사: 단백뇨 ③ 간기능검사: 혈청지오티·혈청지피티·감마지티피	백내장 검사: 세극 등 검사
8	마이크로파 및 라디오파	(1) 직업력 및 노출력 조사 (2) 과거병력조사: 주요 표적장기와 관련된 질병력 조사 (3) 자각증상조사: 문진표 작성내용 확인 포함 (4) 임상진찰: 눈에 유의하여 진찰 (5) 임상검사 ① 혈액학적 검사: 혈색소량·혈구용적치·적혈구수·백혈구수·혈소판수·백혈구백분율 ② 요검사: 단백뇨 ③ 간기능검사: 혈청지오티, 혈청지피티, 감마지티피,	(1) 심전도 검사 (2) 백내장 검사: 세극등 검사 (3) 혈청검사: 콜린에스 터라제 활성치 (4) 생식기능 검사: 정액검사·테스토스테론·황체호르몬·여포자극호르몬·에스트로젠·프로락틴

표 2-17. 직업성 천식 및 피부염이 의심되는 근로자에 대한 수시건강진단의 검사항목

번호	유해인자	필수검사항목	선택검사항목
1	천식유발 물질	(1) 직업력 및 노출력 조사 (2) 과거병력조사 : 호흡기와 관련된 질병력 조사 (3) 자각증상조사 : 문진표 작성내용 확인 포함 (4) 임상진찰 : 천식에 유의하여 진찰	(1) 최대호기유속 연속 측정 (2) 폐활량 검사 (3) 흉부 방사선 검사 (4) 비특이 기도과민 검사
2	피부장해 유발물질	(1) 직업력 및 노출력 조사 (2) 과거병력조사 : 피부와 관련된 질병력 조사 (3) 자각증상조사 : 문진표 작성내용 확인 포함 (4) 임상진찰 : 피부병변의 종류·발병모양·분포상태·피부묘기증·니콜스키 증후 등에 유의하여 진찰	피부첩포시험

(3) 임시건강진단의 검사항목

별표 13의 규정에 의한 특수건강진단의 검사 항목 중 전부 또는 일부와 건강진단 담당 의사가 필요하다고 인정하는 검사항목으로 한다.

3) 건강진단의 검사방법

건강진단에 필요한 검사항목들의 검사법은 노동부장관령에 의한다(표 2-18, 19, 20).

표 2-18. 1차 건강진단 검사항목의 검사방법

검사항목	검 사 방 법
3. 요검사 ◦요당, 요단백, 잠혈, pH	◦요컵 또는 시험관등을 이용하여 신선한 요를 채취하여야 하며 시험지(Urine Test Strip)를 사용하여 측정한다. 이때 제조회사의 검사방법 등 설명서에 따라 반응시간과 판독시간을 정확히 준수하여 검사한다.
4. 혈액검사 ◦혈색소 ◦식전혈당 ◦총콜레스테롤 ◦AST(SGOT) ◦ALT(SGPT) ◦감마지티피(γ-GTP)	◦1회용 주사기나 진공시험관(1회용 주사침포함)으로 채혈한다. - Cyanmethemoglobin법 또는 이에 상응하는 방법으로 실시한다. - 효소법으로 측정한다. - 효소법으로 측정한다. - NADH UV법 또는 레이트만 - 후랑켈법으로 실시한다. - 상동 - SZASZ법 또는 IFCC(Carboxy-GGNA)법으로 실시한다.

표 2-18. 1차 건강진단 검사항목의 검사방법(계속)

검사항목	검 사 방 법
	※ 검진기관은 당일 채취한 검체를 당일중으로 분석 완료하여야 하며, 특히 출장검진시에는 검체의 보관 및 수송, 검사 등에 철저를 기하여야 하고 검체 채취 후 2시간 이내에 수송이 불가능한 경우에는 현지에서 혈청을 분리하여 혈청만을 냉장 수송한다.
5. 간염검사 ◦B형간염표면항원 ◦B형간염표면항체	◦동일 검체로 실시한다. ◦1회용 주사기나 진공시험관(1회용 주사침포함)으로 채혈하며 채혈된 혈액은 1회용 시험관이나 잘 세척건조된 용기에 보관하여야 한다. - 검사는 일반검사 방법에 의한다.
6. 심전도검사	◦안정된 상태에서 측정하며, 사지단극유도 및 흉부유도를 포함하여 최저 12유도를 실시한다.

표 2-19. 2차검진검사항목의 검사방법

구 분	검사항목	검 사 방 법
	공통	◦2차검진의 혈액검사는 반드시 재채혈하여 실시한다 - 검사성적의 신빙도 확보에 어려움이 있는 일부 혈액화학검사종목에 대해서는 검사의 정확도와 신뢰도를 제고하기 위하여 타 검진기관에 의뢰하여 검사할 수 있다. ·검사를 의뢰받을 수 있는 타 검진기관이라 함은 검진기관으로 확인받은 기관으로서 "검체검사위탁에 관한 기준(보건복지부 고시)"제3조 규정의 기준을 갖추어 검체검사가 가능한 검사기관으로 한다.
폐결핵 및 기타흉부 질환	1. 흉부방사선 직접촬영 ◦촬영료+판독료 ◦필름대 (14"×17") 2. 항산성(결핵균)집균 도말검사 3. 항산균(결핵균) 배양 및 동정검사	◦흉부질환은 흉부방사선 필름 판독결과로써 진단한다. - 흉부방사선 필름판독은 진단방사선과전문의가 실시하여야 하며, 진단방사선과 전문의가 상근하지 않는 검진기관은 진단방사선과전문의에게 판독을 의뢰하여야 한다. ◦1차검진결과 폐결핵 의심자에 대하여는 흉부방사선 직접촬영과 결핵균 검사를 반드시 실시하여야 한다. ◦결핵균 검사는 - 대한결핵협회 시·도지부 검사소에 의뢰하여 검사함을 원칙으로 한다. 다만, 항산성(결핵균)집균도말검사는 검진기관에서 자체적으로 실시할 수 있다. 이 경우라 하더라도 항산균(결핵균) 배양 및 약제감수성검사는 대한결핵협회에 의뢰하여 검사하여야 한다.
	1. 흉부방사선 직접촬영 ◦촬영료+판독료	◦흉부질환은 흉부방사선 필름 판독결과로써 진단한다. - 흉부방사선 필름판독은 진단방사선과전문의가 실시하여야 하며, 진단방사선과 전문의가 상근하지 않는 검진기관은 진단방사선과전문의에게 판독을 의뢰하여야 한다.

표 2-19. 2차검진검사항목의 검사방법(계속)

구 분	검사항목	검 사 방 법
폐결핵 및 기타흉부 질환	◦필름대 (14"×17") 2. 항산성(결핵균)집균 도말검사 3. 항산균(결핵균) 배양 및 동정검사 4. 항산균(결핵균) 약제 감수성검사	◦1차검진결과 폐결핵 의심자에 대하여는 흉부방사선 직접촬영과 결핵균 검사를 반드시 실시하여야 한다. ◦결핵균 검사는 - 대한결핵협회 시·도지부 검사소에 의뢰하여 검사함을 원칙으로 한다. 다만, 항산성(결핵균)집균도말검사는 검진기관에서 자체적으로 실시할 수 있다. 이 경우라 하더라도 항산균(결핵균) 배양 및 약제감수성검사는 대한결핵협회에 의뢰하여 검사하여야 한다. - 항산균(결핵균) 약제감수성검사는 배양검사결과 결핵균이 배양된 경우(양성자)에 한하여 실시하되, 10종이상의 약제를 사용해야 한다.
고혈압성 질환	1. 혈압측정 2. 정밀안저검사(양측) 3. 심전도검사	◦안저검사경(Funduscope)을 사용하여 측정한다.
고지혈증 질환	1. 트리그리세라이드 2. HDL콜레스테롤	◦효소법으로 실시한다. ◦효소법으로 실시한다.
간장질환	1. 총단백 2. 알부민 3. 알카리포스파타제	◦Biuret법으로 실시한다. ◦BCG법 또는 BCP법으로 실시한다. ◦AMP-PMPP법 또는 DEA-PNPP법이나 Carbonate-PP법 또는
간장질환	4. 총빌리루빈(직접) 5. 유산탈수효소 (LDH) 6. 알파휘토단백 7. B형간염표면항원 8. B형간염표면항체	Carbonate-PNPP법으로 실시한다. ◦Jendrassik-G법이나 Evelyn-Malloy법 또는 Billirubin- oxidase법으로 실시한 다(총빌리루빈과 직접 빌리루빈을 검사한다). ◦L→P(37℃)법 또는 P→L(37℃)법으로 실시한다. ◦RPHA법으로 실시한다. ◦RPHA법으로 실시한다. ◦PHA법으로 실시한다.
당뇨질환	1. 식전혈당 2. 식후혈당 3. 정밀안저검사 (양측)	◦효소법(식전검사는 6시간이상 공복을 원칙으로 한다.) ◦효소법(식후 2시간 내지 2시간 30분이내에 채혈 검사한다.) ◦안저검사경(Funduscope)을 사용하여 측정한다.
신장질환	1. 요침사현미경검사 2. 요소질소 3. 크레아티닌 4. 요산	◦가검뇨 10ml 정도를 원침판에 담아서 1,500rpm에서 5분간 원침한 후 검경한다. ◦Urease-GLDH법 또는 Urease-Indophenol법으로 실시한다. ◦Jaffe endpoint법 또는 Jaffe Kinetic법으로 실시한다. ◦Uricase법으로 실시한다.
빈혈증	1. 헤마토크릿 2. 백혈구수 3. 적혈구수	◦자동혈구측정기 또는 Microhematocrit법으로 실시한다. ◦자동혈구측정기법으로 실시한다. ◦상동

표 2-20. 특정암검사

구 분	검사항목	검 사 방 법
위 암	1. 위장조영촬영 2. 상부소화관 내시경검사 3. 조직검사 ◦내시경하생검 ◦병리조직검사	◦위장조영촬영은 진단방사선과 전문의가 반드시 판독을 실시하여야 하며, 진단방사선과 전문의가 상근하지 않은 검진기관은 진단방사선과 전문의에게 판독을 의뢰하여야 한다. ◦병리조직검사는 병리과 전문의가 반드시 판독을 실시하여야 하며, 병리과 전문의가 상근하지 않는 검진기관은 병리과전문의에게 판독을 의뢰하여야 한다.
유방암	1. 유방단순촬영(양측) ◦촬영 및 판독료 ◦필름료(CT필름: 4매)	◦유방단순촬영은 좌우 각2회(정면, 측면)씩 촬영한다. ◦유방단순촬영은 진단방사선과 전문의가 반드시 판독을 실시하여야 하며, 진단방사선과 전문의가 상근하지 않은 검진기관은 진단방사선과 전문의에게 판독을 의뢰하여야 한다.
대장암	1. 분변잠혈반응검사 ◦RPHA법(또는 Latex법) ◦분변혈색소정량법	◦분변잠혈반응검사는 RPHA법(또는 Latex법) 또는 분변혈색소정량법으로 실시한다. - 분변잠혈결과 이상자는 담당의사의 선별에 의해 결장이중조영촬영을 생략하고 내시경 검사를 실시할 수 있다.
	2. 결장이중조영촬영 ◦촬영 및 판독료	◦결장이중조영촬영은 담당의사가 환자의 공복상태를 확인하고 촬영한다. ◦결장이중조영촬영은 진단방사선과 전문의가 반드시 판독을 실시하여야 하며, 진단방사선과 전문의가 상근하지 않은 검진기관은 진단방사선과 전문의에게 판독을 의뢰하여야 한다.
	3. 내시경검사 ◦결장경검사 ◦조영제	◦내시경검사는 결장경으로만 실시한다. ◦검사 4시간전에 물에 녹여 4L로 한후 10분마다 240ml 복용
	4. 조직검사 ◦내시경하생검 ◦병리조직검사	◦병리조직검사는 병리과 전문의가 반드시 판독을 실시하여야 하며, 병리과 전문의가 상근하지 않는 검진기관은 병리과전문의에게 판독을 의뢰하여야 한다.
간 암	1. 간초음파 검사 2. 알파휘토단백 - 일반(RPHA법) - 정밀(EIA법 등)	◦건강검진담당의사가 직접 실시한다 ◦일반검사(RPHA법) 또는 정성검사(EIA법)으로 실시한다.
자궁 경부암	자궁질도말세포병리 검사	Papanicolaou염색법으로 실시한다. ◦검체채취 - 검체채취는 해당 검진기관의 산부인과의사 또는 검진담당의사가 반드시 직접 채취하여야 한다. - 검체채취는 브러쉬 사용을 원칙으로 하며 면봉은 사용할 수 없다. ◦자궁질도말세포병리검사는 병리과 전문의 또는 교육받은 해당 관련 전문의가 판독하고 판독소견서를 작성, 비치하여야 한다.

표 2-21. 임상검사 항목의 참고치(혈액검사 분야)

검사항목	검사방법		참고값		단위
			일반적	실무지침	
혈색소량	자동혈구계수기등	남	13~17	14~18	g/dl
		여	12~16	12~16	
혈구용적치	자동혈구계수기, 원심법등	남	38~54	38~54	%
		여	36~48	36~47	
적혈구수	자동혈구계수기, 염색경검법등	남	420~630	410~530	만개/uL
		여	382~540	380~480	
백혈구수	자동혈구계수기, 염색경검법등		4.2~11	3.5~9.4	천개/uL
혈소판수	자동혈구계수기, 용수법(직접법)등		15~40	10~40	만개/uL
망상적혈구	자동혈구계수기, 염색경검법등		0.5~2	0.3~1	%
호염기성 점적혈구	형광법, 염색경검법등		0.1이하	0.1이하	%
호중성백혈구	자동혈구계수기, 염색경검법등		1.5~7(37~72)	2~7.5(40~71)	천개/uL(%)
호산성백혈구	자동혈구계수기, 염색경검법 등		0~0.4(0~6)	0~0.7(0~7)	천개/uL(%)
호염기성백혈구	자동혈구계수기, 염색경검법 등		0~0.1(0~1)	0~0.15(0~1)	천개/uL(%)
임파구	자동혈구계수기, 염색경검법 등		1~3.7(20~50)	1.5~4(27~47)	천개/uL(%)
단핵구	자동혈구계수기, 염색경검법 등		0~0.7(0~14)	0.2~0.8(2~8)	천개/uL(%)
메트헤모글로빈	UV(Potassium cyanide)법 등		0~1	혈색소량의 0.4~1.5	%
카복시헤모글로빈	CUV법 등	비흡연	0~2	0.5~1.5	%
		흡연	0~10	4~9	
혈청총단백	UV, Biuret법 등		6.6~8.5	6~8	g/dl
혈청알부민	UV, BCG법 등		3.8~5.1	3.5~5	g/dl
혈청 A/G 비	UV, Biuret법등/UV, BCG법 등		1.3~2.3	1~1.5	
혈청 GOT(AST)	자동분석장비, UV법 등	남	37이하	5~40	IU/L
		여	31이하		
혈청 GPT(ALT)	자동분석장비, UV법 등	남	40이하	3~35	IU/L
		여	31이하		
γ-GTP	자동분석장비, Szasz, UV법 등	남	11~50	7~62	IU/L
		여	7~32	4~37	
티몰혼탁시험 TTT	비탁법등 (Kunkel 단위)		5이하	0~5이하	Unit
아연혼탁시험 ZTT	비탁법 등(Kunkel 단위)		2.3~12	4~12	Unit

표 2-21. 임상검사 항목의 참고치(혈액검사 분야)(계속)

검사항목	검사방법		참고값		단위
			일반적	실무지침	
혈당	자동분석장비, 효소법 등	공복시	70~110	70~105	mg/dl
		식후2 시간후	70~120	70~120	
혈청총콜레스테롤	자동분석장비, 효소법 등		130~210	130~230	mg/dl
트리글리세라이드	자동분석장비, 효소법 등		40~190	35~130	mg/dl
H.D.L 콜레스테롤	자동분석장비, 비탁법 등	남	30~75	30~70	mg/dl
		여	35~80		
알카리포스파타제 (ALP)	자동분석장비, PNP-AMP법 등		39~117	66~220	IU/L
혈청 빌리루빈	자동분석장비, Alkali azo bilirubin 법 등		0.3~1.2	1.2이하	mg/dl
혈청젖산탈수효소 (LDH)	자동분석장비, UV(Pyruvate)법 등		230~460	153~442	IU/L
B.S.P	UV, 직접검사법 등		1.4~4.8	0~5이하	%(45min)
혈중요소질소량 (Urea-N)	자동분석장비, UV (Urease-GLDH)법 등		4.5~23.5	8~22	mg/dl
혈청 크레아티닌	자동분석장비, Jaffe'법 등	남	0.6~1.1	0.5~1.3미만	mg/dl
		여	0.5~0.9		
Serum Iron	자동분석장비, UV(Nitro-PSA)법 등	남	60~200	50~150	μg/dl
		여	55~180		
T.I.B.C	자동분석장비, UV(Nitro-PSA)법 등		250~450	300~360	μg/dl
α-Fetoprotein	RIA, EIA, CIA법 등		20이하	(-)	ng/ml
표면항원검사 (HBs-Ag)	RIA, EIA, CIA법 등		(-(음성))	(-)	
표면항체검사 (HBs-Ab)	RIA, EIA, CIA법 등		(+(양성))	(+)	
HbA1C	자동분석장비, HPLC법 등		3.5~6.5	7~9	%
혈청 로이신아미노 팹타제(LAP)	Goldbarg-Ruteburg 단위		70~200	70~200	Unit
혈청콜린에스테라제 활성치			0.75이상 75%이상	0.75이상 75%이상	PH/hr 또는 %

표 2-21. 임상검사 항목의 참고치(혈액검사 분야)(계속)

검사항목	검사방법		참고값		단위
			일반적	실무지침	
17 케톤스테로이드	자동분석장비, UV법 등	남	6~18.4	6~21	mg/day
		여	3.55~11.2	4~17	
혈청 칼슘량	자동분석장비, UV법 등		8.1~10.5	8~10.7	mg/dl
혈청 감마글로블린	RID, Turbidimetrimmunoassay 법 등		800~2,000	800~2,000	mg/dl
β_2-Microglobulin	Latex 응집 비탁법 등		0.08~0.2	0.03~0.1	mg/day
ESR (적혈구 침강속도)	자동분석장비, Westergren법 등	남	10이하	2~10	mm
		여	15이하	3~15	
혈청 Ferritin	자동분석장비, RIA 법 등	남	70~160	20~200	μg/dl
		여	20~70		
혈청 크레아티닌	자동분석장비, Jaffe'법 등	남	0.6~1.1	0.5~1.3	mg/dl
		여	0.5~0.9		
혈청 총단백	자동분석장비, Biuret법 등		6.6~8.5	6.5~8.1	g/dl
동맥혈 pH	혈액가스 분석장비 등		7.37~7.43	7.35~7.45	
동맥혈 CO_2분압	혈액가스 분석장비 등		35~45	35~45	mmHg
동맥혈 O_2분압	혈액가스 분석장비 등		80~100	80~100	mmHg
동맥혈 HCO_3^-	혈액가스 분석장비 등		21~27	21~27	mmol/L

7. 산업의학적 평가

1) 건강진단의 구분

건강진단을 실시한 후 건강관리를 A, C_1, C_2, D_1, D_2, 그리고 R로 구분한다.

① A: 건강관리상 사후관리가 필요 없는 자(건강자: 건강진단결과 이상소견이 전혀 없거나 경미한 이상소견은 있으나 건강관리상 사후관리가 필요 없는 자를 말한다.)

② C_1: 직업성 질병으로 진전될 우려가 있어 추적조사 등 관찰이 필요한 자 (요 관찰자)

③ C_2: 일반질병으로 진전될 우려가 있어 추적관찰이 필요한 자 (요 관찰자)

④ D_1: 직업성 질병의 소견을 보여 사후관리가 필요한 자 (직업병유소견자)

⑤ D_2: 일반 질병의 소견을 보여 사후관리가 필요한 자 (일반질병유소견자)
⑥ R: 일반건강진단에서의 질환 의심 자(제2차 건강진단 대상자)

(1) C와 D을 판정하는데 있어서의 기본 원칙

C와 D의 구분을 위해 사용되는 이상증후(sign), 장해(disorder) 및 질병(disease)의 정의는 다음과 같다.

이상증후(sign) : 건강이상을 말해주는 개별적인 객관적 증상 내지 소견
장해(disorder) : 신체의 기능이나 구조의 이상상태
질병(disease) : 발병원인의 확인가능, 뚜렷한 이상증후나 증상군의 존재, 지속적인 해부학적 변화 중 적어도 두 가지 요소를 갖춘 병적상태

① 질병은 일반적으로 이상증후, 장해, 질병의 경과를 거친다. 따라서, C는 뚜렷한 장해가 아닌 이상증후가 있는 상태를 판정기준으로 삼았고, D는 그 다음 단계인 뚜렷한 장해상태 이상을 판정기준으로 삼았으며 질병상태도 포함될 수 있다.
   예를 들면, 임상검사결과 참고치를 벗어나거나, 임상진찰결과 표적장기(톨루엔의 경우 간, 신장, 눈, 피부, 호흡기, 심장, 중추신경계 등)에 이상증후를 보이는 상태를 C로 판단하고, 표적장기(간, 신장, 눈, 피부, 호흡기, 심장, 중추신경계 등)에 뚜렷한 장해가 있는 상태를 D로 판단하는 것이다.
② C_1과 C_2 또는 D_1과 D_2의 구분을 위해서는 우선 작업장 기중농도, 노출기간, 취급방법, 생물학적 노출지표검사 등 폭로력의 평가가 필요하며, 당해 폭로정도가 이상소견 또는 장해를 일으킨 것으로 추정되어야 한다.

2) 건강진단의 참고치

산업 근로자의 건강진단에 혈액적 검사항목 및 검사방법 그리고 참고치는 표 2-21를 활용한다. 참고치는 검사 기기나 검사자등 검사환경에 따라 변할 수 있음으로 건강진단을 실시하는 검사실에서 서정하는 것이 바람직하다.

3 정도관리

1. 정도관리개요(Outline of QA program)

정도관리란 실험실에서 생산되는 분석데이타에 대해서 일정수준 이상의 신뢰도를 확인하기 위해 행해지는 모든과정을 말한다. 정도관리의 목적은

① 자료의 완전성 확보(정밀성, 정확성) : To Ensure the Integrity of Reported Data

② 실험실의 수행성 향상: To Enhance Our Lab. Performance이다.

1) 실험실내 계획(Intralaboratory Progaram)

① 시료채취 및 분석장비 기기보정(Calibration of Sampling and Analytical Equipment)

② 정밀성 확보를 위한 반복분석 (Duplication of Subset sample to Ensure Precision)

③ 정확성 확보를 위한 기지시료분석(Analysis of Known samples to Ensure Accuracy)

④ 미지시료분석(Provide Unko주 Sample to Analysis)

⑤ 탈착효율 및 회수율 검증(Confirm Desorption Efficiency and Recovery)

⑥ 기록보존시스템(Keepig Good Record Keeping system)

2) 실험실간 정도관리 (Interlaboratory Progaram)

(1) 국내 프로그램(Within Korea)

① 국내작업환경측정 정도관리(Participation Korean Industrial Hygiene Lab.Quality Control Progaram)

② 국내특수건강검진정도관리(Participation Korean Health Diagnostic Quality Control Progaram)

(2) 국제정도관리 프로그램(Participating International Quality Control Progaram)

① 작업환경측정 정도관리
(Industrial Hygiene Proficiency Analytical Testing: IHPAT Progaram)

- ▸미국산업위생학회(AIHA) 및 미국국립산업안전보건연구소(NIOSH)운영(Maintained by AIHA and NIOSH)
- ▸4회/년(4 times/year)
- ▸4금속(4 metals)
- ▸15유기용제(15 Organic Solvents)

② 환경 중 납 정도관리(Environmental Lead Proficiency Analytical Testing : ELPAT)

- ▸미국산업위생학회(AIHA), 미국국립산업안전보건연구소(NIOSH) 및 미국환경보호청 운영(Mainained by AIHA, NIPSH and EPA)
- ▸4회/년(4 times/year)
- ▸공기, 토양, 페인트칠, 분진 중 납(Pb in Air(Filter), Soils< Paint Chips, Dust(Wipe Samples)

③ 유기용제 확산모니터 정도관리(Organic Vapor Monitor Quality Assurance Test)

- ▸미국3M상에서 자체적으로 운영(Maitaind by 3M, USA)
- ▸1회/년(1 times/year)
- ▸벤젠, 톨루엔, m-자이렌(Benzene, Toluene and m-Xylene spiked sample)

(3) 국제정도관리 프로그램 개요

1997년 4월21일 클린턴 대통령의 특별 대통령령(Executive Order 13045)으로 정부 각 기관은 어린이의 납에 의한 건강손실을 최소화하도록 납에 의한 노출 확인, 평가, 개선에 최우선 순위를 두도록 하였다. 이에 의거하여 미국은 복지후생성(DHHS)장관가 미국 환경보호청(EPA)장관을 공동의장으로 하는 Task Force팀을 조직하여 대대적이고 전략적인 어린이 납중독 제거프로그램을 운영하고 있다. 이는 방대한 과학적 근거에 의거하여 어린이들이 납에 의해 성장저하, 지능력 저하 등 심각한 건강영향을 받고 있음을 인식하고(근본적으로 미국어린이가 차세대 미국의 주역이 되고 이 주역이 세계를 리드해 가기를 21세기에도 미국이 세계의 지도국으로 남기를 바라는 장기 전략이라고 판단됨)납 노출을 줄이기 위한 전략을 수행 중이다.

■ 환경 중 납 분석의 정도관리 프로그램

위 계획의 일환으로 전국각지의 납 노출 평가가 지속되고 있는데 이 평가 기관의 인증 문제, 즉 데이터의 신뢰성을 확보하기 위하여 정도관리를 중요시 하고 있다.

실제로 HUD(US Departyment og housing and Urban Denelopment)에서는 페인트, 토양, 먼지 중 납을 평가하는데 있어서 EPA의 NLLAP(National Lead Laboratory Accreditation Program)인증 실험실만이 이 프로그램에 참여할 수 있도록 규정하고 있다.

① EPA의 NLLAP(National Lead Laboratory Accreditation Prgaram)

미국 EPA에서 민간 및 정부 실험기관에 대한 인증프로그램으로 이에 의거하여 인증을 주게 되는데 이 인증을 평가하는 기관은 다음 두 기관이 있다.

- A2LA(American Association for Laboratory Accreditation))
- AIHA

② ELPAT

위 인증 프로그램의 일환으로 실시되는 환경 중 납분석 정도관리 프로그램이다.

주관 : AIHA(American Industrial Hygiene Association), CDC(Center of Disease Control) NIOSH(National Institute for Occupational Safety and Health), EPA(Environmental Protection Agency)Office of pollution prevention and Toxics

일정한 비용을 내고 이 프로그램에 가입하면 일년에 4번씩 시료를 송부한다. 이 시료는 공기 중 납, 토양 중 납, 페인트 칠 중 납, 먼지 중 납을 분석하는 것으로 매번 각 시료 당 4개씩으로 구성되어 있다. 따라서 총 16개의 시료를 분석하여 그 결과를 기한 내 제출하여(위 기관에서 시료 송부에서 분석결과 제출까지 한달 기간을 줌)일정한 범위 안에 들면 합격여부(Proficient and Non-Proficient)를 통보한다.

▸ Ref. Value의 결정(참값의 결정)

이론적인 참값이 있는 것이 아니라 다음과 같이 잘 분석한다고 믿는 기관의 평균값을 이용한다.

Preselected Lab: EPA-NLLAP에 의해 인증 받고 지난법 회 ELPAT에서 페인트 칩, 토양먼지 와이프 시료를 모두 합격한 기관의 결과 값을 취합하여 통계적으로 극단 값을 제거하고 평균±3SD를 합격범위로 한다.

▸실험실의 Performance의 결정기준 : 지난 1년차 자료를 종합하여 각 매트릭스(페인트 칩, 토양, 먼지)별로 평가한다. 기준은

- 지난 4회 동안 매번 분석 결과를 제출하고 그 중 최근 2회 값이 합격범위에 들었을 때
- 4회 결과의 3/4이상이 합격 범위에 들었을 때

▸많이 사용하는 전처리 방법

- Hot Plate 방법
- NIOSH 7082/7105(HNO_3/H_2O_2)
- EPA SW 846-3050A(EPA HNO_3/H_2O_2)
- Others
- Microwave Method
- EPA SW 846-3051
- EPA AREAL
- Others

■작업환경측정 정도관리 프로그램, IHPAT

IHPAT program은 미국 AIHA NIOSH에서 운영하고 있는 것으로, 유기용제, 금속, 석면 실리카를 대상물질로 하고 있다. 이 중 원하는 항목만 선택하여 참가할 수 있다.

전반적인 개요는 우리나라의 작업환경측정기관의 정도관리 프로그램과 비슷하다. 단, 참여는 자율이다. 미국의 경우 석면 프로그램에는 1,000여개, 중금속과 유기용제는 350여개, 실리카는 100여개 기관이 참가하고 있다. 국내에서는 한국산업안전공단 산업안전보건연구원, 서울대학교 보건대학원을 비롯하여 3~4개 기관이 참여하고 있다.

▸Ref. Value의 결정(참값의 결정)

참값의 결정은 참가 실험실의 모든 값을 평균한다는 점이 우리나라 정도관리 프로그램과 다르다.

▸PAT의 분석대상 물질

프로그램에 가입하면, 실험실은 1년에 4번 시료를 받게 된다. 각 항목별로 4개의 시료와 공시료가 주어지고 유기용제인 경우 탈착효율 검정을 위한 5개의 흡착튜브가 더 주어

진다. 금속의 경우 4종류(납, 아연, 카드뮴, 크롬)중 3가지가 포함되는데 각 회마다 분석대상물질이 바뀐다. 흡착튜브(주로 활성탄과 실리카겔 사용)에는 아래의 15가지 물질 중 3가지를 포함하는데 금속과 마찬가지로 각 회마다 분석대상 물질이 바뀐다.

석면인 경우 한 회는 백석면(크리소타일)시료 3개와 인조섬유 1개가 대상이 되고, 다음 회는 갈석면(아모사이트)시료 3개와 인조섬유 1개가 대상이 된다.

▸유기용제의 종류 :

Benzene
Ethyl acetate
methyl isobutyl ketone
n-butyl acetate
Methanol
methyl ethyl ketone
2-propanol
chloroform
1,2-dichloroethane
1,1,1-trichloroethane
o-xylene
p-dioxane
toluene
trichlorethylene
tetrachlorethylene

▸PAT 시료의 분석

PAT 프로그램은 특별한 분석방법이 필요한 것은 아니다.

실험실은 PAT 시료를 분석할 때, 실험실에서 수행하고 있는 유사한 형태의 시료를 분석할 때 사용하는 분석방법을 사용하면 된다.

그렇게 함으로서 실험실에서 사용되는 분석방법의 유효성을 시험할 수 있는 것이다. 대개 많이 사용하는 방법은 NISOH 공정 시험법이다.

2. 국내 정도관리 프로그램

■ 분석 정도관리 프로그램

1) 실험실의 정도관리프로그램

▸ 종합정도관리
① 실험실간 분석값 비교
② 시료채취 및 이송
③ 분석기기의 보정, 관리
④ 분석법의 문서화
⑤ 데이터의 취급, 관리, 보존
⑥ 직원실무교육 등을 포함

▸ 분석정도관리의 목적
① 실험실의 분석능력향상
② 분석결과에 대한 신뢰성 부여
③ 유해물질 폭로 근로자의 효율적인 보건관리 방안 구축

2) 분석정도관리의 실시배경

1970년대 이후 고속성장 속에 가려 있었던 직업병문제가 1980년대 후반 수은 중독,납 중독, 카드뮴 중독사건이 나타나면서 크게 부각되기 시작하였다. 직업병은 임상증상과 소견에 있어 다른 일반 질병과 뚜렷이 구별되는 경우도 있지만 대부분 직업력을 제외하면 임상소견에서는 다른 일반 질병과 구별하기 어려운 경우도 많아 정확한 진단을 하는데 어려움이 많았다. 중금속에 의한 중독증일 경우에도 다른 일반 질병과 특별히 구별되는 임상 소견이 없는 경우가 많다. 다만 중금속에 의한 직업병인 경우 혈액이나 요 등의 중금속 농도를 측정하면 이들 중금속에 대한 노출 정도를 알게 되어 직업병 진단에 간접 자료로 활용해 왔다.

중금속에 장기간 노출되면 체내에 들어온 중금속은 인체 내에 축적되어 오랜 기간을 두고 배설되기 때문이다. 그런데 혈중 또는 요 중의 중금속 농도는 백만분의 일 정도의

아주 적은 농도로 존재하므로 이를 정확히 분석하는 것은 최신의 장비와 고도의 전문적인 지식 그리고 경험이 필요한 직업이다.

중금속 분석의 어려움은 초기 중금속에 의한 직업병 진단에 혼란을 가중시켰다. 특히 1980년대 후반에 있었던 용접봉 제작 근로자의 카드뮴 중독 사건 여부는 혈중 또는 요 중 중금속 분석의 어려움을 보여주는 단적인 사례였다. 뚜렷이 카드뮴 중독증을 인정할 만한 임상증상이나 소견 없이 요 중 카드뮴 농도가 높게 나타나서 시작된 이 사건은 같은 환자에 대한 혈중, 요 중 카드뮴 농도가 분석기관마다 크게 차이를 보였고, 결국 국내 분석기관을 서로 신뢰하지 못하여 외국의 분석기관에 시료를 의뢰하는 결과를 초래하였다.

이에 1990년 산업보건연구원 직업병 연구센타의 전신인 근로복지공사 직업병 연구소에서는 동일한 혈액시료를 국내 정상급의 분석기관(주로 특수검진기관)에 의뢰하여 혈중 납 농도를 분석한 결과, 그 결과에 있어서 크게는 네 배 이상의 오차를 보였다. 이렇듯 같은 근로자의 동일 시료에 대한 검사 결과 차이는 궁극적으로 어느 기관에서는 정상이라고 판정된 결과가 다른 기관에서는 중금속 중독으로 판정되는 결과를 초래하여 직업병 진단 자체에 대한 근로자들의 불신을 가중시키고 있었다.

근로자 또는 일부 전문가들의 느낌에만 있었던 분석기관별 분석결과의 커다란 편차에 대한 실증적 연구결과는 여론의 큰 반향을 얻어 우리나라에서도 분석에 대한 정도관리의 필요성을 모두 인식하게 되는 중요한 계기가 되었다. 노동부는 1992년부터 작업환경측정 분야는 산업보건연구원 산업위생실에, 특수건강진단 분야는 대한 산업보건협회에 의뢰하여 정도관리를 실시하게 되었다. 초기의 어려움을 극복하고 작업환경분야 정도관리가 비교적 빨리 정착되었음에도 불구하고, 특수건강진단 기관에 대한 정도관리, 즉 생체시료 분석에 대한 정도관리는 표준 시료 제작의 어려움으로 인하여 커다란 진전이 없었다. 이에 노동부에서는 1994년 산업안전보건법 시행규칙이 강화되면서 1995년부터는 국가기관인 한국산업안전공단 산업보건연구원 직업병연구센타에서 실시하도록 하였다. 직업병연구센타에서는 생체시료정도관리의 성공여부는 자체 표준시료 개발에 달려 있는 것으로 파악하고 6개월 여의 노력을 기울인 끝에 국제적으로 공인 받는 표준시료개발에 성공하였다. 자체 표준시료 개발은 저 비용에 의한 효율적인 정도관리목표를 이룩하였고, 우리나라 분석기관의 수준을 한 차원 높이는 계기가 되었다.

(3) 분석정도관리 관련 법규

- 산업안전보건법 제43조, 동법 시행규칙 제103조의 2
- 특수건강진단정도관리규정(노동부고시 제2004-17호, 2004.07.02) (별첨.1)

(4) 정도관리 항목

① 분야별항목

무기분석 분야 : 혈중 납, 혈중 카드뮴, 혈중 망간, 요중 수은, 요중 카드뮴

유기분석 분야 : 톨루엔 대사물(요중 마뇨산)
스티렌 대사물(요중 만델산, 요중 페닐글리옥실산)
크실렌대사물(요중총메틸마뇨산)
DMF대사물(요중NMF)
트리클로로에틸렌(요중 삼염화초산, 요중 삼염화에탄올, 요중 총삼염화물)

② 지정/선택항목

지정항목 : 연구원장이 지정하여 운영하는 항목

선택항목 : 연구원장이 고시하는 항목 가운데 참가기관이 임의로 선택하여 평가받는 항목(무기 또는 유기분야 적합을 받으려면 각각 해당분야의 지정, 선택항목에 모두 참가해야 함)

③ 표준시료 개수 : 항목별 각 2농도 수준

④ 표준시료의 농도범위 : 저농도 - 노출기준치 내외

(5) 정도관리용 표준시료

산업보건연구원의 정도관리용 표준시료의 제조방법에 대해 특허 출원을 신청(1995년 특허출원 제42963호 : 뇨중 유기용제 대사산물의 분석을 위한 표준시료의 제조방법 및 1996년 특허출원 제 15119호 : 혈중 중금속 분석용 표준시료의 제조방법), 1998년 7월 유기용제 대사산물 및 중금속 표준시료의 제조방법에 관하여 특허출원이 완료됨에 따라 표준시료제조방법의 공증성을 확보하였다.

(6) 정도관리 운영방법과 신청절차

정도관리는 유기 및 무기분석 분야에 대하여 연2회 실시, 1회 정도관리실시에는 신청 접수부터 결과 통보까지 보통2달이 소요되고 정도관리 신청마감 최소 한달전에 산업안전공단이 발행하는 월간지 및 격주간지에 공고한다.

(7) 시료취급, 데이타 보고시 주의점

① 사람의 혈액으로 조제한 시료이므로 취급 시 주의를 요한다.
② 시료는 정도관리 분석기간 동안 냉장보관을 권하며 장기간 보관 시 냉동보관을 한다.
③ 시료를 세게 교반하면 거품이 생길 수 있으므로 혈액교반기 등에서 살살 섞어 준다.
④ 시료 잔류량이 0.5cc 이하의 경우는 사용하지 말 것.
⑤ 일상적인 실제 근로자 시료와 동일하게 분석한다.
⑥ 분석값은 동봉한 양식에 표시해서 보내고, 다음의 설명자료를 보낸다.
  ▸ 검량선 작성용 standard에 대한 기기출력 데이터의 원본
  ▸ 시료에 대한 기기 출력 데이터의 원본
  ▸ 기타 보정, 계산 처리과정

(8) 기준값 및 적합범위 설정

기준값은 대상기관과 기준실험실 값의 평균값(95% 유의수준 내)으로부터 산출하고 실무위원회 토의를 거쳐 적합범위를 설정(보통 평균값 ±2SD나 ±3SD)

(9) 분석자료의 검토

연구원의 정도관리프로그램에서는 분석값 뿐만 아니라 분석자료의 제출을 요구하고 있다. 이것은 분석자료의 검토를 통하여 분석시의 오차의 원인을 분석하여 해당 실무자가 이것을 발견하고 교정하는데 도움을 주고자 하기 위함이다. 분석자료는 3인의 정도관리 실무위원의 만장일치로 판정한다. 분석자료가 미비한 경우 분석값에 관계 없이 부적합 판정을 받게 된다.

(10) 분석자료의 검토기준

① 해당기관에서 제시한 분석방법과 설명자료의 일치
② 해당기관에서 보유한 장비와 검체(standard와 시료)의 기기출력 흡광치의 적절성, 크로마토그램의 경우 충분한 분리도
③ 기기출력 데이터의 연속성(복사하여 편집한 자료가 아닐것)
④ 적절한 calibration curve의 작성 및 적용 등을 종합하여 검토하며 설명자료가 미비하거나 복사한 자료를 제출한 경우 담당자에게 추가자료 요청

(11) 정도관리 결과 통보 및 공고

정도관리위원회의 심의가 끝나면 관련 규정에 의거 개별기관에 통보하고 공단의 직업병연구센타 홈페이지와 공단이 발행하는 정기간행물이나 노동자신문 등에 적합기관명을 공고한다. 정도관리 결과의 공고는 해당 유해물질을 다루는 수요자(사업주 또는 노동자)에게 특수검진기관 분석실험실의 분석능력에 대한 정보를 공개하여 검진기관들의 질적 향상도모와 자율적인 경쟁을 유도하는 데 있다.

결과 그라프에서 대상기관은 보고한 분석값과 기준값, 적합범위, 평균정확도와 함께 분석자료 평가결과와 항목별 평가결과를 확인할 수 있다. 항목당 결과 기준값과 전체기관의 분석값 분포에 관한 분포도를 제시하는 데 평균정확도는 기준값과의 변이%로 이 값이 작을 수록 분석값의 정확도가 높다고 할 수 있다. 각 항목에 대하여 전체 기관의 분석값 분포와 자기기관의 분석값 위치가 그림에 표시되어 있다. 따라서 이 그라프를 통해서 기준값과 비교하여 자신의 실험실 값이 어느 정도 높게 또는 낮게 평가되고 있는가를 비교하여 에러의 요인을 찾아 수정할 수 있는 정보를 제공하게 된다.

■ 작업환경측정에 관한 정도관리

(1) 목적

작업환경측정기관의 작업환경측정, 분석치에 대한 정확도와 정밀도를 확보하여 측정의 신뢰성 및 공정성을 유지, 향상시키는 데 있음

(2) 관련법규

산업안전보건법 제42조(작업환경의 측정 등)

산업안전보건법 시행령 제32조의 4(지정측정기관의 지정요건)

산업안전보건법 시행규칙 제92조의 2(지정측정기관등의 정도관리)

작업환경측정에 관한 정도관리규정(고시)

(3) 제도내용

① 적용범위

- 지정측정기관(사업장 부속기관)
- 작업환경측정에 참여하는 보건관리대행기관
- 보건진단기관

- 정도관리 참여를 희망하는 기관, 단체 및 사업장 등

② 제도개요
- 작업환경측정실시기관은 노동부장관이 실시하는 작업환경측정에 관한 정도관리를 받아야 한다.
- 지정측정기관으로 지정을 받고자하는 자는 노동부장관이 실시하는 작업환경측정 정도 관리에 합격한 후 지정신청을 할 수 있다.

③ 정도관리 실시절차
- 실시기관 및 방법
  실시기관 : 한국산업안전공단 산업보건연구원
  실시횟수 : 연 2회이상 정기실시
  ▸임시정도관리 실시
    · 신규참여하고자 하는 기관이 3개소 이상일 경우
    · 정도관리 참여기관 중 분야별 신뢰범위에 포함된 분석시료의 개수가 50%이하인 기관이 1/3 이상인 경우
    · 기타 정도관리운영위원회에서 필요하다고 인정할 경우 등
  실시분야 : 금속분야, 유기용제분야, 기타 분야
  실시방법 : 실시기관에서 공급한 표준시료를 분석하여 20일 이내 분석결과 제출
- 분석결과에 대한 평가
  평가기준 : 분야별로 분석한 시료의 75%이상이 신뢰범위에 포함되었을 때 분야별 적합으로 인정
  종합판정기준 : 최근회를 포함한 연속 2회의 실시결과를 종합하여 분야별로 2회중 1회 이상 적합판정을 받은 경우에만 합격으로 판정
  ▸대상기관이 정도관리에 미참여한 경우 분야별 부적합으로 평가하여 종합판정한다.

(4) 교육 및 평가에 대한 관리

① 교육
- 정도관리 최초 참여대상기관의 측정, 분석자에 대하여 기본교육 실시
- 정도관리에 참여한 대상기관의 측정자 및 분석자 각 1인이상 매년 1회이상 보수

교육 실시

② 평가에 대한 관리

- 2년간의 정도관리결과를 종합하여 등급별 관리
  - · A등급 : 100%의 적합판정을 받은 기관으로서 보수교육 면제
  - · B등급 : 75%이상 100% 미만의 적합판정을 받은 기관으로서 현행과 같이 보수교육 실시
  - · C등급 : 75%미만의 적합판정을 받은 기관으로서 보수교육 이외에 실시기관이 현지 방문을 통한 실습교육 실시

(5) 행정지도

정도관리 1년이상 미참여 또는 종합판정결과 불합격기관은 정도관리합격시까지 업무정지

(6) 업무흐름

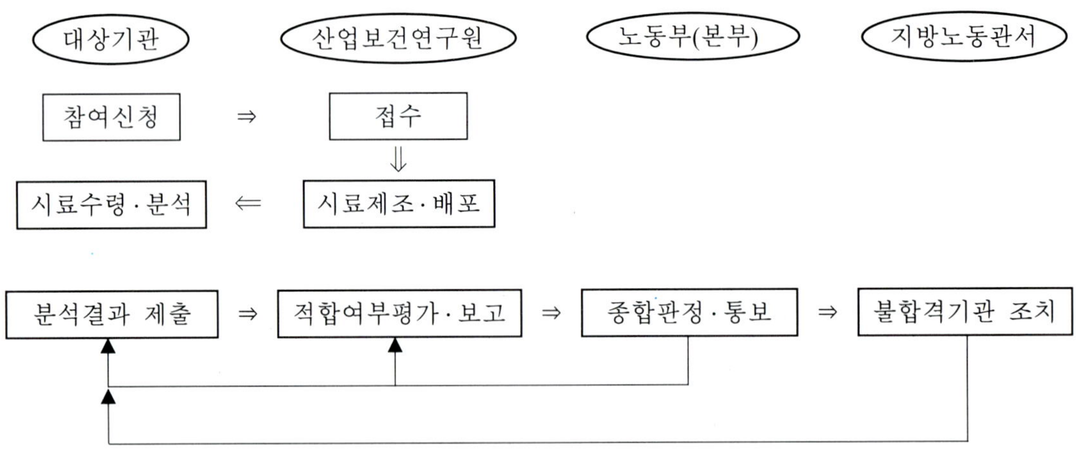

(별첨 1)

특수건강진단정도관리규정

제정 2002. 9. 6. 노동부고시 제2002-25호
개정 2004. 7. 2. 노동부고시 제2004-17호

제1장 총칙

제1조(목적) 이 고시는 산업안전보건법(이하 "법"이라 한다) 제43조 및 같은 법 시행규칙 (이하 "규칙"이라 한다) 제103조의2의 규정에 의하여 특수건강진단기관 등이 받아야 하는 정도관리의 실시 등에 관하여 필요한 사항을 규정함을 목적으로 한다.

제2조(용어의 정의) ① "정도관리"라 함은 특수건강진단 실시결과의 정확성 및 신뢰성을 제고하기 위하여 실시하는 평가로서 다음 각 호로 구성되며, 정도관리의 분야별 주기·평가방법 및 교육대상은 별표 1과 같다.

1. 생물학적노출지표검사 중 유해물질 자체 또는 그 대사산물의 농도를 측정하기 위한 무기분석 및 유기분석 검사능력을 평가하는 분석정도관리
2. 흉부방사선사진 촬영 및 폐활량 검사능력을 평가하는 진폐정도관리
3. 청각학적 검사능력을 평가하는 청력정도관리

② "생물학적노출지표검사"라 함은 근로자가 작업환경으로부터 노출되는 유해물질의 체내흡수 정도를 정확히 측정하기 위하여 혈액 및 소변 등의 시료로부터 유해물질 자체, 그 대사산물 또는 그로 인한 생화학적 변화산물을 분석하는 검사를 말한다.

③ "표준시료"라 함은 분석정도관리의 무기 및 유기분석 검사능력 평가를 위하여 유해물질 자체 또는 그 대사산물을 표준농도별로 제조한 시료를 말한다.

④ "기준실험실"이라 함은 분석정도관리의 공정한 평가를 위한 기준값과 신뢰범위 산정을 위하여 표준시료에 대한 분석을 의뢰할 수 있는 우수한 시설, 장비 및 인력을 보유한 국내·외 기관의 실험실을 말한다.

⑤ 기타 이 고시에서 사용하는 용어의 정의는 이 고시에서 특별히 정한 경우를 제외하고는 법 및 규칙에서 정하는 바에 의한다.

제3조(정도관리 대상기관) 정도관리의 대상기관은 특수건강진단기관 및 특수건강진단기관으로 지정을 받고자 하는 의료기관(이하 "대상기관"이라 한다)으로 한다.

제4조(정도관리 실시주기 등) ① 대상기관은 분석정도관리의 경우 6월에 1회, 진폐 및 청력정도관리의 경우 1년에 1회 받아야 한다. 다만, 당해연도 중에 제2항제2호의 규정에 따라 임시정도관리를 받은 대상기관은 해당 주기의 정도관리를 받은 것으로 본다.

② 제5조 제1항의 규정에 의한 정도관리 실시기관은 다음 각 호의 1에 해당하는 사유가 발생한 경우에는 임시정도관리를 실시 할 수 있다.

1. 특수건강진단 실시결과의 정확성 및 신뢰성을 긴급히 평가하거나 향상시킬 필요가 있을 때
2. 다수의 의료기관이 특수건강진단기관 지정신청을 위하여 실시를 요청하는 경우
3. 기타 임시정도관리의 실시가 필요하다고 인정될 때

③ 제1항 및 제2항의 규정에도 불구하고 대상기관 중 사업장 부속의료기관에 대하여는 사업장의 특성상 제2조 제1항 각 호의 특수건강진단 검사업무를 행하지 않는 경우에는 해당 정도관리를 면제 할 수 있다.

④ 제1항 및 제2항의 정도관리 실시결과 진폐 또는 청력정도관리 부적합 평가를 받은 대상기관은 부적합 평가를 받은 날부터 6월 이내에 해당 정도관리를 추가로 받아야 한다.

제5조(정도관리 실시기관 등) ① 정도관리의 실시기관은 한국산업안전공단 산업안전보건연구원(이하 "연구원"이라 한다)으로 하며, 연구원장은 이 고시에서 정하는 바에 따라 분석·진폐 및 청력정도관리를 실시하여야 한다.

② 연구원장은 매년 11월말까지 익년도 정도관리 실시계획을 수립하여 노동부장관의 승인을 받아야 한다. 다만, 실시계획에 의하지 않은 임시정도관리를 실시하는 경우에는 노동부장관에게 사후 보고할 수 있다.

제6조(정도관리 실시공고 및 신청) ① 연구원장은 정도관리 실시 30일 전까지 대상기관에 안내문을 발송하여 정도관리의 실시를 알려야 하며, 한국산업안전공단(이하 "공단"이라 한다)이 발행하는 정기간행물 등에 이를 공고하여야 한다. 다만, 실시계획에 의하지 않은 임시정도관리를 실시하는 경우에는 안내문 발송 및 공고 기간을 단축할 수 있다.

② 대상기관은 정도관리 실시 14일 전까지 분석·진폐 및 청력정도관리별로 별지 제1호 내지 제3호의 서식에 해당되는 정도관리신청서를 작성하여 연구원장에게 각각

신청하여야 한다.

제2장 정도관리위원회 등

第7조(정도관리위원회의 설치) ① 정도관리의 실시 및 평가 등에 관한 사항을 심의·의결하기 위하여 정도관리위원회(이하 "위원회"라 한다)를 연구원에 둔다.

② 위원회는 위원장 1인을 포함하여 20인 이내의 위원으로 구성한다.

③ 위원회의 위원장은 연구원장이 되며, 위원은 건강진단의 전문가중에서 연구원장이 위촉한다. 다만, 다음 각 호에 해당하는 자는 당연직 위원이 된다.

1. 노동부 산업보건환경과장
2. 공단 산업보건지원국장
3. 공단 산업안전교육원 교수실장
4. 연구원 직업병연구센터소장(이하 "센터소장"이라 한다)

④ 위원의 임기는 2년으로 하고 연임할 수 있다. 다만, 당연직 위원의 임기는 당해 업무에 재직하는 기간으로 한다.

⑤ 연구원장은 위원회의 회의와 관련된 사무를 처리하기 위하여 연구원 소속직원 중에서 간사 1인을 둘 수 있다.

第8조(위원회의 운영) ① 연구원장은 정도관리 실시 및 평가에 관한 심의·의결사항이 있을 경우 위원회를 소집하여야 하며, 회의개최 7일전까지 회의일시·장소·안건 등을 각 위원들에게 통보하여야 한다.

② 위원회의 회의는 재적위원 과반수의 출석으로 개회하고 출석위원 과반수의 찬성으로 의결한다.

③ 기타 위원회 운영에 필요한 사항은 연구원장이 따로 정한다.

第9조(위원회의 기능) 위원회는 다음 각 호의 사항을 심의·의결한다.

1. 정도관리실시계획 수립에 관한 사항
2. 정도관리 실시에 관한 사항
3. 정도관리 평가에 관한 사항
4. 임시정도관리의 실시에 관한 사항

5. 정도관리 평가결과의 이의제기에 관한 사항
6. 기준실험실 지정에 관한 사항
7. 대상기관의 신청 등에 의한 정도관리 자율실시 등에 관한 사항
8. 기타 정도관리를 위하여 필요하다고 인정하는 사항

第10조(실무위원회의 설치 등) ① 위원장은 위원회를 효율적으로 운영하기 위하여 위원회에 분석·진폐 및 청력정도관리 별로 각각 실무위원회를 둘 수 있다.

② 각 실무위원회의 위원장은 센터소장으로 한다.

③ 각 실무위원회의 위원은 10인 이내로 구성하되 위원은 위원회 위원 또는 해당 정도관리분야의 전문가 중에서 위원장이 위촉한다.

④ 각 실무위원회는 위원회에서 위임받은 사항을 처리하고 그 결과를 위원회에 보고하여야 한다.

⑤ 기타 실무위원회의 구성·운영 및 기능 등에 관하여 필요한 사항은 위원장이 따로 정한다.

第11조(수당 등) 위원회 및 실무위원회의 위원에 대하여는 예산의 범위 내에서 수당 등을 지급할 수 있다. 다만, 공단 소속직원인 위원의 경우에는 그러하지 아니한다.

제3장 정도관리 실시방법 및 평가기준 등

제1절 분석정도관리

第12조(분석정도관리의 실시방법) ① 분석정도관리는 무기 및 유기분석 검사 각각에 대하여 실시하되, 연구원장이 배분하는 지정항목(대상기관이 반드시 평가받아야 하는 항목을 말한다. 이하 이 절에서 같다)과 선택항목(연구원장이 고시하는 항목 중에서 대상기관이 임의로 정하여 평가받아야 하는 항목을 말한다. 이하 이 절에서 같다)의 표준시료에 대하여 대상기관이 분석하여 제출한 결과를 종합 평가하는 방법으로 실시한다.

② 제1항의 규정에 의한 지정 및 선택항목의 종류, 대상기관이 각각 평가받아야 하는 항목의 수는 위원회의 심의를 거쳐 연구원장이 정한다.

③ 대상기관은 표준시료를 배분 받은 날부터 21일 이내에 당해 표준시료를 분석한 결과를 연구원장에게 제출하여야 하며, 연구원장은 표준시료 분석결과의 타당성 확인

을 위하여 분석결과 산출에 사용된 기초자료의 제출을 대상기관에 요구하거나 직접 방문하여 조사할 수 있다.

제13조(표준시료의 제조 및 구입) 표준시료는 연구원에서 자체 제조하여 사용하는 것을 원칙으로 하되, 연구원이 자체 제조할 수 없거나 위원회가 필요하다고 인정하는 경우에는 반재료 또는 국제적으로 공인된 표준시료를 구입하여 사용할 수 있다.

제14조(기준실험실의 지정) ① 연구원장은 분석정도관리 평가의 정확성 및 신뢰성 확보를 위하여 필요한 경우 기준실험실을 지정할 수 있다.

② 연구원장은 기준실험실이 분석정도관리를 위하여 표준시료 분석업무를 행하는 경우 예산의 범위 내에서 필요한 경비를 지원할 수 있다.

제15조(분석정도관리의 평가기준 등) ① 분석정도관리의 실시결과는 무기 및 유기분석 검사 각각에 대하여 평가하되, 다음 각 호의 절차에 따라 실시한다.

1. 대상기관 및 기준실험실이 제출한 표준시료별 분석결과를 농도별로 구분하여 각각의 통계적 대표 값을 산출한다.
2. 농도별 통계적 대표 값에 위원회가 정한 신뢰한계를 적용하여 신뢰범위를 산출한다.
3. 대상기관이 제출한 표준시료의 농도별 분석결과가 2/3 이상 신뢰범위 내에 포함되는 경우를 우수, 벗어나는 경우를 불량으로 평가한다.
4. 지정 및 선택항목 모두가 우수 평가를 받은 무기 및 유기분석 검사를 각각 적합으로 한다.

② 다음 각 호의 1에 해당하는 무기 또는 유기분석 검사는 각각 부적합으로 평가한다.

1. 정도관리에 불참하거나 표준시료의 분석결과를 제출하지 아니한 경우
2. 지정 및 선택항목의 표준시료 분석결과 중 하나 이상이 불량 평가를 받은 경우
3. 표준시료 분석결과를 허위로 작성하여 제출한 경우
4. 특수건강진단 분석업무에 직접 종사하지 않는 자가 분석정도관리에 참여한 경우
5. 대상기관이 자체 보유하지 아니한 검사장비로 표준시료를 분석하여 그 결과를 제출한 경우
6. 특수건강진단 분석업무 종사자가 제25조의 규정에 의한 분석정도관리 교육을 받지 아니한 경우

제 2 절 진폐정도관리

제16조(진폐정도관리의 실시방법) 진폐정도관리는 흉부방사선사진 촬영 및 폐활량 검사 각각에 대하여 실시하되, 대상기관이 제출한 자료를 조사하여 평가(이하 "자료평가"라 한다)하는 것을 원칙으로 한다. 다만, 다음 각 호의 1에 해당되는 경우에는 대상기관을 직접 방문하여 평가(이하 "방문평가"라 한다)한다.

1. 이전 진폐정도관리에서 2회 연속 자료평가만을 받은 대상기관
2. 제출 받은 자료만으로 정확한 평가가 곤란하다고 인정되는 대상기관
3. 진폐정도관리를 처음 받는 대상기관
4. 직전 진폐정도관리에서 부적합 평가를 받은 대상기관

제17조(진폐정도관리의 평가기준 등) ① 진폐정도관리의 실시결과는 흉부방사선사진 촬영 및 폐활량 검사 각각에 대하여 평가하되, 대상기관이 제출하거나 방문하여 조사한 자료를 항목별 점수로 집계하여 전체 점수의 60% 이상을 획득한 경우를 적합으로 한다.

② 제1항의 규정에 의한 자료 및 방문평가의 구체적 평가항목과 기준 등은 위원회의 심의를 거쳐 연구원장이 정한다.

③ 다음 각 호의 1에 해당하는 흉부방사선사진 촬영 또는 폐활량 검사는 각각 부적합으로 평가한다.

1. 정도관리에 불참하는 경우
2. 연구원장이 요청한 자료를 제출하지 않거나 방문조사를 거부하는 경우
3. 자료 또는 방문평가에서 획득한 점수가 전체의 60% 미만인 경우
4. 자료를 허위로 작성하여 제출한 경우
5. 특수건강진단 방사선사진 촬영 또는 폐활량 검사업무에 직접 종사하지 않는 자가 정도관리에 참여하는 경우
6. 특수건강진단 흉부방사선사진 촬영 또는 폐활량 검사업무 종사자가 제25조의 규정에 의한 진폐정도관리 교육을 받지 아니한 경우

제 3 절 청력정도관리

제18조(청력정도관리의 실시방법) 청력정도관리는 청각학적 검사에 대하여 실시하되, 대상기관이 제출한 자료를 조사하여 평가(이하 "자료평가"라 한다)하는 것을 원칙으로 한

다. 다만, 다음 각 호의 1에 해당되는 경우에는 대상기관을 직접 방문하여 평가(이하 "방문평가"라 한다)한다.

1. 이전 청력정도관리에서 2회 연속 자료평가만을 받은 대상기관
2. 제출 받은 자료만으로 정확한 평가가 곤란하다고 인정되는 대상기관
3. 청력정도관리를 처음 받는 대상기관
4. 직전 청력정도관리에서 부적합 평가를 받은 대상기관

第19조(청력정도관리의 평가기준 등) ① 청력정도관리의 실시결과는 청각학적 검사에 대하여 실시하되, 대상기관이 제출하거나 방문하여 조사한 자료를 항목별 점수로 집계하여 전체 점수의 60% 이상을 획득한 경우를 적합으로 한다.

② 제1항의 규정에 의한 자료 및 방문평가의 구체적 평가항목과 기준은 위원회의 심의를 거쳐 연구원장이 정한다.

③ 다음 각 호의 1에 해당하는 청각학적 검사는 부적합으로 평가한다.

1. 정도관리에 불참하는 경우
2. 연구원장이 요청한 자료를 제출하지 않거나 방문조사를 거부하는 경우
3. 자료 또는 방문평가에서 획득한 점수가 전체의 60% 미만인 경우
4. 자료를 허위로 작성하여 제출한 경우
5. 특수건강진단 청각학적 검사업무에 직접 종사하지 않는 자가 정도관리에 참여하는 경우
6. 특수건강진단 청각학적 검사업무 종사자가 제25조의 규정에 의한 청력정도관리 교육을 받지 아니하거나 특수건강진단기관의 지정의사가 제26조의2의 규정에 의한 청각판정교육을 받지 아니한 경우

제4장 평가 결과

第20조(불합격 판정기준) 정도관리 실시결과에서 2회 연속하여 부적합 평가를 받은 분석정도관리의 무기 및 유기분석 검사, 진폐정도관리의 흉부방사선사진 촬영 및 폐활량 검사, 청력정도관리의 청각학적 검사를 각각 불합격으로 판정한다.

第21조(평가결과의 통보) 연구원장은 정도관리 실시결과에 대한 평가를 종료한 경우에는 그 결과를 즉시 별지 제4호 서식에 의하여 대상기관에 통보하여야 한다.

第22조(평가결과에 대한 이의제기 등) ① 제21조의 규정에 의하여 통보 받은 정도관리 평가결과에 이의가 있는 대상기관은 통보 받은 날부터 7일 이내에 별지 제5호 서식에 해당하는 이의제기신청서를 작성하여 연구원장에게 제출하여야 한다.

② 제1항의 규정에 의하여 대상기관이 이의제기신청서를 제출하는 경우 연구원장은 신청서가 접수된 날부터 14일 이내에 위원회 또는 해당 실무위원회를 개최하여 이를 처리하여야 하며, 그 처리결과를 개최 일로부터 7일 이내에 이의를 제기한 대상기관에 통보하여야 한다.

③ 연구원장은 필요한 경우 제2항의 규정에 의하여 개최하는 위원회 또는 해당 실무위원회에 이의를 제기한 대상기관의 관계자를 참석시킬 수 있다.

第23조(평가결과의 보고 등) 정도관리 평가결과에 대한 이의제기가 없음을 확인하거나 신청 받은 이의제기를 처리한 연구원장은 정도관리 평가결과를 즉시 별지 제6호 서식에 의하여 노동부장관에게 보고하고 지방노동관서의 장에게 통보하여야 하며, 30일 이내에 공단이 발행하는 정기간행물 등에 이를 공고하여야 한다.

第24조(업무정지) 지방노동관서의 장은 관내 특수건강진단기관이 정도관리 평가에서 불합격 판정을 받은 경우에는 즉시 불합격 판정을 받은 특수건강진단 검사업무에 대하여 적합 평가를 받을 때까지 업무정지조치를 하고 이를 노동부장관에게 보고하여야 한다.

제5장 정도관리 교육 등

第25조(정도관리 대상업무 종사자에 대한 교육) ① 연구원장은 특수건강진단기관에서 정도관리 대상업무에 종사하는 자(이하 “대상업무 종사자”라 한다)에게 정도관리 실시에 앞서 해당 정도관리 교육을 실시하여야 하며, 대상업무 종사자는 다음 각 호에서 정한 바에 따라 교육을 받아야 한다.

1. 특수건강진단 무기 및 유기분석 검사업무에 종사하는 자로서 특수건강진단 분석정도관리에 처음 참가하는 자는 제1항의 규정에 의하여 연구원장이 실시하는 분석정도관리 교육을 받아야 한다.
2. 특수건강진단 흉부방사선사진 촬영 및 폐활량 검사업무에 종사하는 자는 제1항의 규정에 의하여 연구원장이 실시하는 해당 진폐정도관리 교육을 받아야 한다. 다만, 최근

5년 이내에 동일한 교육을 받은 경우에는 이를 받지 아니할 수 있다.

3. 특수건강진단 청각학적 검사업무에 종사하는 자는 제1항의 규정에 의하여 연구원장이 실시하는 청력정도관리 교육을 받아야 한다. 다만, 최근 3년 이내에 동일한 교육을 받은 경우에는 이를 받지 아니할 수 있다.

② 분석·진폐 및 청력정도관리 교육에 관한 구체적인 사항은 위원회의 심의를 거쳐 연구원장이 정한다.

第26条(진폐사진 판독평가 등) ① 연구원장은 특수건강진단 흉부방사선사진 판독업무에 종사하는 의사(이하 "판독의사"라 한다)를 대상으로 매년 1회 이상 진폐사진 판독평가를 실시하여야 한다.

② 판독의사는 매 5년마다 제1항의 규정에 의한 진폐사진 판독평가에 참가하여야 한다.

③ 연구원장은 진폐사진 판독평가에서 불합격한 판독의사를 대상으로 진폐사진 판독교육을 실시 할 수 있으며, 동 교육을 이수한 판독의사는 동 교육을 이수한 날부터 1년의 범위 안에서 특수건강진단 흉부방사선사진 판독업무에 종사할 수 있다.

④ 진폐사진 판독평가 및 판독교육에 관한 구체적 사항은 위원회의 심의를 거쳐 연구원장이 정한다.

第26条의2(청각학적 검사결과판정 평가 등) ① 연구원장은 특수건강진단기관의 지정의사(이하 "지정의사" 라 한다)를 대상으로 매년 1회 이상 청각학적 검사 결과판정에 대한 교육(이하 "청각판정교육" 이라 한다)을 실시하여야 한다.

② 지정의사는 3년마다 제1항의 규정에 의한 청각판정교육을 받아야 한다.

③ 청각판정교육의 내용 등에 관한 구체적 사항은 위원회의 심의를 거쳐 연구원장이 정한다.

第27条(정도관리 교육 등의 공고) 연구원장은 제25조 내지 제26조의2의 규정에 의하여 정도관리 교육 또는 진폐사진 판독평가를 실시하는 경우에는 실시 30일 전까지 대상기관 또는 대상업무 종사자 등에 안내문을 발송하여 이를 알려야 하며, 공단이 발행하는 정기간행물 등에 공고하여야 한다.

부 칙

① (시행일) 이 규정은 고시한 날로부터 시행한다.

② (정도관리 실시 및 평가에 관한 경과조치) 이 규정 시행일 전에 대상기관이 근로자건강진단실시기준(노동부고시 제2001-45호)에 의해서 정도관리를 받은 경우에는 이 규정에 의하여 정도관리를 받은 것으로 본다.

③ (다른 규정의 폐지) 근로자건강진단실시기준(노동부고시 제2001-45호) 제5장은 이를 폐지한다.

부 칙

① (시행일) 이 규정은 고시한 날로부터 시행한다.

② (청각판정교육 이수에 대한 경과 조치) 이 고시 시행 당시 특수건강진단기관의 지정의사는 개정규정 제26조의2의 규정에 의한 청각판정교육을 '05년 12월 31일 까지 받아야 한다.

[별표 1]

정도관리의 분야별 주기·평가방법 및 교육대상
(제2조제1항, 제4조, 제12조 내지 제19조, 제25조 내지 제26조의2 관련)

구분	분야	주기	평가방법	교육대상
분석정도관리	무기분석	6월	분석결과를 종합하여 평가	분석정도관리에 처음 참가하는 자 (정도관리 실시 전)
	유기분석	6월	분석결과를 종합하여 평가	분석정도관리에 처음 참가하는 자 (정도관리 실시 전)
진폐정도관리	흉부방사선 사진촬영	1년	자료평가 또는 방문평가	흉부방사선사진촬영업무 종사자 (5년마다)
				흉부방사선사진판독업무 종사자 (흉부방사선사진 판독평가에서 불합격한 자를 대상으로 5년마다)
	폐활량검사	1년	자료평가 또는 방문평가	폐활량검사업무 종사자(5년마다)
청력정도관리	청각학적 검사	1년	자료평가 또는 방문평가	청각학적 검사업무 종사자 (3년마다)
				청각학적 검사결과판정업무 종사자 (특수건강진단기관의 지정의사를 대상으로 3년마다)

(별지 제1호 서식)

특수건강진단 분석정도관리신청서

1. 신청기관의 개요

기 관 명 (실험실명)		기관구분	가. 특수건강진단기관 ☐ 나. 지정신청의료기관 ☐ 다. 자율참여기관 ☐
관할지방관서			
소 재 지	□□□-□□□	대표자	
전 화 번 호		FAX	

실 험 실	구 분	지정 분석자		분석방법 및 분석장비			③
		성명	① 전공	② 분석장비	제조회사	모델	교육여부
	유기분석						
	무기분석						

2. 신청항목

정도관리 세부분야	④ 지정항목	⑤ 선택항목
유기분석 분야		
무기분석 분야		

산업안전보건법시행규칙 제103조의2, 특수건강진단정도관리규정 제6조의 규정에 의하여 특수건강진단 분석정도관리를 신청합니다.

년 월 일

신청기관 ____________ 대표자 ____________ ㊞

한국산업안전공단 산업안전보건연구원장 귀하

① 산업안전보건법 시행규칙 별표14의 가. 인력기준의 (5)호의 자격 중에서 기록
② 분석장비는 각각 HPLC, GC, AA 및 기타(   ) 등으로 구분하여 기록
③ 최근 교육실시 일자를 기재(정도관리에 처음 참가하는자에 한함)
④ 연구원장이 공고한 지정항목을 전부 신청
⑤ 연구원장이 공고한 선택항목중 (   )가지 이상을 지정하여 신청

210mm×297mm(일반용지 60g/m^2, 재활용품)

(별지 제2호 서식)

특수건강진단 진폐정도관리신청서

1. 신청기관의 개요

기 관 명		기관구분	가. 특수건강진단기관 □ 나. 지정신청의료기관 □ 다. 자율참여기관 □	
관할지방관서				
소 재 지	□□□-□□□		대표자	
전 화 번 호			FAX	

2. 신청항목

흉부방사선 사진촬영분야 (지정 방사선사)	① 실시방법	□ 자료평가		□ 방문평가	
	대상자	성명	면허번호	②교육여부	③신규참여여부
					□신규/□보수
					□신규/□보수
폐활량검사분야	① 실시방법	□ 자료평가		□ 방문평가	
	대상자	성명	④ 면허종류	②교육여부	②신규참여여부
					□신규/□보수
					□신규/□보수

산업안전보건법시행규칙 제103조의2, 특수건강진단정도관리규정 제6조의 규정에 의하여 특수건강진단 진폐정도관리를 신청합니다.

년 월 일

신청기관 ____________ 대표자 ____________ (인)

한국산업안전공단 산업안전보건연구원장 귀하

① 진폐정도관리 실시방법은 최초 방문평가를 실시하고 이후 순차적으로 신청
② 최근 교육일자를 기재
③ 신규참여 대상자는 "신규", 재참여하는 대상자는 "보수"로 기록하여 신청
④ 임상병리사, 간호사, 기타 (　　　) 등을 구분·기록하여 신청

210mm×297mm(일반용지 60g/m², 재활용품)

(별지 제3호 서식)

특수건강진단 청력정도관리신청서

1. 신청기관의 개요

기 관 명		기관구분	가. 특수건강진단기관 □ 나. 지정신청의료기관 □ 다. 자율참여기관 □
관할지방관서			
소 재 지	□□□-□□□	대표자	
전 화 번 호		FAX	

2. 신청항목

청각학적 검사분야	① 실시방법	□ 자료평가		□ 방문평가	
	대상자	성명	② 면허종류 (면허번호)	②교육여부	③신규참여여부
					□신규/□보수
					□신규/□보수

산업안전보건법시행규칙 제103조의2, 특수건강진단정도관리규정 제6조의 규정에 의하여 특수건강진단 청력정도관리를 신청합니다.

년 월 일

신청기관 ________________ 대표자 ____________ 인

한국산업안전공단 산업안전보건연구원장 귀하

① 청력정도관리 실시방법은 최초 실습평가 및 자료평가중 택일하여 신청하고 이후 순차적으로 신청
② 최근 교육일자를 기재
③ 임상병리사, 간호사, 기타 (　　　) 등을 구분·기록하여 신청
③ 신규참여 대상자는 "신규", 재참여하는 대상자는 "보수"로 기록하여 신청

210mm×297mm(일반용지 $60g/m^2$, 재활용품)

(별지 제4호 서식)

특수건강진단 [분석□ 청력□ 진폐□] 정도관리 결과 통보서

1. 신청기관의 개요

기 관 명		기관 구분	가. 특수건강진단기관 □ 나. 지정신청의료기관 □ 다. 자율참여기관 □
관할지방관서			
소 재 지		대표자	
전 화 번 호		FAX	

2. 정도관리 결과

구 분	분석정도관리		진폐정도관리		청력정도관리
	무기분석검사	유기분석검사	흉부방사선 사진촬영	폐활량검사	청각학적검사
참 여 자					
평가방법					
적합여부					
부적합사유					
기 타	○장비모델 등 - 무기분석 : - 유기분석 :		○개선점 등		○개선점 등

산업안전보건법시행규칙 제103조의2, 특수건강진단정도관리규정 제21조에 의하여 20 년도 [분석□ 청력□ 진폐□ 정기□ 임시□] 정도관리 실시결과를 통보하오며, 위 결과에 대하여 이의가 있는 경우는 동 규정 제22조에 의한 별지서식에 따라 7일이내에 이의제기 신청서를 제출하여 주시기 바랍니다.

년 월 일

한국산업안전공단 산업안전보건연구원장

210mm×297mm(일반용지 60g/m^3, 재활용품)

(별지 제5호 서식)

특수건강진단 정도관리 결과 이의신청서

1. 이의 신청기관의 개요

기 관 명		기관구분	가. 특수건강진단기관 ☐ 나. 지정신청의료기관 ☐ 다. 자율참여기관 ☐
관할지방관서			
소 재 지	☐☐☐-☐☐☐	대표자	
전 화 번 호		FAX	

2. 이의제기 내용

정도관리 구분		실시일 구 분	이 의 신 청 사 유
분석 정도 관리	☐무기분석검사 ☐유기분석검사		
진폐 정도 관리	☐흉부방사선사진촬영 ☐폐활량검사		
청력 정도 관리	☐청각학적검사		

산업안전보건법시행규칙 제103조의2, 특수건강진단정도관리규정 제22조의 규정에 의하여 상기와 같이 정도관리 실시결과에 대하여 이의를 신청합니다.

년 월 일

신청기관 ______________ 대표자 ______________ 인

한국산업안전공단 산업안전보건연구원장 귀하

210mm×297mm(일반용지 60g/m², 재활용품)

(별지 제6호 서식)

특수건강진단 정도관리 결과보고서

○정도관리 명 : 시행일 :

지 방 관서명	기 관 명	대표자	대상업무명		대상업무명	
			전회결과	금회결과	전회결과	금회결과

※ 대상 업무명은 무기분석, 유기분석, 흉부방사선사진촬영, 폐활량검사, 청각학적검사를 구분하여 각각 기재함.

210mm×297mm(일반용지 60g/m^2, 재활용품)

4 생체 시료관리

1. 생체시료의 특성

1) 정의

생체시료는 호기(exhaled air), 혈액(전혈/혈청), 소변, 모발뿐만 아니라 치아, 땀, 타액, 가래, 모유(human milk), 및 조직 등의 사람이나 동물체로부터 분리 가능한 물질 혹은 검체물을 말한다.

2) 목적

생체시료 분석은 생체시료를 이용하며 분석하고자 하는 목적물질, 즉 해당물질 자체 또는 그의 대사산물 등의 독특한 그 생화학적 변화산물 등을 기기분석을 통하여 직접 측정하는 과정을 말한다.

3) 종류

(1) 혈액(Blood)

혈액은 생명을 유지하고 기능을 발휘하는데 매우 중요한 물질이다. 내적 항상성을 유지하기 위하여 끊임없이 생산되고 파괴되는데, 혈구들의 생산부위는 출생 전과 출생 후가 다르다. 출생 전 태아의 혈구생성은 주로 난황낭(yolksac), 간장, 비장 및 적골수에서 담당하지만, 출생 후에는 흉골(sternum), 골반(pelvic bone), 추골, 늑골, 대퇴골(femur), 상완골(humerus) 등 편평골들의 적골수(red bone marrow)에서 조혈되어 혈액으로 방출된다.

혈액의 일반적인 기능은 소화기관으로부터 흡수된 영양분을 필요로 하는 각 조직으로 보내 주는 영양소 운반, 흡기시 폐를 통해 들어온 산소를 각 조직에 운반하고 세포의 에너지 대사과정에서 생긴 이산화탄소나 음식물의 산화로 발생한 이산화탄소는 폐 모세혈관으로 이동시키는 가스운반, 각조직의 대사과정에서 생성된 요소, 요산, 크레아티닌과 같은 노폐물을 배설기관으로 운반하는 노폐물 운반, 각 선(gland)에서 생성된 호르몬을 표적기관(target organ)으로 운반하는 호르몬 운반작용 등의 운반작용과, 혈장삼투압으로 인해 일정한 간질액량의 균형을 유지하는 체액조절, 열순환에 의한 체온조절, pH를 일정하게 유지시키는 완충계를 통한 체액 pH 조절 등의 조절작용, 세포들의 대사과정에서 생성된 노폐물을 폐, 신장 및 피부를 통하여 내보내는 배설작용, 그리고 백혈구의 식작용이나 혈액응고에 의한 신체의 보호작용 등이 있다.

① 혈액의 성분(composition of blood)

혈액은 세포성분인 혈구(45%)와 체액성분인 혈장(55%)으로 구성되어있다. 세포성분인 혈구(blood cell)는 다시 적혈구(RBC, red blood cell), 백혈구(WBC, white blood cell), 혈소판(platelet) 성분으로 구성되었으며 혈장은 90%의 수분과 7%의 혈장단백질, 3%의 기타 지질, 탄수화물, 전해질, 효소, 호르몬 등으로 구성되어 있다.

혈구의 95% 이상이 적혈구로 산소운반에 관여하고 있으며, 백혈구는 감염과 암에 대항하고, 혈소판은 혈액응고에 관여한다. 혈액을 채취하여 시험관에 두었을 때, 10분만에 응고 반응이 일어나 수용성 단백질인 섬유소원(fibrinogen)이 불용성 섬유(fibrin)로 변하고 시간이 지남에 따라 섬유소(fibrin)와 세포성분은 퇴축되고 투명한 액체 성분이 분리되는 데, 이것을 혈청(serum)이라 한다. 즉 혈청은 혈장에서 섬유소원을 제거한 것이다.

㉠ 적혈구(red blood cell, erythrocyte)

성숙한 적혈구는 핵(nucleus)이 없고 중앙이 오목한 원판형(biconcave disk)으로 지름은 약 7.5㎛이고, 두께는 약 1.9㎛가 된다. 개수는 성별에 따라 차이가 있어 혈액 $1mm^3$ 당 남자는 500만 개, 여성은 450만 개 , 그리고 유아는 650만 개 정도이다.

적혈구의 성분은 산소운반의 주역인 혈색소(hemoglobin)가 대부분을 차지하고, 그 외 약간의 지질로 구성되어 있는데, 한 개의 색깔은 담황색이지만 여러 개가 모이면 붉은 색으로 보인다.

혈색소는 복합단백질로서 1분자의 globulin과 4분자의 heme의 결합체이며, 분자량은 68,000이다. 또한 혈색소는 0.338%의 철 Fe을 함유하고 있고, 1g의 혈색소는 1.34ml의 산소와 결합할 수 있다. 정상인의 혈색소량은 혈액 100ml당 12~16g 이며, 적혈구수가 정상이더라도 혈색소 농도가 10g 이하로 떨어지면 상대적으로 빈혈이 나타난다.

㉡ 백혈구(white blood cell, leukocyte)

백혈구는 핵이 있으며 적혈구보다 약간 큰 둥근형으로 혈액 1㎣당 7,000~10,000개가 있다. 백혈구는 세포질내의 과립 유무에 따라 분류되는데 호중성구(neutrophil)와 호산성구(eosinophil) 및 호염기구(basophil)는 과립이 있기 때문에 과립백혈구(granular leukocyte)라고 하며, 림프구(lymphocyte)와 단핵구(monocyte)는 과립이 없기 때문에 무과립백혈구(agranular leukocyte)라고 한다. 이러한 백혈구는 적혈구와 달리 혈관벽을 빠져 나와 조직 내를 유주하며 식작용으로 신체를 방어하는 기능이 있는데, 특히 림프구는 T-cell과 B-cell로 분화되어 신체의 세포성 면역과 체액성 면역을 주관한다.

㉢ 혈소판(platelet, thrombocyte)

혈소판은 골수의 거대핵세포(megakaryocyte)의 세포질 일부가 떨어져서 형성된 다음 순환 혈액 내로 흘러나온 것으로 지름이 2~4㎛인 미세한 무핵소체이다. 정상인의 혈액 1㎣당 20만~30만 개가 존재하며, serotonin, histamine, ATPase, ADP, Ca^{2+}, K^{+} 및 thromboplastin 등을 함유하고 있다. 따라서 혈소판은 여러 가지 기능이 있으나 주작용은 지혈 및 혈액응고에 관여하는 일이다.

㉣ 혈장(blood plasma)

혈장은 혈액의 약 55%로, 정상체중의 5%를 차지한다. 혈장성분 중 90~92%는 물이고, 6.5~7%는 단백질, 3%는 각종 전해질, 효소 및 면역물질, 소화관에서 흡수한 영양분, 세포의 대사산물인 노폐물, 내분비선에서 분비된 호르몬 등이 포함되어 있다.

혈장 단백질은 albumin 60%, globulin 36%, fibrinogen 4%의 비율로 구성되어 있는데, albumin은 삼투질 농도에 관여하고, globulin은 면역과 Fe, Cu와 같은 특수물질의 운반에 그리고 fibrinogen은 혈액응고에 관여한다. 특히, globulin은 α, β, γ 로 구분되는데, γ-globulin을 면역글로블린(immunoglobulin)이라고 한다.

(2) 소변

혈액과 가장 좋은 시료이며 채취에 용이하고 세뇨관 검사 등 신기능에 대한 정보와 정성검사 및 분별정량 검사가 가능하다. 채취된 시료는 변질되기 쉬우므로 보존에 유의하여야 하며 사용 전 반드시 원심분리를 실시하는 것이 좋다.

(3) 호기(呼氣, exhaled air)

체내의 호기 중에서 측정하는 것으로 휘발성이 높거나 가스상 물질 등의 배출농도를 측정하는데 적절하다.

(4) 모발

체내에서 흡수된 중금속을 측정하기 위한 생검조직의 하나로 볼 수 있으며 머리카락은 표본의 채취가 용이할 뿐만 아니라 중금속류가 -SH 그룹과 강한 친화력을 가져 쉽게 분리되지 않으므로 만성 중독이나 노출정도를 알기 위해서는 요나 단백질보다 모발이 유리한 경우도 있다. 시료 채취는 대상자의 후두피 두피로부터 약 3~5cm 이내의 모발을 일정량 가위로 세절하여 2~3% 중성세제로 세척한 3차 증류수로 수회 반복 세척한 후 건조과정을 거쳐 사용한다.

(5) 손톱

맨손으로 작업 시 피부로부터의 흡수과정이며, 유기용제 혹은 중금속에 직접 노출 후 영향을 받아 각질이 변색 혹은 변형되기도 한다. 실험목적에 따라 전처리 방법이 각각 다르며 시료를 채취하여 냉동보존 후 오염물질을 제거한 상태에서 분석하여야 한다. 외부적인 기타 오염 등이 상조하므로 특수한 목적 외에는 아주 좋은 검체는 아니다.

(6) 기타 체액 및 조직

치아, 뼈, 모유, 타액, 가래, 태반, 땀 등이 생체시료에 포함지만 실험목적에 따라 시료의 샘플링(sampling) 및 전처리가 각각 다르다. 주로 중금속 모니터링에 유리하다.

2. 생체시료 관리기준

1) 생물학적 허용한계(BLV)

사업장 내의 공기 중 허용농도에 의존하는 것 외에 근로자의 노출상태를 측정하는 방법에 관한 것으로 Biological Limit Value(BLV)의 약자로 생물학적 허용한계라고 하며 이는 근로자의 조직과 체액 또는 호기를 검사해서 건강장해를 일으키는 일이 없이 노출될 수 있는 양을 규정한 것이다.

(1) 혈액, 소변, 머리카락, 소톱, 신체조직 및 체액을 채취하여 작업자가 노출된 물질을 직접 정량하거나, (2) 조직 및 체액에서 대사산물을 정량하고, (3) 호기(呼氣) 중의 유해물질을 정량하는 것이다.

2) 생물학적 모니터링(biological monitoring)

생물학적 모니터링이란 외부환경 노출 정도를 반영하는 유해물질의 체내 축적과 흡수에 대한 정량적 증거를 제시하기 위하여 생체시료인 혈액, 호기, 소변 중에 해당물질과 그 대사산물, 독특한 생화학적 변화 등을 직접 측정하는 과정을 말한다.

3) 생물학적 노출지표(biological exposure indices, BEI)

근로자의 생체시료 중 유해물질의 전반적인 노출량을 평가하는 것의 생물학적 대사산물에 대한 허용기준 근로자들의 생물학적 영향과 노출강도 사이의 관계, 그리고 화학물질의 흡수, 배설, 대사작용의 유용한 정보를 나타낸다.

3. 노출평가 방법

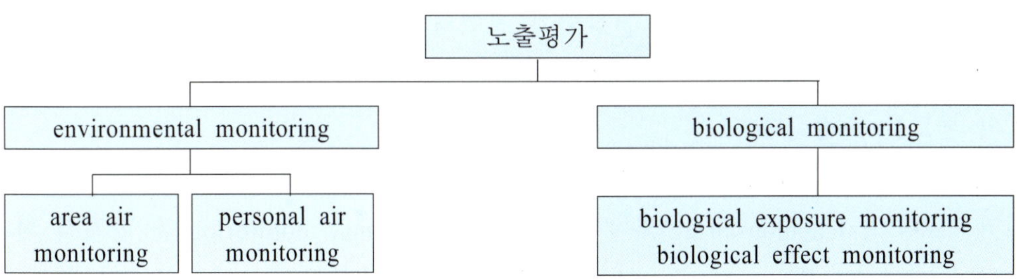

그림 4-1. 노출평가 방법의 구분

1) 작업환경 측정(environmental monitoring)

(1) 지역시료 평가(area monitoring)

작업장 내 모든 근로자들의 당면한 환경농도를 평가하거나 급성중독을 발생시킬 수 있는 물질을 즉시 평가하기 위해 특히 작업시간 중에 변동하는 공기 중 유해화학 물질농도의 시간가중평균치(TWA) 외에 급성독성을 고려하여, STEL, ceiling 등을 실시하는 것을 말한다.

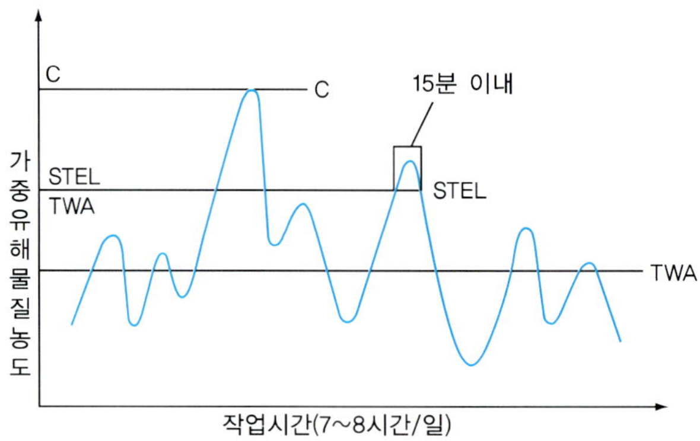

TWA : 시간가중 평균　　　　C : 천정치
STEL : 단시간 노출한계(15분 내의 평균치)

그림 4-2. 허용농도의 개념

(2) 개인시료 포집(personal monitoring)

공기 중 유해물질의 농도는 시간에 따라 변동하기도 하고, 같은 작업환경에서 일하는 사람이라도 작업방법, 작업자세, 작업시간 등으로 개개인의 노출농도가 다르다. 그래서 작업자의 호흡영역에서 시료 포집기를 부착하고 개인의 노출농도를 측정 · 평가하는 것이다. 개인 노출량의 모니터링은 근로자가 작업시간 동안에 노출된 환경인자의 노출량(dose)을 측정하는 것인데, 실노출량은 측정할 수 없으므로 대리측정으로 근로자 호흡기 위치의 농도를 측정한다.

(예 : 유효노출, 유효노출은 해당물질의 실노출량의 대리수치이다.)

지역시료평가(area monitoring)와 개인시료 포집(personal monitoring)을 합쳐서 환경모니터링(environmental monotoring)이라고 부르며, 유해물질의 external dose의 측정과 평가이다.

2) 생물학적 모니터링(biological monitoring)

(1) biological exposure monitoring

혈액이나 소변 중에서 유해물질, 호기 중 유기용제, 요 중 중금속, 유기용제 자체 또는 그 대사산물 등을 측정하여 개인의 생체장해를 대비하며, 동시에 개인 및 근로자 집단의 체내에 축적된 것을 측정하여 흡수량을 평가하는 것을 말한다.

(2) biological effect monitoring

유해화학 물질의 인간에 대한 초기의 손상을 알 수 있는 생화학적 변화를 측정하고, 노출의 정도, 건강 위험도를 평가하기 위한 것이다.

4. 생물학적 모니터링

1) 정의

「생물학적 모니터링(biological monitoring)」이란 원래는 생체시료 중에 함유된 환경오염물질을 분석·정량하여 오염의 정도를 평가하는 것을 말한다. 이것은 「환경모니터링(environmental monitoring)」, 즉 외계의 공기, 물, 음식물 등의 시료를 분석 정량하여 오염의 정도를 평가하는 것에 대해 상응한다고 볼 수 있다.

산업보건 영역에서 모니터링이란 "예방위생학적 견지에서 건강에 관하여 체계적, 계통적으로 조사하여 평가하는 것"이라고 생각할 수 있다. 그리고 생물학적 모니터링은 작업자의 생체시료(혈액, 요, 호기 등) 중의 화학물질, 대사산물의 정량치로부터, 작업자가 섭취한 작업환경 중의 유해화학물질(internal dose 생체 내 부량, body burden 생체 부하량)을 구해서 진정한 노출 정도, 유해화학물질의 섭취량(또는 침입량)을 평가하고 생체영향을 추정하는 것으로 「양 또는 노출 모니터링」이라고 할 수 있다.

2) 생물학적 모니터링의 목적과 특징

생물학적 양(노출) 모니터링[biological dose(exposure) monitoring]의 의미는

(1) 혈액 중의 유해물질(중금속, 유기용제 등)

(2) 호기 중의 유기용제

(3) 요 중 중금속, 유기용제 자체 또는 그 대사산물 등을 측정하여 작업자 개개인의 생체장해에 대비함과 동시에 개인 및 작업자 집단의 유해화학 물질의 섭취량(또는 침입량)을 측정하여 평가하려는 것이다. 즉, 작업자의 외환경의 양(external dose)에 대한 작업자

의 생체 내 유해물질의 양(internal dose)을 추구하는 것이다.

또한 유해물질의 섭취, 생체 내 분포생체 내 변환, 축적, 배설 등 사람의 유해화학 물질에 대한 작용을 나타낸 것이므로 "toxico-kinetics"의 parameter라고 할 수 있으며, 목적에 따라 다음과 같이 사용목적을 분류하기도 한다.

3) 사용목적

(1) 유해물질에 노출된 근로자 개인에 관한 정보제공(모든 침입경로 반영, 운동량, 작업시간 등)의 자료로 활용이 가능하다.

(2) 보호의, 호흡용 보호구, 피부 보호용 크림 등과 같은 여러 개인위생 보호구의 효율성과 기술적 대책 또는 관리에 대한 평가를 하기 위한 수단이다.

(3) 작업장에 있어서 근로자 보호를 위한 모든 전략을 적절하게 평가한다. 단점으로는 개인별 차이, 음주, 흡연 등의 영향이 있다.

4) 장점

(1) 모든 침입경로에 의한 섭취량(또는 침입량)의 평가를 들 수 있다.

환경모니터링으로는 경기도(經氣道) 침입만이 측정, 평가의 대상이 되고, 경구, 경피로 침입을 대상으로 할 수 없다. 이 섭취량(또는 침입량)은 생체시료의 측정평가에 의해서만 가능하다.

(2) 운동량에 의한 섭취량의 증가에도 대응할 수 있다.

안정시의 운동에너지(0W)의 폐포 환기량은 5L/분이며 통상의 운동에너지(50W)를 부하시킨 경우의 폐포 환기량은 16L/분으로, 이것과 병행하여 유해물질의 침입량은 증가한다. 따라서 같은 작업장에서도 섭취량은 작업에 따라 확실히 차이가 있고 그 측정에는 생물학적 모니터링이 필요하다.

(3) 유기용제 취급작업장에서 방독 마스크를 사용한 경우, 마스크의 누출이나 미착용시에 작업자에게 섭취된 유해물질량은 생물학적 모니터링에 의해서만 측정할 수 있다.

(4) 작업시간도 유해물질의 침입량에 영향을 미치는 것은 말할 필요도 없다. 또한 단점으로는, 개인차나, 음주, 흡연 등의 영향에 관한 문제가 있고, 이것에 대한 특별한 주의가 필요하다.

5. 생물학적 노출지표검사

1) 작업자의 노출상태와 생물학적 노출지표검사

근로자의 유해물질에 노출되는 정도를 파악하는 방법으로 작업환경측정이 있는데, 이는 근로자의 호흡구 위치에서 공기를 채취하여 분석한 것으로 실제 근로자가 흡수한 유해물질의 양과는 차이가 있을 수 있다. 또 같은 양의 유해물질을 흡수한다 하더라도 물질의 대사기전과 개인의 차이에 의해 독성을 일으키는 정도는 다를 수 있다. 그리고 작업환경측정은 호흡기를 통해 흡수되는 양을 파악하는 것이므로 보호구를 착용하는 경우, 피부로도 흡수되는 물질을 측정하는 경우의 체내 흡수량은 당연히 다를 수밖에 없다. 이러한 점을 고려하여 근로자의 생체시료(혈액, 소변, 호기, 머리카락 등)를 이용하여 근로자의 노출정도를 파악하는 것이 생물학적 노출지표검사이다.

생물학적 노출지표검사는 혈액, 소변, 모발 등 생체시료로 부터 유해물질 그 자체, 또는 유해물질의 대사산물 또는 생화학적 변화산물 등 '생물학적노출지표(물질)'을 분석하여 유해물질 노출에 의한 체내 흡수정도 또는 건강영향 가능성 등을 평가하는 것을 말한다.

6. 시료의 전처리

1) 개 론

시료(sample)중의 금속 원소들을 정량하기 위해서는 대부분의 경우, 어떠한 방법으로든지 시료를 분해시켜 투명용액(clear solution)으로 만들어야만 한다. 목적하는 분석 물질의 손실이나 오염 없이 시료를 전처리하는 기술은 기기를 작동시키는 기술보다 훨씬 중요한 일로서 풍부한 경험이 있어야만 하며 고도의 기술을 요구한다.

아무리 성능이 우수한 기기를 이용하더라도 시료의 전처리가 잘못되면 정확한 분석결과를 얻을 수 없음은 물론 정밀성조차 기대할 수 없다.

따라서 화학분석 방법은 신속, 정확하고 간단해야만 하고, 시료의 전처리 조작이 적을수록 좋으며, 간섭영향이 없거나 적을수록 좋은 방법이다. 또한 어떤 종류의 시료이든 낮은 농도는 물론 높은 농도까지 직접 정량할 수 있는 방법이 좋다. 그러나 이와 같은 모든 조건을 만족시키는 분석방법은 없다. 그러므로 시료의 종류나 양, 분석성분의 조성이나 함량, 보유하고 있는 분석장비 및 분석목적에 합당한 체계적인 분석방법이 선정되어야만 한다. 체계적인 분석(systematic analysis)이란 시료를 분해하여 투명용액으로 만들고 여러 가지 정량방법에 따라 정량하는 것을 말한다.

2) 시료준비

시료는 극소량을 취하여 분석할지라도 전체를 대표할 수 있어야만 한다.

그러므로 시료의 종류, 특성, 상태 및 분석방법 등을 고려하여 샘플링함으로써 소량으로도 전체를 대표할 수 있도록 하고, 샘플링 도중 시료의 상태가 변하거나 외부로부터의 오염 또는 손실이 없도록 해야만 한다. 시료의 상태가 액체나 기체인 경우는 비교적 균일한 상태로 샘플링할 수 있으나, 고체인 경우나 액체가 섞여있는 경우 등에는 샘플링하기 어렵다. 이와 같은 시료의 경우에는 분석자의 올바른 판단에 따라 무작위 샘플링(random sampling)하되 전체를 대표할 수 있도록 최선을 다하지 않으면 안 된다. 이와 같이 시료가 불균일하다고 판단될 때에는 1차 시료 채취량을 늘리고 점차 합당한 방법으로 샘플링하여 실태분석에 쓰이는 소량까지 줄이도록 한다. 실제분석에 쓰이는 시료의 양은 보통 0.5~1.0g 정도이지만 시료에 따라 다량을 취하기도 하고 극소량을 취하기도 한다. 극소량의 시료를 취하는 경우에는 극소량의 시료로 막대한 양의 전체시료를 대표할 수 있으므로 샘플링은 대단히 중요하다. 샘플링이 잘못되면 노련한 분석자가 아무리 우수한 최신 분석기를 이용하여 분석해도 정확한 결과를 얻을 수 없다.

3) 시료의 예비분해 실험

샘플링이 끝난 시료를 원자흡수 분광광도계(atomic absorption spectrometer)나 유도결합 플라즈마 원자 방출 분광계 ICP-AES(Inductively Coupled Plasma Atomic Emission Spectrometer)로 분석하기 위해서는 특별한 경우를 제외하고는 분해시켜 가용성으로 하고 투명용액(clear solution)으로 만들어야만 한다.

시료의 종류나 성질을 충분히 알고 있는 경우에는 일반적인 분해방법으로 분해시키면 된다. 그러나 미지의 시료인 경우에는 방출분광기와 같은 정성분석 장치로 대략의 조성을 알아낸 후 분해 방법을 선정하는 것이 좋으며 반드시 예비분해 실험을 수행해야만 한다. 시료의 종류나 성질을 충분히 알고 있는 경우에는 일반적으로 분해방법으로 분해시키면 된다. 이러한 경우에는 오랫동안의 경험이 필요하며, 미지 시료의 분석에 들어가기

전에 문헌조사와 같은 충분한 연구를 병행해야만 한다. 그러나 이미 특성이 알려진 유사한 종류의 시료라고 해도 전처리가 잘 안 되는 경우도 있고 정량시 예기치 못한 간섭영향이 있는 경우도 있다.

그러므로 어떠한 경우의 시료이든 예비시험을 행함으로써 분석시간을 단축시킬 수 있고, 정량시에 간섭영향이 적은 분해방법을 선정할 수 있으며, 시료량은 물론 정량방법까지도 제시해 준다. 즉, 샘플링이 끝난 시료는 노련한 분석자라고 해도 반드시 예비실험을 거치는 것이 좋다. 또한 시료량이 극히 적은 경우라고 해도 예비분해 실험을 행하는 것이 좋다.

예비분해 실험은 다음과 같은 순서로 한다.

시료가 무기물질이라고 판단되는 때에는 물에 용해시켜 본 후 산(acid)으로 처리해본다. 혼합산도 사용하고 시료에 따라서는 플루오르화수소산(HF)도 사용한다.

산처리로 분해가 되지 않으면 수산화나트륨 용액(NaOH)과 같은 알칼리 용액으로 분해를 시도한다. 그래도 분해되지 않으면 산성융제나 알칼리성 융제를 가하고 700℃ 이상의 온도에서 가열하여 용융을 시도한다. 대부분의 무기물은 위의 네 가지 방법에 의하여 용해된다.

만일 시료가 유기물이라고 판단되는 때에는 유기용매에 녹이기도 하고, 건식으로 태워보기도 하고, 습식으로 파괴시켜 보기도 하여 투명용액을 만든다. 그러나 무기물이든 유기물이든 어떠한 조작으로도 분해되지 않으면 가압산 분해법을 이용한다. 어떠한 경우의 시료이든 AAS와 ICP등으로 분석하기 위해서는 투명용액을 만들어야만 정량할 수 있다.

4) 시약 및 기준물질

시약류에는 사용목적에 따라 여러 가지 종류가 있는데 분석성분에 따라 선택하여 사용해야만 한다. 금속원소를 분석하기 위해서는 AR급 이상의 시약이 사용되어야 한다. 반도체 제조공정에 사용되는 MOS급 이상의 시약은 금속원소 분석용으로 추천할 만하다. 화학분석에 사용하는 물(pure water)도 될 수 있는 한 금속성분이 적은 것이 좋으며, 필요에 따라 정제된 것을 사용해야 한다.

어떠한 분석방법이든 전과정을 통한 바탕시험을 함으로써 계통오차에 대한 보정을 할 수 있기 때문에 똑같은 양의 시약을 시료나 바탕시험 용약에 다해 주어야만 한다.

시료를 분석하는 것은 기준물질과 비교하는 것이다. 무게 분석법이나 전기량법을 제외하고는 어느 분석 방법이든지 기준물질(표준물질)이 필요하다. 물론 선정된 기준물질이 어느 정도의 순도를 가지고 있으며, 실제 함량에 얼마나 가까운지는 모르지만 믿을 수 있는 기관의 기준물질이어야만 한다.

정확한 분석결과를 얻기 위해서는 선택된 분석방법으로 가끔 기준물질과 동시 분석함으로써 정확한 분석결과가 얻어지도록 노력해야만 한다.

기준물질로서 갖춘 요건들을 종합하면 다음과 같다.

조해성(潮解性; deliduescence)이나 풍해성(風害性; efflorescence) 등이 없어야만 하고 건조과정에서 변하지 말아야 하며 공기 중이나 용액 내에서 안정하여야 한다.

99.9% 이상의 순도를 가져야 하고 물이나 산, 알칼리 등에 잘 용해되어야 한다. 또한 화학식량이 커야만 하고, 값싸게 시중에서 쉽게 구할 수 있어야 한다.

5) 시료의 분해

샘플링이 끝난 시료는 다음 정량과정에 들어가기 전에 예비실험을 통해 결정된 분해방법으로 전처리하게 되는데, 비파괴 분석이 아닌 경우에는 완전히 분해시켜서 수용액으로 만들어야 한다. 즉, 최종 정량방법이야 어떻든 간에 가능한 전처리 방법을 모두 동원하여 일단 투명용액으로 만들어야 한다.

투명욕액이 만들어지지 않으면 항상 오차를 수반하며 재현성 있는 결과를 얻을 수 없다. 일반적으로 시료를 산류로 분해시켜서 투명용액으로 만드는데, 특별한 경우에는 알칼리를 이용하기도 한다. 산이나 알칼리로 분해가 되지 않는 경우에는 융제로 용융하여 가용성 염으로 만들기도 하고, 이와 같은 전처리로 용해하기 어렵거나 용해되지 않는 때에는 가압산 분해법을 쓰기도 한다. 이들 전처리 방법을 종합하면 표 4-4, 표 4-5와 같다.

표 4-4. 무기물질의 용해

1. dissolution under the atmospheric pressure
   - a) water : ~100℃
   - b) acids : ≤300℃
     - nonoxidizing Acids : HCl, HF, HBr, cold dil. H_2SO_4
     - oxidizing Acids : HNO_3, $HClO_4$, hot conc. H_2SO_4
   - c) alkalis : ~100℃
     - NaOH, KOH
   - d) fusion : 700~1100℃
     - alkaline Flux : NaOH, Na_2O_2, Na_2CO_3, K_2CO_3, $Na_2B_4O_7$, Na_2CO_3 + K_2CO_3, $LiBO_2$
     - acidic Flux : $KHSO_4(K_2S_2O_7)$, KHF_2
2. dissolution under the pressure
   - a) acid digestion bomb : 150~275℃
     - 120~5000 psi in a stainless steel bomb
   - b) microwave digestion system : 100~250℃
     - 100~1200 psi in a polymer bomb

표 4-5. 유기물질의 용해

1. dissolution under the atmospheric pressure a) water : ≤100℃ for soluble organics b) organic solvent : ≤100℃ c) dry ashing : ≤500℃ d) wet ashing : ≤300℃ oxidizing Acids : HNO_3, H_2O_2, $HClO_4$, HNO_3-H_2SO_4 HNO_3-$HClO_4$, HNO_3-H_2SO_4-$HClO_4$ e) fusion : 700~1000℃
2. dissolution under the pressure same as inorganic sample except sample size.

6) 시료의 선택

최종 정량방법에 따라 전처리 방법은 달라질 수 있으며, 될 수 있는 한 간섭영향이 적은 전처리 방법을 선정해야 한다. 특히 원자흡수 분광법이나 유도결합 플라즈마 분광법에 의해 분석원소를 정량하고자 할 때는 융제를 이용한 용융방법은 사용하지 않도록 해야 한다. 고온에서의 용융방법은 어느 방법으로도 전처리가 되지 않는 경우의 최후 수단이라고 생각하고 될 수 있는 한 사용을 피해야 한다.

투명용액이 얻어지면 분석원소에 따라 분리(separation)과정이 필요한 경우 분리를 하고 정량조작에 들어간다.

7. 무기물의 분해

1) 상압하에서의 분해

(1) 물에 의한 용해

산처리를 하거나 알칼리 처리 또는 고온에서 융제로 처리하는 것은 가용성염으로 만들기 위한 조작이다. 시료가 물에 가용성인 경우에는 물에 용해시킨 후 소량의 산을 가하고 AAS나 ICP-AES로 정량할 수 있다. 일반적으로 Na, K, Mg 및 NH_4염은 가용성이며, 몇 가지 예외를 제외하고는 염화물, 질산염, 황산염, 과염소산염 등은 모두 가용성이다. 물에 용해되면 특별한 경우가 아닌 한 다음의 처리를 필요로 하지 않으므로 약간의 산을 가한 후 정량하면 된다.

(2) 산(acid)에 의한 분해

시료가 물에 녹지 않는 경우에는 산류를 이용하여 용해시키는데, 단일산이나 혼합산의 묽은 산 또는 짙은 산을 사용한다. 시료의 종류, 분석성분 및 정량방법 등에 따라 적당한 산류를 선택하는 것이 좋다. 전처리에 사용되는 산화제로는 질산(HNO_3), 과망간산칼륨(KN_3O_4), 과산화수소(H_2O_2), 과염소산($HClO_4$), 오산화바나듐(V_2O_5), 등이 있으며, 이들과 함께 사용되는 회화보조제로는 황산(H_2SO_4), 염산(HCl), 수산화나트륨(NaOH), 수산화암모늄(NH_4OH)등이 있다.

이 방법은 열판이나 히터에서 직접 가열함으로써 시료를 분해시키는 방법으로 다음과 같은 장·단점이 있으며, 극미량 원소분석을 하거나 휘발성 원소를 정량하는 경우에는 적합하지 않다.

① 장 점

ⓐ 100년 이상 사용되어 온 방법으로 지금도 많이 활용한다.

ⓑ 다량의 시료를 처리할 수 있다.

ⓒ 단순한 방법이다.

ⓓ 시약과 시료를 가하기 쉽다.

ⓔ 테프론을 사용하는 경우 금속이 용출되지 않는다.

ⓕ 저렴하다.

ⓖ 반응과정을 쉽게 지켜 볼 수 있다.

② 단 점

ⓐ 분해시간이 길다.

ⓑ 가열로 인해 산의 세기가 감소한다.

ⓒ 산이 증발함으로써 불순물이 농축된다.

ⓓ 휘발성 원소들의 손실이 있다.

ⓔ 항상 가까이에서 관찰해야 한다.

ⓕ 산의 증가가 후드 등을 부식시킨다.

ⓖ 시료에 따라 다량의 산을 사용한다.

ⓗ 시료가 쉽게 오염된다.

ⓘ 용기(유리비커)의 표면 성분이 용출될 수 있다.

ⓙ $HClO_4$나 HF 등의 위험한 산류의 안전문제가 있다.

폐쇄형(closed system) 아닌 개방형(open system)에서 휘발성 원소의 손실을 최소로 하기 위해서는, 첫째 수소화물이나 염화물을 형성하는 시약의 사용을 피하고, 둘째 분해온도는 100℃ 이하로 유지하며, 셋째 시료용액이 건조되지 않도록 하거나, 넷째 condenser/reflux system을 사용하면 되는데 손실이 전혀 없다고는 볼 수 없다.

(3) 알칼리에 의한 분해

열판 위에서 알칼리를 가하고 가용성염을 만드는 경우, 그렇게 흔하지는 않지만 알루미늄이나 알루미늄 합금의 시료처리에 가끔 사용된다. 그러나 이 방법은 알칼리를 많이 사용하므로 산류로 중화시켜야만 하며, 이로 인해 가용성염이 많이 존재하게 되어 AAS와 ICP-AES 분석에서 물리적인 방해 등을 일으키므로 될 수 있는 한 알칼리 분해법의 사용을 피해야만 한다.

(4) 용융에 의한 분해

일반적인 열판의 낮은 온도에서 물이나 산처리 또는 알칼리로도 분해가 되지 않는 난용성 내화물과 같은 시료에 대해서는 약 700℃ 이상의 고온에서 산성융제나 알칼리성 융제와 처리함으로써 사용성염으로 만들 수 있다. 보통 사용하는 산성용제로는 $KHSO_4$나 KHF_2 등이 있고, 알칼리성 융제로는 NaOH, KOH, Na_2CO_3, K_2CO_3, Na_2O_2 및 Borax 등이 있다. 시료의 양에 비해 6~20배 정도 가하여 잘 섞고 고온에서 가열해 주면 되는데 용융이 끝나면 산을 사용하여 산성으로 바꾸고 AA나 ICP-AES로 정량한다.

2) 가압하에서의 분해

대기압하에서 시료를 분해시키면 휘발성 원소의 손실이 있고, 처리 도중 처리용기 밖으로 시료가 뛰어나갈 수 있으며 외부 대기로부터 오염이 쉽게 일어난다. 또한 다량의 시약을 사용하게 되고 시료에 따라 산처리와 용융조작을 병행하는 등 최종 분석결과에 대한 정확도가 저하될 가능성이 많다. 이러한 경우에는 가압분해를 하면 위와 같은 단점들을 피할 수 있고 정확도를 크게 향상시킬 수 있다.

이와 같은 closed system은 수기압으로부터 몇 백 기압까지 가압된 조건하에서 시료를 분해시킬 수 있으며 목적에 따라 또는 시료에 따라 여러 가지 형태로 만들어진 용기에서 가압분해가 시도된다. 이들 중에서 가장 많이 사용되고 최근에 각광받기 시작한 방법은 다음은 두 가지이다.

(1) 시료의 가압 산분해(pressure bomb digestion of sample)

이 방법은 steel chamber 내의 테프론 용기에 시료와 산을 가하고 마개를 한 후 전기오븐에 넣어 일정온도로 가열해 줌으로써 소령의 산으로도 고압하에서 전처리할 수 있는 장치로서 다음과 같은 장·단점이 있다.

① 장점

ⓐ 약 250℃ 이하에서 이용하지만 그 이상 (400℃)까지도 가능하다.

ⓑ 산류의 증발이 없고, 산의 세기가 거의 감소하지 않는다.

ⓒ 산류의 증기가 유출되지 않는다.

ⓓ 휘발성 원소의 손실이 없다.

ⓔ 가까이서 지켜볼 필요가 없다.

ⓕ 외부로부터의 시료에 대한 오염이 없다.

ⓖ 미량 금속들이 테프론으로부터 용출되지 않는다.

② 단점

ⓐ 시료량이 제한되어 있다(0.1~0.2g).

ⓑ 분해시간이 많이 걸린다.

ⓒ 완전히 실온까지 냉각시킨 후 bomb를 열 수 있다.

ⓓ 조립과 세척이 매우 힘들다.

ⓔ 장시간의 가열로 휘발성 원소나 기체가 테프론 속으로 확산되어 들어갈 수 있다.

ⓕ 분해용기의 값이 비싸다.

ⓖ 반응과정을 지켜보기 어렵다.

이상에서 알 수 있는 바와 같이 장점도 많지만 단점도 많다. 휘발성 원소의 손실은 최소로 할 수 있지만 값이 비싸고 약간의 안전문제가 뒤따른다. 그러나 이 방법은 다른 방법에 비해 고압에서 이용할 수 있으므로 대기압하에서 처리하기 어려운 모든 시료의 전처리에 적합하다. 시료에 따라서는 대기압하에서의 분해보다 더 빠른 경우도 있다. 특히 AAS나 ICP-AES용 시료의 전처리 방법으로는 가장 좋은 방법이다.

(2) 시료의 초단파 분해

이 방법은 마이크로파를 이용하여 일정한 압력까지 견디는 테프론 용기 내에서 시료를 산처리 하는 장치로서 최근에 개발되어 시판되기 시작하였는데, 장·단점은 다음과 같다.

① 장점

ⓐ 대기압하의 분해보다 4~100배 빠르다.

ⓑ 270℃의 온도에서도 가능하다.

ⓒ 1.0~2.0g의 시료를 분해시킬 수 있다.

ⓓ 산의 증발이 없고, 산의 세기가 저하되지 않는다.

ⓔ 시료에 대한 외부로부터의 오염이 없다.

ⓕ 휘발성 원소의 손실이 없다.

ⓖ 테프론을 사용하므로 미량의 금속성분 오염이 없다.

ⓗ 자동으로 작동할 수 있다.

ⓘ 산류의 증기가 밖으로 유출되지 않는다.

ⓙ $HClO_4$ 대신 HNO_3를 사용할 수 있다.

ⓚ 반응과정을 지켜볼 수 있다.

② 단점

ⓐ 80년대 말에 개발되었지만 개선될 여지가 많다.

ⓑ 조립과 세척이 힘들다.

ⓒ 장시간 (2시간 이상)가열함으로써 일부 휘발성 원소들이나 기체가 테프론 속으로 확산되어 들어갈 수 있다.

ⓓ 몇 가지 내화성 유기물이나 무기물은 별도의 전처리(용융, 회화 등)가 필요하다.

ⓔ 초단파 분해장치의 값이 비싸다.

(3) 유기물의 분해

AAS와 ICP-AES를 위한 유기물의 분해방법에는 건식 회화법(dry ashing), 습식 회화법(wet ashing), pressure(bomb) digestion method, microwave digestion method 등이 있다.

건식 회화법은 시료를 저온에서 장시간 태워서 유기물을 분해하는 방법으로 다음과 같은 단점이 있다.

첫째, 실온으로부터 시작하여 서서히 온도를 올려 주어야 유기물이 완전히 연소하므로 분해시간이 많이 소요된다(최하 5시간). 또한 동시에 여러 가지의 시료를 처리할 수 없으므로 시료의 개수가 많은 경우에는 더욱 많은 시간이 소요된다. 둘째, 장시간 가열하기 때문에 휘발성 원소의 손실 기회가 많아진다. 셋째, 대기나 용기 또는 전기로 등으로

부터 오염될 수 있다. 그러나 시약으로부터의 오염을 최고로 할 수 있으며, 다른 어느 방법에 비해 많은 양의 시료를 처리할 수 있고, 시료의 분해과정을 지켜보지 않아도 되는 장점등이 있다.

습식 회화법은 시료를 산류로 처리함으로써 유기물을 분해시키는 방법으로 건식 회화법에 비해 분석시간이 적게 걸리지만, 시약으로부터의 오염될 수 있고, 분해가 끝날 때까지 계속 지켜보아야만 한다. 안전 문제가 항상 뒤따르므로 세심한 주의를 요한다. 습식 회화법에 사용되는 산류로는 HNO_3, HNO_3-H_2SO_4, HNO_3-H_2SO_4-$HClO_4$ 및 H_2O_2 등의 단일산 또는 혼합산이 있는데 가장 많이 사용되는 산은 제거해야만 한다. 또한 습식 회화법은 안전문제가 뒤따르므로 안정장비를 갖추고 시료분해에 임하지 않으면 안 된다.

가압 분해 방법은 무기물의 경우와 유사하지만 시료를 많이 취할 수 없는 단점이 있다. 한편 위와 같은 분해를 거치지 않고도, 유기물 중의 분석성분을 직접 정량할 수 있는 경우가 있는데, 이것은 시료가 유기용매에 완전히 용해되는 경우 표준 유기-금속 화합물을 똑같은 유기용매에 용해시켜 기준용액으로 만들고 시료용액과 비교함으로써 정량할 수 있다. 윤활유 중의 금속원소 정량시 많이 이용된다.

최종 정량방법에 따라 전처리 방법은 달라질 수 있으며, 될 수 있는 한 간섭영향이 적은 전처리 방법을 선정해야 한다. 특히 원자흡수분광법이나 유도결합 플라즈마 분광법에 의해 분석 원소를 정량 하고자 할 때는 융제를 이용한 융용 방법은 사용하지 않도록 해야 한다. 고온에서의 융용 방법은 어느 방법으로라도 전처리가 되지 않는 경우의 최후의 수단이라고 생각하고 될 수 있는 한 사용을 피해야 한다.

표 4-6. 습식회화와 건식회화의 비교

Wet oxidation	Dry ashing
More rapid	Rather slow
Temperature lower-less volatilization and retention	Temperature higher-more volatilization and retention
Generally less sensitive to nature of sample	Generally more sensitive to nature of sample
Relatively more supervision	Relatively less supervision
Reagent blank larger	Reagent blank smaller
Large samples inconvenient	Large samples easily handled

표 4-7. 회화법과 microwave digestion법의 비교

	건식법(dry ashing)	마이크로웨이브(microwave)	습식법(wet ashing)
장점	· 거의 모든 시료처리 가능 · 시료량에 대한 제한 없음 · 단순한 처리과정 · 관찰 불필요	전처리 시간의 단축 : 1/10 이상 · 높은 digestion 온도 : 270℃ 이상 · 휘발성 원소에 대한 회수율 우수 · 재현성, 정확성 우수 · fume 발생을 최소화하고 산이 손실되지 않는다. · 공기 중의 불순물에 의한 시료 오염이 없다. · 프로그램에 의한 자동조작 · 질산 또는 왕수만으로 대부분의 시료처리 가능(과염소산, 인산 등 불필요)	· 가장 널리 사용 · 시료량에 대한 제한 없음 · 단순노동 · 시약 및 시료의 추가가 용이 · 관측이 용이 · 기구값 저렴
단점	· ashing 속도가 느리고 냉각 시간이 길다. · 고온회화로 인한 휘발성 원소의 손실이 많다.(Hg, As, Cd, Zn, Sn 등) · 시료오염 · 전력 소모량 많다.	· Method화 된 ref. 부족 · 사용할 수 있는 시료량의 제한 · 유기물 ≤0.5g 무기물≤1.0g · 기기구매 비용이 비싸다. · vessel 조립 및 cleaning 이 번거롭다.	· digestion 속도가 느리다. · 재현성이 나쁘다. · 고온에서 분해되는 시료를 처리하기 어렵다.→과염소산, 인산 등을 추가하여 반복처리해야 함. · 증발에 의한 과다한 acid 손실로 고순도의 산을 다량 사용 · 산을 계속 추가함으로써 산에 존재하는 불순물이 종축됨. · 휘발성 원소(Hg, As, Se 등) 손실 · digestion 과정을 정기적으로 관찰해야 함 - 용해된 원소가 건고되면서 다시 불용성 물질로 변화됨 - 과염소산은 건고되면서 폭발성 물질 생성 · 다량의 산증기 발생 · 공기 중의 불순물에 의한 오염 심각

8. 무기 화합물의 체계적인 분석

정량분석 방법은 크게 나누어 무게 분석법, 부피 분석법, 전기분석 화학법, 분광법(원자흡수 분광광도법, 분자분광법) 및 크로마토그래피법 등의 다섯 가지로 분류할 수 있는데, 기기를 이용하는 분광법이나 크로마토그래피법이 많이 쓰인다. 그러나 시료의 특성이나 정성분석 결과 등이 항상 고려되어야 한다. 또한 어떠한 경우(유기물, 무기물)의 시료이든 투명용액을 만들어야만 정량할 수 있다.

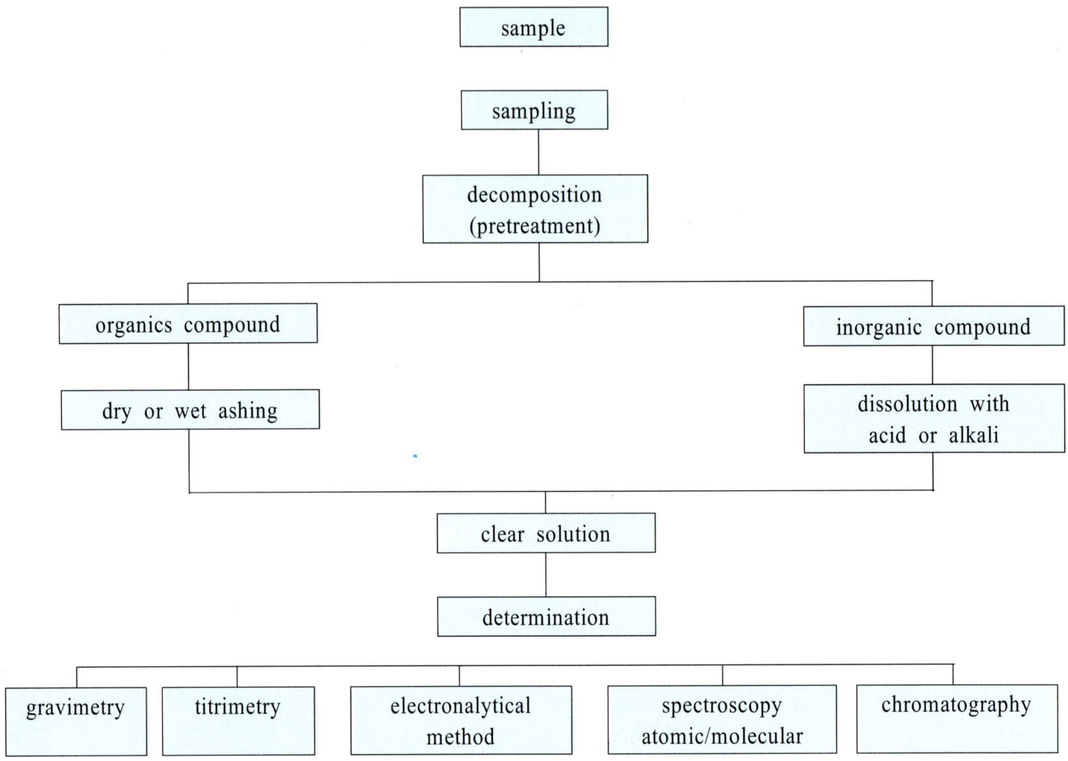

9. 유기화합물의 체계적인 분석

일반적인 분석과정은 다음과 같다.

채취(collection) ⇒ 저장(storage) ⇒ 추출 혹은 농축(extraction//concentration) ⇒ 분리 / 단리(isolation) ⇒ 확인 및 정량법

1) 유기화학의 특성

화합물(化合物)은 크게 두 가지 종류로 나누어 생각할 수 있다. 첫 번째는 지구의 광물 성분으로부터 얻어지는 화합물이며, 두 번째는 동물이나 식물로부터 얻게되는 화합물이다. 이들 유기물질들은 살아있는 생명체에서 발견되지만 그 대부분은 실험실에서 합성되고 있다.

생명체 내의 모든 분자 내에는 탄소원자가 존재한다. 그리하여 유기화학은 탄소와 그 화합물에 대한 연구라고 해도 과언이 아니다. 물론 유기물질 내에는 탄소 이외에도 수소, 산소, 질소 등이 존재하며 인과 황도 소량 존재한다.

옛날의 화학자들은 이들 유기물질들의 오직 하나의 근원은 자연 그 자체이며, 실험실 내에서는 유기물질을 합성할 수 없다고 생각하였다. 분자의 결합과 구조에 관한 현대적인 지식이 없었던 그 당시에는 유기 화합물의 합성에 “생명력”이 꼭 필요한 것으로 믿었기 때문이었다. 즉, 살아있는 동물과 식물만이 유기물질을 합성할 수 있다고 생각하였다. 물론 한 유기물질에서 다른 유기물질을 합성할 수는 있다고 생각하였는데, 그것은 출발물질이 이미 생명력을 지니고 있다고 생각했기 때문이다. 그런데 1828년 Fridrich Wohler는 동물대사의 생성물이며 유기 화합물인 요소를 시안산칼륨과 염화암모늄으로부터 합성하는데 성공하였다.

염화암모늄과 시안산칼륨은 무기화합물이며, 따라서 이 반응은 유기 화합물을 합성하는 데 반드시 생명력이 필요한 것이 아니라고 하는 첫 번째 증거가 되었다.

지금까지 알려진 유기 화합물의 수는 200여만을 초과하며 매일같이 새로운 유기 화합물들이 발견되고 있다(무기 화합물의 수는 약 10만 개다). 이처럼 유기 화합물들의 수가 엄청나게 많은 이유는 탄소 그 자체가 결합하여 길다란 사슬, 고리 등을 형성하고 이들이 또한 서로 복잡하게 결합하기 때문이다.

2) 유기 화합물의 특성

유기 화합물(有機 化合物)은 공유결합으로 이루어진 분자성 물질이므로 여러 가지 면에서 무기 화합물(無機 化合物)과는 다른 특징을 지니고 있다.

⑴ 유기 화합물(탄소 화합물)의 성분원소는 주로 C, H, O이며, 그 밖에 N, S, P 등으로 되어 있으나, 그 화합물의 종류는 200만 개 이상이 된다.

⑵ 탄소의 원자가는 4가(價)로서 고유결합에 의하여 탄소원자끼리 여러 개가 반응한다.

⑶ 이성질체(異姓質體)가 많다.

⑷ 물에 녹기 어려운 것이 많으며(무극성), 또한 유기용매에 잘 녹는다(알코올, 아세트산, 설탕은 예외).

⑸ 비전해질이 많다(아세트산 등은 예외).

⑹ 비등점이 낮다 (공유결합에 의한 분자성 물질이다.)

⑺ 반응은 이온반응이 아니고 분자끼리의 반응이므로 반응속도가 느리다.

⑻ 세게 가열할 때 공기가 없으면 C 가 유리되고, 공기 중에서 타면 CO_2와 H_2O가 생

긴다.

3) 유기물의 분해

오늘날 알려진 화합물의 수는 900만 개이고 그 중 유기물이 대부분을 이루고 있으며, 점차 새로운 화합물의 수는 지수적 증가추세를 보인다고 발표된 바가 있다. 현대 산업제조 분야별로 취급되는 특정제품의 물성이나 기능을 주는 원료를 여러 가지 처리공정을 거친 최종 재료는 조성과 함양이 다양하고 주성분에서 미량(100ppm이하 함유)까지 포함되어 있다. 이에 대한 시험분석 및 특성평가를 하기 위해 그에 적합한 분석법이 확립되어 있어야 한다. 그 분석법 정립 연구나 알려진 분석법에 대한 선택문제는 다음과 같은 분석목적에 따라 결정한다. 첫째, 시료를 구성하고 있는 종류(유기 및 무기물), 상태(기체, 액체, 고체) 및 함량의 분포, 그리고 시료의 부위(계면표면, 전체 및 미세부분)문제이다. 둘째, 분석성분의 조성 및 함량에 부합되는 분석법의 감도(정량 한계치 및 검출 한계치), 정밀도(표준편차로 표시)및 정확도 문제이다. 셋째, 시험과정에서 필요로 하는 장치와 시약, 시험과정의 단순성 및 정성, 정량분석용 분석기기의 사용 등에서 오는 분석소요 시간 및 경비, 그리고 전문요원 문제이다. 넷째, 기기분석에서 일반적으로 정성, 정량법은 기준물과의 비교, 평가가 이루어지기 때문에 표준물의 확보문제가 선결되어야 한다.

목적하는 분석법이 공정법이나 각종 참고문헌 등에 없는 경우, 위에 기술한 요인을 고려해서 새로운 분석법이 정립되어야 한다. 그 분석법 중 정성, 정량용 기기는 분석목적의 화학정보로서 원소(원자)분석, 화합물(분자) 분석 및 입체나 결정구조 분석에 따라 일종 또는 그 이상의 기종선택이 결정된다. 또한 특이한 정보로서 광학 이성질체나 동위원소 분석이 수행되어야 하는 경우도 있다.

(1) 일반적인 분석과정

유기물 분석은 공통적으로 다음의 몇 가지 단계별로 이루어진다.

① 채취(collection)

시료를 채취할 때 전체를 대표할 수 있는 시료를 선택해야 하고 선택된 시료가 오염되지 않도록 취급할 때 각별히 주의해야 한다. 특히 대상성분이 미량인 경우에서는 플라스틱이나 유리 또는 금속으로 된 용기나 채취기구로부터 오염되지 않도록 해야 한다.

② 저장(storage)

시료채취와 시료분석 사이의 시간을 저장기간으로 보는데, 그 기간 동안 광분해(photo decomposition), 흡착, 증기화에 의한 손실, 열분해, 미생물 작용 및 화학반응 등이 일어날 수 있다. 시료용기의 재료와 저장조건의 선정문제도 고려되어야 한다. 일반적으로 유기물 분석시료는 유리용기에 담아서 냉암소(0℃)에 보관한다.

③ 추출 (extraction)

시료로부터 분석성분을 추출하기 위해 사용되는 추출용매로서 극성이 다른 각종 유기용매가 절리 사용되지만 최근의 방법으로 비활성 기체(inert gas)를 사용하기도 한다. 정확한 분석결과를 얻기 위해 시료로부터 추출된 유기물에 대한 추출효율(extraction efficiency)을 결정해야 하는데, 이는 실제로 어려운 일이다.

④ 농축(concentration)

분석성분과 더불어 추출에 사용된 용매량이 상대적으로 많기 때문에 농축시켜야 한다. 농축방법 중 널리 사용되는 방법으로서 용매 증발법이 있는데, 이 과정에서 휘발성 분석성분의 손실에 각별히 주의해야 한다. 그래서 저온에서 조심스럽게 증발시킴으로써 그 손실을 막을 수 있다. 이런 목적으로 특별히 고안된 기구로 Kuderna-Danish Concentrator가 널리 사용된다. 앞서 언급한 바와 같이 이 과정에서 유념해야 할 문제는 사용된 용매 중 불순물도 함께 농축되어 분석에서 방해성분으로 크게 나아타는 경우가 있다.

⑤ 정제(isolation)

추출, 농축단계를 거친 후에도 분석성분과 방해성분이 공존하는 경우가 많다. 따라서 가능한 한 분석성분을 방해물에서의 분리과정이 필요하다 보편적으로 활용되는 방법은 액체 분배법(liquid partition method)과 흡착법(adsorption method)이 있다.

액체 분배법은 상호 혼합되지 않은 두 액체상간의 분석성분의 분배를 바탕으로 분리하는 과정이다. 이 경우, 용매의 선택과 추출률을 계산할 수 있다.

분석성분을 물층에서 유기용매층으로 상전이(phase transition)시킴으로써 쉽게 농축할 수 있는 이점도 있다.

용매분배법에서 분석성분과 방해성분에 대한 예비정보를 알고 있으면 효과적으로 방해성분을 제거할 수 있고 분석성분을 정량적으로 분리할 수 있다.

이상의 과정에서 불순물과의 불리, 제거가 만족스럽지 못하는 경우에는 적절한 흡착제와 용리액을 선택해서 불순물을 제거할 수 있다. 흡착제로 흔히 Florisil(magnesium silicate), alumina, silica gel, charcoal 및 그의 여러 혼합물이나 합성고분자 등을 사용한다. 최근에는 조작이 쉽고 동시에 여러 시료를 처리할 수 있으며 용리액이 10ml 이내 필요한 고체추출법 등을 이용하여 불순물의 제거 및 분석성분의 농축을 쉽게 수행할 수 있다. 분석성분의 분자량에 비해서 큰 불순물인 유지나 왁스 등을 제거하기 위해 gel permeation chromatography(GPC) 가 이용되기도 한다.

⑥ 확인 및 정량분석법

생체시료 혹은 환경시료는 복합적인 화합물로 구성되어 있고 미량의 분석성분은 분광학적인 UV/VIS 분광광도법, 적외선 분광광도법(IR), 공명분광법(NMR) 등이 있지만 다성분을 동시 분석하거나 검출한계 등의 제한이 따르게 된다.

또 확인방법 중의 하나는 표준품과 미지성분과의 크로마토그래피(HPLC와 GC)에 의한 머무른 시간 (retention time)끼리의 비교법이 있다. 확실한 정성검사를 위해서 크로마토그래피에서 선택성(selectivity)이 높은 검출기(detector)를 선택하여 사용하기도 하며, 소량의 시료로서 동시에 확인 및 정량할 수 있는 hyphenated method로서 GC/MS나 HPLC/MS등이 있다.

정량분석 과정에서 발생 가능한 계통적인 오차에 대한 측정, 보정하는 작업은 많은 시간을 필요로 하지만 불가능한 방법도 가끔 있다. 이의 해결방법 중의 하나로 내부 표준물법(internal standard method)이 있다. 이는 전분석 과정을 진행하는 동안 분석성분과 내부 표준물이 계통적인 오차를 보상한다는 것이 전제로 된다. 질량 분석법에서는 분석성분과 동위원소 조성이 다른 화합물을 내부 표준물로 선택 사용하는 일이 가장 바람직하다. 그러나 실제 생체시료 등의 분석에서 시료 매트릭스에 결합된 분석성분인 경우에 정확한 분석을 한다는 일은 매우 어려운 일이므로 많은 숙달과 정도관리가 필요하다.

10. 정성·중량 및 용량분석

1) 정성분석

(1) 무기정성 분석

무기물질에 대하여 행해지는 정성분석에는 그것의 물리적 성질 또는 가열반응에 의한 변화(염색반응)를 관측하여 시료성분을 확인하는 간이방법과 시료액에 대해서 화학분석을 하여 특정이온을 분리·검출하여 확인하는 방법을 사용하며, 양이온 계통분석, 음이온 계통분석 등이 있다.

(2) 유기정성 분석

유기정성분석에서는 시료액 중의 성분에 대해서 관능기(官能基)의 시험을 하고 우선 관능기의 종류를 결정한다. 그 시험결과에 의거하여 시료성분의 유도체를 만들고 원소분석, 흡수 스펙트럼 분석(자외선 흡수, 가시관선 흡수, 적외선 흡수) 등에 의하여 확인하는 것이다. 일반적으로 기체크로마토그래피 또는 기체크로마토그래피 질량분석계 등이 분리분석용 기기로 시료액을 직접 도입하여 정성분석을 하는 방법을 사용하고 있다.

2) 중량분석

시료 중에 함유된 목적성분을 순수한 단체 또는 화합물로 하여 분리한 후 칭량하기 쉬운 형태로 바꾸어 중량(정확하게는 질량)을 측정하고, 그 시료 중의 함유량을 구하는 방법을 말한다. 이 중량측정에는 화학천칭 또는 직시천칭을 사용하여 1mg 이상의 시료 성분을 대상으로 하여 분석하는 것이다. 침전법, 용매 추출법, 휘발법, 전해법 등이 있다.

3) 용량분석

시료 중의 목적성분의 용량을 측정하는 방법이지만 일반적으로는 시료액에 기지 농도의 표준액을 가하여 목적성분과 반응시켜 반응을 요하는 표준액의 양을 측정하여 정량하는 방법을 사용한다. 분석조작으로는 표준액을 피펫에서 적하하여 반응량을 구하는 적정을 하기 위하여 적정분석이라고도 한다. 중화 적정법, 산화환원 적정법, 침전 적정법, 킬레이트 적정법 등이 있다.

5 분석기기

1. Chromatography의 기본원리

크로마토그래피는 각 성분의 화학적, 물리적 특성을 기초로 개개의 성분을 분리, 확인, 측량하는 기술을 일컫는다. 질량 분석법은 분자를 다중하전된 이온으로 생성하여 정성 및 정량에 효율적인 분석법으로 최초에 러시아의 Tswett(1906)가 분말칼슘을 채운 유리관에서 식물색소 등의 분리에 이용된 것으로 어원은 그리스어의 Chroma(색)과 graphos (기록)에 유래된 것이다.

액체크로마토그래피는 역사적으로 발전을 거듭하여 각 성분의 분리에 이용되어 왔지만 최근에 와서는 기체크로마토그래피를 이용한 분리, 분석과 그에 관한 보고가 대부분 이루어지고 있다. 액체크로마토그래피와 기체크로마토그래피의 차이점은 '이동상으로 액체를 사용하는가, 기체를 사용하는가'이다. 기체크로마토그래피가 시료의 휘발성에 의존하는 반면, 액체크로마토그래피는 상온에서 용액형태의 시료를 사용한다. 이것에 의해 액체크로마토그래피는 열에 민감한 화합물, 거대분자 천연물 그리고 생체 화합물 등 기체크로마토그래피에 의해서 쉽게 분석할 수 없는 물질의 분석에 효과적이다.

2. Chromatography의 분류

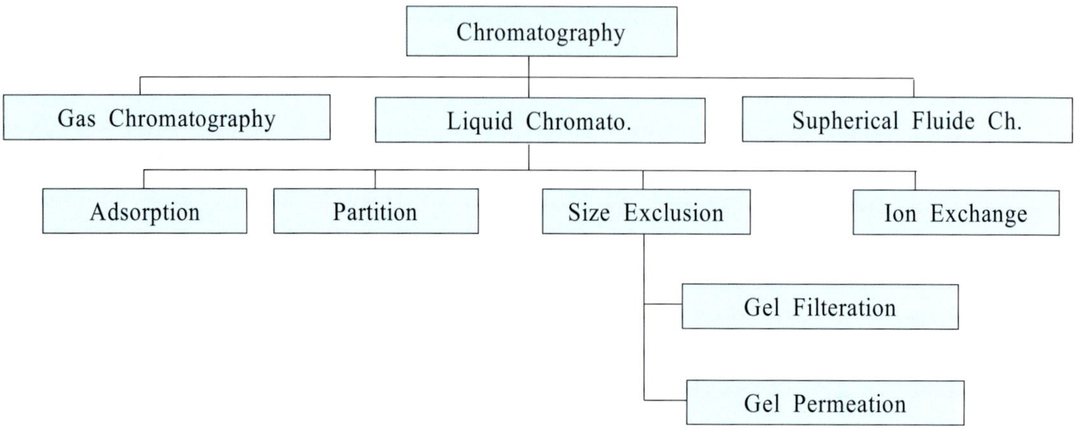

1) Adsorption(흡착) Chromatography

(1) 용리(溶離)와 전개(展開)

혼합 시료들이 관속의 흡착제 층을 따라 이동할 때 각 성분 물질의 정지상에 대한 흡착성의 차이로 각각 일정한 자리에 흡착되면서 분리되는 방법이다(그림 5-1). 즉 다공성 충진제 정지상에 흡착하려는 성질과 무극성 혹은 극성이 적은 용매에 용해되어 이동하려는 성질의 차이로 분리가 일어난다. 이 방법은 분자량이 200~2000의 시료가 적당하고, 서로 다른 작용기를 가진 화합물의 분리에 유용하나, 동족체의 분리에는 적합하지 않다.

흡착제로는 주로 alumina(small organics, 지질 분석용), silica gel(아미노산, 지질, 탄수화물 분석용), hydroxyapatite(단백질, 핵산, polynucleotides 분석용) 등이 많이 쓰인다. 흡착제는 산이나 열처리에 의해 그 흡착능이 크게 증가하는데 이를 흡착제의 활성화라고 한다. 극성이 작거나 그리 크지 않은 물질은 이 방법으로 잘 분리되지만 극성이 매우 큰 물질의 분리에는 적당하지 않다.

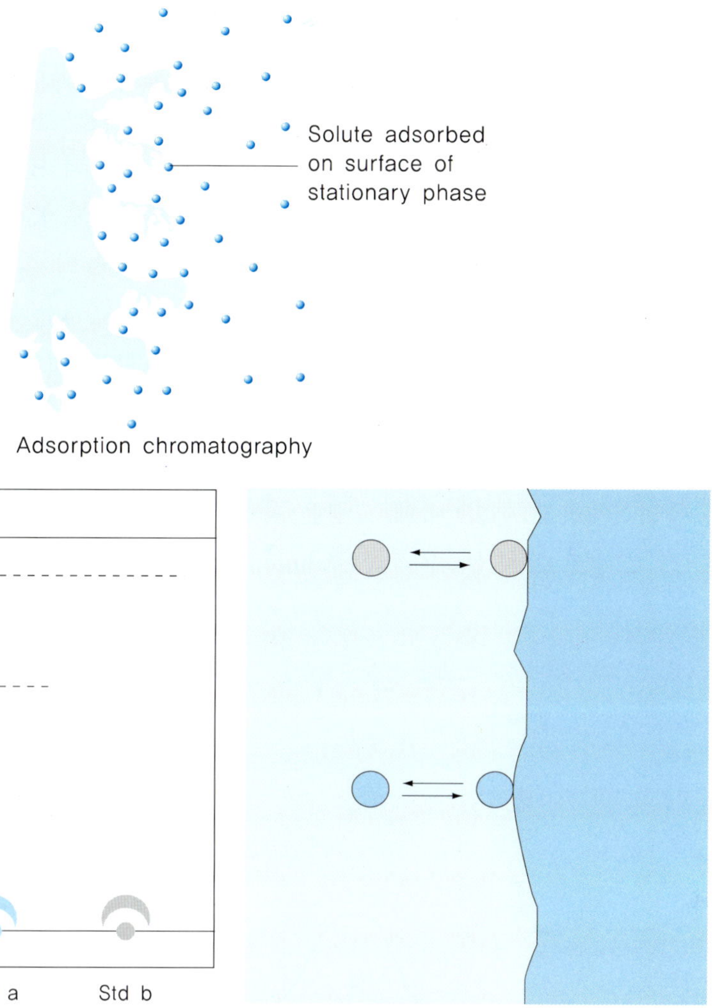

그림 5-1. 흡착크로마토그래피

(1) 용리(溶離)와 전개(展開)

고체흡착제를 A 물질의 용액 담그면 A는 흡착제(adsorbant)와 용액사이에 흡착반응을 일으켜 다음과 같이 분배한다.

A(용액) = A(흡착제)

일반적으로 고정상 표면에 흡착한 A의 양은 다음과 같이 표현된다.

$K=m/c^{1/n}$ 또는 $m=KC^{1/n}$

여기서 K는 흡착상수(adsorption Constant)

m은 흡착제의 단위량에 흡착된 용질의 량

C는 평형농도

n은 1~2 범위값을 가진 또 하나의 상수이다.

용리(溶離)란 용질이 흡착제와 용매사이로 분배 반응을 계속하면서 전개되어 흘러가는 것을 말한다. 실제로 유리관에 고체흡착제를 채우고 A와 B 두 용질의 혼합시료를 가한 후 적당한 용매 또는 용액을 채우면 A와 B는 흡착상수 KA와 KB에 따라 흡착제와 용액사이에 분포한다. 이때 흡착상수가 큰 물질이 고체에 더 많이 흡착되므로 새 용매가 다시 내려오면 역시 B가 밑층으로 많이 흘러내리게 되고 A는 위층에 많이 남아있게 된다. 이와 같은 반응이 계속되면 A와 B는 두 층으로 나뉘어지고 B가 먼저 관밑으로 용출된다.

이때의 용매를 용리액(eluent), 용리되어 나온 것을 용출액(eluate)이라하며 이와 같은 방법을 용리전개라고 한다. 아래 그림은 용출액량과 성분농도 사이의 관계를 적당한 방법으로 잰 그림으로 이를 용리곡선(elution curve) 또는 chromatogram이라 한다(그림 5-2).

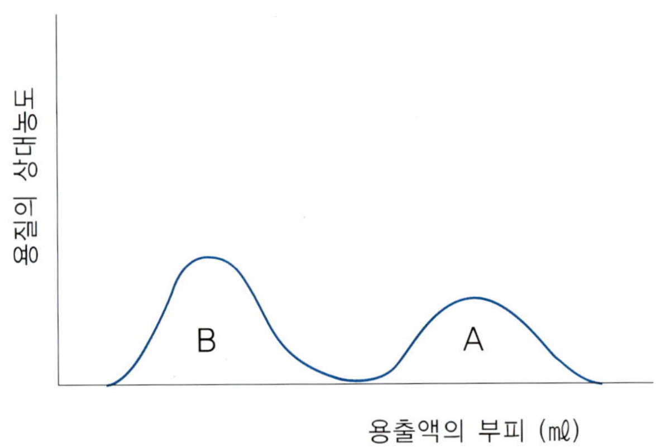

그림 5-2. 용리곡선($K_A > K_B$)

(2) 흡착제

탄산칼슘, 탄산마그네슘, 황산칼슘, 셀루로오즈, 녹말가루, 숯가루, 실리카겔, 산마그네슘, 산화알루미늄 등이 주로 쓰인다.

입자의 크기는 보통 100~300 mesh 정도를 쓴다. 탄산칼슘이나 산화마그네슘 같은 염기성 흡착제는 산성 용리액에는 쓸 수 없고, 산성 흡착제는 염기성 용매에 쓸 수 없다.

(3) 용리액

용질뿐만 아니라 용매도 흡착제에 흡착된다. 용질이 흡착제에 흡착하려면 붙어 있는 용매를 밀어내야 하므로 용질과 용매는 흡착경쟁을 하게 되며 만약 용매가 용질에 대치하여 흡착하는 침이 없으면 용질은 용출되지 않는다.

흡착력이 센 용매로는 유기산, 물, 알코올 등이 가장 강하고 다음으로 클로로포름, 벤젠, 에테르, 이황화탄소, 사염화탄소, 석유에테르 순이다. 물이나 알코올은 좋은 용리제롤 쓰인다.

2) Partition(분배) Chromatography

흡착크로마토그래피와 거의 같으나 고체흡착제 입자의 표면을 용리액에 용해되지 않는 액체로서 얇게 덮어 사용하는 것을 분배 크로마토그래피라고 한다.

이때 용질은 단순히 흡착하는 것이 아니라 분포법칙에 따라 용리액과 고체입자표면에 묻힌 액체와의 사이에 분배반응을 되풀이하면서 이동한다. 분포상수가 큰 것은 고정상에 많이 분배되어 빠르게 용출된다.

일정량의 수분을 포함한 실리카겔을 채운 관에 아미노산 혼합용액을 넣고, $CHCl_3$를 계속 흘리게 되면 아미노산이 서로 분리되어 나온다. 이 방법을 1941년 영국의 생화학자 Martin이 아미노산의 분리에 사용한 방법으로 실리카겔에 붙은 수분(정지상)과 용매인 $CHCl_3$(이동상)에 각종 아미노산이 분배되는 정도가 틀려서 분리되는 것이다. 이와 같이 시료의 분배계수 차이에 의해서 분리되는 방법을 분배 크로마토그래피라고 한다(그림 5-3).

용출액량에 대한 용질량을 정량분석하는 방법에는 굴절률, 흡수스펙트럼, 형광분석법, 적정법 등이 있으며 최근에는 분율분취기(分率分取器 fraction collector)로 모아서 자가기록장치로 분석하고 있다.

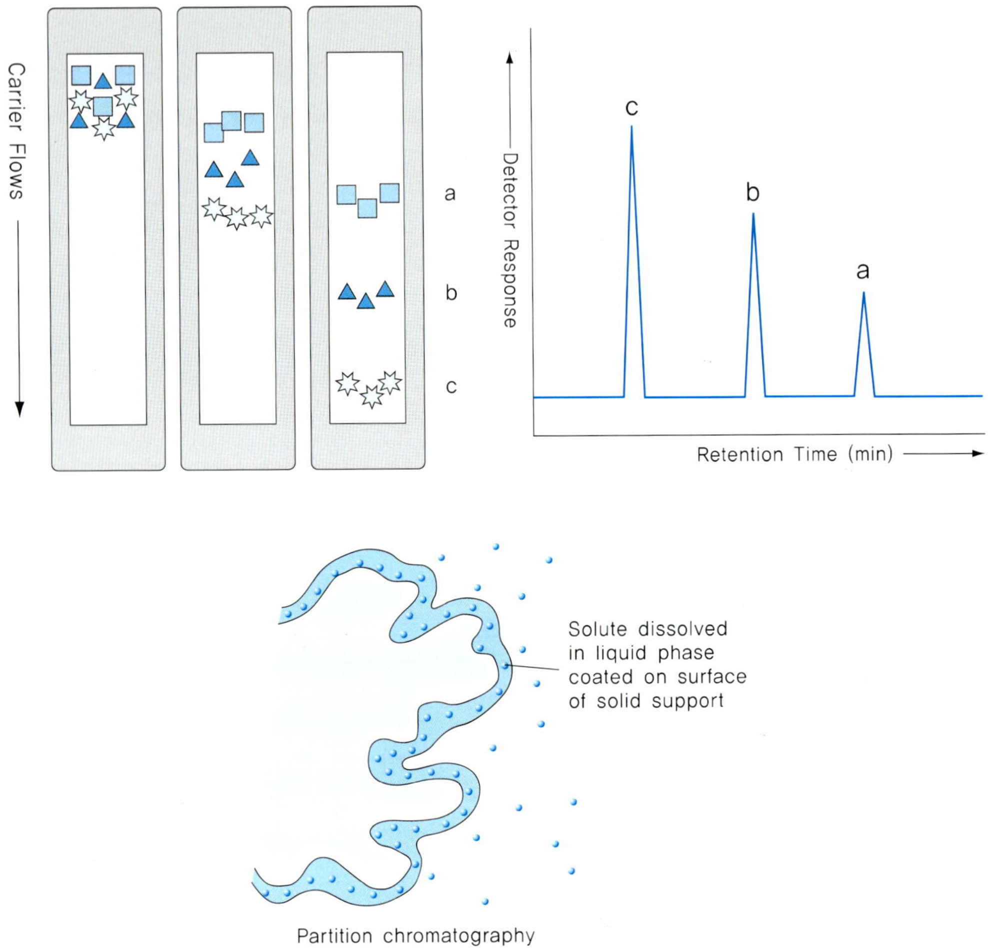

그림 5-3. 분배크로마토그래피

3) Size Exclusion(크기 배제) Chromatography

1964년 Moore에 의해 개발된 방법으로 고분자물질과 저분자물질의 혼합시료를 분리하는데 편리하다. 크기배제 크로마토그래피는 시료의 물리적 특성(크기)에 따른 분리이다. 여과에 사용하는 gel 입자는 대개 친수성의 다당류로서 그 내부는 막상구조를 이루고 있다. gel 투과 bead가 들어 있는 칼럼을 사용하며, bead는 혼성중합된(cross-linked) polyacrylamide나 sephadex(cross-linked된 polysaccharide)로서 다공성 gel(구멍의 크기는 1~10×107 Å)이며 이 gel에 혼합시료를 가하고 적당한 용매로 유출시키면 저분자물질은 gel의 구멍(pore)을 통하여 gel의 안쪽으로 자유로이 통과(투과)하여 유출이 느려지고 고

분자 물질은 관에서 빨리 유출한다(그림 5-4). 이와 같은 유출조작을 일정한 속도로 하여 적당한 검출기로 유출액(eluent) 중에 분리된 성분의 양을 자가기록 측정하여 분자크기에 따라 크로마토그램을 얻을 수 있다.

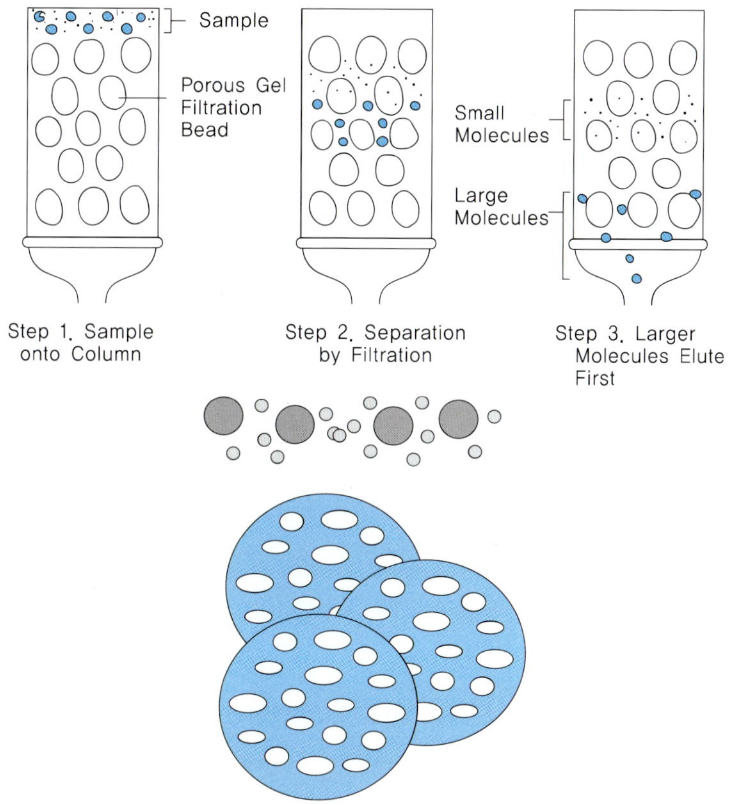

그림 5-4. 크기배제 크로마토그라피

gel 여과 방법은 생체 물질이 용액 내에 자연적인 상태 그대로 분자체의 원리에 의해 서로 분리되는 방법이므로 다른 방법에 비해 시료에 변성을 일으킬 가능성이 적은 방법이다. 분자의 크기에 의해 분리시킬 수 있으므로 분자량 결정이나 탈염, 단백질간의 결합 상태 등을 알아보는데 적합하다. 그러나 한 번에 분리할 있는 시료의 양이 제한되어 있고 분리능이 비교적 낮다. 충진제의 세공의 크기에 따라서 분리 할 수 있는 분자량의 범위가 변할 수 있다.

4) Ion Exchange(이온교환) Chromatography

전하를 띠고 있는 수지(resin)가 정지상에 공유 결합되어 있어서 반대 전하를 띤 성분 이온들은 정전기적 인력으로 정지상에 가역적 이온결합을 한다(그림 5-5). 이동상인 완충액의 염농도나 pH를 조절함으로써 여러 종류의 물질들을 정전기적 친화도의 차이에 따라 분리할 수 있으며, 한 번에 많은 양의 시료를 분리할 수 있고 분리능도 뛰어나 대개 생체분자 분리의 처음 단계로 많이 사용된다. 또한 아미노산 분석기도 이 방법을 이용한 분석기기이다. 생화학분야에서 흔히 사용되는 이온 교환물질들의 종류와 특성이 표 5-1에 나타나있다.

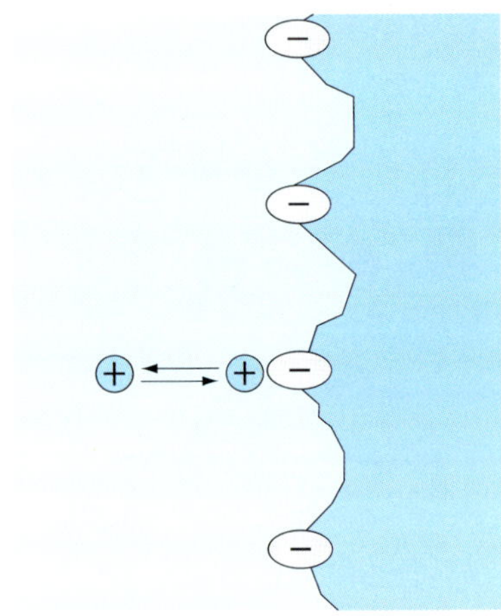

그림 5-5. 이온교환크로마토그라피

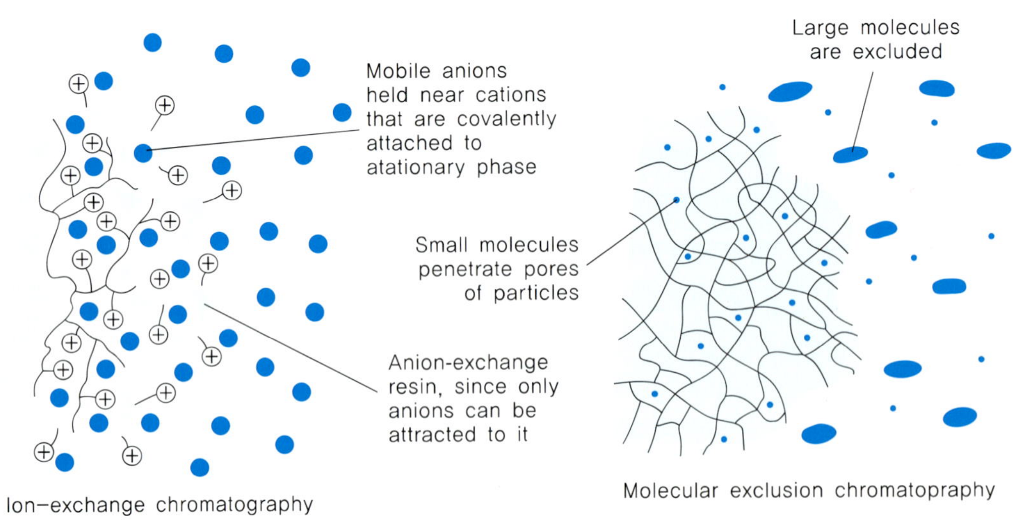

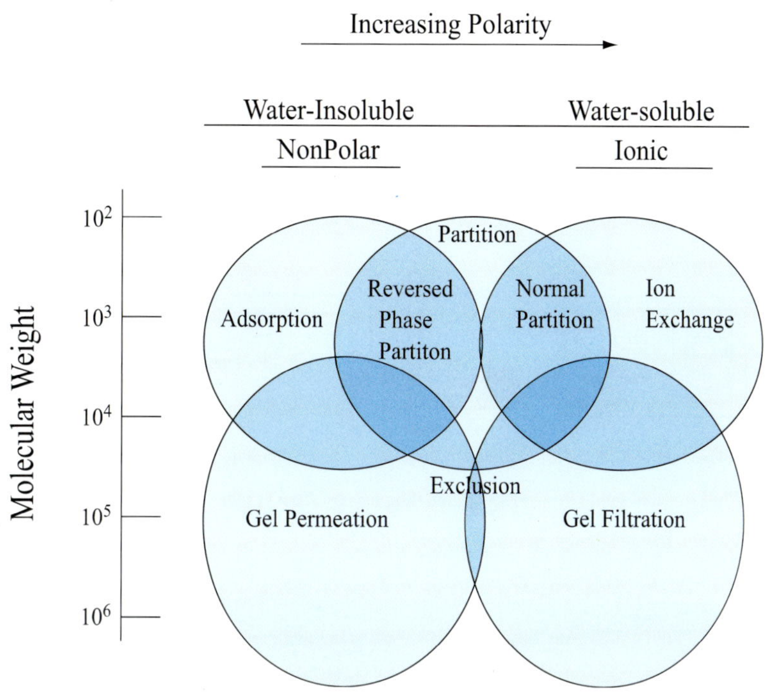

표 5-1. 이온교환 수지의 형태

종류	하전부위	pH 범위	사용가능한 지지체	제조회사
음이온교환수지				
약염기성: diethyl aminoethyl (DEAE)	C_2H5 $-OCH_2CH_2N^+-H$ C_2H_5	2-9	microgranular cellulose fibrous cellulose beaded cellulose dextran	Whatman Whatman Pharmacia Pharmacia
강염기성: quarternary aminoethyl (QAE)	C_2H_5 $-OCH_2CH_2N^+-CH_2CHCH_3$ C_2H_5 OH	2-10	fibrous cellulose dextran	Bio-Rad Pharmacia
양이온교환수지				
약산성: carboxyl methyl(CM)	$-OCH_2COO^-$	3-10	microgranular cellulose fibrous cellulose dextran agarose	Whatman Whatman Pharmacia Bio-Rad
강산성: sulphoethyl (or sulphopropyl)	$-OCH_2CH_2SO_3^-$	2-12	microgranular cellulose dextran	Whatman Pharmacia

3. HPLC의 기본구성

HPLC는 solvent reservoir, pump, injector, column detector, data recorder, microprocessor 등으로 구성되어 있다.

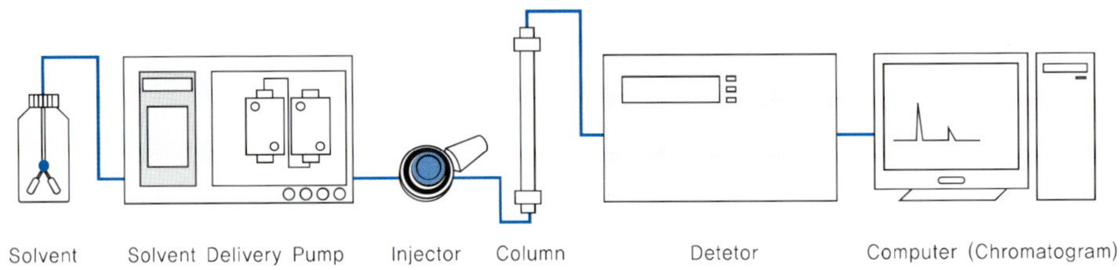

그림 5-6. HPLC의 모식도

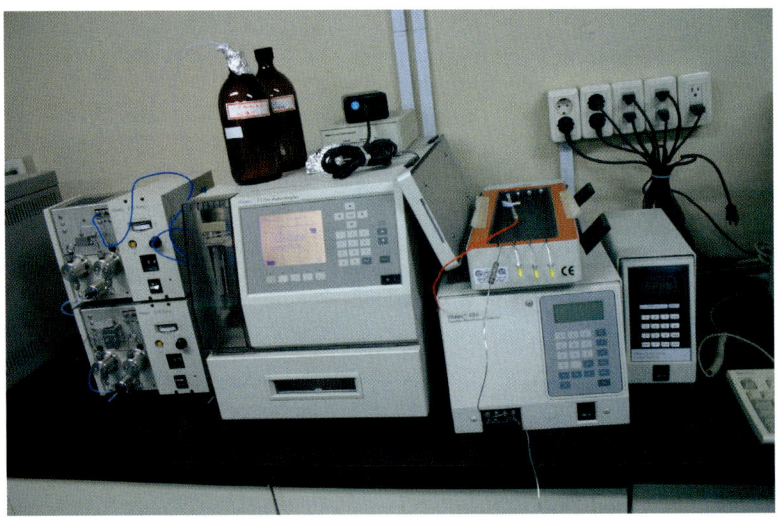

1) 용매저장용기(Solvent reservoir)

Mobile phase를 담을 수 있는 갈색 유리병 또는 flask를 사용한다. 저장용기는 용매의 화학적 변화를 일으켜서는 안 되며, 연결관은 일반적으로 PTFE 재질의 관을 사용하여 pump와 연결된다. 저장용기에 담긴 부분은 미립자의 제거 목적으로 2~10㎛의 filter가 부착되어 있다.

2) 기포제거 장치(Degasser)

이동상의 용매에 용해할 수 있는 용존 기체를 제거하는 장치이다. 예를 들면, 산소는 전재과정에서 시료와 반응을 일으킬 수도 있어 검출에 영향을 미치며, 검출기의 잡음 및 감도의 감소, 형광검출의 방해, 펌프의 성능저하 등을 유발한다. 기포제거 방식은 진공, 교반 및 가열, 초음파 처리 등이 있다.

3) Pump

저장용기에서부터 이동상을 injector, 칼럼, detector로 운반한다. 액체 크로마토그래피에서 용매의 공급 방식은 isocratic mode 또는 gradient mode로 사용한다. isocratic mobile phase는 단일 용매(methanol) 또는 여러 종류의 용매(물-methanol)를 미리 혼합한 저장용 병으로부터 칼럼으로 운반한다. gradient mode는 여러 종류의 mobile phase 성분의 농도를 변화시키면서 운반 할 수 있으며 현재는 gradient mode로 이동상을 칼럼에 운반하고 있다.

HPLC에서 사용하는 펌프는 이동상의 점도와 칼럼의 충전된 입자로 1,000psi 이상의 압력에서 정밀한 유량을 공급할 수 있어야 하므로, 고압액체펌프를 사용한다. 펌프의 조건은 용매와 화학적 반응성이 없어야 하며, 약 5,000psi 정도로 가능해야 하고, 유속은 0.5~10ml/min의 범위로 조절이 가능해야 한다. 펌프의 종류는 구조에 따라 기압식(pneumatic), 주사기식(syringe), 왕복식(reciprocating), 수압증폭식(hydraulic amplifier) 등이지만 왕복식의 구조가 가장 많이 사용되고 있다. 왕복식 펌프는 피스톤과 격막식으로 구분된다.

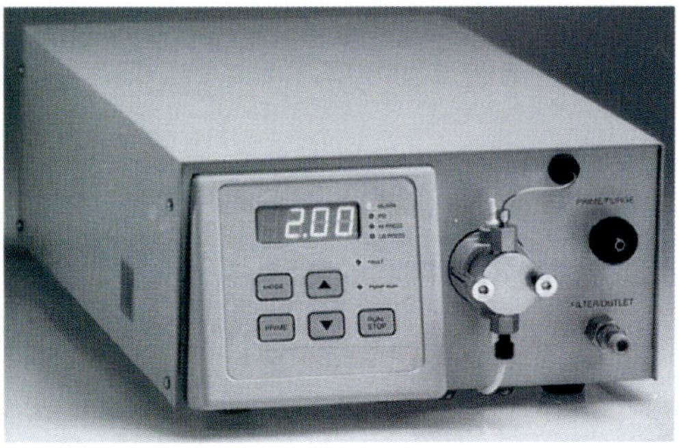

그림 5-7. Single Piston Pump

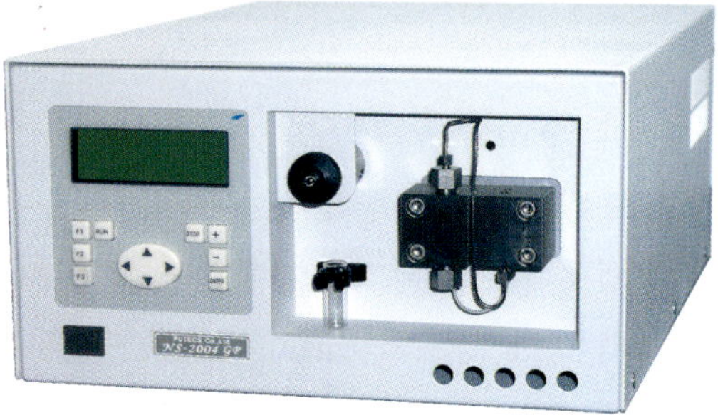

그림 5-8. Dual Piston Pump

그림 5-9. 병렬 Piston 방식

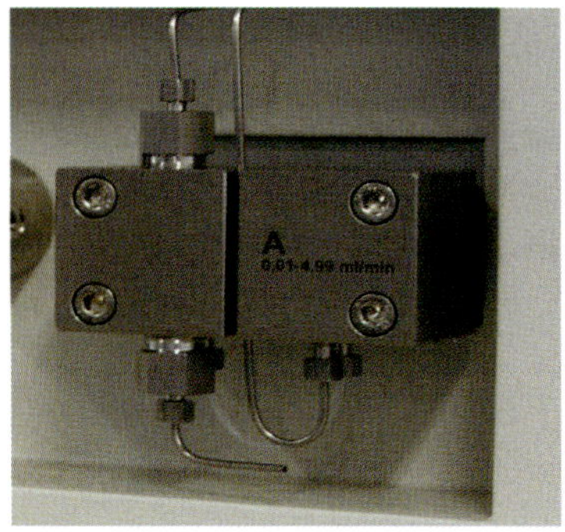

그림 5-10. 직렬 Piston 방식

4) 시료 주입기(Injector)

HPLC에서 시료 주입기의 역할은 중요한데, 시료를 주입시키는 방법에 따라 칼럼의 성능에 영향을 끼치게 되어 peak 형태가 넓게 또는 좁게 나타날 수 있게 된다. 그러므로 고압에서 사용이 간편하고, 재질이 시료 또는 용매와 반응성이 없어야 하며, 용량이 정확하여 재현성이 높아야 한다. 시료 주입기의 종류는 주사기식과 밸브식으로 구분하며, 수동식으로 사용하거나 또는 자동식의 시료 주입기를 사용할 수 있다.

(1) 주사기식 시료 주입기(Syringe injector)

주입구의 격막(septum)을 통하여 시료를 칼럼에 주입시키는 방식인데 이 방법은 직접 주입하는 on-line injection과 용매의 흐름을 정지하고 주입하는 stop-flow injection 방식이 있는데 on-line injection 방식은 1,500psi 압력 이하에서만 적용이 되고 대략 20회 정도 사용한 후에는 격막을 교체하여야 하는 단점이 있으며, stop-flow injection 방식은 1,500psi 압력 이상에서 사용할 수 있다.

(2) 밸브식 시료주입기(Valve injector)

시료 주입기에서 가장 많이 사용하는 종류이다. 주입기의 밸브를 돌려 다른 통로로 용매가 칼럼에 들어가게 하고, 주입구의 loop에 시료를 주사기로 주입한 후에 레바를 돌리면 밸브가 용매 통로와 시료 loop를 연결하여 시료가 용매와 함께 칼럼 속으로 들어가게 된다. 사용이 간편하고 7,000psi 정도의 고압에서도 시료 주입이 가능하다. 시판되는 시료 주입기는 Rheodyne, Valco 제품 등이 있다.

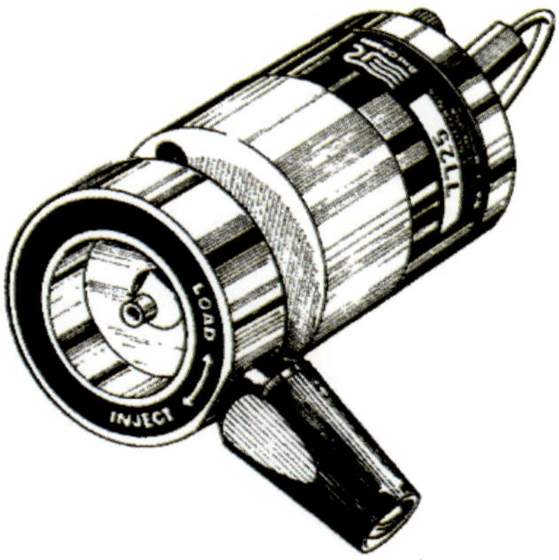

그림 5-11. Manual Injector

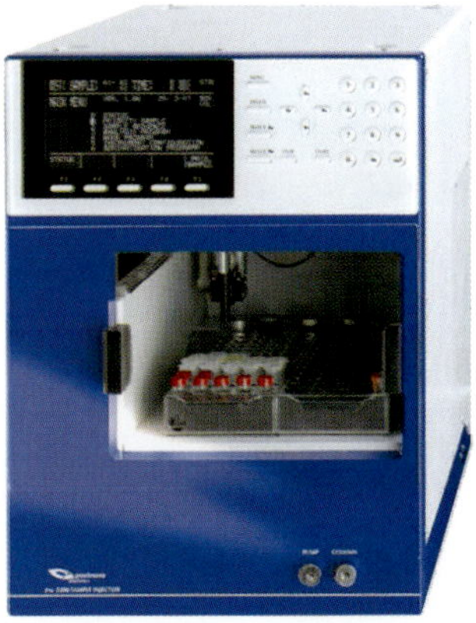

그림 5-12. Autosampler

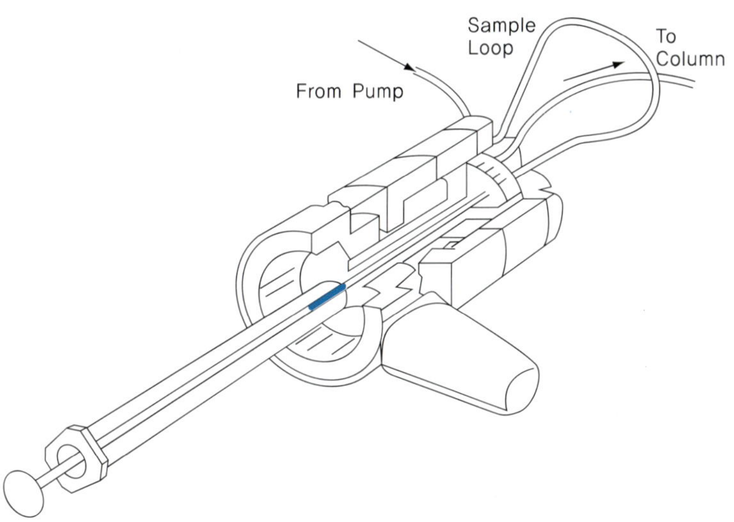

그림 5-13. Load Position

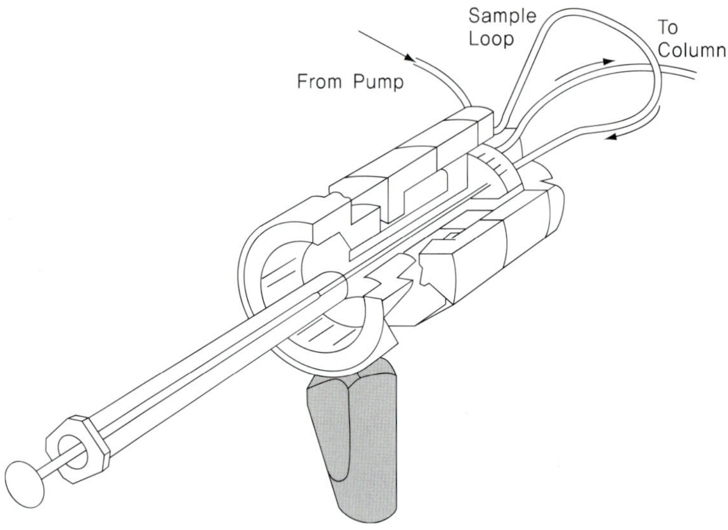

그림 5-14. Inject Position

5) Chromatographic column

칼럼은 stainless steel tube 형태로 관 내부에 정시상이 채워져 있다. 칼럼 충전제는 silica, alumina, charcoal, organic polymer 등을 사용한다. Hamilton Polymer-Phase Columns에 대한 예를 들면 다음과 같다.

ⓐ RPR-1 reverse phase columns(75 Å)

DNA, catecholamines, amino acids, chlorophenols, sulfas, water soluble vitamins 등의 일반적인 분석에 이용한다. stainless-steel의 재질에 silica based C8 또는 C18로 제작한 역상으로 pH 1~13까지 안정되게 사용할 수 있다. 최대 압력은 5000psi, 최대 유속은 8㎖/min이다.

ㄱ. Analytical은 내경이 4.1mm×5~25cm, 입자크기는 5~10 ㎛이다.

ㄴ. Semipreparative는 내경이 7mm×10~35cm, 입자크기는 5~10 ㎛이다.

ㄷ. Preparative는 내경이 21.5~50.8mm×10~50cm, 입자크기는 7~20 ㎛이다.

ⓑ PRP-X100 Anion exchange columns

무기 및 유기 이온의 분리에 사용하며, pH 1~13까지 안정되게 사용할 수 있다.

Stainless-steel의 재질로 최대 압력은 5000psi, 유속은 0~8ml/min이다.

ㄱ. Analytical은 내경이 4.1mm×5~25cm, 입자크기는 10 μm이다.

ㄴ. Semipreparative는 내경이 7mm×30.5cm, 입자크기는 10 μm이다.

ㄷ. Preparative는 내경이 21.5mm×25cm, 입자크기는 12~20 μm이다.

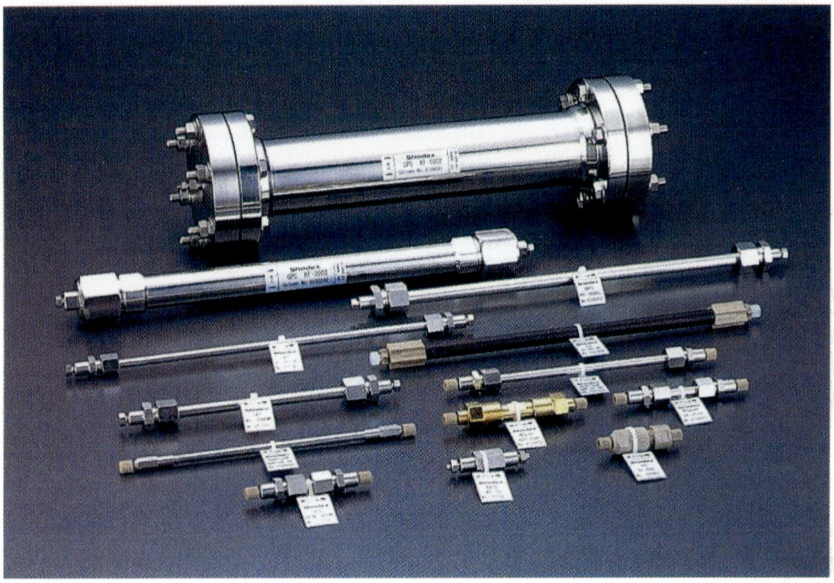

그림 5-15. Columns

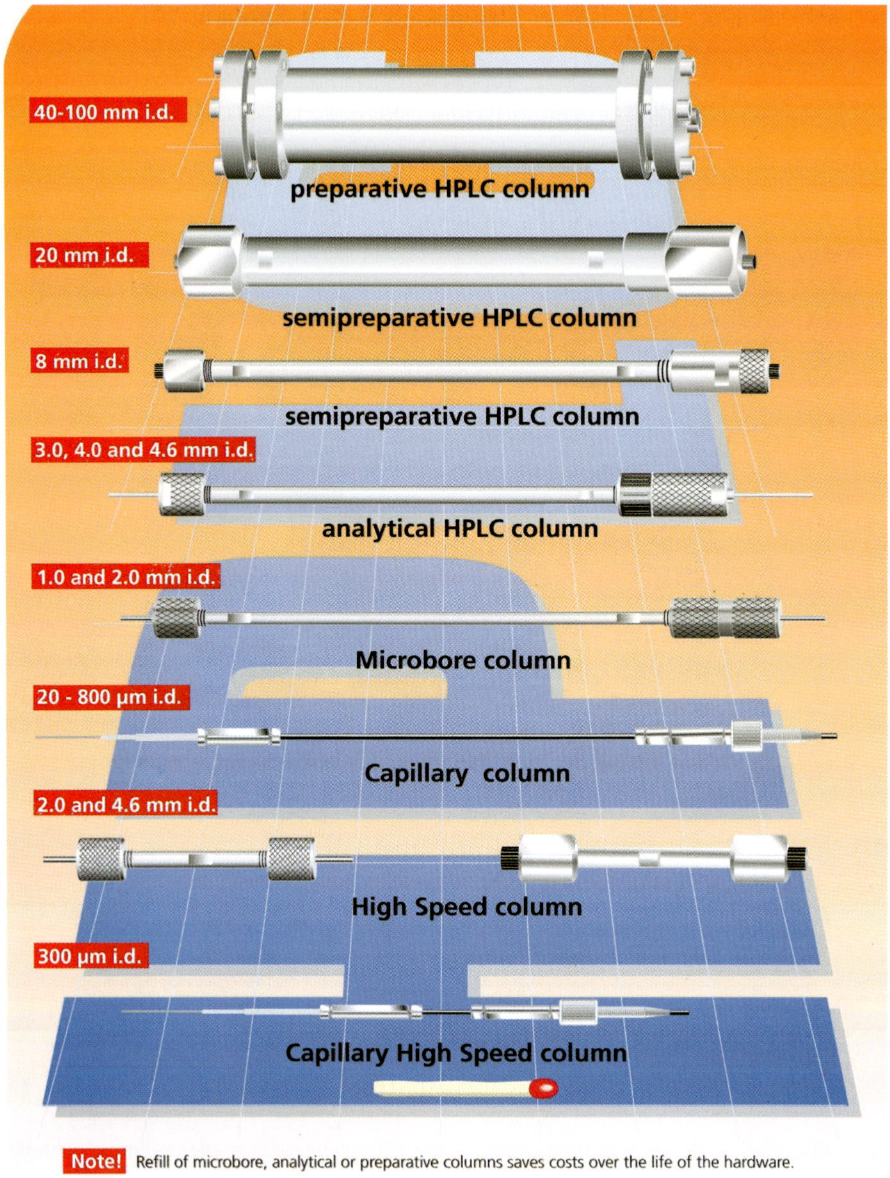

그림 5-16. Column 크기별 명명법

6) Detector

칼럼에서 분리되어 검출기의 Cell을 통과하는 이동상과 분석성분들을 일정한 시간 간격을 두고 일정한 기작에 의해 측정하여 전기적 신호로 바꾸어주는 장치이다. 검출기를 통과한 시료의 양에 따라 전기적 신호의 크기가 달라지며, 이신호의 크기로 시료를 정량분석한다. 부석하고자 하는 시료의 물리·화학적인 성질이나 성분의 농도에 따라 검출기의 종류를 선택 사용한다.

HPLC의 검출기는 칼럼에서 용리 되어 나오는 성분을 계속해서 고감도로 검출해야 하고 시료적용 범위가 넓고, 고감도이며 검출기의 직선범위가 넓고 온도나 고정상의 변화에 영향을 받지 않으며, 정량적인 정보를 줄 수 있어야 한다. 이 모든 요구를 다 충족하는 검출기는 없으며, 현재 사용하고 있는 검출기는 1. Optical Detector로 자외-가시광선 검출기(ultraviolet & visible(UV/VIS) absorbance detector), 형광 검출기(fluorescence detector), 굴절률 검출기(refractive index detector)등이 있고 2. Electrochemical Detector로는 전도도 검출기(conductivity detector), 전기화학적 검출기(electrochemical detector) 등이 있으며 3. Mass Detector로는 증기광산란 검출기(evaporative light scattering detector), 질량분석 검출기(LC/MSD) 등이 있다. 가장 많이 사용되는 UV-VIS absorbance detector를 예를 들어 설명한다.

(1) 자외/가시광선 흡광검출기(UV/VIS Absorbance Detector)

HPLC 검출기 중 가장 널리 사용되는 것으로 이중결합, 삼중결합, 방향족 화합물 등의 불포화 결합을 갖는 물질의 UV-VIS 영역의 빛에 대한 흡광도를 측정하여 Beer의 법칙에 따라 각 성분의 농도를 측정하는 장치이다.

광원에서 특정 파장의 빛이 광이나 장치를 거쳐 Cell 내의 시료에 투사되면 일부는 흡수되고 일부는 시료를 통과하게 되는데 특정한 시료는 특정파장이 빛에 대한 흡광도가 높아서 시료를 투과하는 빛의 강도는 상대적으로 작아지게 된다. 이 때 습수되는 빛의 양으로 각 성분의 농도를 측정하게 된다. 파장의 범위는 자외선이 190~400nm, 가시광선이 400~700nm이다.

분광광도 검출기는 파장의 분광방식에 따라 단일 파장 검출기와 다중 파장 검출기로 구분하는데, 단일 파장 방식은 mercury arc lamp에서 방출되는 자외선의 254nm의 파장을 이용하여 검출한다(filter 선택으로 220, 280, 313, 365nm 사용 가능). 다중 파장 방식은 190~900nm의 파장을 선택하여 흡광도를 측정할 수 있어 다중 파장 방식을 많이 사용하고 있다. Flow cell의 구조는 지름이 1mm, 길이가 10mm이며 형태는 H-형, Z-형이 사용되고 있다.

a. Fixed type

- 광원(lamp)에 따라 정해진 몇 개의 파장만을 사용
- Wavelength : 214, 229, 254, 265, 280, 313, 405, 436, 546nm

b. Variable type

- 190~900nm 사이의 모든 파장 중에서 원하는 파장을 지정하여 사용

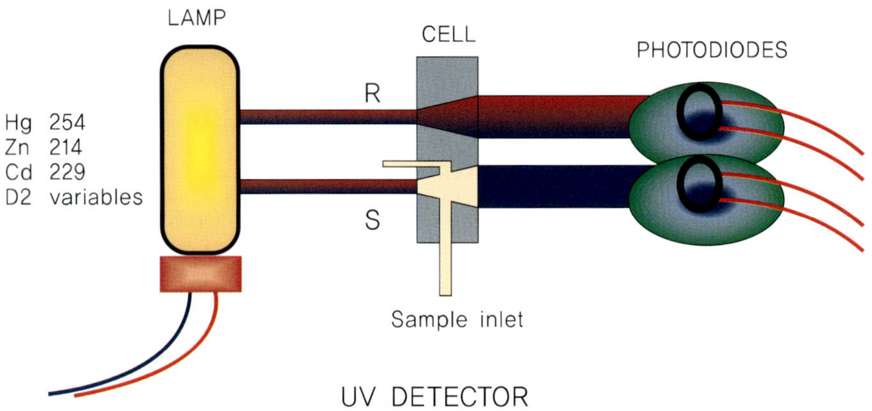

UV DETECTOR

c. Photodiode Array type

- 190~800nm의 전 파장을 동시에 scan 함

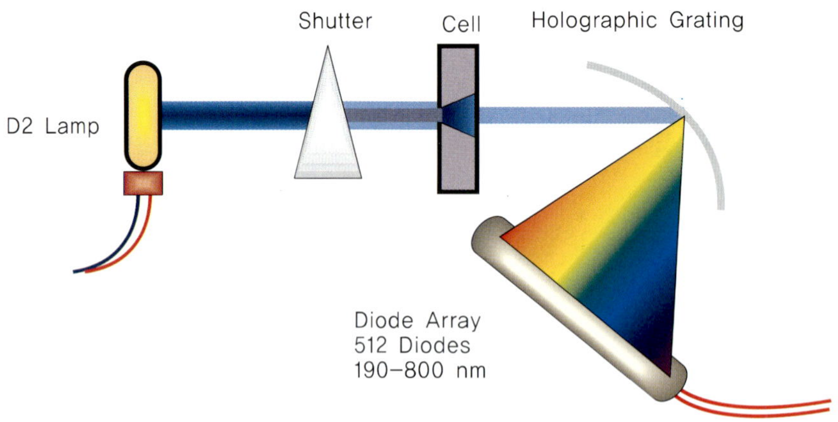

Photodiode Array Detector

(2) 형광검출기(Fluorescence Detector)

Excitation filter를 통과한 빛은 sample cell에 존재하고 있는 시료분자를 ground state에서 excited state로 만들어 주고, excited state의 분자가 ground state로 떨어지면서 흡수한 파장보다 긴 파장의 빛을 방출하게 된다. 시료는 분자구조가 형광성을 띠거나 형광유도체를 만들었을 때 이용하며, 시료에서 발광하는 빛의 양은 시료의 농도에 비례하며, 발광량에 따른 전기적 신호의 크기가 정량의 척도가 된다. 응용분야는 단백질분석, 농약계열분석 등 형광광물질 분석에 이용된다.

그림 5-17. 형광검출기

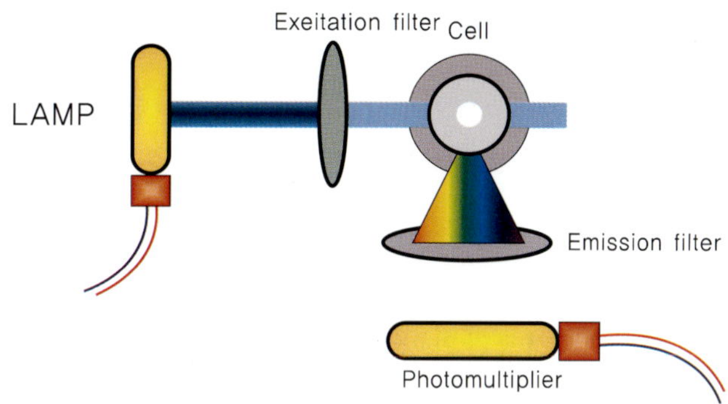

Short pass – transmits all wavelengths below a specified cutoff
Long pass – transmits all wavelengths above a specified cutoff
Band pass – blocks all wavelengths outside a specified band

(3) 굴절률 검출기(Refractive Index Detector)

굴절률 검출기는 빛이 시료가 흐르는 두 개의 구획을 가진 flow cell을 통과할 때 두 개 구획의 다른 매질에서 발생하는 굴절률의 차이를 인지하여 검출한다. 시료의 농도변화에 따른 굴절률을 측정한다. cell은 sample cell 과 reference cell로 구성되며 reference cell은 이동상으로 채워지고 분석시간동안 이동상은 sample cell 만을 통과하면서 흐른다. 응용범위는 굴절률에 의하여 분석하므로 거의 모든 물질에 사용할 수 있으나 감도가 낮아 주로 고분자, 당 등의 분석에 이용된다. 일반적으로 UV/VIS, Conductivity 검출이 어려운 시료에 대용한다.

굴절률 차이에 의한 분석이므로 온도가 일정하고 reference cell과 sample cell이 잘 세척된 상태에서 측정하여야 baseline 안정화를 쉽게 이룰 수 있다. UV/VIS, Conductivity, ECD 등에 비해 감도가 10~100배 정도 떨어진다.

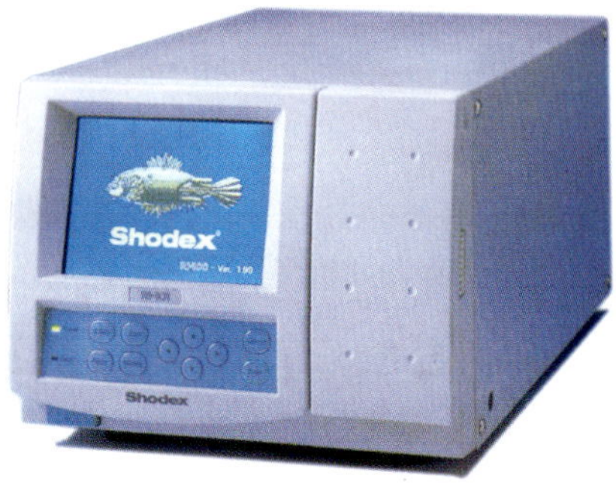

그림 5-18. 굴절률검출기(RI Detector)

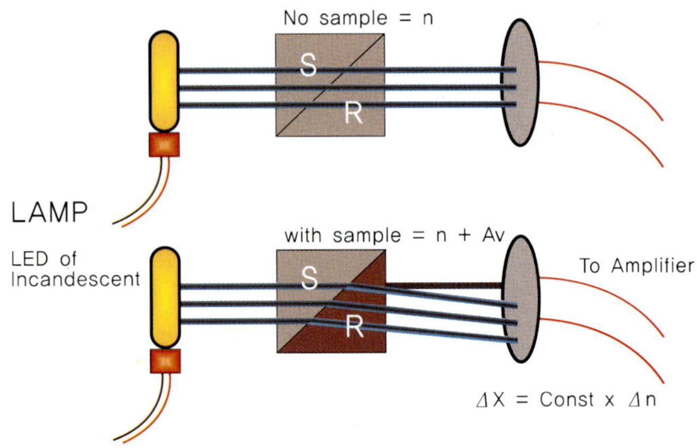

(4) 전도도 검출기(Conductivity Detector)

금속도체는 다음과 같이 ohm 법칙에 따른다.

R = 1/KA

R : 두 전극간의 전기적 저항

A : 전극의 면적

L/A : 검출실 고유 상수

K : 용액의 전도도

L : 전극사이의 거리

검출실내의 이온농도가 증가하면 K 값이 커지므로 R 값이 작아지게 되어 두 L/A가 일정할 때 두 전극간의 전기전도도가 커지게 된다.

S(or MS) = 1/R = KA

양이온 음이온 등 이온성 화합물 분석에 이용되며 전도도 값은 온도에 따라 변하므로 온다가 일정해야 baseline 안정화를 쉽게 이룰 수 있다.

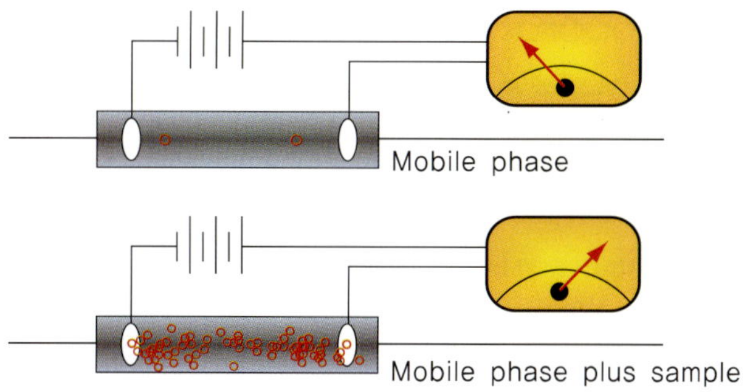

(5) 전기화학적 검출기(Electrochemical Detector)

이 검출법은 검출기의 working electrode와 시료 사이의 전기화학적 반응을 탐지하는 것이다. 일반적으로 이 방법은 비교적 낮은 전위에서 수용액 내에서 산화반응이 쉽게 일어나는 이온의 검출에 사용된다. 환원반응은 대체로 적당하지 않은데 이는 용존산소를 제거해야한 번거로움 때문이다. 전기화학반응에 의한 검출에는 3 종류의 전극이 필요하다.

working electrode는 생물학적 응용에서 일반적으로 glassy carbon이고 이온검출에는 은 또는 백금 전극이 사용된다. 보조 및 기준전극은 모든 경우에 다 들어간다. 주어진 화합물에 대해 전극과 최적절한 반응을 시키기에 가장 이상적인 전압과 전류를 설정한다. 전압 및 전류의 설정은 화학문헌을 참고하거나 전위값을 변화시키면서 표준물질을 반복 주입하여 얻은 hydrodynamic voltamogram을 그려서 구할 수 있다.

Catecholamin, 뇌조직내의 신경전달물질의 산화, phenolic compound와 쉽게 산화되는 무기착화물 검출에 응용되며 감도와 선택성이 높은데 이는 주어진 전극/전압 조합에 대해 단지 좁은 범위의 화합물만이 반응하기 때문이다.

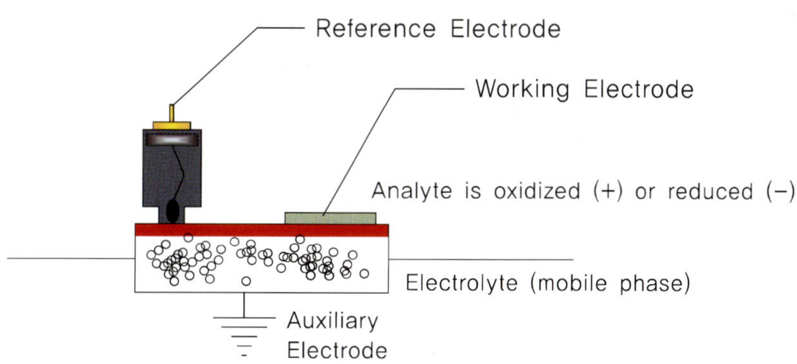

As compounds are oxidized or reduced, a current proportional to concentration is produced.

(6) 증발산란광 검출기(Evaporative Light Scattering Detector, ELSD)

관에서 용리된 용출액이 분무기를 통과하는 것으로 질소나 공기의 흐름에 의해 미세한 방울로 변하게 하고 온도가 조절되어 있는 이동관(drift tube)으로 흘러간 다음 이동상은 증발되고 분석물은 미세입자로 남아있게 된다. 자욱한 분석물 입자들이 레이저 빛살을 통과하여 산란된 복사선은 흐름에 직각되는 위치에서 규소 광다이오드에 의해 검출된다.

모든 비휘발성 용질에 대해서 대략 비슷한 감응을 가지고 있으며 검출한계가 5ng/25 μl 정도로 굴절률 검출기 보다 감도가 더 좋다.

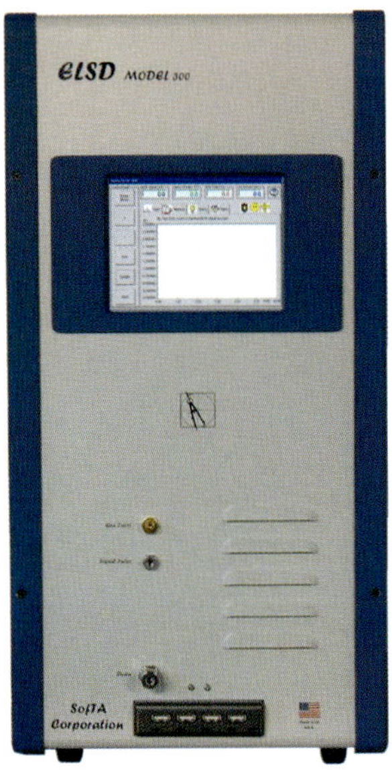

The scattered light is detected by a silicone photodiode located at a 90° angle from the laser. The photodiode produces a signal which is sent to the analog outputs for collection. A light trap is located 180° from the laser to collect any light not scattered by particles in the aerosol stream.

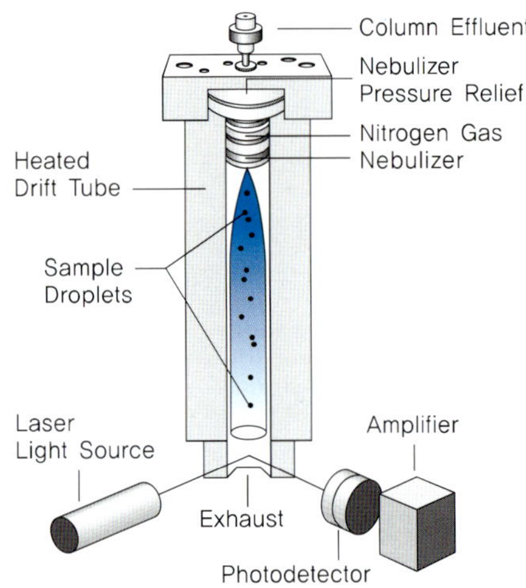

그림 5-19. 광산란검출기(ELSD : Evaporation Lighter Scattering Detector)

4. 가스크로마토크래피(Gas chromatography)

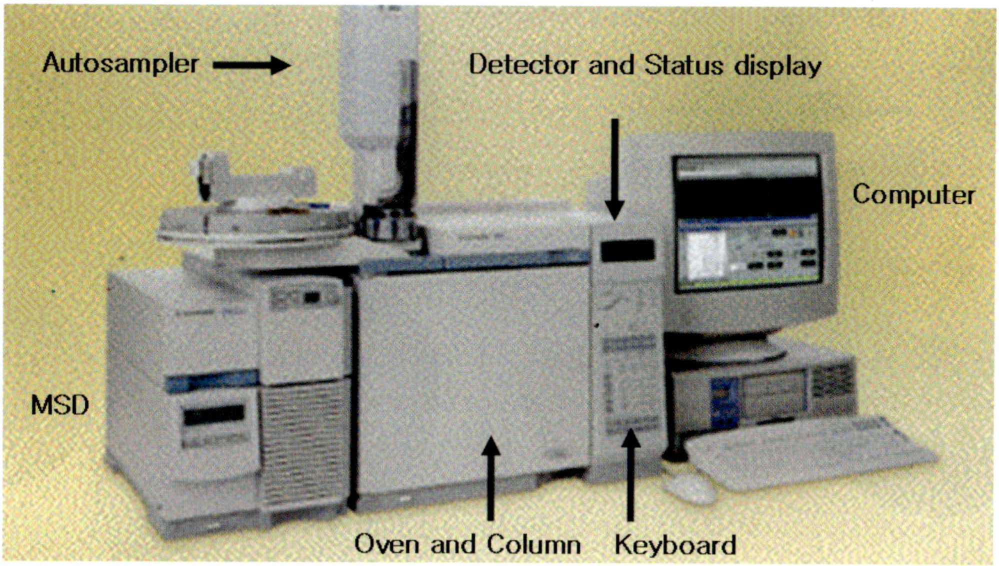

1) 개요

1903년 러시아의 식물학자 Mikhail Tswett가 최초로 유리관에 흡착제인 탄산칼슘를 충전시켜 석유 에스테르를 사용하여 식물 잎의 엽록소 성분인 클로로필과 크산토필 등를 분리하는 방법을 chromatography라 명하였다.

Chromatography는 그리스어의 Chroma(색)과 Graphein(기록)의 혼합어이다. 시료내의 물질을 분리 정량하는 방법의 하나인 크로마토그래피(chromatography)는 이동상(mobile phase)과 고정상(solid phase) 사이에서 흡착 혹은 흡수분배에 의하여 각 성분을 분리한다. 시료속의 물질들을 용해시키는 용매를 이동상이라 하고 이 용매가 이동할 때 물질의 성질에 따라 분리되도록 하는 것이 고정상(담체)이다. 크로마토그래피 종류는 담체를 여과지(filter paper를 사용하는 여과지크로마토그래피, cellulose 분말을 사용하는 박층 크로마토그래피(thine layer chromatography), 물질을 흡착 분배할 수 있는 수지(resin)가 들어 있는 원통(column)을 사용하는 원통 크로마토그래피(column chromatography)라 한다. 이동상으로 용액을 사용하여 물질을 분리관(column)내로 이동하는 방법을 고속액체크로마토그래피(high performance liquid chromatography, HPLC)라 하고 가스를 사용하여 물질을 분리관(column)내로 이동하는 방법을 가스 크로마토그래피(gas chromatography,

GC)라 한다. 가스 크로마토그래피는 고정상에 고체분말 흡착제를 사용하는 가스-고체 크로마토그래피(gas-solid chromatography)와 적당한 담체에 용액을 피복한 분배 제를 사용하는 가스-액체 크로마토그래피(gas-liquid chromatography)로 분류된다.

가스 크로마토그래피법은 1930년대 이미 소개되었고 1941년에 James와 Synge에 의해 기체-액체 분배법이 소개되었으나 실제로는 1952년에 이르러 급속한 발전을 가져왔다.

가스 크로마토그래피는 우수한 분리능, 신속성, 간편성, 등의 특성 때문에 약학, 생화학 및 의학 분야에서 화학분석에 크게 공헌하고 있다. GC분석에 의하여 분석하는 물질은 아세톤, 알코올, 벤젠, 페놀, 마뇨산과 같이 반드시 충분한 휘발성이 있어야 하고 열에 안정성이 있어야 한다. 근로자의 요나 혈액내의 휘발성 물질 분석에 많이 활용된다. 현재까지 알려진 물질의 10~20% 정도는 GC로 분석할 수 있을 것으로 추정된다.

2) 원리

일정유량으로 유지되는 운반가스(Carrier Gas)는 일정한 온도를 유지한 시료도입부에서 주입한 시료와 함께 분리관으로 이동되고 검출기를 통하여 외부로 방출한다.

그림 5-20과 같이 이동상 carrier gas를 연속적으로 흐르게 하고 고정상을 충전한 분리관 column)입구에 혼합물 시료를 순간적으로 도입하여 기화시킨다. 도입된 시료는 캐리어 가스에 의해 운반되어 칼럼 속을 진행하는 동안에 시료속의 각 성분은 고정상의 충전물에 대한 각각의 흡착성과 용해성의 차이에 따라 분리관 내에서의 이동속도가 달라지기 때문에 각각 분리되어 분리관 출구에 접속된 검출기를 차례로 용출되어 통과하게 된다. 검출기에는 원리에 따라 여러 가지가 있으며 성분의 양과 일정한 관계가 있는 전기신호(electric signal)로 변환시켜 데이터 처리장치인 기록계에 보내져서 분리된 각 성분의 용출 순서에 따라 곡선 피이크(Peak)를 얻게 된다(그림 5-21). 이 곡선을 크로마토그램(Chromatogram)이라 한다. 시료를 분리 관에 도입시킨 후 그 중의 어떤 성분이 검출되어 기록지 상에 피이크(Peak)로 나타날 때까지의 시간을 유지시간(Retention Time)이라 하며 이 유지시간에 운반가스의 유량을 곱한 것을 유지용량(Retention Volume)이라 한다.

이 값은 어떤 특정한 실험조건하에서는 그 성분 물질마다 고유한 값을 나타내기 때문에 정성분석을 할 수 있으며 또 기록지에 그려진 곡선의 넓이 또는 피이크의 높이는 시료성분량과 일정한 관계가 있기 때문에 이것에 의하여 정량분석을 할 수가 있다. 물질의 양은 피크(peak)를 형성한 분획의 높이(height, h)와 폭(width, w)을 이용하여 적분으로 구한다.

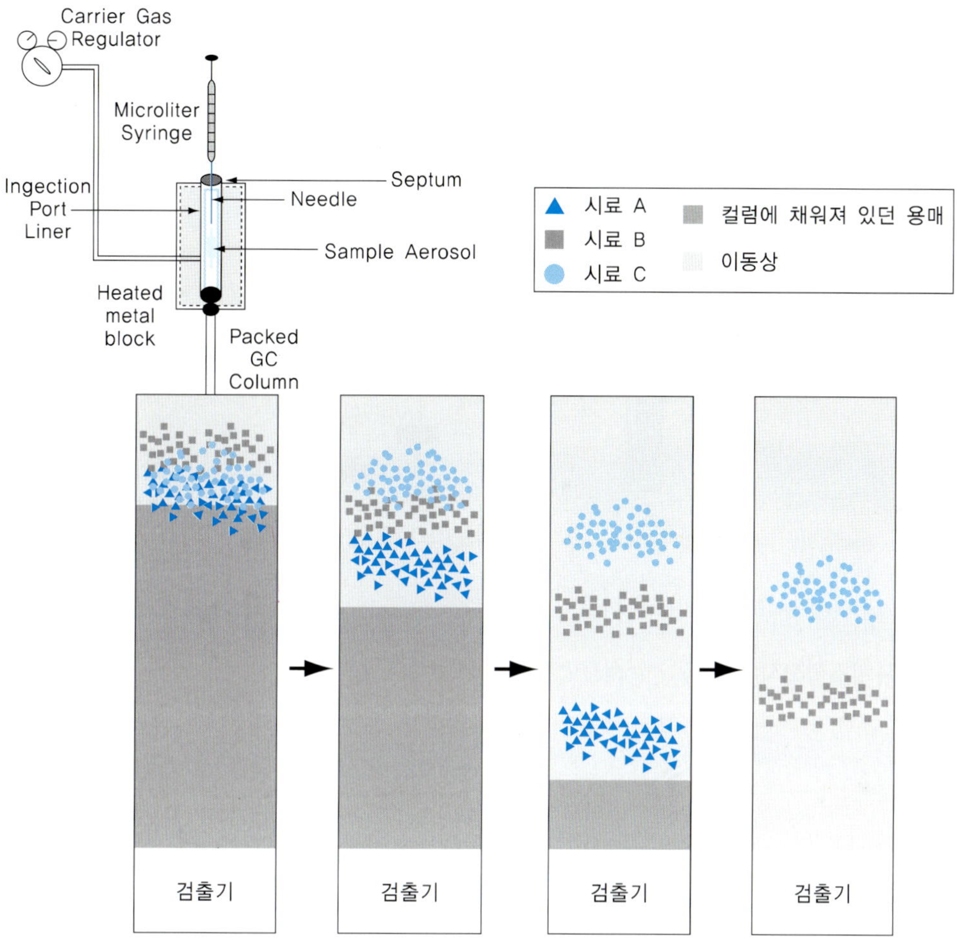

그림 5-20. 가스크로마토그래피에서 물질들의 분리 원리

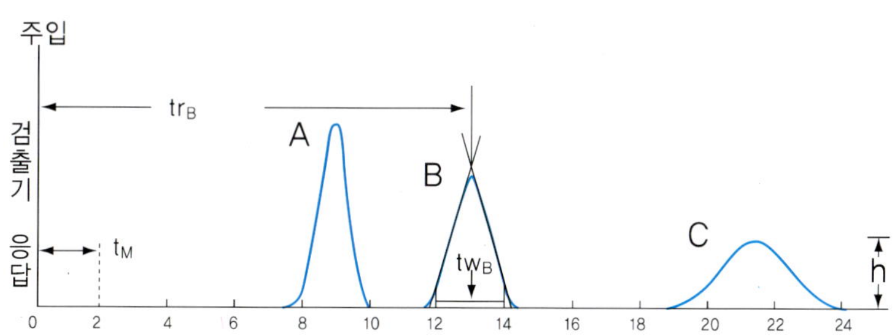

세가지 물질의 혼합물의 크로마토그램
t_M : 이동상이 컬럼을 빠져 나오는데 걸리는 시간
tr_B : 용질 B가 컬럼을 빠져 나오는데 걸리는 시간
tw_B : 용질 B 피크의 폭, h : 피크 높이

그림 5-21. 칼럼을 통과한 물질들의 크로마토그램

3) 장 치

가스 크로마토그래피의 장치는 그림 5-22와 같이 가스유입조절장치(carrier gas flow controller)-시료도입장치(sample injection port)-분리장치(column)-검출기(detector)-기록장치(recorder)로 구성된다.

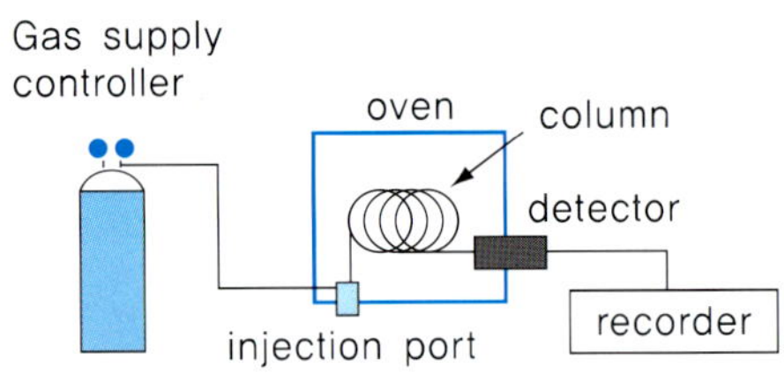

그림 5-22. 가스크로마토그래피 장치의 구조

(1) 가스유입조절장치(Flow controller)

가스유입조절장치는 농축가스시린더, 압력조절기, 밸브, 여과기로 구성되어 있다(그림 5-23).

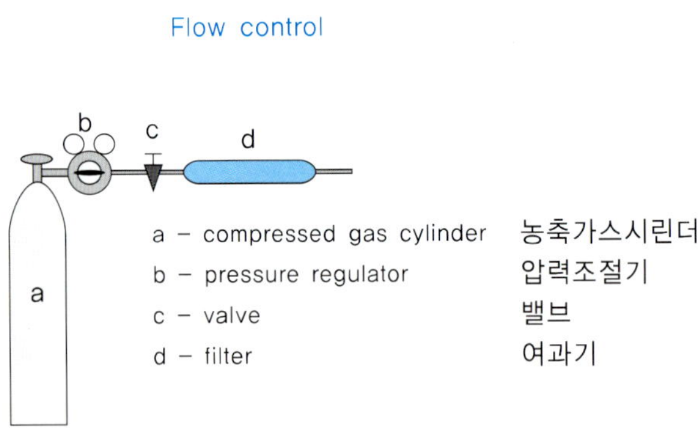

그림 5-23. 가스유입조절장치

a) Gas의 선택

물질 분석의 신빙도를 높이기 위하여 검출기가장 적합한 가스를 선택하는 것은 검출기와 응용 방법 모두에 영향을 미치기 때문에 중요하다.

GC에서 사용하는 가스는 검출기 종류에 따라 helium(He), argon(Ar), nitrogen(N_2), carbon dioxide(CO_2) 그리고 hydrogen(H_2)과 같은 단일 가스, 연소 또는 반응가스(combustion/reaction gas) 그리고 제조가스(make-up gas)를 사용할 수 있다. 제조가스는 검출기의 dead volume을 효율적으로 일시에 제거할 수 있기 때문에 검출기의 감도를 증대시킬 수 있다. 제조가스는 flame ionization detectors(FID), nitrogen phosphorous detectors (NPD), flame photometric detectors(FPD)나 그밖에 adaptor fitting에 의해 부가적인 column effluent에 의해 수소 불꽃에 직접 연결이 가능하다. 연소 형태의 검출기(FID, NPD, FPD)는 제조가스, 수소(연료 가스), 공기(연소 가스)등 3가지 가스를 사용한다. 비연소 검출기의 일종인 thermal conductivity detector(TCD), electron capture detector(ECD), photo ionization detector(PID)등은 운반 가스 또는 제조가스만 사용하나, Electrolytic conductivity detector(ELCD)는 할로겐과 질소의 make-up gas 모드에서 수소를 반응가스로 사용하고 할로겐과 sulfur의 make-up gas mode에서는 공기를 반응가스로 사용 한다. 사용하는 가스는 순도가 99.9% 이상인 것이 좋은 결과를 얻을 수 있다. 여러 가지 검출기에 적합한 가스들은 표 5-2과 같다.

표 5-2. GC 검출기에 사용되는 운반 가스와 검출기 연료 가스

Detector		TCD	ECD	FID	NPD	FPD	ELCD	PID
Carrier Gases	He	○	○	○	○	○	○	○
	H_2	○		○		○	○	○
	N_2	○	○	○	○	○		○
Combustion/Reaction Gases	H_2			○	○	○	○	
	Air			○	○	○	○	
Make-up Gases	N_2	○	○	○	○	○		○
	He	○		○	○	○		○
	$ArCH_2$		○					

b) 가스 주입량조절

분리 관에 주입되는 가스량은 가스 압력조절과 흐름속도에 의하여 조절되고 일반적으로 기체 실린더에서 가스가 주입될 때 압력조절장치인 압력계와 흐름속도계에 의한 두 단계를 거쳐 가스량을 조절한다. 가스 실린더 입구압력은 보통 실내 압력보다 높은 10~50psi의 범위를 유지한다. 일반적으로 입구압력을 압력 조절 밸브을 사용하여 일정하

게 조절하면 흐름속도도 거의 일정하다. 충전관을 사용하는 경우 는 가스흐름속도를 25~150mL/min를 유지하고 열린 모세관을 사용할 경우는 1~25mL/min를 유지한다. 압력이나 흐름속도를 programing 하는 장치가 부착된 것도 있다.

① 흐름속도계 의 종류

- 전자흐름속도계

전자흐름속도계는 컴퓨터에 의하여 가스량을 자유자제로 조절할 수 있기 때문에 최근 많이 사용된다.

- 로타메터(rotameter)

관 앞쪽에 있으며 눈금 유리관내에 작은 볼(ball)의 이동으로 흐름속도를 확인할 수 있는 장치다.

- 버블메터(bubble meter)

관 끝이나 검출기에 부착되어 있는 간단한 비누거품을 흐름속도계이다. 비누거품을 이용하기 때문에 비누거품메터라고 한다. 비누 수용액을 채운 고무 밸브를 누를 때 기체통로에서 형성된 비누막이 뷰렛의 두 눈금 사이로 움직이는데 걸리는 시간을 측정한다. 버블메터는 값이 싸고 흐름속도 측정의 정확도가 높다. 이를

- 열전도도측정기

운반가스 량을 감지하는 전기적 흐름반응장치(electric flow sensor)를 이용한다.

② 평균흐름속도의 계산

GC에서 압력과 온도의 효과를 머무름 시간(retention time) 대신에 머무름 부피(retention volume)를 이용하고 이들의 관계는

$$VR = tRF \text{ 그리고 } VM = tMF\text{와 같다.}$$

이 식에서 F는 관내에서의 평균 부피 흐름속도, V와 t는 각각 머무름 부피와 머무름 시간, 아래 첨자 R과 M은 관에 머무르는 화학종과 머물지 않는 화학종을 의미한다. VR과 VM은 모두 관 안의 평균 압력에 따라 달라진다. 평균압력은 입구압력 과 출구압력 사이에 있는 중간 값이다.

평균 흐름속도는 직접 측정할 수 없기 때문에 관에서 기체가 나오는 동안 흐름속도를 실험적으로 버블메터를 이용하여 쉽게 측정한다.

평균 흐름속도 F는

$$F = F_m \times TC/T \times (P - P_{H_2O})/P\text{에 이하여 계산된다.}$$

T_C는 관의 온도(K), T는 비누-거품계에서의 온도(실내 온도), F_m은 측정된 흐름속도, P는 관 끝에서의 실내 기체 압력이다. 실내 기체 압력은 버블메터 내에서 기체가 물로 포화되기 때문에 물의 증기압(P_{H_2O})에 대한 보정이 필요하다.

③ 가스의 여과

운반 가스의 불순물은 검출기 노이즈에 영향을 줄 수 있기 때문에 가스의 순도는 매우 중요합니다. 운반 가스의 순도를 99.9% 이상의 고 순도를 유지하기 위하여 운반 가스를 여과하는 가스 순화기를 사용한다. 운반 가스는 산소와 수분 그리고 미량의 오염물의 농도가 1ppm 미만인 고 순도 가스를 사용하는 것이 좋다. 가스 순환기를 사용하여 운반가스의 순도를 높이는 것은 칼럼의 성능 저하를 막고 칼럼의 수명을 늘이며 고정상의 충격을 줄임으로써 GC의 성능과 수명을 늘일 수 있다.

(2) 시료도입장치

GC의 시료 도입장치(Injection port)(그림 5-24)는 시료가 분리 관으로 이동하기 전 물질의 분리가 잘 될 수 있도록 가스와 시료가 혼합되어 기화시키는 장치이다. 이 장치는 충진칼럼(packed column)을 사용하는 injector와 모세칼럼(capillary column)을 사용하는 injector 가 있다. 시료가 실리콘 고무막(silicon septum)을 통하여 injector(injection port)의 기화실(vapourisation chamber) 안으로 주입되면 운반 가스와 혼합되어 기화된다. 이때 일정한 온도를 유지하기 위하여 temperature controller을 programing 하여야한다. 일반적으로 기화실 내 온도는 분리관 온도보다 50℃ 정도 더 높게 유지한다.

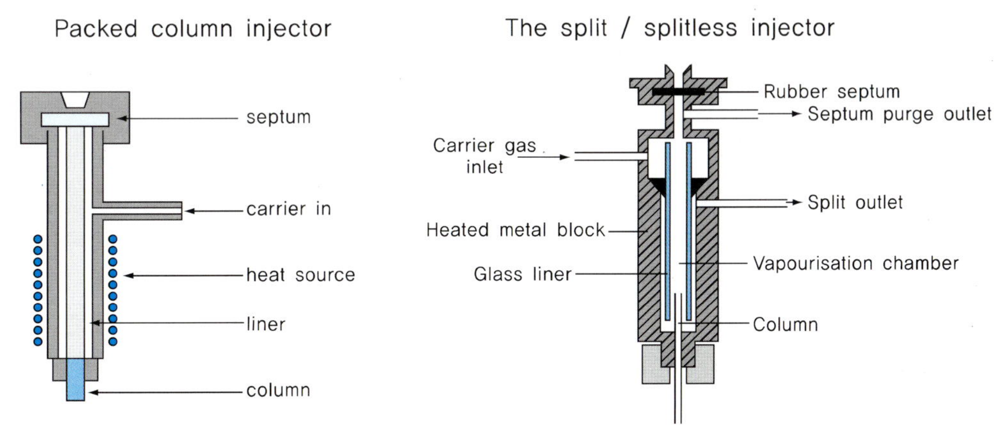

그림 5-24. 시료도입장치(Injection port)

① 시료 주입법

Injection port에 시료를 주입할 때는 신속하고 일정한 량을 주입해야 정밀도가 높은 결과를 얻을 수 있다. 시료를 천천히 주입할 때는 peak 폭이 넓어지고 분리능이 떨어 지기 때문에 신속히 주입해야 한다.(그림 5-25). 감도와 재현성을 높이고 column을 보호하기 위하여 낮은 온도의 injector에 시료를 주입하고 가열하여 기화 시키는 것이 좋다.

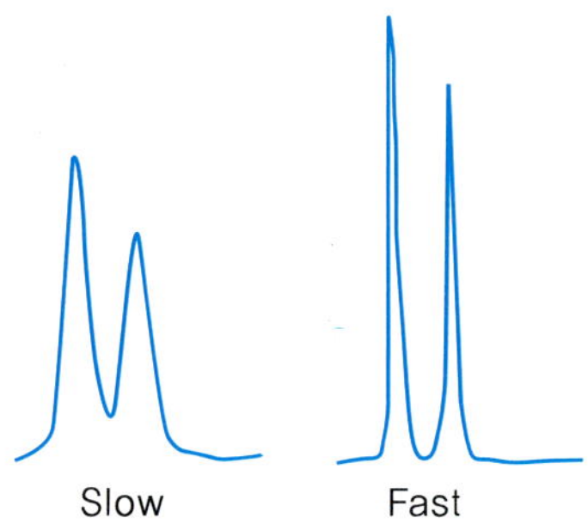

그림 5-25. 시료 주입량의 속도에 따른 peak의 형태

시료를 injector에 주입 하는 방법은 micro syringe(그림 5-26)를 사용하여 직접 주입하는 방법, sampling loops/valves(그림 5-27)를 이용하는 방법, 그리고 thermal desorption 법이 있다.

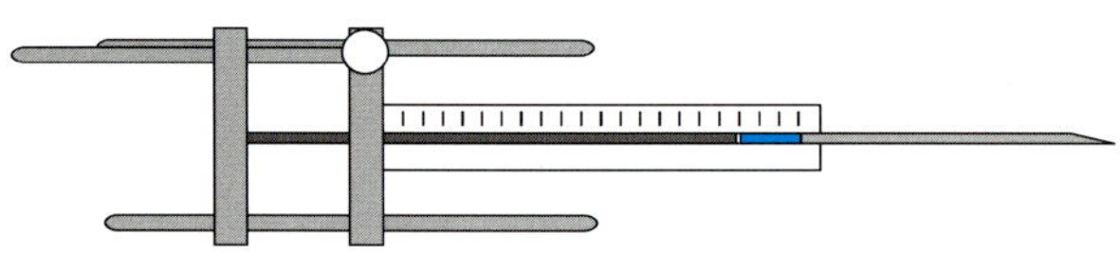

그림 5-26. Micro syringe

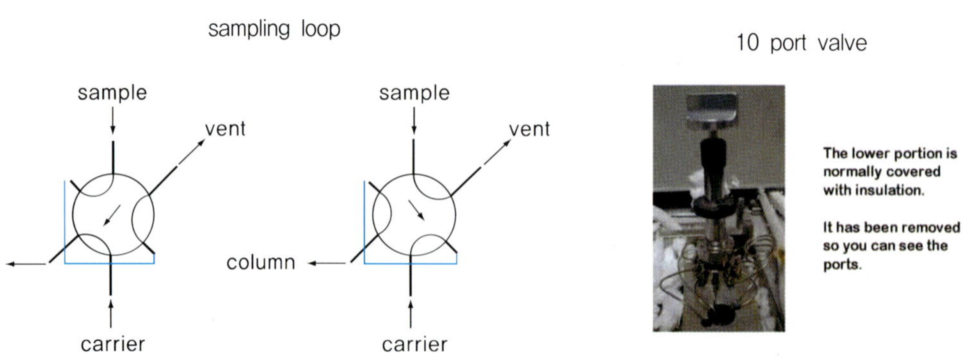

그림 5-27. Sampling loops/valves

• Syringe를 사용한 직접 주입 법

Micro syringe로 기체나 액체 시료를 일정량 취한 후 그림 5-28와 같이 실리콘 고무막을 통하여 기화실 안으로 주입한다.

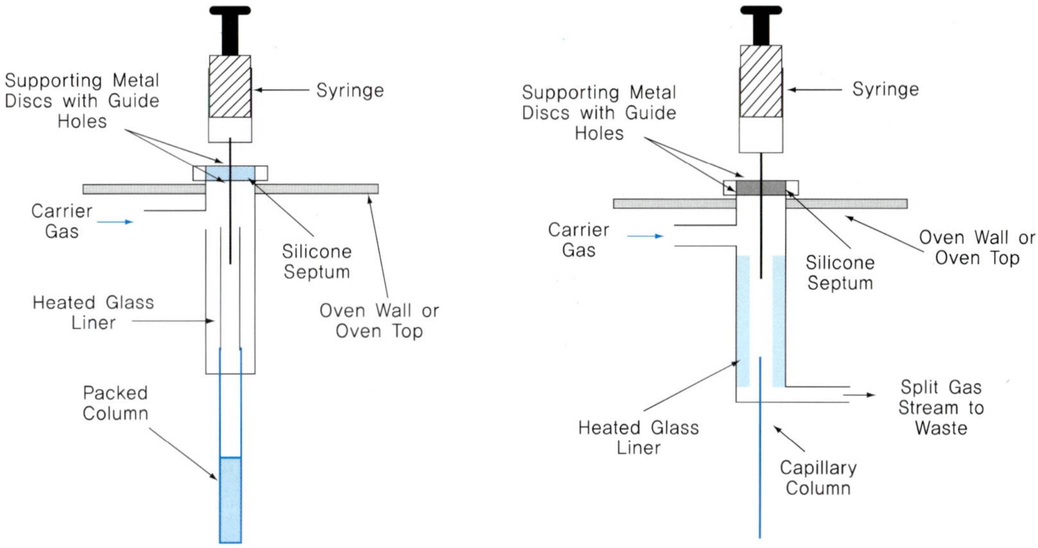

Packed column injection system   Split injection system

그림 5-28. 시료 주입법

자동화된 GC는 micro syringe를 이용하여 수동으로 주입하는 방법보다 정밀도가 높은 Auto sampler(그림 5-29)에 의하여 주입하는 방법을 활용한다. 수동으로 액체 시료를 주입할 때 필요한 양은 0.1~10μL 이며 가스 시료는 0.5~5ml 이다. Auto sampler를 사용하여 액체 시료를 주입할 때는 1~2ml이 필요하고 가스 상 시료는 0.25~5ml가 필요하다. Syringe에 검체를 취할 때는 공기가 들어가지 않도록 주의해야 하고 신속히 주입한 후 잔류 시료의 양을 확인하여야 한다. 일반적으로 액체시료 주입에 널리 사용된다.

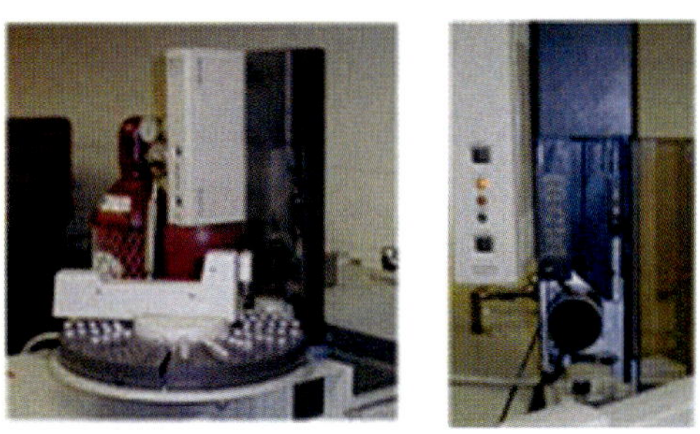

그림 5-29. Auto sampler

• Sample loops/valves를 사용한 주입 법

Syringe를 사용하는 것 보다 시료의 주입 양을 조절 할 수 있기 때문에 정밀도(precision)을 ± 0.1% 까지 낮출 수 있다. Syringe나 Automatic pump에 의하여 조절된 시료가 sample loop를 통하여 계속 column으로 이동 된다. 이 방법은 가스 시료나 기체와 액체혼합 시료 주입에 적당하다.

• Thermal desorption 법

오래된 방법이나 시료를 흡착제에 흡착 시킨 후 가열하여 기화 시키면서 주입시키는 방법이다.

(3) 분리관(Column)

분리관은 내부에 설치한 고정상에 의하여 시료의 성분을 분리한다. 시료의 화학적 성질과 고정상의 화학적 성질에 의하여 물질의 분리가 이루어지기 때문에 고정상의 선택, 고정의 표면적, 그리고 분리관의 온도는 물질분리에 중요한 요소이다. 따라서 분리하는 물질에 따라 어떤 고정상이 충전되었는지, 온도는 몇 도로 조절해야하는지 미리 이해하여야한다.

분리관은 충전관(packed column)과 열린 모세관(open tubular column, capillary column)이 있다(5-30).

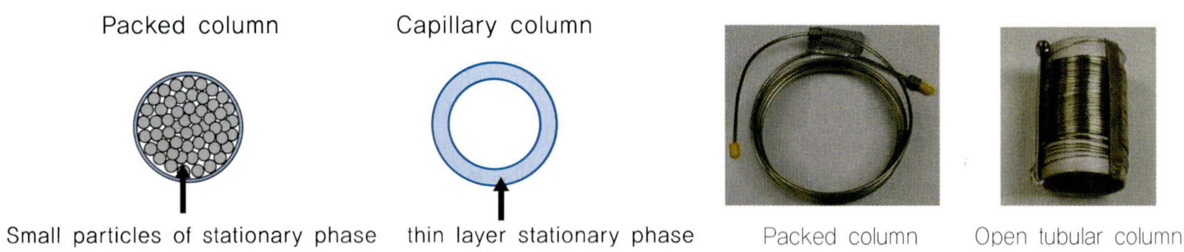

그림 5-30. 충전관(packed column)과 열린모세관(open tubular column, capillary column).

a) 충전관(Packed column)

충전관은 불활성금속(stainless steel)관, 유리(Pyrex glass)관, teflon과 같은 합성수지관이 있으며 불활성금속관이 많이 사용된다. 일반적인 충전관의 내경은 2~4 mm 정도이고 길이는 1~4 m이며, U자형 또는 원형이며, 긴 것은 코일 상으로 감겨 있다. 충전관 내에서 물질을 분리할 수 있도록 사용하는 충전제에는 흡착형 충전물질과 분배형 충전물질

를 사용한다. 충전관에 충전 물질을 충전하기 전 관 내부의 hydroxyl group이나 오염 물질을 제거해야한다. Stainless steel관은 희석 염산으로 씻고 이어서 methanol, acetone, methylene chloride, n-hexane등으로 씻은 후 사용하다.

• 흡착제(adsorbent)

흡착제로 사용하는 흡착형 충전물질은 실리카겔(silica gel), 활성탄, 알루미나(alumina), 합성제올라이트(alumino silicate, Zeolite)등과 같은 무기물이나 유기물 흡착성 고체분말을 사용하며, 이러한 분말에 각 분석방법에 따라 표면 처리하여 활성화한 것을 사용한다. 분리관의 내경에 따라 입도가 고른 흡착성 고체분말을 사용해야하며 입자의 크기는 30~40mesh에서 80~120mesh의 것이 흔히 사용된다. 입자가 작을수록 분리능이 좋으나 충전시키기가 어렵다. 흡착제로 고체분말을 사용하는 크로마토그램을 GSC(gas solide chromatography)라 한다. 알루미나는 불변가스, 팬탄계에 이르는 탄화수소 분리에 사용하고 200℃에서 가열하는 방법으로 활성화 시킨다. 입자의 pore size는 1Å~0.1㎛ 정도이다. Silica gel 입자는 분자량이 작은 가스나 탄화수소를 분리하는데 사용하며 sulfur gases, hydrogen, sulfide, sulfur dioxide, carbon difulfide 등을 분리하는데 사용되며 pore size는 22~300Å 이다. Zeolite는 분자의 형태나 크기가 다른 여러 가지 물질 분리에 사용되고 hydrogen, oxygen, nitrogen, methane, carbon monooxide, argon, neon 등 많은 가스들을 분리하기 위하여 사용된다. 흡착제로 polystyrene나 divinylbenene의 중합체(polymer)를 사용하기도 한다.

• 분배제

입경범위에서의 적당한 담체(support)에 고정상 액체(stationary liquid)를 함침(coating)시킨 것을 충전물로 사용한다. 분배 가스 크로마토그래피에서는 고정상 액체를 사용하여 물질을 분배하기 때문에 가스액체크로마토그래프(gas liquid chromatography, GLC)라 한다. 기체와 액체간의 분배가 신속하고 반복해서 진행되기 위해서는 담체의 표면적은 넓을수록, 고정상의 두께는 얇을수록 유리하다. 담체로는 시료 및 고정상액체에 대하여 불활성인 것으로 규조토(celite), 내화벽돌(fire-brick), 유리구(glass bead), 합성수지(teflon)나 polymer bead 등이 사용된다. 담체에는 시료성분과의 사이에서 화학반응이나 흡착을 일으키지 않는 것이 중요하기 때문에 각 분석방법에 따라 산 처리, 알칼리처리, 실레인(Silane) 처리 등 전 처리하여 담체의 활성 부를 감소시키는 방법이 취해지고 있다. 많이 사용되는 담체는 celite나 polystyrene polymer bead이다.

담체의 표면에 고정상 액체의 얇은 막을 형성시킨 것이 분배제이다. 고정액상은 ①분석대상 성분을 완전히 분리할 수 있는 것, ② 사용온도에서 증기압과 점성도가 낮은 것, ③화학적으로 안정된 것, ④화학적 성분이 일정한 것, ⑤ 비점이 높은 것이 좋다. 비점이 너무 낮은 화합물은 그 수명이 짧고 재현성이 좋지 않아 별로 사용되지 않는다.

일반적으로 많이 사용되는 고정액체의 종류는 표 5-3과 같다.

표 5-3. 일반적으로 사용하는 고정상액체의 종류

종 류	물 질 명
탄화수소 계	핵사테칸, 스쿠아랜(Squalane), 고진공 그리이스
실리콘 계	메틸실리콘, 페닐실리콘, 시아노실리콘, 불화규소
폴리글리콜 계	폴리에틸렌글리콜, 메톡시폴리에틸렌글리콜
에스테르 계	이염기산디에스테르
폴리에스테르 계	이염기산폴리글리콜디에스테르
폴리아미드 계	폴리아미드수지
에테르 계	폴리페닐에테르
기타	인산트리크레실 디에틸포름아미드 디메틸술포란

• 함침법(Coating method)

담체에 고정액체를 함침하는 방법은 ① 담체에 직접 고정상액을 넣고 흔들어서 함침하는 방법, ② 여과법(filtration method) ③ slurry 법 이 있다. 담체에 직접 고정상액을 넣고 흔들어서 함침하는 방법은 정성검사에 활용되며 slurry 법이 가장 추천하는 방법이다. Slurry 법은 화전증발플라스크에 담체와 고정상액을 넣고 slurry가 생성되도록 적당한 휘발성 용매를 가한 후 실온에서 수분동안 회전 희석하고 가열하여 휘발성 용매를 증발 건조 시킨다. 그리고 150℃에서 완전 건조한다.

• 관의 충전(Column packing)

충전관은 일반적으로 수직관이기 때문에 충전제(packing)도 수직으로 충전한다.

충전관의 내부를 잘 씻어 말린 분리관에 미리 한쪽 끝을 유리솜이나 석영솜으로 막고 진동을 주어 감압흡인(200psi)하면서 충전물을 고르고 조밀하게 수직으로 채운 다음 남은 한쪽 끝을 유리솜으로 가볍게 막는다.

이 분리관은 그 충전물질의 최고 사용온도 부근에서 적어도 수 시간 동안 헬륨 또는 질소를 통하여 건조시킨다. 이때 건조에 의하여 감소되는 만큼의 충전물을 보충하여 채우고 더 이상 감소하지 않을 때까지 이 조작을 되풀이 한다. 1m 이상 긴 관에 충전할 때는 짧은 U자관형태로 충전한 관을 여러 개 연결하는 방법을 사용한다.

b) 열린모세관(Open tubular column, capillary column)

모세관은 스테인레스 스틸(stainless steel) 이나 석영(quarz)등으로 제조된 것이 있다. 모세관의 직경은 0.1~0.5 mm 정도이고 길이는 10~100m 정도로 충전관보다 길다. 모세관의 내벽에는 물질을 분리하는 고정상(staitionary phase) 이 0.2~1㎛ 두께의 막(film)을 이루고 있다. 모세관의 종류는 고정상액체로 모세관 내벽을 coating 한 WCOT관(wall coated open tubular column)과 다공성 물질인 담체로 coating한 얇은 막이 있는 PLOT관(porous layer open tubular column) 이 있다. PLOT관은 규조토와 같은 담체가 관내벽에 얇은 막을 이루고 있기 때문에 SCOT관(support coated open tubular column)이라고도 한다. 모세관이 충전관보다 높은 분리도, 분리시간의 단축, 높은 감도, 적은 시료의 사용량 등의 장점이 있다. WCOT가 PLOT 보다 높은 효율성을 나타낸다. 최근에는 WCOT를 개량한 FSOT관(fused silica open column)이 사용된다(그림 5-31).

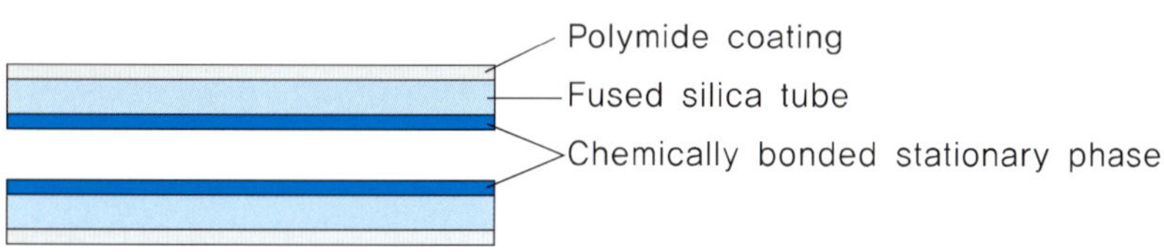

그림 5-31. Fused silica open tubular column (FSOT)의 단면

• 함침법(Coating method)

모세관을 충전하기 전에 methylene dichloride, methanol로 oil이나 그리스(grease)등을 씻어내고 증류수로 씻어 깨끗한 관을 준비해야한다. 모세관에 고정상(stationary phase)를 함침하는 방법은 dynamic method와 static method가 있다.

Dynamic method 는 고정상이 함유한 용매 plug(solvent plug)를 모세관 앞부분에 놓고 2~4mm/sec.의 속도로 천천히 이동하도록 모세관 앞에서 압력을 가하여 모세관을 통과시킨다. 용매 plug가 이동속도가 빠르면 고정상의 표면이 거칠어지기 때문에 분리능이 나빠진다. 함침이 끝나면 용매의 끓는점보다 높이 가열하여 용매를 제거해야한다(그림 5-32).

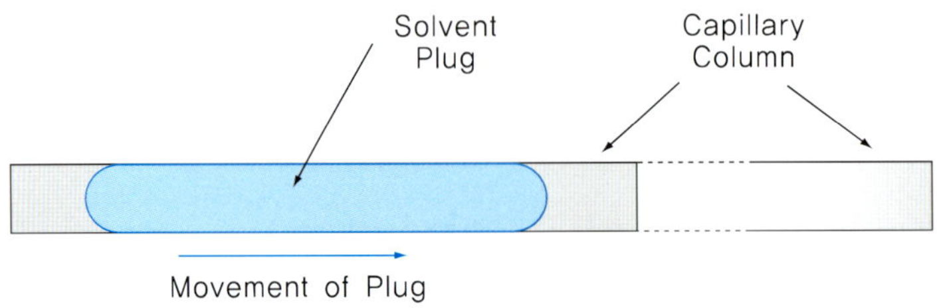

그림 5-32. 열림모세관의 dynamic 함침법

Static coating 법은 모세관내에 고정상액과 용매를 채운 후 모세관 앞을 막고 후면에 진공펌프(vacuum pump)를 연결한 후 가열조에 넣고 아주 천천히 용매를 증발시켜 안전히 건조시킨다. 그림 5-33).

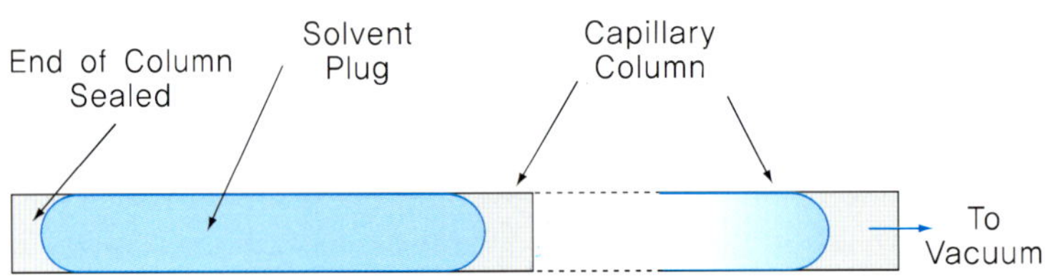

그림 5-33. 모세관의 Static 함침법

c) 온도조절

분리관의 온도는 물질 분리에 크게 영향을 미친다. 분리관(column)은 column oven 안에 정착되어 있고 온도 조절기(temperature controller)가 있어 일정한 온도를 programing 할 수 있다. Column oven의 온도는 5℃에서 400℃ 범위를 조절할 수 있어야한다. 그러나 실제 분석에 사용하는 온도는 물질에 따라 다르나 250℃ 이하이다. 시료가 분리 관으로 이동되어 분리가 이루어지는 초기 온도가 50℃ 이하인 것도 있다. 온도를 상승시키기 위하여 0.5~20℃/min 씩 상승하도록 programing하고 column oven의 온도는 ±5℃ 이상의 변화가 일어나지 않도록 한다. 분리관의 온도는 시료의 용해성, 휘발성, 안정성, 이동성, 고정상의 안정성에 영향을 미치기 때문에 일전한 온도를 유지해야 한다.

(4) 검출기(Detector)

시료의 성분이 분리관에서 분리되어 각 성분별로 유출되면 검출기(detector)에서 그 물질의 종류와 양에 따라 감응한 결과를 chromatogram하는 장치이다. 검출기는 분리할 수 있는 물질 종류 의하여 여러 가지 물질을 분리할 수 있는 검출기(non-selective detector)

가 있고 특별한 물질만 분석할 수 있는 검출기(selective detector) 구별할 수 있고 검출 의존성에 따라 물질의 농도에 의존하는 농도 의존성 검출기(concentration dependent detector)와 시료 물질 분자가 검출기 내를 흐르는 비율에 의존하는 분자수 흐름 의존성 검출기(mass flow dependent detector)로 구별된다. 검출기는 ① 낮은 농도까지 분석할 수 있도록 감도(sensitivity)가 높아야하고, ② 안정성과 재현성이 좋아야하며, ③ 응답 시간이 짧고 잡음이 적어야하며, ④높은 농도까지 응답 신호가 직선적이어야 하며, ⑤ 가능하면 모든 시료에 대해서 같은 응답신호를 보여야하며, ⑥ 물질 감응에 적당한 온도범위를 유지할 수 있어야하며, ⑦ 시료를 파괴해서는 안 되고, ⑧ 검출기 내에 시료가 머무르는 부피가 작아야하고, ⑨흐름속도, 유압 그리고 온도에 변화 감도가 낮아야하며, ⑩ 가능한 한 검량(calibration)이 간단하여야 하며, ⑪ 누구나 편리하게 사용할 수 있도록 신뢰도가 높아야 유용한 검출기라고 할 수 있다. 기체 크로마토그래피에 사용되는 검출기는 상당히 다양하다. 널리 쓰이는 검출기는 FID와 TCD이며 그밖에 ECD가 있다. 보다 더 정확하게 분석하기 위하여 분석기(MS)를 결합한 GC-MS 가 있다. 검출기들의 종류는 20여 종 이상이 되기 때문에 여기에서는 널리 사용되고 있는 몇 가지 검출기에 대하여 설명하고자 한다. 검출기의 종류와 몇 가지 특성은 표 5-4과 그림 5-34과 같다.

표 5-4. 검출기의 종류와 특성

Detector	Type	Support gases	Selectivity
Thermal conductivity(TCD)	Concentration	Hydrogen, Helium	Universal
Flame ionization(FID)	Mass flow	Hydrogen and air	Most organic cpds.
Electron capture(ECD)	Concentration	Make-up	Halides, nitrates, nitriles, peroxides, anhydrides, organometallics
Nitrogen-phosphorus	Mass flow	Hydrogen and air	Nitrogen, phosphorus
Flame photometric(FPD)	Mass flow	Hydrogen and air possibly oxygen	Sulphur, phosphorus, tin, boron, arsenic, germanium, selenium, chromium
Photo-ionization(PID)	Concentration	Make-up	Aliphatics, aromatics, ketones, esters, aldehydes, amines, heterocyclics, organosulphurs, some organometallics
Electrolytic conductivity (ECD)	Mass flow	Hydrogen, oxygen	Halide, nitrogen, nitrosamine, sulphur

기체 크로마토그래피의 감도(sensitivity)는(아래공식) 계산하고 검출한계(detection limit)는 (아래공식) 계산한다.

$$\text{sensitivity} = \frac{\triangle R}{\triangle Q} \quad \text{(change in response)}$$

Detection lim

$Q_o = 2R_n \,/\, S$ (mg/ml), conc, lim*ed*

$Q_u = 2R_n \,/\, S'$ (mg/sec), mass lim*ed*

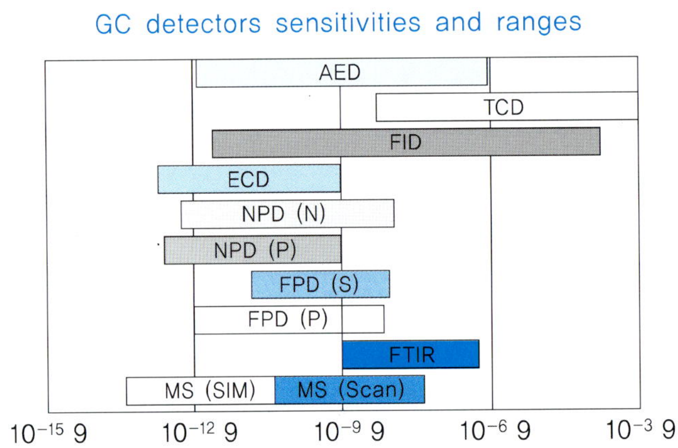

그림 5-34. GC 검출기의 감도와 직선을 나타내는 범위

a) 열전도 검출기(Thermal conductivitiy detector, TCD)

열전도도 검출기는 용출되는 기체흐름에 가열된 필라멘트를 사용한다. 검출기 벽에 연결된 필라멘트로부터 잃어버리게 되는 열량은 기체상의 열전도도에 의존하고, 기체의 열전도도는 필라멘트의 저항으로 측정 된다. 스테인래스스틸 등의 금속 블록(block)의 작은 용적의 셀(cell)내에 금속 필라멘트(filament)를 삽입해 놓고, 외부에서 전류를 공급한다. 이때 GC 칼럼에서 유출된 캐리어 가스를 이 셀에 연결해두면, 필라멘트에서 일정한 비율로 열을 빼앗긴다. 열을 빼앗기는 경로에는 여러 가지 것을 생각할 수 있으나 가스의 열전도에 의한 것이 지배적이다. 필라멘트는 외부에서 공급되는 열량과 방산하는 열량의 차로서 일정한 온도로 평행되어 있다. 만일 캐리어 가스에 시료성분 가스가 섞여 있으면 열전도도가 캐리어 가스와 다르므로 필라멘트에서 빼앗기는 열량이 다르게 된다. 이 원인으로 필라멘트의 온도와 필라멘트의 저항이 변화한다. 이 저항 변화를 두 개의 필라멘트 혹은 4개의 필라멘트로 구성되어 있는 Wheatstone bridge로 검출하여 기록계에 기록한다. 이 저항변화는 캐리어 가스 속의 시료 성분의 농도에 비례하며, 캐리어 가스와 시료성분 가스의 열전도의 차 및 필라멘트와 검출기 셀 벽의 온도차의 3/2승에 비례한다. 기체의 열전도도 차이는 기체 분자가 필라멘트로 확산되어 충돌하는 속도와 관계

가 있다. 분자의 속도는 분자량의 함수이므로 분자가 작을수록 속도가 커지며, 열전도도가 더 크다. TCD의 감도를 증가시키려면 ①필라멘트의 전류를 증가시키고, ②블록의 온도를 낮추며, ③열전도도가 큰 운반기체를 사용하고, ④흐름속도를 줄여야하며 ⑤ 흐름속도와 유압에 매우 민감하기 때문에 온도조절이 일이정하여야하며 ⑥모든 용질의 열전도도가 다르므로 표준물질을 사용하여 보정해야 한다. GC의 초기부터 현재에 이르기까지 가장 많이 사용되고 있는 검출기이다. 구조 및 취급이 간단하고, carrier gas 이외의 무엇이든지 검출할 수 있으며, 비파괴적이므로 컬럼 용출물은 TCD를 통과한 다음에 제2의 검출기로 들어갈 수 있고, 특히 분별수집 및 조제용 크로마토그래피에 적당한 우수

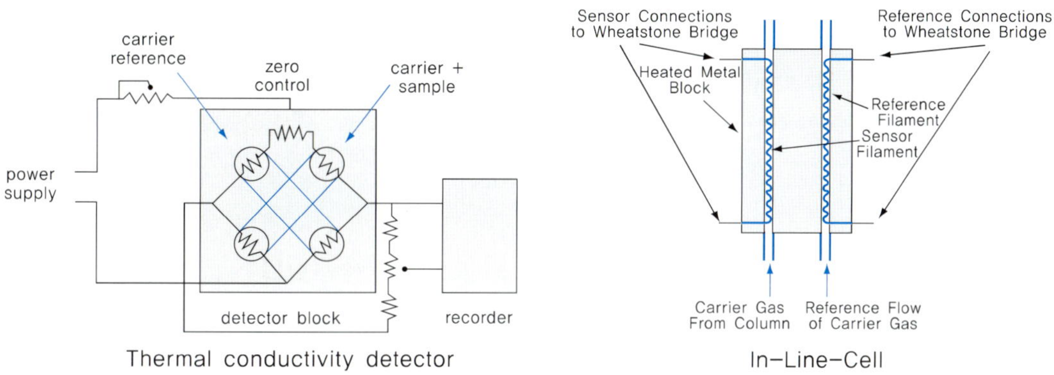

(a)

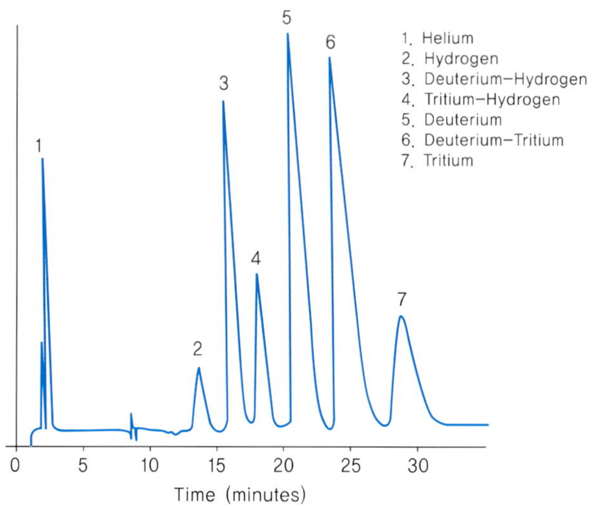

(b)

그림 5-35. (a) Thermal conductivity detector와 In-Line-Cell
(b) TCD에 의하여 분석한 물질의 chromatogram.

한 특징을 지닌 검출기이지만 감도가 비교적 낮다. 그러나 최근에는 감도도 상당히 개선된 것이 나와 있다. 운반가스로 hydrogen gas를 사용하는 것이 가장 감도가 높지만 열에 대한 영향이 있기 때문에 helium을 사용하는 것이 보다 좋다. 일반적으로 검출한계는 ~400pg/ml carrier 이고, linear range는 ~106 정도이다. TCD는 금속 필라멘트(Filament), 가열금속판, power supplier, 전원회로, 전류 조절부, 신호검출 전기회로, 신호 감쇄부로 구성되었다. TCD에 의한 분석 물질의 chromatogram의 예는 그림 5-35와 같다.

b) 불꽃 이온화 검출기(Flame Ionization Detector, FID)

불꽃 이온화 검출기는 기체 중의 전하를 띤 입자의 농도와 흐르는 전류량에 비례한다는 원리를 이용한 것이다. 공기와 수소 같은 운반 가스가 절연체인 분출구(jet)를 통하여 전극관(cylinderical electrode) 내로 분출되면 공급되는 수백 voltage(300V)에 의하여 점화된다. 시료중의 탄소혼합물들이 불꽃에 의하여 연소될 때 이온이 전하를 띠게 되고, 이때 생성된 이온전류를 측정할 수 있다. Hydrogen 가스만 사용할 때 생성된 전류의 량은 1-2 × 10^{-12} 정도로 아주 적기 때문에 증폭되어 컴퓨터에 전해진다. 대부분의 유기 화합물은 이 불꽃의 온도에서 열분해 되어 이온성 중간체를 형성되나, 카르보닐 또는 카르복실기와 같은 완전히 산화된 탄소화합물이나 formaldehyde, formic acid, 에테르와 같은 시료에는 잘 응답하지 않는다. 그리고 화물의 할로겐, 아민, 하이드록시기 등의 치환기가 증가하면 응답정도가 감소되는 단점이 있다. 일반적으로 비활성 기체, C_2, N_2, H_2O, CO, CS_2, H_2, S, NH_3, NO_2, NO등의 유기물에 대하여 높은 감도를 나타내기 때문에 유기물을 분석할 경우에는 FID를 사용하는 것이 유용하다. 질량 흐름 속도에 대해 응답하는 FID는 운반기체의 흐름속도에 직접 영향을 받기 때문에 걸어준 전압(약 300V), 수소-공기 혼합비에 따라 불꽃의 온도에 따라 응답이 달라진다. FID는 이온 생성률(0.00018%, 2 ions or electrons/10^5 molecules)은 낮지만 back ground 전류나 noise level이 굉장히 낮으므로 높은 검출 감도를 얻을 수 있기 때문에 미량분석에 많이 사용된다. n-haptane의 분석가능한 질량 noise level은 2×10^{12}이고 농도 nose level은 3×10^{12}이다. 일반적으로 검출한계는 ~5pg carbon/second 이고, linear range는 ~10^7 정도이다. Capllary columndmd helium gas나 make-up gas를 사용할 수 있다. FID는 연소가스 분화구(jet), 이온수집기(Ion Collector)와 전극 electrode)가 있고, 전극 사이에 흐르는 이온전류를 측정하기 위한 직류전압 변환회로, 감도 조절부, 신호감쇄부 등으로 구성되어 있다(그림 5-36).

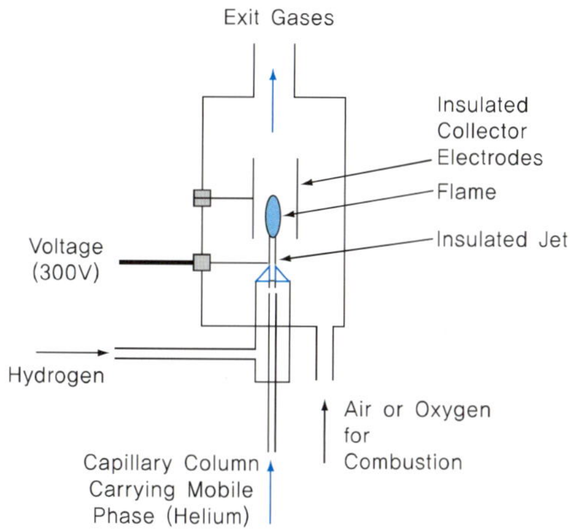

Cylindrical electrode

그림 5-36. 불꽃이온화검출기(Flame ionization detector, FID)의 구성과 전극관 (cylindrical electrode)

c) 전자 포획형 검출기(Electron capture detector, ECD)

ECD는 할로겐 화합물, 과산화물, 퀴논, 니트로 화합물 등과 같은 전기음성도가 큰 작용기를 갖은 화합물에 대하여 선택적으로 극히 높은 감도를 나타내기 때문에 유기수은, 농약, steroid 그리고 아미노산 등을 친전자성의 유도체로 하여 극미량 분석에 사용된다. 특히 염소에 대해서는 Picogram까지 분석이 가능하다. ECD는 ^{3}H, ^{63}Ni 등의 방사성동위원소를 봉입한 소용적의 이온화 실내에 carrier gas를 유입하면 방사선동위원소의 β붕괴에 의하여 carrier gas가 이온화되고 이때 전극에 적당한 전압을 가하면 이온 전류가 흐른다. 여기에 친전자성의 분자가 들어가면 주위의 β선을 흡수하여 이온화를 감소시킴으로써 이온 전류가 감소한다. 이 전류의 감소비율을 계속적으로 기록하면크로마토그램이 얻어진다. ECD의 장점은 ① 선택적으로 감도가 높고 ② FID보다 시료를 크게 변화시키지 않는 것이고, 단점은 ① 선형으로 감응하는 범위는 보통 10^2 정도로 작고, ② 아민, 알코올 및 탄화수소와 같은 작용기에는 감응하지 않는 점이다. 일반적으로 검출한계는 ~0.1pg Cl/second 이고, linear range는 ~10^4 정도이다. ECD의 구조와 시료가 β선을 흡수하는 모형은 그림 5-37과 같다.

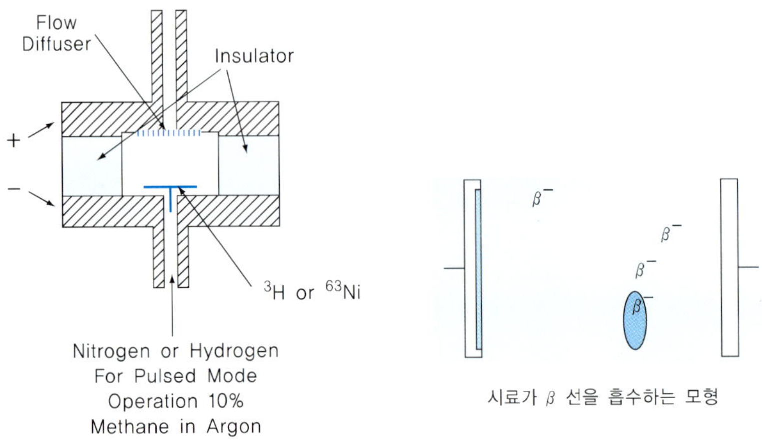

그림 5-37. ECD의 구조와 시료가 β 선을 흡수하는 모형

d) 질소 인 검출기(Nitrogen Phosphorous Detector, NPD)

인 검출기는 불꽃 열이온 검출기(Flame Thermionic Dectector, FTD) 또는 Alkali flame ionization detector(AFID)라고도 불린다. FID와 거의 유사하게 분사기와 수집기를 가지고 있다. 특히 인(P) 화합물이나 질소(N_2) 화합물에 대하여 선택적으로 높은 감도를 나타내는 검출기로서 농약의 대부분을 차지하는 유기인 화합물이나 카아바메이트(carbamate)계 농약 등의 잔류분석이나 의약품 등의 대사분석에 흔히 사용된다. NPD 내부에는 작은 코일을 rubidium(Rb))나 cesium(Cs) 또는 카리(K)로 둘로 싸인 bead가 있다(그림 5-38). 코일에 전류를 통하면 Jet를 통하여 들어온 helium-hydrogen gas가 점화된다. 알카리 금속원소인 rubidium(Rb)), cesium(Cs), 카리(K)등은 불꽃이온에 의하여 전자를 발생하게 된다. 이때 bead와 anode 사이에 전위를 걸면 anode에서 금속원소로부터 발생한 전자를 수집하게 되고 이온 전류가 흐르게 된다. 불꽃 중에 인(P)화합물 또는 질소화합물이 혼입되어 연소하면 열이온이 증가되어 알칼리 금속에서 전자발생이 증가되고 anode에 흐르는 전류가 증가한다. 이 전류를 전위계로 증폭하여 기록계에 기록한다. 일반적으로 NPD의 검출한계는 ~0.4pg N/second, ~0.2pg P/second이고, linear range는 ~10^4 정도이다.

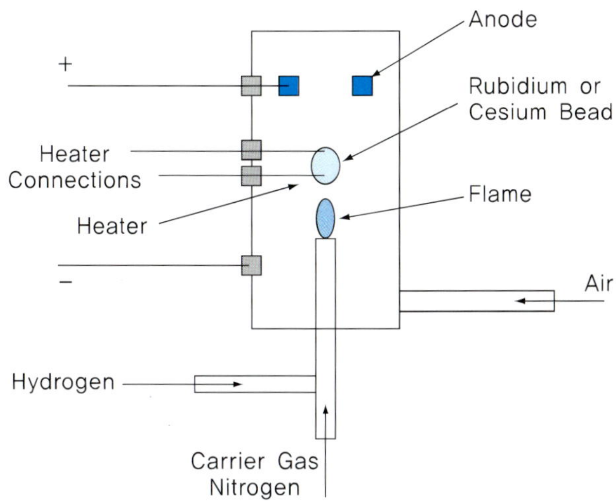

그림 5-38. 질소 인 검출기(NPD)의 구조

e) 염광 광도형 검출기(Flame photometric detector, FPD)

염광광도법을 이용한 것으로 유황(S)화합물, 인(P)화합물에 대하여 선택적으로 응답하는 검출기이다. 화구(jet)의 선단에서 carrier gas에 수소와 공기 또는 산소를 혼합하여 연소시킨다(그림 5-39). 칼럼에서 유출한 기저상태의 시료 성분이 그 불꽃에 들어가면 타서 여기상태가 되고 다시 기저상태가 될 때 각 성분마다 성분 고유의 빛(emission)을 발한다. S나 P가 발생하는 특유의 빛을 정량하기 위하여 보색의 파장인 필터를 사용한다. 유황(S)는 394 nm, 인(p)은 526 nm의 필터를 선택한다. 필터를 통과한 빛은 고전자증배관에 도입하여 전류로 바꾼다. S, P 화합물의 발광 mechanism의 상세한 것은 분명치 않지만, S는 불꽃 속에서 생성하는 S_2 radical, P는 HPO radical의 발광에 의한 것으로 알려졌다. 그리고 시료량과 신호와의 관계는 S화합물의 경우 신호는 시료 량의 제곱에 비례하며, P화합물에서는 직선관계에 있다. 황화수소, methyl mercaptan 등의 악취 성분의 분석, 약품속의 미량 유황 성분의 검출, 잔류 농약분석, 생화학성분의 분석 등 그 용도가 넓다. FPD에는 운반가스와 조연가스의 혼합부, 수소공급구, 연소노즐, 광학필터, 광전자증배관 및 전원 등으로 구성되었다. 일반적으로 FPD의 검출한계는 ~20pg S/second, ~0.9pg P/second 이고, linear range는 인(P)은 $\sim10^4$ 정도이고 S는 $\sim10^3$ 정도이다.

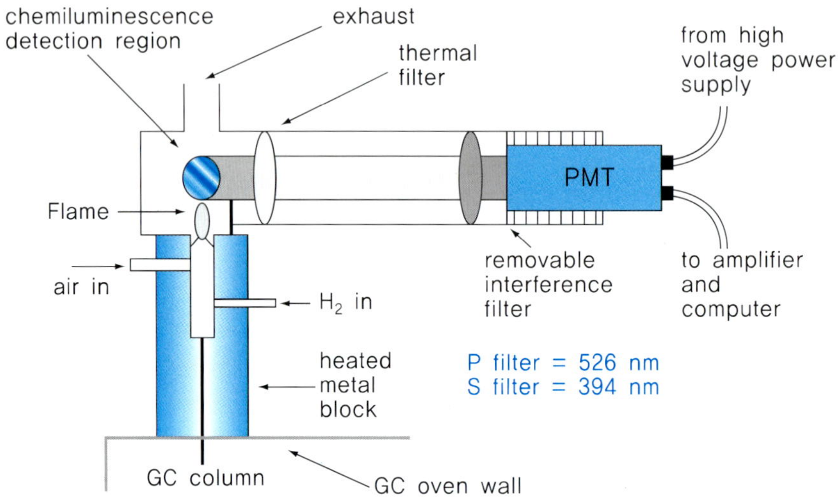

그림 5-39. 염광 광도형 검출기의 구조

f) 광 이온화 검출기(Photoionization Detector, PID)

광 이온화 검출기는 용질분자를 이온화시키기 위하여 9.5~11.7eV 영역의 에너지를 내는 UV 램프를 사용한다(그림 5-40). 이온들은 양극에 수집되고 전류가 측정된다. 이온화 전압이 램프의 이온화 에너지보다 더 작은 전위를 가지는 화합물들은 응답을 보인다. 일반적으로 PID의 검출한계는 ~2pg carbon/second이고, linear range는 ~107 정도이다.

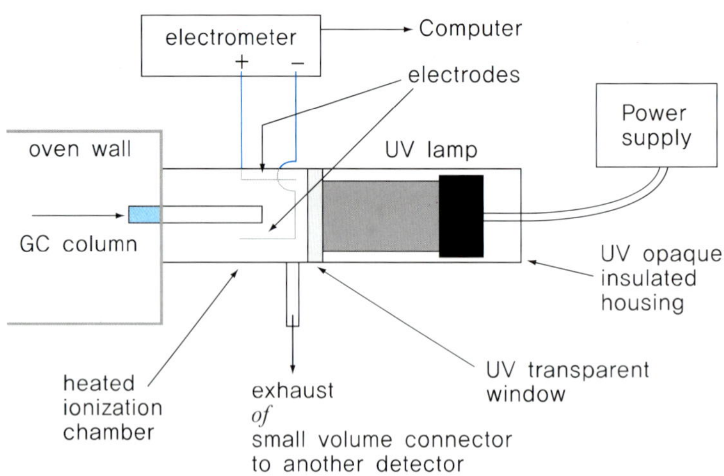

그림 5-40. 광이온화 검출기의 구조

g) 전기전도도 검출기(Electrolytic conductivity detector, ELCD)

Halogen 화합물이나 sulfur(S), nitrogen(N)화합물 분석에 사용된다. 시료와 가스가 가열된 니켈 반응관으로 이동되면 특이적으로 반응물질이 생성된다(그림 5-41). 이 물질이 teflon 관을 통하여 전기전도도 cell(electrolytic conductivity cell)로 이동되면 용매 에 의하여 녹는다. 이때 용매의 전도도가 변하게 되고 이 변화된 전도도에 의하여 signal이 생긴다. 일반적으로 용매는 n-propanol을 많이 사용한다. 반응온도는 분석 물질에 따라 다르다. halogen 화합물을 분석할 때는 800~1000℃, 질소화합물의 반응 온도는 850~925℃, 유황은 750~825℃ 정도이다. 일반적으로 ELCD의 검출한계는 5-10pg halogen, 10~20pg S, 10~20pg N 이며 linear range는 각각 10^5~10^6(halogen), 10^4~10^5(N), 10^3~10^4(S)정도이다.

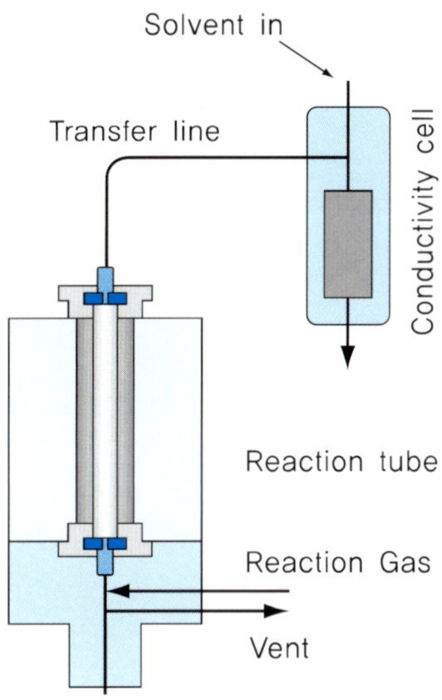

그림 5-41. 전기전도도 검출기의 구조

(5) 기록장치(Recorder)

검출기로부터 전달되는 signal은 기록 장치에 도달되고 기록 장치를 구성하고 있는 여러 가지 기구들에 의하여 signal이 인쇄된다(그림 5-42).

검출기에서 전달된 전류의 세기에 따라 potentiometric recorder에서 직접 실시간(real time) chromatogram할 수 있고, 신호가 검출기로부터 scaling amplifier에 전달되면 analog-to-digital(A/D) convert에 적당한 크기로 증폭된다. 증폭된 신호가 A/D converter

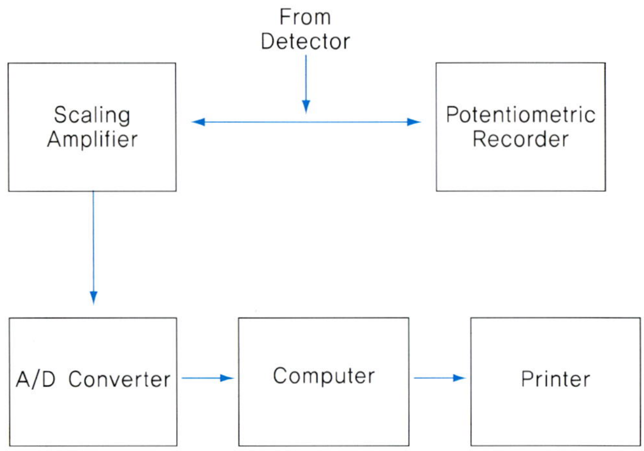

그림 5-42. Data 처리 과정

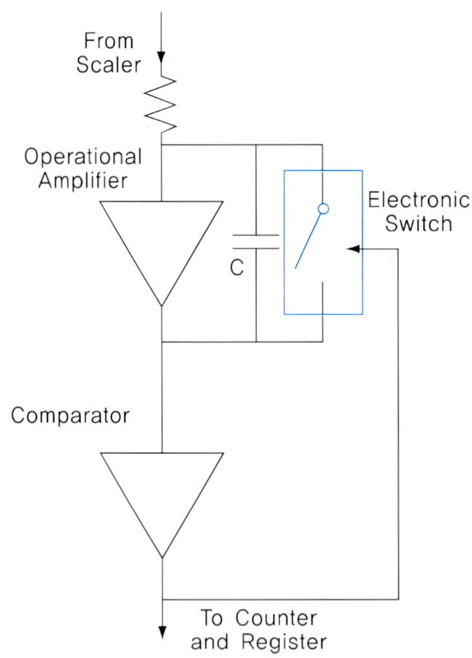

그림 5-43. 기본 V/F Analog-to-Digital Converter의 구조

에서 digital 형태의 신호로 변환되어 computer에 이르면 chromatogram을 인쇄할 수 있다. A/D converter의 원리는 피드백 축전기(feedback capacitor)가 있는 작동증폭기(operational amplifier)에 적분기(integrator)가 있어서 voltage/frequence(V/F)를 digital로 변환한다. V/F가 scaling amplifier에서 작동 증폭기를 통과하는 동안 축전기에 충전된다.

Integrator로부터 유래한 전기적 힘은 전위가 축전기를 통과할 때 전자스위치(electronic switch)를 자동하는 비교기(comparator)에 의하여 신호와 된다. 비교기의 작동은 pulse를 counter로 보내어지고 동시에 스위치에 의하여 비교기의 작동이 끊긴다. 이런 과정이 계속되면서 비교기에서 생성된 pulse는 oscillator에 전달되고 counter에 의하여 규칙적인 간격으로 register에 보내진다(그림 5-43).

5. GC 분석의 활용

1) 산업체 근로자들의 유기용제나 특정화학물질에 대한 노출 지표분석

산업체 근로자들이 유기용제나 특정 화학물질에 장기간 노출되면 건강을 해친다. 산업안전 보건법은 근로자들의 건경 관리를 위하여 정기적으로 건강진단을 받게 되었고 필요할때는 언제나 유기용제나 특정 화학물질의 노출지표를 분석하도록 하고있다.

GC에 의하여 분석하는 물질은 표 5-5과 같고 그림 5-44은 GC를 이용한 소변 중 유기산을 분석한 예이다.

2) 임상화학적 응용

GC에 의하여 분석되는 대표적인 화합물은 지방산, 아미노산, steroid, catecholamine 등이 있으며, 이러한 화합물은 분자 속에 수산기, 아미노기, 칼복실기 등 극성이 강한 화학기를 가지고 있기 때문에 칼럼 등에 흡착되거나 열 혹은 금속 표면과의 접촉에 의해 쉽게 분해될수 있다. 이런 화합물은 휘발성이 없거나 분자구조 때문에 칼럼에서의 분리가 어려운 것도 있다. 그러므로 이와 같은 화합물을 분석하는 데는 일반적으로 메틸화(methylation), 트리메틸시릴화(trime-thylsyrilation), 아세틸화(acetylation) 등(표 5-6)에 의해 목적의 화합물을 유도체로 바꾸고, 열안정성, 휘발성을 증가시켜 측정하고 있다.

표 5-5. GC로 분석하는 물질

유기용제	크실렌, 퍼클로로에틸렌, 톨루엔, 스티렌, 메틸클로로포름, 리클로로에틸렌, 디메틸포름아미드, 노르말헥산, 디클로로메탄, 메틸알코올, 메틸에틸케톤, 메틸이소부틸, 케톤, 아세톤, 2-메톡시에타놀, 2-메톡시에틸아세테이트, 이소프로필, 알코올, 초산메틸, 클로로벤젠
특정화학물질	펜타클로로페놀(나트륨), 톨루엔(50ppm기준), 퍼클로로에틸렌, 페놀

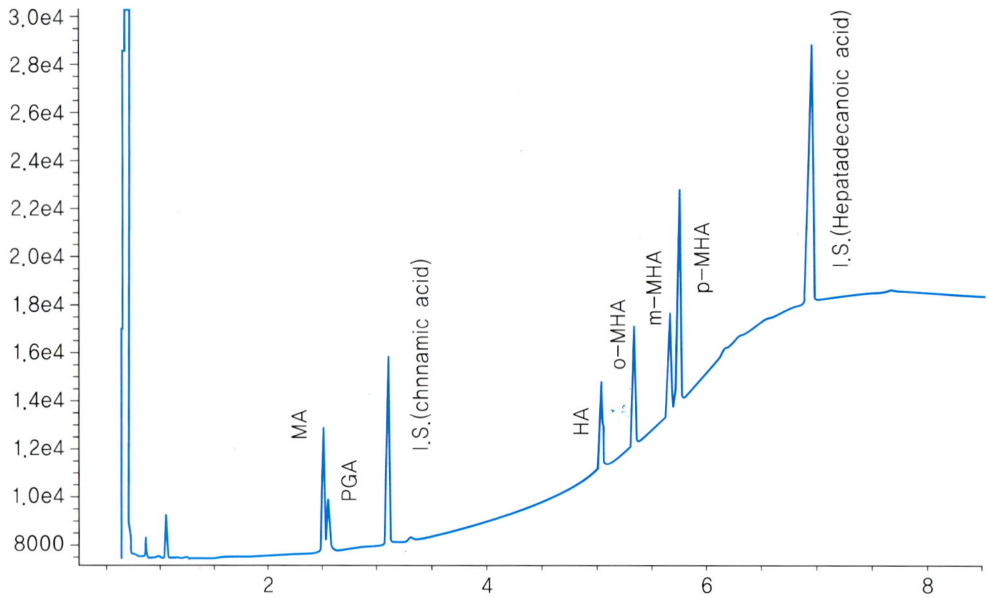

그림 5-44. GC를 이용한 소변 중 유기산을 분석한 예

표 5-6. 분석 물질들의 유도체 전환

메틸화	R-COOH —(메틸화)→ R-$COOCH_3$
트리메틸시릴화	R-OH —(트리메틸시릴화)→ R-$OSi(CH_3)_3$ R-NH_2 → R-$NHSi(CH_3)_3$ R-$N[Si(CH)_3)_3]_2$
아세틸화	R-OH —(아세틸화)→ R-$OCOCH_3$
트리플루오로아세틸화	R-OH —(트리플루오로아세틸화)→ R-$OCOCF_3$

(1) 지방산

지방산은 혈액이나 조직 속에서는 유리상태 triglyceride, cholesterol ester 및 phospholipid 등으로서 존재한다. 분석은 총 지질을 직접 가수분해하여 총지방산으로 구하는 방법 및 총 지질을 칼럼 크로마토그래피 등으로 분획한 후, 가수분해하여 각각의 구성 지방산을 구하는 방법등이 있다. 유리자방산 혹은 가수분해하여 얻어지는 지방산은 일반적으로는 methyl ester화하여 GLC에 의하여 분석된다. Methyl ester화법에는 산을 포함한 무수 methanol속에서 환류를 행하는 acid-methanol법, trilsulfonylmethy lnitrosoamide (Diaza-ld)나, N-methyl-N-nitroso-P-toluenesulfonamide(PTSA)에서 얻어지는 diazomethan을 사용하는 방법, 옥화메탄에 의한 방법, dimethylformamidedialkylacetal에 의한 방법이 있다.

(2) 아미노산

혈액 또는 요 중의 아미노산 혹은 단백을 가수분해하여 얻어지는 아미노산은, butylestertrifluoroacetyl(Bu-TFA) 유도체 혹은 trimethysylibutyl(TMS) 유도체를 이용하여 분석된다. 흔히 사용되는 Bu-TFA 유초체로 하는 방법에서는, Arg, His, Cys를 OV-17로, 다른 17종의 아미노산은 EGA를 사용하는 듀얼 칼럼 방식으로 분석한다. 최근에는 N-trimethysylibutyl(N-TMS-Bu) 유도체법, N-heptaflu-orobutyl-n-propyl(N-HFB-n-propyl) 유도체법, 그리고 N-dimethylaminomethylenemethyl 유도체법 등이 보고 되었다.

(3) 당 류

혈액 또는 요 속의 단당류, 2당류, 당 알콜, 아미노당, 우론산 및 당산은 TMS 유도체 혹은 TFA 유도체 등으로 분석된다. 시료 속에 공존하는 당류가 많은 경우는 당류를 수소화 붕소나트륨으로 처리하여 환원당을 대응하는 당 알콜로 변환시킨 후 유도체로 하는 방법이 사용된다. 이 환원법을 이용하면 환원당의 이성체에 의한 복수 peak가 단일 peak가 되어 분석이 쉬워지는 이점이 있다.

(4) 스테로이드(Steroids)

혈액 또는 요 속의 스테로이드 화합물은 글루크론산 혹은 황산포합체로서 존재하고 있다. 이런 한 것은 가수분해, 분획, 순화한 후, 유도체로 바꾸어 분석하고 있다. 가수분해 법에는, a) 산가수 분해, b) 효소가수분해법이 있다. 유도체로서는 TFS 유도체, 혹은

ECD에 대하여 고감도인 TEA 유도체 등이 사용되고 있다.

(5) 카테콜라민(Catecholamine)

카테콜라민인 dopamine(DM), norepinephrine(NE) 및 epinephrine은 포합체로서 존재하는 것도 있어 가수분해를 필요로 한다. catecholamine의 농도가 높은 조직의 분석에는 TMS 유도체가 이용되며 요중 등의 catecholamine은 미량이므로 TFA 유도체를 이용하여 ECD에서 분석한다.

6. 원자흡광 광도법(Atomic Absorption Spectrometry)

1) 서론

원자흡광 광도법(Atomic Absorption Spectrometry, AAS)은 1955년 Australia의 분광학자 Walsh 등의 연구에 의해 새롭게 등장한 화학분석법으로 금속원자를 불꽃 또는 전기로 등에 의하여 높은 온도로 가열함으로서 만들어진 기체상태의 중성원자에 적당한 복사에너지(가시광선 또는 자외선 영역)를 쪼여줌으로서 일어나는 복사에너지의 흡수현상을 기초원리로 한 분석방법이다.

이 방법은 비교적 조작이 간편하고 방해영향이 심각하지 않으며 감도가 예민하여 극미량 금속원소(ppb 정도)를 정확하게 분석할 수 있다. 또한 다른 분석법에서 나타나는 여러 가지 문제점을 효과적으로 해결해 줄 뿐만 아니라 그 원리의 차이(흡수와 발광)는 있지만 원자 형광분석법(Atomic Fluorescence Spectrometry, AFS) 및 불꽃 발광분광법(Flame emission Spectrometry, FES)과는 장치가 비슷하여 한 가지 기기로 이들 방법을 응용할 수 있어서 각 방법의 장점을 충분히 활용할 수 있는 잇점도 있다. 최근 원자흡광 광도법은 기기장치 및 분석방법의 개선과 개발로 인하여 분석가능한 원소가 금속 뿐 아니라 B, P등과 같은 비금속 원소에 이르기까지 약 70여종의 원소로 확대되었다. 아울러 검출한계도 비약적으로 향상됨으로서 다양한 학문분야에 응용되고있다. 그 중에서도 순수한 물질중의 불순물 분석과 광물, 생체 및 각종 공해시료중의 미량금속을 분석하는데 있어서 없어서는 안될 분석법으로 각광받고 있다.

2) 원리 및 이론

(1) 원자흡수, 원자형광 및 발광

분자결합이 작용하지 않는 중성원자구름(neutral atomic cloud)에 복사선을 쪼여주면 원자는 복사에너지, 즉 광자(proton)를 흡수하여 바닥상태(ground state)에 있던 전자가 높은 에너지 준위로 전이(transition)를 일어켜서 들뜬상태(excited state)로 된다. 반대로 들뜬 상태의 원자는 흡수하였던 에너지를 방출하면서 원래의 바닥상태로 되돌아 오게 되는데 이와 같은 전자의 전이현상을 원자흡수(atomic absorption) 및 원자형광(atomic fluorescence)이라고 하고 이때 원자흡수 및 원자형광(발광) 스펙트럼이 나타나게 된다. 특히 원자형광의 경우를 보면 원자가 흡수하였던 동일한 파장의 에너지를 방출하고 원래의 바닥상태로 되돌아 올때는 resonance fluorescence, 바닥상태보다 약간 높은 에너지 준위(metastable sstate)로 돌아올때는 direct line fluorescence라고 한다. 만약 중성원자와 들뜬 원자 및 광자가 평형을 이루고 있다고 하면 원자흡수와 원자형광과의 관계는 식(1)과 같이 나타낼 수 있다.

$$\underset{\text{(neutral atom)}}{M} \quad + \quad \underset{\text{(photon)}}{h\nu} \quad \underset{\substack{\text{emission} \\ \text{(fluorescence)}}}{\overset{\text{absorption}}{\rightleftharpoons}} \quad \underset{\text{(excited atom)}}{M^*} \qquad (1)$$

한편 흡수하였던 복사에너지를 다시 복사에너지 형태로 방출하는 원자형광과는 달리 열에너지를 흡수하여 들뜬 원자가 복사에너지를 방출하면서 낮은 에너지상태로 되돌아 오는 경우도 있다.(식2)

이러한 방출현상은 원자발광(atom emission)이라고 하며 밝은 선의 원자발광스펙트럼이 나타난다. 특히 열 에너지원이 불꽃일 때에는 불꽃 발광(flame emission)이라고 한다.

$$M \quad \underset{(-h\nu)}{\overset{\text{(+ thermal energy)}}{\rightleftharpoons}} \quad M^* \qquad (2)$$

이와 같은 원자흡수, 원자형광 및 발광의 세가지 현상을 원리로 한 분석법(AAS, AFS, AES)이 발전되고 있는데 흡수와 방출이라는 원리의 차이는 있지만 장치가 비슷하기 때문에 원자흡광 광도계 한 가지 기기를 이용하여 이들 3가지 방법을 함께 분석할 수 있다.

(2) 원자흡수스펙트럼과 Beer-Lambert 법칙

모든 원자들은 각 원자들이 필요로 하는 에너지에 맞게 어떤 불연속 파장에서 빛을 흡수한다. 예를 들어 Na원자는 589nm에서 빛을 잘 흡수한다. 이 파장에서 빛은 Na원자를 또 다른 상태로 전이시킬 수 있는 만큼의 에너지를 갖는다. 이런 전자전이는 Na에 한정되고 다른 원소들의 전자전이에는 영향을 미치지 않는다. Na원자가 바닥상태에서 빛을 흡수했을때 우리는 이것을 들뜬 상태로 전이한다고 말한다. 들뜬 상태에서도 여전히 Na원자이고 그 상태는 더 많은 에너지를 갖을 뿐이다. Na원자는 여러단계의 들뜬 상태로 존재할 수 있고 그때 마다 다른 에너지를 갖는다. 보통 이런 에너지들은 바닥상태와의 차이로 측정되고 Na원자는 바닥상태보다 2.2eV(electronvolts) 높은 들뜬 상태에 있을 수 있다. 이 들뜬상태는 바닥상태를 0.0eV로 볼때 2.2eV 에너지를 더 갖고있다. 에너지 준위는 그림 5-45와 같이 나타낼 수 있다.

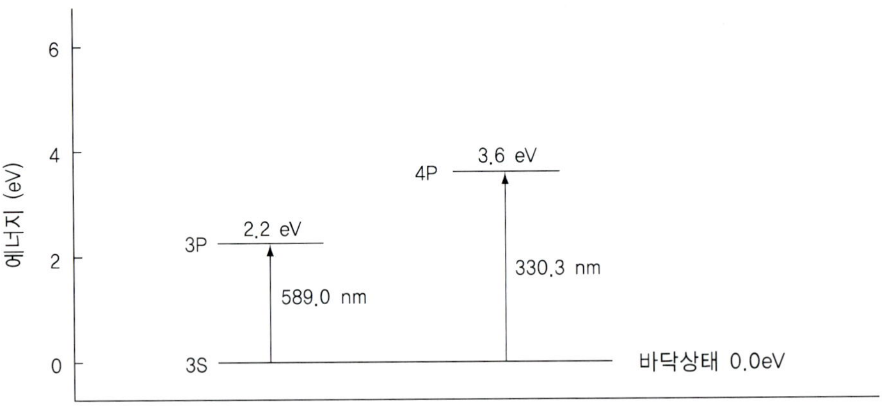

그림 5-45. 나트륨 원자의 가능한 에너지 준위

각기 전자에너지가 다른 상태로의 전이는 각기 다른 에너지를 흡수 또는 방출하며 이에 따라 흡수 또는 방출되는 빛의 파장도 각기 다르다. 이런 파장들은 정확히 구별되고 파장들 중의 한 범위에서 측정되었을때 그 파장은 뾰족한 선(선 스팩트럼)으로 나타난다. 원자스펙트럼들은 이런 특성을 가진 선들에 의해 구성되고 분자들과 관련된 넓은 띠의 스팩트럼(띠스팩트럼)과는 대조적이다. 바닥상태 원자들에서 나오는 선은 원자흡수 분광학에서 가장 관심을 갖는 분야이다. 이런 선들을 공명선(resonance line)이라 하며 각 원소에 대한 원자스팩트럼의 특성은 많은 불연속선으로 나타난다. 다른 선들의 대부분은 바닥상태가 아닌 보다 들뜬 상태에서 나타나는데 실제 원자화에서 대부분의 원자들은 바닥상태에서 발견되기 때문에 이런 들뜬 상태의 선들은 일반적으로 원자흡광 분석에 유용하지 못하다. 빛의 흡수와 분석시료 농도와의 관계, 흡광과 분석시료 농도와의 관계는 흡광의 기본 법칙으로 정의된다.

Lambert's 법칙: 투명한 매체에 의해 흡수된 광량은 입사광의 세기와 관계없이 통과하는 매체의 두께에 비례한다

Beer's 법칙: 흡광정도는 시료중 빛을 흡수할 수 있는 원자들의 수(농도)에 비례한다

Beer-Lambert 법칙을 수학적으로 나타내면:

$$It = I_0^{-(a\ bc)}$$

$$\log_{10} I_o / I_t = abc = absorbance \qquad (3)$$

여기에서

I_0 = intensity of source at wavelength λ

I_t = intensity of transmitted radiarion

a = absorption coefficient

b = path length of light through the sample

c = concentration of the sample(number of neutral atom)

즉 흡광은 어떤 주어진 파장에서 정해진 흡광통로의 길이에서 원소의 농도와 비례한다. 농도가 C인 시료가 어떤 측정된 흡광도값으로 나타내면 농도 2C의 다른 시료는 Beer-Lambert법칙에 따라 이 흡광값의 2배로 나타날 것이다. 흡광은 주어진 조건에서 원자들에 의해 흡수된 빛의 양을 측정하는 것이다. Beer-Lambert법칙은 시료에서 분석원소의 농도와 측정되는 흡광도의 관계를 보여주는 것이다. 원리적으로 식(3)으로 부터 농도를 직접 계산할 수 있지만 실제 분석에서는 a와 b가 일정하지 않고 규직적으로 결정되지도 않는다.

원자흡광 분석법을 사용하는 가장 간단한 방법은 농도를 알고있는 표준시료 용액의 흡광도를 측정한 다음 미지시료가 흡수한 빛의 양과 비교하는 것이다.

흡광이 분석원소의 농도에 달려있기 때문에 이 절차는 미지시료 농도를 결정하는데 매우 간단하고 정확할 수 있는 반면 기기적인 영향과 이론적인 불확실성에 대한 것을 보완해야 한다. 전통적으로 표준시료의 비교와 검량은 그래프로 나타낼 수 있다. 검량선은

각 조건에 따라 그릴 수 있고 측정된 흡광도와 원소농도를 비교해서 그릴 수 있다.

Beer-Lambert법칙에 따르면 이 그래프는 직선이고 미지시료의 농도는 그래프를 통해 바로 결정될 것이다(그림 5-46). 그러나 스펙트럼의 형성에 미치는 몇가지 요인과 기기적 설계로 인하여 검량선이 이론적인 직선으로 부터(특히 높은 흡수에서) 편차가 일어날 수 있다.

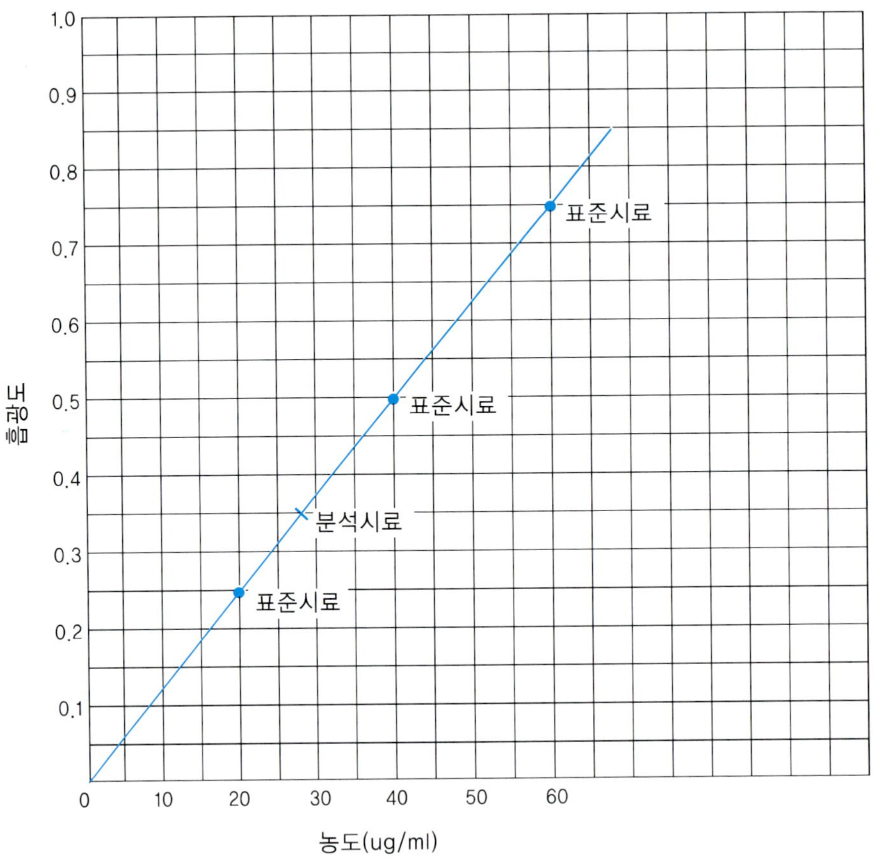

그림 5-46. 검량선

3) 원자흡광 광도계의 구성

원자흡광 광도계는 다른 분광광도계의 구조와 비슷하여 광원, 시료용기(AAS에서는 원자화장치), 단색화장치, 검출기, 판독계, 지시계 등으로 구성되어 있다(그림 5-47).

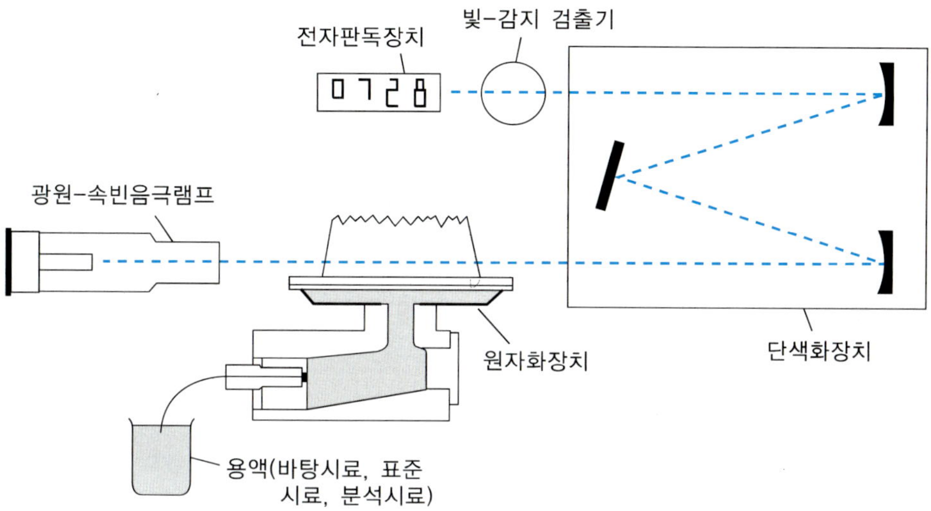

그림 5-47. 원자흡광 광도계의 일반적 구성

(1) 광원(Light Sources)

원자흡수선은 폭이 대단히 좁기 때문에 광원으로부터 발광되는 에너지를 원자들이 완전히 흡수하기 위해서는 hydrogen lamp와 같이 넓은 폭(5Å 정도)의 스펙트럼을 발광하는 연속광원(continuous source)은 사용할 수 없고 각 원자마다 들뜨기에 알맞은 폭이 좁은 복사선 즉, 공명선을 발광하는 특수한 장치의 광원이 필요하다.

이러한 조건을 만족하는 몇 가지 광원이 고안되긴 했지만 AAS에서는 주로 저압음극 방전장치로 된 속빈음극램프(Hollow cathode lamp, HLC)을 광원으로 사용한다. HLC은 분석하고자 하는 원소의 순수한 금속이나 합금이 음극으로 되고 낮은 압력(1~10 mmHg)의 Ar 또는 Ne과 같은 불활성기체가 들어 있는 관으로서, 양극에 높은 전압을 걸어 주어 기체를 방전하여 이온화시키고 이 때 생기는 양이온이 음극을 때리면 음극표면의 금속 원자가 음극표면으로부터 떨어져 나오면서 원자구름을 만드는데 이 같은 현상을 튕김(sputtering)이라 한다. 튕겨 나온 원자는 불활성기체와 충돌하여 그 원자의 고유한 공명선을 발광한다. 양극간에 흘려주는 전류의 세기는 100~200volt에서 5~10mA가 가장 적당하며 충진기체의 선택은 음극물질에 따라 달라진다. 즉 Fe나 Ni과 같은 비교적 비휘발성인 금속은 이온화전압이 큰 Ne이 적당하며 Li과 As같이 휘발성이 큰 금속은 강한 Ne의 방출선이 이들 원소의 line과 겹침으로써 Ne은 오히려 부적당하다.

일반적으로 Ne이나 He보다 Ar을 주로 사용하는데 이것은 Ar의 이온화 전압이 낮고 질량이 큰 관계로 음극물질의 튕김을 증가시키기 때문이다.

충진기체의 압력이 커지면 ionic line의 세기도 따라서 커지므로 이를 줄이기 위하여 3mmHg정도의 낮은 압력이 적당하다. 또한 lamp는 사용회수가 증가함에 따라 음극물질이 소실되고 충진기체의 압력이 감소하므로 자연히 소멸되는데 재생하기는 곤란하다. Lamp의 수명은 음극물질의 종류에 따라 다르지만 일반적으로 걸어주는 전류장에 비례하는데 약 100mA에서 1,000시간 정도 사용할 수 있다. 또한 lamp를 사용하지 않고 방치해도 그 수명이 단축되는데 이는 lamp내의 불활성기체가 음극물질 표면을 덮게 되어 음극물질의 활성을 감소시키기 때문이다. 일반적으로 음극물질이 한 가지 종류의 원소로 되어 있는 단일원소 램프(single element lamp)가 주로 사용되고 있는데 가격이 비싸고, 각 원소를 분석할 때마다 해당원소의 lamp를 갈아 끼워야하는 등 불편한 점이 있다. 따라서 공명선이 서로 겹치지 않는 3~4 원소들의 합금을 음극물질로 한 복합원소 램프(multi element lamp)가 몇 가지 제작되어 널리 이용되고 있는데 사용하기에는 편리하지만 single element lamp에 비해 감도가 낮다.

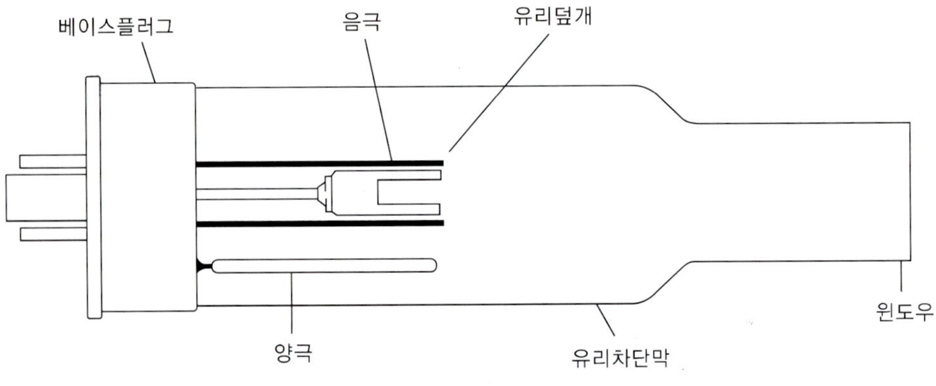

그림 5-48. 속빈 음극램프

또한 lamp의 방출선강도를 증가시키기 위해서 electron emissive 물질을 입힌 보조음극을 가진 High brightness lamp를 사용하면 낮은 전압에서도 많은 전자가 생성되어 발광선의 세기는 보통 lamp보다 10~100배 가량 증가되며 따라서 감도도 좋아진다.

한편 As, Se, Te 등과 같이 비교적 휘발성이 큰 원소들은 안전하고 수명이 긴 속빈음극램프를 만들기 곤란하다. 현재 이들 원소의 HLC도 상품화되고 있지만 이 경우에는 주로 전극없는 방전관(Electrodeless discharge lamp, EDL)을 광원으로 사용한다. EDL은 적은 양의 순수한 금속이나 요오드화물을 넣은 silica bulb를 낮은 압력의 불활성기체와 함께 방전관내에 처리한 것이다.

(2) 원자화 장치(Atomizer)

원자흡광 광도법에서 감도(sensitivity)에 영향을 미치는 가장 중요한 인자는 원자화 과정으로서 이온이나 분자상태의 시료로부터 효율적인 방법으로 중성원자 증기를 만들고 재현성있게 광로(optical path)에 분산시켜야 한다.

이러한 목적으로 원자화방법이 다각적으로 연구되어 왔으며 아울러 여러 가지 모양의 원자화 장치(atomizer)가 고안되었다. 원자화방법은 주로 열에너지원에 따라 구분하는데 불꽃방법(flame method)과 비불꽃 방법(noflame 또는 flameless method)이 있다.

불꽃방법은 분산시킨 시료방울을 불꽃온도에 의해서, 비불꽃 방법은 불꽃이 아닌 다른 에너지원에 의하거나 또는 전혀 열에너지를 이용하지 않고 화학적인 방법으로 원자증기를 만드는 방법이다. 불꽃형 원자화장치(flame atomizer)는 조작이 편리하여 AAS에서 보편적으로 사용되고 있지만 높은 불꽃온도에 의하여 들뜬원자 및 이온 등이 비교적 많이 생성될 뿐만 아니라, 원자가 불꽃내 연소가스나 주위의 공기에 의해 산화물등 여러 가지 화합물을 형성하게 되므로 열분해가 불완전하여 진다. 실제 원자화효율은 시료중에 있는 원자의 약 10%정도 밖에 지나지 않는다. 따라서 원자화효율을 높이기 위하여 불꽃 대신 전기에너지 또는 화학적 반응 등에 의한 방법으로 원자화를 시키는 비불꽃형 원자화장치가 등장하였다. 비불꽃형은 불꽃형보다 원자화효율, 즉 감도가 월등히 높으며 위험도가 적은 이점이 있어서 최근 공해분석 등 특수분야에서의 이용도가 크게 증가하고 있다. 표 5-2는 원자화장치의 종류 및 특징을 수록한 것이다.

a) 불꽃 방법(flame method)

불꽃방법에 의한 원자화는 첫째, 시료용액을 가급적 많고 고른, 작은 방울로 분산(nebulization) 시키고 둘째, 적당한 온도의 불꽃으로 용매를 증발, 화합물을 열분해하고, 셋째 증기상태의 중성원자를 만드는 세 가지 과정을 거친다. 이러한 점을 고려하여 두가지형의 atomizer 상품화되었다. 즉 시료용액, 연료가스(fuel gas) 및 보조기체(supporting gas 또는 oxidant)를 각기 다른 통로로 보내어 burner 끝부분에서 섞이게 하는 total consumption형과 미리 이들을 섞어서 내보내는 premix형으로 시료를 방울로 분산시키고 분산된 시료방울과 연료 및 조연가스를 섞이게 하는 nebelizer와 spray chamber, 그리고 불꽃을 만드는 burner등 세 가지 부분으로 되어있다(그림 5-49).

표 5-7. 원자화장치의 종류 및 특징

Type	Atomizer의 종류	장점	단점
Flame type	Total consumption atomize	1. 제작및 조작이 불편하다. 2. 시표전체가 불꽃에 aspirate된다 3. Unbuned gas에 의해서 폭발 위험이 없다.	1. Aspiration이 불완전하다. 2. 점도가 큰 시료는 aspirete가 곤란하다. 3. Drop size가 불균일하다. 4. Burner tip이 막히기 쉽다.
	Premix atomizer	1. Aspiretion 되는 양이 많다. 2. Drop size가 균일하여 atomization 효율이 크다. 3. 감도가 좋고 재현성이 있다. 4. Burner tip이 잘 막히지 않는다.	1. 연소기체의 양이 많아 폭발할 위험이 있다. 2. 미증발분의 축적으로 시표에 오염될 가능성이 있다.
Non-flame type	1. Flash heating atomizer 2. King furnace atomizer 3. L'vov furnace atomizer	1. 산화작용을 방지할수 있어 atomization효율이 크다. 2. 시료를 전처리 하지 않고, 직접 분석이 가능하다. 3. 부식을 잘 당하지 않고 오염을 막을 수 있다. 4. 감도가 좋다.(10^{-10}g level) 5. 적은 양의 시료로도 분석이 가능하다.	1. Vacuum UV region에서 resonance line을 가지는 원소는 곤란하다. 2. U, Th, Zr과 같이 증기압이 낮은 원소는 감도가 좋지않다.
	1. Cold vapor method 2. Hollow cathode atomizer	1. 휘발성이 큰 원소(Hg등)와 비금속원소(P, S등) 및 isotope분석에 사용된다. 2. 감도가 대단히 좋다 (10^{-10}~10^{-12}g)	

① 분무(Nebulization)

분무장치의 기능은 분석용액이 불꽃에서 효과적으로 분해될 수 있도록 에어로졸 상태로 만들어주는 역할을 한다. 물리적으로 이런 필요한 입자의 크기는 내경이 5~7㎛이고 커봐야 20㎛정도이다. 분명히 작은 입자는 큰입자보다 쉽게 건조되고 기화된다. 그러므로 이 장치는 작은 입자를 최대화 하는 것이 가장 중요하다.

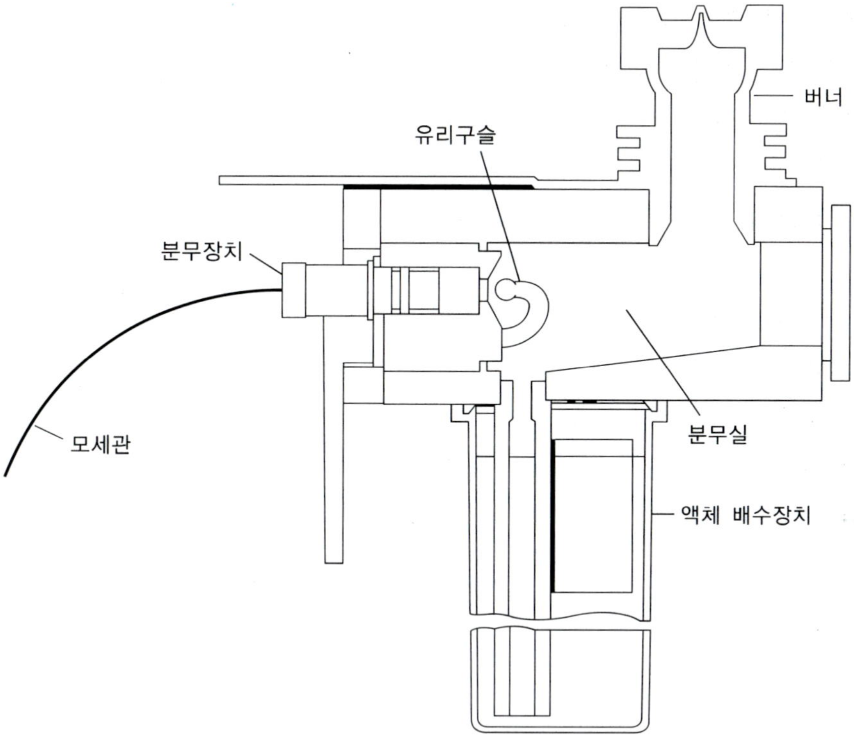

그림 5-49. 분무실과 버너의 단면

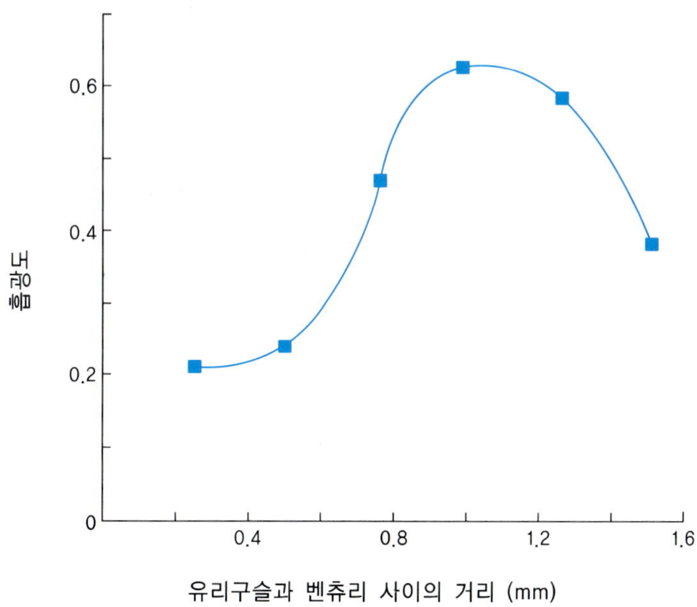

그림 5-50. 유리구슬의 위치 변화에 따른 효과

분무 벤츄리에 대한 유리구슬의 위치는 분무효율, 입자크기, 분석반응에 상당한 요인이 된다. 최적위치는 용액의 물리적 특성에 달려있고 구슬의 위치를 적당하게 조절할 필요가 있다(그림 5-50). 분무장치가 작동하는 압력은 입자크기, 분무효율, 통과율을 결정하는 중요한 요인이다.

실제로 작동압력은 특별히 제작한 분무기 형태에 맞게 제작회사가 설정한 고정값을 갖는다.

그러나 순간의 작동압력 변동은 이것이 원자화 과정에서 순간변화를 일어킬 수 있고 분석정밀성을 떨어뜨릴 수 있기 때문에 피해야만 한다. 불꽃으로 흡수되는 용액의 비율은 그림 5-51에서 처럼 기기적 반응에 영향을 준다. 흡수와 통과비율곡선은 분당 약 6ml 이상이 통과하면 평평해 지는 경향이 있다. 이것은 일반적으로 고정된 분무기에서는 실제적인 최상값을 나타내는것이다. 더 높은 통과비율에서 장치는 포화되는 경향이 있어

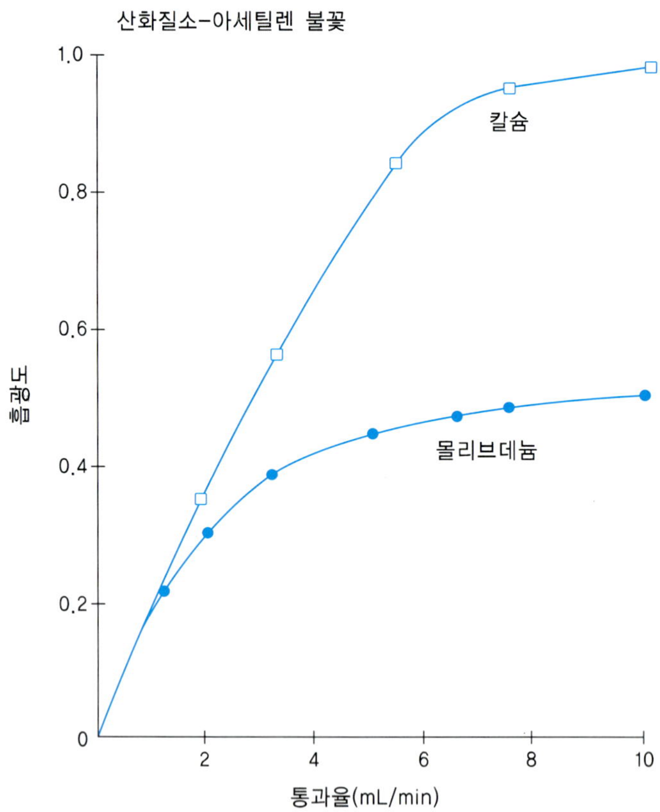

그림 5-51. 다양한 통과율

첨가용액은 불꽃에서 효과적인 원자화가 일어나지 않는다. 더욱이 과량의 용액은 냉각효과를 일어키는 불리한 화학적 방해요인이 된다.

측정시료와 표준시료사이의 통과비율의 차이는 분석적 정확성에 상당한 영향을 미치기 때문에 모든 시료와 표준시료의 통과비율도 같도록 해야 한다.

분무화 효율은 흡수하는 용액의 표면장력에 의해 영향을 받게 되는데 일반적으로 표면장력이 낮을때 불꽃에 도달되는 용액의 양은 증가하기 때문에 분석 시그널 역시 증가하게 된다. 그러나 모든 분석이 같은 작동조건에서 이루어지는 것은 아니기 때문에 통과비율, 용액입자의 크기, 또 그들의 분포는 유리구슬의 위치, 주입되는 산소의 압력, 분무장치의 기하학적 구조와 같은 요소들의 지배를 받는다. 그렇다 하더라도 실제 분석에 있어서 분석자는 측정시료와 표준시료의 표면장력 차이에 대해 이해하고 있어야 한다. 표면장력은 다음과 같은 사항들을 염두에 두고 조절해 나갈 수 있어야 한다.

a) 유기용매 또는 용매 혼합물-측정시료와 표준시료가 정확히 같은 용매구성으로 있어야 한다.
b) 수용성의 혼합물과 섞임성이 있는 유기용액에서는 에틸알콜과 같은 용매는 적은 양도 표면장력을 많이 변화시킬 수 있음으로 주의해서 혼합해야 한다.
c) 고농도 염은 용액의 표면장력을 증가시킨다. 분무화에서 이 효과는 a), b) 보다는 영향이 적지만 측정시료와 표준시료 그 농도가 균등하게 되도록 주의해야 한다.

분꽃에서 일어나는 열반응 과정에서 원자화효율에 영향을 주는 인자 가운데 중요한 것은 시료의 방울크기(drop size)와 흡입량(uptake size 또는 aspiration rate), 불꽃의 온도 및 불꽃에서 만들어지는 화합물의 열적 안정성(thermostability)등이다.

■ 시료의 방울크기와 흡입량

불꽃에 분산되는 시료의 방울크기가 불균일하거나, 흡입량이 너무 많아지면 불꽃에서 용매를 증발하는데 많은 에너지를 소비하게 되므로 열분해가 불충분해진다. 따라서 원자화효율이 감소되기 때문에 고른 크기의 작은 방울을 적당한 불꽃으로 분산시켜야 한다. 최근에는 감도를 높이기 위하여 시료에 킬레이트시약을 가하여 킬레이트를 형성시킨 다음 적당한 용매로 추출하여 분무시키는 용매 추출법을 많이 이용하고 있다.

■ 불꽃 온도

불꽃은 시료용매를 증발하고 고체화합물을 기체상태로 만든 다음 열분해하여 가급적

표 5-8. 불꽃 형태의 선택과 분석범위

원 소	불꽃형태	불꽃 분석법 범위(ug/mL)	흑연로 분석법 범위(ng/mL)	증기 발생법 범위(ug/mL)
Ag	AA	0.03 ~ 10	0.5 ~ 12	
Al	MA	0.4 ~ 200	5 ~ 80	
As	NA/AA	2 ~ 200	5 ~ 100	0.005 ~ 0.03
Au	AA	0.1 ~ 30	2 ~ 40	
B	NA	20 ~ 2000	*1 ~ 20	
Ba	NA	0.2 ~ 80	5 ~ 150	
Be	NA	0.02 ~ 8	0.5 ~ 5	
Bi	AA	0.6 ~ 50	2 ~ 80	0.01 ~ 0.06
Cd	AA	0.01 ~ 3	0.2 ~ 3	
Co	AA	0.06 ~ 15	2 ~ 50	
Cr	AA/NA	0.06 ~ 20	1 ~ 20	
Cs	AA	0.2 ~ 25	2 ~ 70	
Cu	AA	0.02 ~ 10	1 ~ 20	
Dy	NA	0.4 ~ 150	30 ~ 300	
Er	NA	0.5 ~ 150	40 ~ 500	
Eu	NA	0.2 ~ 80	10 ~ 140	
Fe	AA	0.05 ~ 20	1 ~ 20	
Ga	AA	1 ~ 200	10 ~ 200	
Gd	NA	20 ~ 6000		
Ge	NA	1 ~ 300		
Hf	NA	20 ~ 2000		
Ho	NA	2 ~ 200		
In	AA	0.5 ~ 80	20 ~ 250	
Ir	AA	4 ~ 200		
K	AA	0.03 ~ 2	0.3 ~ 5	
La	NA	30 ~ 15000		
Li	AA	0.02 ~ 5	1 ~ 20	
Lu	NA	8 ~ 15000		
Mg	AA/NA	0.003 ~ 1	0.1 ~ 2	
Mn	AA	0.03 ~ 6	0.5 ~ 10	
Mo	NA/AA	0.4 ~ 75	2 ~ 80	

표 5-8. 불꽃 형태의 선택과 분석범위(계속)

원소	불꽃형태	불꽃 분석법 범위(ug/mL)	흑연로 분석법 범위(ng/mL)	증기 발생법 범위(ug/mL)
Na	AA	0.003 ~ 2	0.005 ~ 2	
Nb	NA	20 ~ 6000		
Nd	NA	10 ~ 3000		
Ni	AA	0.1 ~ 20	3 ~ 80	
Os	NA/AA	1 ~ 200		
Pb	AA	0.2 ~ 30	2 ~ 25	0.05 ~ 0.3
Pd	AA	0.2 ~ 20	5 ~ 110	
Pr	NA	50 ~ 4000		
Pt	AA	1 ~ 400	50 ~ 1000	
Rb	AA	0.03 ~ 8	1 ~ 15	
Re	NA	10 ~ 2000		
Rh	AA	0.1 ~ 40		
Ru	AA	1 ~ 50		
Sb	AA	0.4 ~ 80	5 ~ 80	0.005 ~ 0.03
Sc	NA	0.5 ~ 80		
Se	NA/AA	3 ~ 250	5 ~ 150	0.02 ~ 0.12
Sm	NA	20 ~ 1500		
Sn	NA	1 ~ 200	15 ~ 200	0.03 ~ 0.15
Sr	NA/AA	0.04 ~ 10	1 ~ 40	
Ta	NA	20 ~ 2500		
Tb	NA	5 ~ 3000	2 ~ 50	0.01 ~ 0.08
Te	AA	0.2 ~ 60	10 ~ 200	
Ti	NA	1 ~ 350	20 ~ 400	
Tl	AA	0.2 ~ 80	5 ~ 100	
Tm	NA	0.2 ~ 80		
U	NA	200 ~ 20000		
V	NA	1 ~ 150	10 ~ 500	
W	NA	5 ~ 1500		
Y	NA	5 ~ 1500		
Yb	NA	0.1 ~ 15		
Zn	AA	0.01 ~ 2	0.1 ~ 2	
Zr	NA	10 ~ 2000		

* = ug/mL AA = 공기-아세틸렌 불꽃 NA = 산화질소-아세틸렌 불꽃

들뜬원자와 이온의 형성을 막고 중성상태의 원자로 전환시킬수 있는 적당한 온도이어야 한다. 불꽃 온도는 연료와 조연기체의 종류 및 흘림속도 등으로 조절이 가능한데 분석하려는 원자의 화학적(산화성), 열적성질을 고려하여 적당한 불꽃온도를 선택하여야 한다.

일반적으로 휘발성이 큰 원소는 낮은 온도의 H_2-air 불꽃, 비교적 산화물을 잘 형성하는 AL, Ti 등 내화성원소들은 고온이며 환원성 불꽃인 C_2H_2-N_2O 불꽃이 적당하며 그 밖의 대부분 원소들은 C_2H_2-air 불꽃을 사용한다.

또한 연료와 조연기체의 혼합비에 따라서 불꽃의 모양과 온도의 분포가 약간씩 달라지기 때문에 원소들마다 중성원자가 형성되는 불꽃의 region이 각각 다르다. 따라서 분석하기 전에 분석하고자 하는 원소에 알맞은 기체의 혼합비와 불꽃의 region(burner height)을 조절하여야 한다. 표 5-8은 각 원소에 따른 불꽃형태의 선택과 분석범위를 나타낸 것이다.

② 버너위치(Burner Position)

앞에서 정확한 불꽃 형태, 적당한 불꽃 화학양론, 적절한 용액정보가 주어진다면 분석자는 원자화를 최대화 할 수 있을것이다. 그러나 효과적인 분석측정이 진행되기 전에 특정파장이 분석원자단을 직접 통과하는지를 확인하는 것이 필요하다.

분석원자들은 불꽃덮개 안에 균등하게 분포되어있지는 않기때문에 주어진 불꽃 조건하에서 분석원자들은 불꽃의 다른 부분보다 더 밀집된 부분이 있을 수 있다. 최대의 분석 시거널은 특정한 파장에서 빛이 최고 밀집지역을 직접 통과할 때 얻어진다. 불꽃중의 이 위치는 목적원소에 따라 달라질 수 있기때문에 분석위치에 자동적으로 맞도록 버너의 위치를 한곳에 고정시킬 수는 없다. 그러므로 최대의 분포지역이 광학통로에 맞도록 하기위해 버너의 위치를 각 분석에 맞게 조절하는 것이 필요하다. 모든 기기는 최대의 흡광도를 얻을 수 있도록 분석자들이 버너의 위치를 조정할 수 있도록 되어있다. 또한 연료와 산소의 비율을 선택하는 것과 화학양론이 일어나는 것을 선택하지 않고 모든 기체흐름을 변화시키는 것 또한 불꽃에 있는 분포지역을 분화시키는 것을 알고있어야 한다. 결과적으로 불꽃의 조건이 변할 때 마다 최대의 흡광을 얻기 위해 버너의 높이를 재조정하는 것이 필요하다. 버너를 통과하는 광학통로가 원자분포지역에 맞게 통과할 수 있도록 버너를 회전하여 통과길이를 줄일 수 있다.

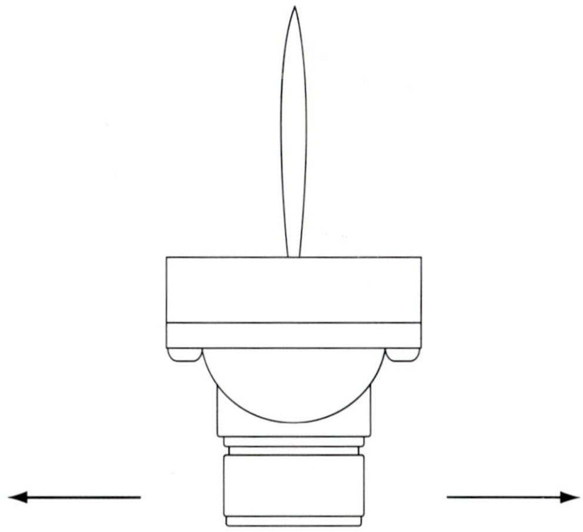

버너의 좌우를 움직여 최적의 광학통로와 맞춰 최상의 흡광도를 얻는다

그림 5-52. 버너조정(수평)

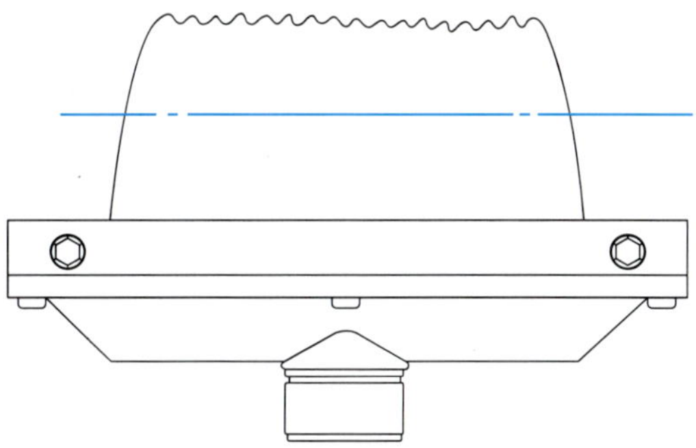

버너의 높낮이를 조절하여 최적의 광학통로에 맞춰 최상의 흡광도를 얻는다

그림 5-53. 버너조정(수직)

b) 비불꽃 방법

비불꽃 방법은 불꽃 대신 다른 에너지 즉 laser, 고주파 및 초단파 plasma, filament나 고온전기로 등에 의해 원자화시키는 방법과 에너지원을 이용하지 않고 화학적 방법으로 원자증기를 만드는 cold vapor법이 있다. 그 중에서 일반적으로 많이 이용되고 있는 고온 전기로법과 cold vapor법에 관하여 소개하겠다.

① 고온 전기로법(흑연로 원자화기, Furnace Atomization)

흑연로 원자화기의 실질적인 기능은 그림 5-54에 나타나 있는 원자화기의 구성과 기능으로 설명할 수 있다. 흑연관은 수냉식 금속 블록내에 위치한 두 전극사이에 설치되어 있다. 빗장걸이(Toggle) 장치는 흑연관을 고정시킨다. 그리고 흑연관을 다른 관으로 교체하기 위해 열리게 할 수도 있다. 전극과 관 사이의 접촉범위는 상대적으로 작다. 따라서 관은 낮은 전압하에 높은 전류가 통과하면서 저항열이 발생한다. 주입가스(주로 아르곤이나 질소)는 전극의 각 끝을 통해 흐르고 급속한 산화로부터 원자화기의 안과 밖을 보호한다.

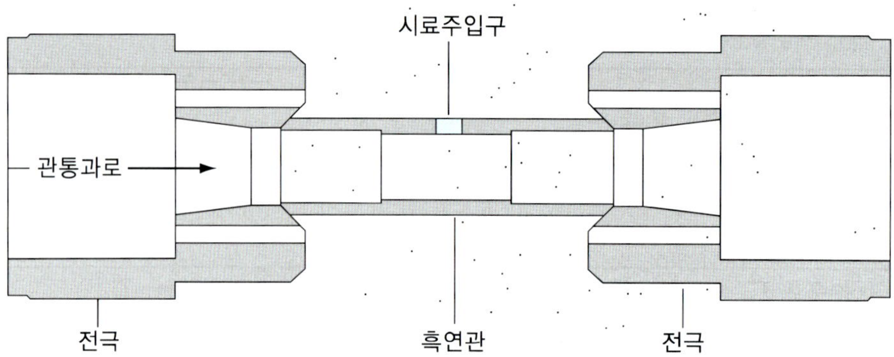

그림 5-54. 흑연관 고온전기로 원자화기

관은 상대적으로 뜨거운 가스나 원자들이 관통할 수 없는 열분해 흑연(Pyrolytic graphite)으로 내부가 덮혀있다. 열분해 흑연은 일반흑연보다 산화에 대한 저항성이 더 크고 화학적으로 반응하지 않는다. 실제적인 분석에서 작은양의 시료(보통 20~40 μl 사이)는 관 상단부의 주입구를 통해 원자화기 관 안으로 주입된다. 시료는 마이크로 실린지를 사용해 수동으로 주입할 수 있으며, 그 과정을 자동시료주입기(Automatic sample dispenser)의 조작에 따라 자동화 할 수 있다. 원자화기는 미리 결정된 프로그램에 따라 가열된다.

■ 건조와 탄화(Dry and Ash)

첫 번째 가열(건조)단계에서 용매는 끓는점에 가까운 온도에서 시료로 부터 증발한다. 증발은 거품화나 튀는 현상에 의한 기계적 손실을 피하기 위하여 천천히 진행되어야 한다. 건조단계가 끝났을 때 원자화기 관내에서 분석원소를 함유한 시료혼합물은 얇은 층을 이루어 남아있게 된다.

탄화단계에서 혼합물은 열분해, 증류, 연소등의 과정을 거치면서 중간온도에서 열적으로 분해된다. 그 목적은 원자화기 안에 분석원소가 유지되는 동안 혼합물 성분을 모두 제거하는것이며 화학적으로 안정한 형태이기 때문에 원자화는 혼합물로부터 방해받지 않고 진행될 수 있다. 이 단계가 끝났을때 나머지는 분자형태인 분석원소로 이루어졌고 최소한의 다른 화합물(일반적으로 무기염류)은 탄화온도에서 열적으로 안정될것이다. 최종단계는 불활성 가스상태의 고온(3000℃)에서 분자들의 분리이다. 이 광통과로 내의 자유원자단 발생 때문에 원자흡광측정이 가능하다. 이 3단계 배열(건조, 탄화, 원자화)의 원자화 과정이 편리하지만 현대의 흑연로 원자화기들은 3단계 배열보다 여러단계의 프로그램을 사용한다. 완벽한 원자화 프로그램은 여러단계로 나뉜다(보통 8-20 사이). 각 단계를 진행시간, 온도증가 속도, 최종단계의 온도를 따로 따로 프로그램 시킬 수 있다. 전혈적인 다단계 프로그램은 그림 5-55에 나타나 있다.

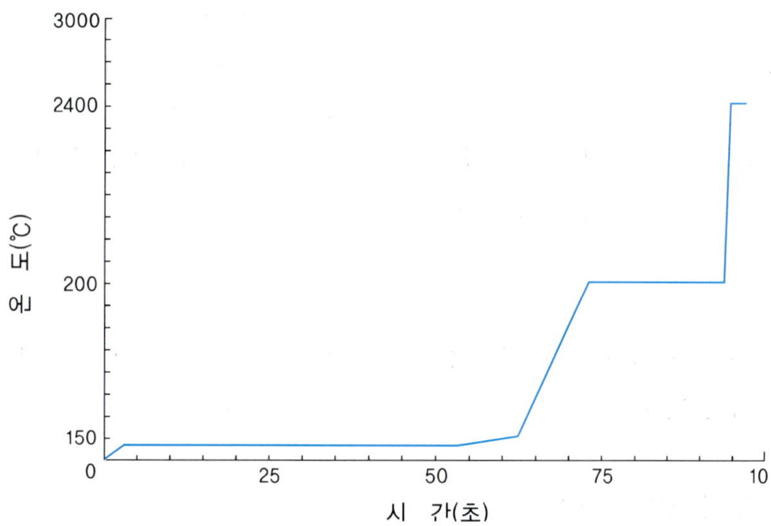

단계번호	온도(℃)	시간(초)	가스흐름	가스타입	판 독
1	90	3.0	3.0	NORMAL	
2	95	50	3.0	NORMAL	
3	150	10	3.0	NORMAL	
4	1200	10	3.0	NORMAL	
5	1200	20	3.0	NORMAL	
6	1200	.5	.0	NORMAL	
7	2400	.7	.0	NORMAL	*
8	2400	.5	.0	NORMAL	*
9	2400	2.0	3.0	NORMAL	
10					

그림 5-55. 온도 프로그램

② 화학적 원자화법(Cold Vapor Generation)

이 방법은 Hg등과 같은 몇 가지 금속의 분석법으로 널리 이용되고 있는데 이들 금속은 휘발성이 비교적 큰 까닭에 불꽃법이나 에너지를 이용한 비불꽃법 등으로 중성원자를 만들기가 부적당하다. 따라서, 적당한 시약을 시료에 가하여 화학적 방법으로 중성원자를 만드는데, 원자의 생성효율이 대단히 좋아서 감도가 높다. 예로서 He원자를 만들고 (식4) 공기를 용액에 불어넣어서 He 원자증기를 광로에 내보낸다.

$$Hg^{2+} + Sn^{2+} \leftrightarrows Hg^{0} + Sn^{4+} \quad (4)$$

Cold Vepor법에서 사용되고 있는 원자화장치는 ppb정도 또는 그 이하의 Hg을 분석할 수 있으므로 현재 환경오염시료의 분석에 널리 이용되고 있다.

한편 Sb, As, Bi, Ge, Sn, Se 및 Te 등과 같이 비교적 휘발성인 수소화물을 잘 형성하는 원소들은 적당한 환원제로 환원시켜 금속수소화물을 만든 다음 원자화시키는 hydride generation method가 널리 이용되고 있다. 이 방법 역시 원자화 효율이 불꽃법보다 대단히 높기 때문에 극미량 분석에 유용하다.

③ 방해영향

AAS에서 각 원자의 흡수 스펙트럼은 원소마다 특징적이며 예민하기 때문에 다른 원소의 스펙트럼과는 거의 중첩이 되지 않는다. 따라서 분해능이 좋은 단색화 장치를 이용하면 분석하려는 원소의 흡수 피이크를 쉽게 찾아 흡광도를 특정할 수 있으므로 다른 분광법보다는 비교적 방해 영향이 심각하지 않다. 그러나 시료를 고온으로 처리하는 관계로 이러한 특수한 조건에서 일어나는 화학반응은 대단히 복잡하며, 그로 인하여 직접 간접으로 여러 가지의 방해작용이 생길 수 있다. 방해영향은 이론적으로 예측하기 곤란하고 실험적으로 조절하여야 한다.

AAS에서 기기 자체에 의한 것 외에 정확도에 영향을 미치는 방해요인을 보면 바탕흡수, 화학적 방해, 이온화, 매트릭스 및 분광학적 방해등을 들 수 있다. 이러한 방해요인을 적당한 방법으로 제거함으로써 분석의 오차를 줄이고 정확성을 기할 수 있다.

■ 바탕흡수(Background Absorption)

원자흡광분광의 중요한 성질중 하나는 화학원소의 특성에 맞게 특정한 파장에서 흡광이 일어나게 하는데 있다. 이론적으로 진행되는 흡광이 분석원소의 존재에 직접적으로 관련되 있다. 그리고 흡광이 일어나는 정도는 원자단의 밀도에 달려있다.

그러나 실제로 분석신호는 원자흡광보다 다른것에 의해 약해진다. 이것은 그들이 주어진 원자분포에 대한것보다 더 높은 흡광도가 나타날것이 분명하고 따라서 분석결과는 적합하지 않게 될 것이다. 바탕흡광의 주요원인은 분자상태 흡광과 산란이다. 분자흡광은 불꽃이 시료의 모든 화합물을 분해할 수 있는 만큼 충분히 뜨겁지 않을 때 일어난다. 다른 분자들은 이때 빛을 흡수한다. 흡광스팩트럼이 분석파장과 중첩된다면 어떤 분자흡광은 분석적으로 유효한 흡광신호와 동시에 측정 될 것이다. 불꽃은 그 자체적으로 흡광이 일어나기도 하고 특히 그것은 낮은 파장에서 주로 일어난다.

그림 5-56은 염화나트륨 분자가 흡수하는 파장범위를 보여준다. 그림 5-57는 납의 특징적인 날카로운 선을 보여준다. 예를 들어 납이 염화나트륨이 많은곳에서 결정된다면 측정된 흡광도는 217nm에서 나타나는 원자와 분자의 흡광도의 합계일 것이다. 이런 상황에서 분석적으로 유효한 결과치를 얻기 위해서는 바탕보정장치를 사용할 필요가 있다. 빛의 산란은 측정시료중에 높은 농도의 고형물질을 포함하고 있을때 나타날 수 있다. 불꽃이 시료로 완전히 분해할 만큼 충분히 뜨겁지 않을경우 고체 미립자들은 불꽃의 여러지역에 남아 있게 될 것이다. 이런 미립자들은 불규칙적으로 운동을 하고 들어오는 빛을 산란시키며 이것은 흡광이 일어나지 않더라도 흡광신호로 나타날 것이다.

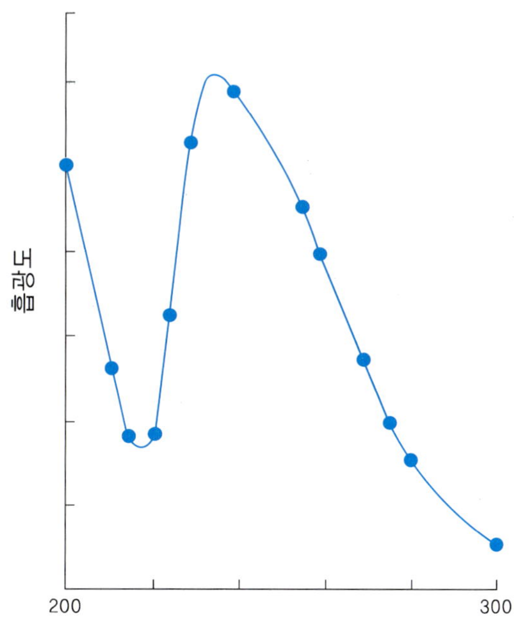

그림 5-56. 넓은 띠 흡수(염화나트륨)

Ash 단계에서 원하지 않은 혼합물을 완전히 제거하는 것과 분석원소의 손실을 줄이는 것이 필요하한데 이런 조건들 하에서 분자들은 원자화 단계에 있는 동안 존재할 수 있고 상당한 바탕 흡광이 일어 날 수 있기 때문이다. 일반적으로 바탕보정장치의 사용은 바탕 흡광을 보완해 주며 흑연로 분석을 하는동안 표준시료와 측정시료의 화학적 변화에 의한 문제를 최소화하고 줄일 수 있다.

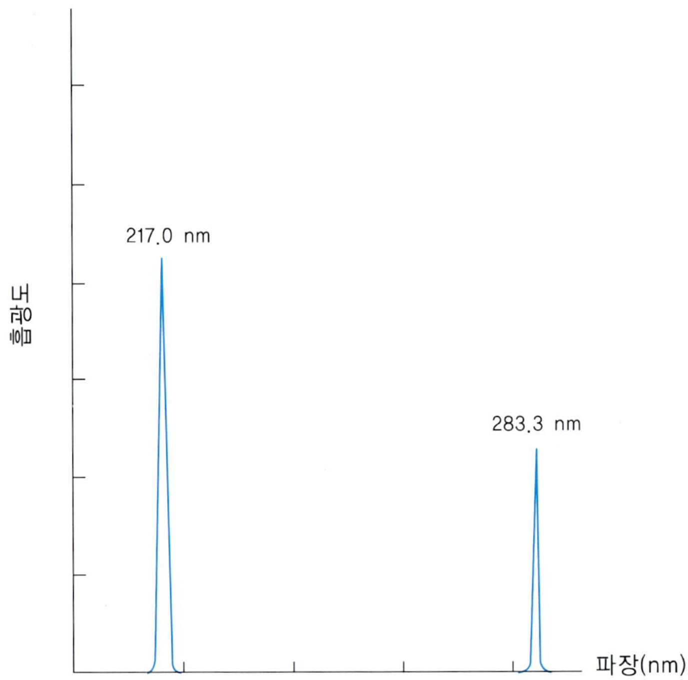

그림 5-57. 날카로운 선흡수(납)

■ 화학적 방해

원자화 과정에서 분석하려는 금속이온이 공존하고 있는 음이온이나, 음이온기를 형성하는 양이온과 반응하여 열적으로 안정한 화합물을 형성함으로써 주어진 농도에서 용이하게 분해를 일으키지 않으므로 중성원자의 생성을 방해하게 된다. 이러한 방해작용을 화학적 방해(chemical interference)라고 하는데 이러한 영향은 비불꽃법보다 불꽃법에서 더욱 심각하게 나타난다. 이러한 방해작용의 제거는 분석하려는 원소보다 방해하는 화학종과 쉽게 그리고 열적으로 안정한 화합물을 형성하는 물질을 과량 가해줌으로써 제거할 수 있으며, 또는 화합물이 충분히 분해 될 수 있는 고온의 불꽃을 사용함으로써 가능해 진다.

■ Ionization

시료가 원자화장치에서 열분해될 때 일부의 원자는 높은 열에너지에 의하여 이온을 형성하여 중성원자의 생성을 방해함으로써 그 흡수강도가 감소된다. 이러한 이온화현상은 원자화장치의 온도 및 원소의 이온화 에너지에 영향은 받는다.

2500K 이상에서는 이온화현상이 현격히 증가하는데 이러한 이온화작용을 방지하기 위해서는 분석하려는 원소보다 이온화 전압이 낮은 원소(Na, K등)를 과량 가하면 이들이 불꽃에서 쉽게 이온화되어 불꽃내의 전자밀도가 증가된다.

■ 분광학적 방해

분광학적 방해(spectral interference) 작용은 시료와 공존하고 있는 여러 가지 화학종이나 불꽃 또는 광원에서 발생되는 스펙트럼으로 인하여 분석원소의 흡수강도에 영향을 미치는 현상을 말한다.

분광학적 방해 작용은 다음과 같이 크게 두 가지 형태로 구분할 수 있는데 첫째는 시료에 분석원소와 함께 공존하고 있는 원소의 흡수스펙트럼, 또는 광원이나 불꽃에 방출되는 스펙트럼이 분석원소의 분석파장과 분리하기 곤란한 정도로 가깝거나(0.1Å 이하) 겹칠 때 일어난다. 그러나 원자 흡수선은 대단히 예민하기 때문에 이러한 스펙트럼의 겹침으로 생기는 방해는 대단히 드물다. 이러한 방해를 제거하기 위해서는 분해능이 좋은 분광기를 사용하던지 다른 파장의 분석선을 사용하여 흡광도를 측정하면 된다. 방해를 일으키는 예를 들면 A1과 V이 공전하는 시료에서 A1의 제 1분석선(308.15nm)은 V의 흡수선(308.211nm)와 겹치므로 분석에 양의 오차를 준다. 그러나 이 경우에는 A1 의 제 1분석선 대신 309.27nm의 제 2분석선을 사용하면 쉽게 피할 수 있다. 둘째는 불꽃자체의 연소생성물이나 시료 중에 있는 용질 및 용매등 여러 가지 분자종이 불꽃에서 생성하는 입자들에 의해서 광원으로부터 조사되는 빛을 흡수 또는 산란시키기 때문에 일어나는 현상이다. 특히 이러한 현상을 비특성적 화학종에 의한 방해작용(nonspecific species interference)이라고 한다.

이러한 방해영향들은 이미 설명한 바와 같이 다른 분석파장을 택하거나, 아니면 높은 온도의 불꽃으로 원자화시키든지 또는 표준물질과 시료용액에 과량의 복사선 완충제(radiation buffer)를 가하면 어느 정도 피할 수 있다. 그러나 시료의 조성이 대단히 복잡할 경우는 방해요인을 쉽게 알기가 곤란하기 때문에 바탕보정은 다음의 세가지 방법에 의한다.

a) 두선 보정법(two line method)

이 방법은 먼저 분석파장에서 시료의 흡광도를 측정한다. 이 때 측정된 흡광도는 분석원소에 의한 흡광도와 바탕에 의한 흡광도가 함께 얻어진다(As + AB = A_{sample} + $A_{background}$). 다음 분석파장의 전후±20nm 범위 이내의 적당한 두 파장을 전체 흡광도로부터 빼면 분석원소자체의 흡광도를 구할 수 있게 된다. 이 방법은 바탕보정장치가 없을 경우 보편적으로 쉽게 이용할 수 있는 장점이 있다.

b) 연속 보정법(continuum method)

이 방법은 deuterium arc lamp(UV 영역), 또는 W-halogen lamp(visible영역)등과 같은 연속광원을 사용하여 그 빛을 주어진 분석파장에서 Hollow cathode lamp에서 나오는 빛과 교대로 원자화장치에 쪼여줌으로써 시료의 바탕 값을 보정정하는 방법으로 Double beam은 물론 single beam spectrometer에서도 이용할 수 있기 때문에 이 장치는 현재 널리 시판되고 있다.

c) Zeeman 효과 보정법

지금 까지 바탕보정과 근본적으로 다른 방법인 Zeeman 효과에 의한 보정이 최근에 상당히 큰 관심을 끌고 있다. 원자증기에 의한 방출 또는 흡수복사선에 수 킬로 gauss의 자기장을 걸어주면 Zeeman 효과를 타나내어 복사선은 약간의 파장의 차이를 갖는 몇 가지 성분으로 나누어지게 된다.

Cd, Hg의 경우 두 개의 성분으로 스펙트럼이 쪼개어지는데 그 하나는 원래의 공명흡수파장과 동일한 파장을 갖는 성분(π line)이고 다른 하나는 공명흡수파장보다 일정한 간격으로 높고 낮은 파장으로 분리되는 성분(σ line)이다. 이 때 π 성분은 걸어준 자기장에 수평인 면에서 편광되고 σ 성분은 수직인 면에서 편광된다. 만약 광원으로부터 방출되는 빛을 회전편광기를 사용하여 원자화장치에 걸어준 자기장에 수평 또는 수직인 평면으로 편광시킨 다음 시료에 교대로 쪼여주면 Zeeman effect에 의하여 수평면으로부터 편광된 광은 분석원소 및 바탕에 의한 흡수 또는 산란을 모두 일으키게 하지만, 수직으로 편광된 광은 단지 바탕에 의한 흡수 또는 산란만을 일으키게 한다. 따라서 수평 및 수직으로 편광된 성분에의한 빛의 세기를 측정함으로써 바탕값을 보정할 수 있다.

Zeeman 분리는 원자화장치 뿐만 아니라 광원에 강한 자장을 걸어줄 때도 가능하다. 이 방법은 시료 전체의 흡광도와 바탕값을 동시에 측정하여 보정이 가능하며 불꽃법은 물론 전기로법에서 매우 유용하게 이용될 수 있다. 또한 single beam 및 double beam spectrometer에도 모두 적용이 가능한데 기기장치의 값이 너무 비싼 단점을 가지고 있다.

■ 매트릭스 효과

매트릭스 효과(metrix effect)는 시료의 물리적 특성(점도, 표면장력 및 휘발성 등)에 의하여 생기는 방해작용을 말하며 물리적인 방해(physical interference)라고도 한다. 즉, 같은 농도의 분석원소를 함유하고 있더라도 그 용액의 점도 및 표면장력이 다르면 시료용액을 원자화장치에 분무시킬 때의 흡입량이나 분무되는 방울의 크기를 다르게 함으로써 중성원자의 생성효율에 영향을 미치어 흡광도의 차이를 일으키게 된다. 또는 시료에 공존하고 있는 염(salt)등 화학종의 휘발성 차이로 인하여 시료의 증발을 저해하거나 원자화되기 전에 분자상태로 증발시키므로 방해하는 경우도 있다. 예를 들면 C_2H_2-air 불꽃에서 Fe 농도가 크면 Cr과 Mo을 완전히 증발시키지 못한다. 뿐만 아니라 전기로법에서도 이 같은 방해영향을 크게 받는데 이것은 적당한 첨가제를 가하여 분석원소의 선택적인 휘발이 가능하도록 시료 매트릭스의 조성을 바꾸어 주어야 한다. 반면 Cl^- 이 많이 존재하는 시료 중에서 As, Zn, Se, Cd 및 Pb 등은 휘발성이 큰 염화물을 형성하므로 원자화되기 전에 염화물 상태로 휘발되기 때문에 원자화효율에 영향을 미치게 된다. 이 경우는 시료 매트릭스를 덜 휘발성인 NO_3 또는 SO_4^{2-}으로 바꾸어 주던지, Ni 또는 Fe 등과 같은 전이원소를 가하여 주면 감소된다. 이 때 가능한 한 표준용액이나 바탕용액의 조성도 시료와 같은 조성이 되도록 만들어 주는 것이 좋다.

최근에는 이러한 매트릭스 효과를 줄이기 위한 방법으로 시료용액을 연속적으로 불꽃에 분산시키는 일반적인 불꽃방법 외에 50~100㎕ 정도의 적은 양의 시료용액을 불꽃에 분산시키는 micro sampling technique이 연구되고 있다. 이 방법은 흡입시키는 시료량이 대단히 적기 때문에 매트릭스 효과를 비교적 덜 받는다. 또한 진한 농도의 염 또는 산을 함유한 시료의 경우 버어너 slot가 clogging 되므로 불꽃이 찢어지는 현상 및 버어너의 부식등을 막을 수 있기 때문에 이 같은 시료의 분석에 이용될 수 있을 뿐 아니라 시료량이 대단히 제한되어 매우 유용한 방법이라고 생각된다.

(3) 단색화 장치(monochromators)

단색화 장치의 기능은 속빈 음극램프에서 방출되는 스팩트럼선으로 부터 하나의 원자공명선을 분리시키는 것이다. 결과적으로 단색화 장치는 정해진 좁은 영역의 스팩트럼만을 통과시키는 조절가능한 필터(Adjustable filter)와 같은 기능을 갖는다.

이상적인 단색화 장치는 단지 공명선만 분리해야 하고 다른 모든 파장은 차단해야 한다. 몇몇 원소들의 공명선 분리는 쉽지만 다른 원소들은 상대적으로 어렵다. 예를 들어 구리는 324.7nm 공명선으로부터 2.7nm 떨어진 곳에서 비교적 깨끗한 스펙트럼선을 가진다(그림 5-58). 다른 한편으로 니켈은 231.7nm와 232.1nm에서 상당히 강한 선으로 존재한다. -232.0nm 공명선 좌우에 하나씩(그림 5-59)

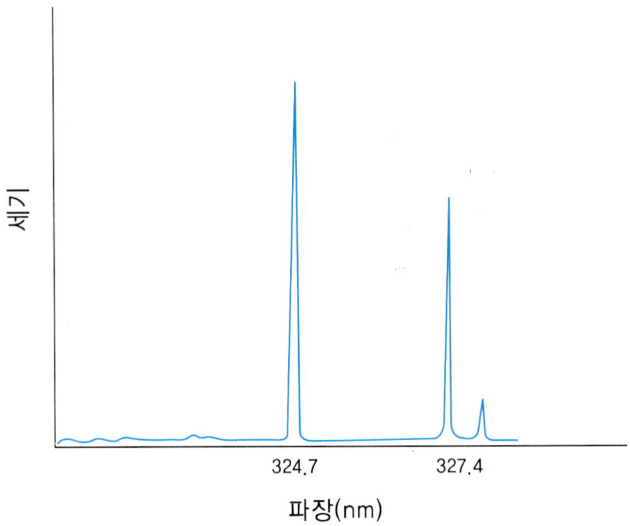

그림 5-58. 324.7nm 부근의 구리원자 스펙트럼

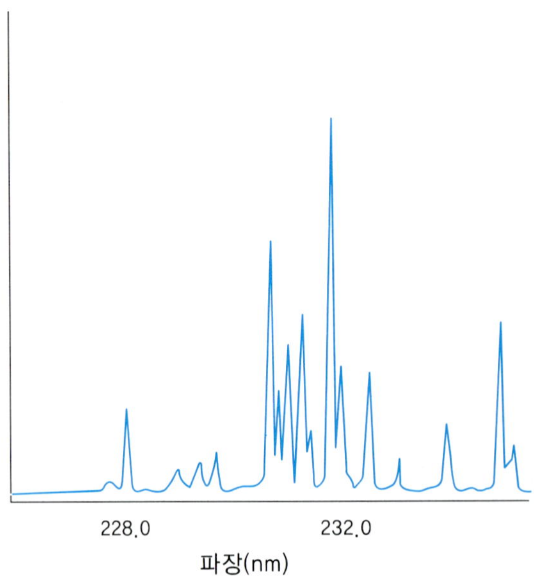

그림 5-59. 232.0nm 부근의 니켈원자 스펙트럼

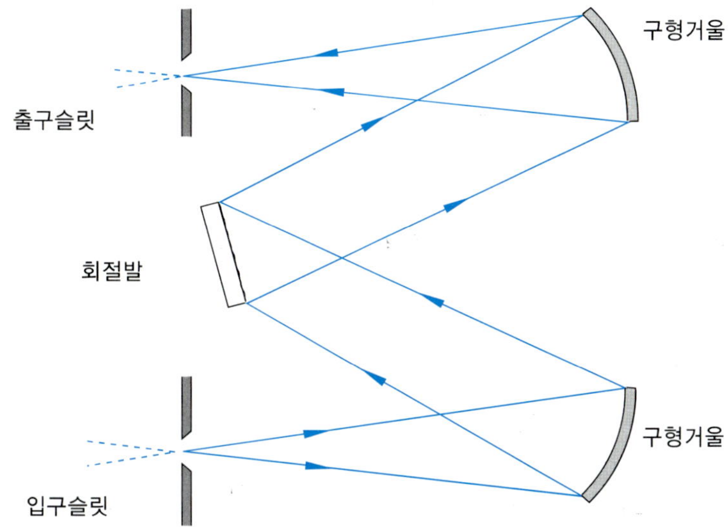

그림 5-60. 단색화 장치의 광학배열(Czerny-turner)

서로 다른 파장들을 구별하는 능력(보통 분리능이라 함)은 단색화 장치의 매우 중요한 특성이다. 매우 정교한 단색화 장치는 0.01nm나 그 이하의 아주 작은 파장들을 분리하는 능력이 있다: 반면 원자흡광광도계에서 전형적인 필수조건은 약 0.2nm 슬릿간격(bandpass)이다.

몇몇 방법들이 스펙트럼에서 필요한 파장을 분리하는데 사용되며 일반적으로 회절발(grating) 단색화 장치가 흡광광도계에 사용된다. 회절발 단색화 장치 설계의 한 형태가 그림 5-61에 나타나 있다. 이 독특한 배열은 Czerny-turner 배치이다. 다른 설계의 단색화 장치는 광학구성상의 배열은 다르지만 그 운영원리는 모두 같다.

빛은 광원에서 방출되어 슬릿을 통과한 다음 첫 번째 거울에 도달할 때 까지 퍼지며 그 거울은 퍼진 빛살을 평형하게 조절하여 회절발쪽으로 향하게 한다. 회절발을 한쪽 표면이 반사율이 좋은 알루미늄으로 덮혀있는 유리블록으로 구성되어 있다.

그 알루미늄 표면은 보통 1mm당 약 500~3000개의 많은 수의 미세한 홈들이 있으며 이 홈은 일직선이며 일정한 간격을 가지고 평행한 톱니모양이어야 한다. 이들 홈에 빛이 도달하면 상호간섭과정에 의해 회절되고 그 빛은 각 파장에 따라 다른 각도로 분산된다. 그 결과로 스펙트럼은 회절발의 표면위에서 넓은 각도로 펼쳐진다. 회절발을 회전하면 성분파장 중의 한 파장만이 두 번째 거울을 통해 출구슬릿위로 초점이 모아진다. 스펙트럼중 나머지 파장들은 두 번째 거울위에 도달하지 않거나 출구슬릿으로부터 떨어진 곳에 초점이 모아진다.

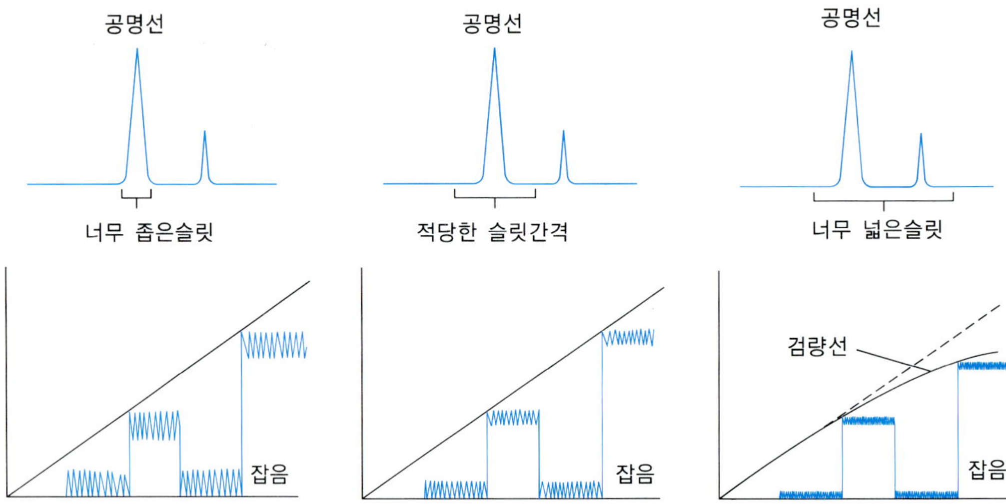

그림 5-61. 슬릿 간격, 검량직선성과 신호/잡음비

회절발의 선밀도가 높으면 분산각이 커진다. 슬릿의 간격은 근접파장을 분리 조절하기 때문에 슬릿의 간격은 단색화 과정을 수행하는데 중요한 결정요소이다. 슬릿이 단색화 장치에서 전달하는 빛의 양을 조절할 수 있기 때문에 슬릿의 간격을 잘 조정해야 한다. 슬릿의 폭이 너무 넓으면 빛의 투과량이 많고 신호대 잡음비는 우수하나 공명선은 다른 선으로부터 분리되지 않고 측정치는 비정상적인 곡선으로 나타난다. 반대로 슬릿의 폭이 너무 좁으면 분리능은 좋아지나 빛 투과량이 줄어들기 때문에 신호대 잡음비는 나빠진다.

(4) 광학장치(Optical Systems)

a) 장치(Systems)

원자흡광광도계에서 광학기기의 기본적인 용도는 광원으로부터 빛이 모이면 직접 분석 원자단을 통과시키고 단색화 장치로 보내준다. 광학상의 배열은 각각 단일광선 배열과 이중광선배열이 있다. 거울이나 렌즈는 연결요소로 사용된다. 단일광선배열의 거울장치는 그림 5-62에 나타나 있는데 많은 장비에서 사용되고 있다.

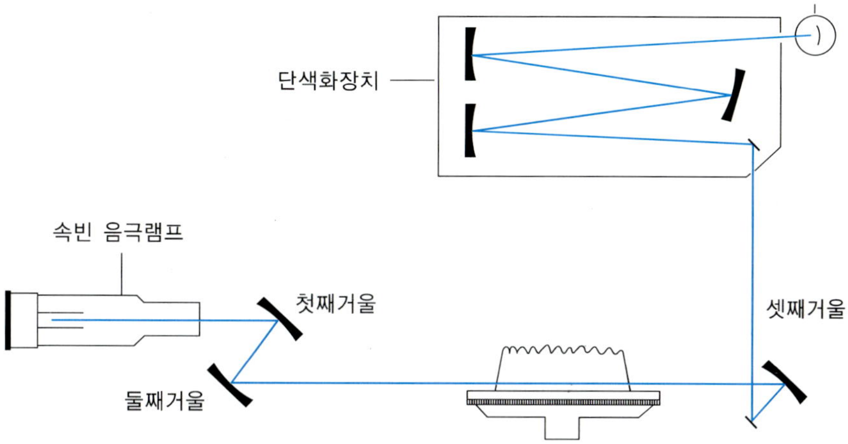

그림 5-62. 단일광선 거울장치

둘째 거울은 불꽃의 중심으로(또는 다른 원자장치로) 속빈 음극램프의 빛을 모아 준다. 셋째 거울은 평면거울에서 진로가 바뀐 빛살을 모으며, 그 빛은 꺽여져서 단색화 장치의 입구슬릿을 통과한다. 렌즈는 그림 5-63에 나타난 것과 같은 효과를 얻는데 사용한다.

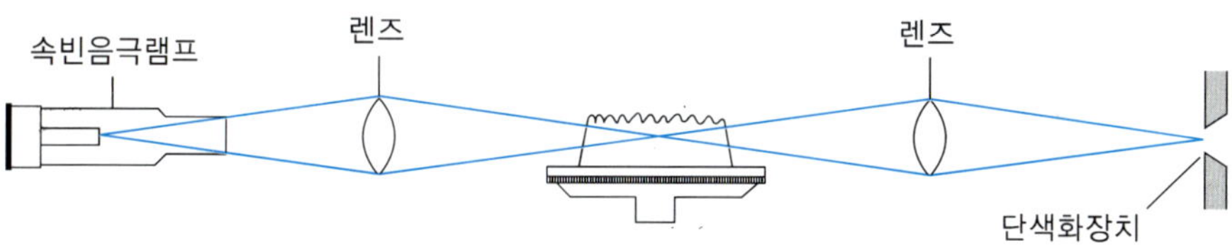

그림 5-63. 단일광선 렌즈장치

단일광선배열의 구성을 보면 광원으로부터 나온 빛은 불꽃을 통과하여 단지 하나의 통로를 통과한다. 이 기기에서 단일광선의 배열은 시료주입전의 빛의 세기 I_0의 측정과 시료를 넣은 후의 세기 I_t의 측정이 필요하다. 따라서 단일광선 기기는 분석하는동안 안정된 광원에 의존하며 즉, I_t가 측정되는 동안 I_0는 변하지 않아야 한다. 요즈음의 속빈 음극램프는 일정한 예열시간을 거친후에 안정하게 유지된다. 그러나 약간의 변동(drift)이 실험에 부적합한 경우가 종종 있다.

이중광선기기는 그림 5-64에 나타나 있는 것처럼 I_0의 변화를 교정하도록 설계되어있다. 광원으로 부터의 빛은 석영판의 일부를 알루미늄으로 처리한 광선분배기에 의해 조절된다. 시료로 가는 광선은 거울 M1에 의해 모아져 불꽃을 통과하고 거울 M2와 평면

거울 M3를 통과한후 단색화장치의 입구슬릿으로 향한다. 광선분배기를 통과한 비교광선은 거울의 두 번째 배열에 의해 단색화장치의 입구슬릿으로 조정되며 이 광선은 불꽃을 통과하지 않고 단색화 장치로 들어간다. 회전하며 반사하는 초퍼 'C'는 단색화 장치의 입구슬릿부근에 위치하며 단색화 장치로 향하는 시료광선과 비교광선을 교대로 통과시킨다. 이런식으로 I_0와 I_t의 세기는 번갈아 빠른 주기로 측정되고, 비교광선의 세기 I_0는 거의 균일한 상태로 측정되며 이의 변화는 즉시 보정된다. $I_0 : I_t$의 비는 전자적으로 계산되며 그 계산은 연속적으로 I_0의 세기를 수정할 수 있고 최종 분석결과는 광원 세기의 변화에도 영향을 받지 않는다.

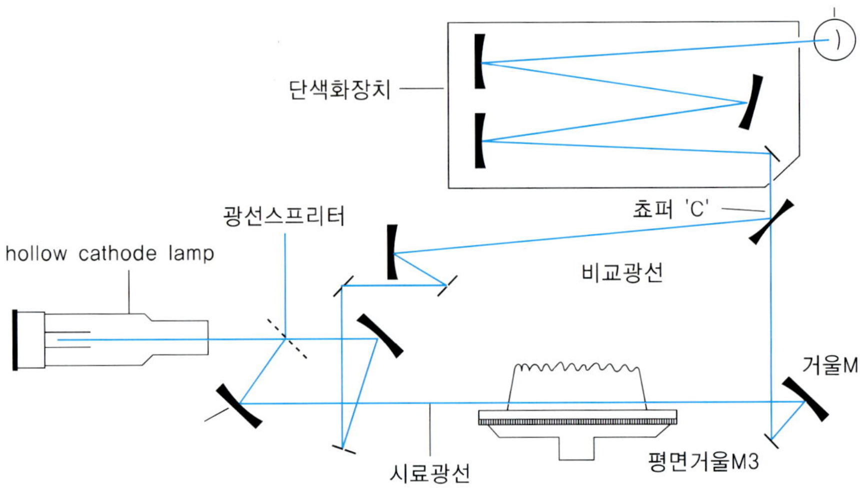

그림 5-64. 이중광선장치

b) 바탕보정(Background Correction)

앞에서 언급한바와 같이 측정부위(불꽃 또는 흡광경로)에 있는 분자의 원소나 고체입자들에 의해서 빛이 산란될 때 바탕흡수(간섭)가 일어난다. 이것에 대한 보정은 연속광원(대개 D2 Lamp)의 도움으로 비교적 간단하게 해결할 수 있다. 그런데 속빈음극램프 사용시 얻어지는 신호는 총흡광(원자흡광과 바탕흡광의 합)이며 연속램프로 부터 얻는 신호는 단지 바탕흡광일 뿐이다. 이 장치들은 그림 5-65과 5-66에 나타나 있으며 이와같은 광학적 배치는 속빈음극램프와 연속램프로 부터의 반사가 측정지역 광학경로에 정확하게 일치한다.

전자적으로 총 흡광신호에서 바탕신호를 빼 주어 분석결과는 바탕간섭이 보정된 값이 된다.

속빈음극램프(HC Lamp)신호 = 원자흡광도 + 바탕흡광

중수소램프(D_2 Lamp) 신호 = 바탕흡광

전자적으로 계산된 신호 = 원자흡광도

이중광선기기(그림 5-66)의 경우 연속광원으로 부터의 방사는 속빈음극램프로 부터의 방사처럼 시료광로와 비교광로를 동시에 통과한다. 두 광원의 세기는 이와 같이 동시에 측정할 수 있다. 양쪽 광원 세기의 변화는 바탕보정의 정밀도를 유지하기 위해 자동적으로 보정되어 진다.

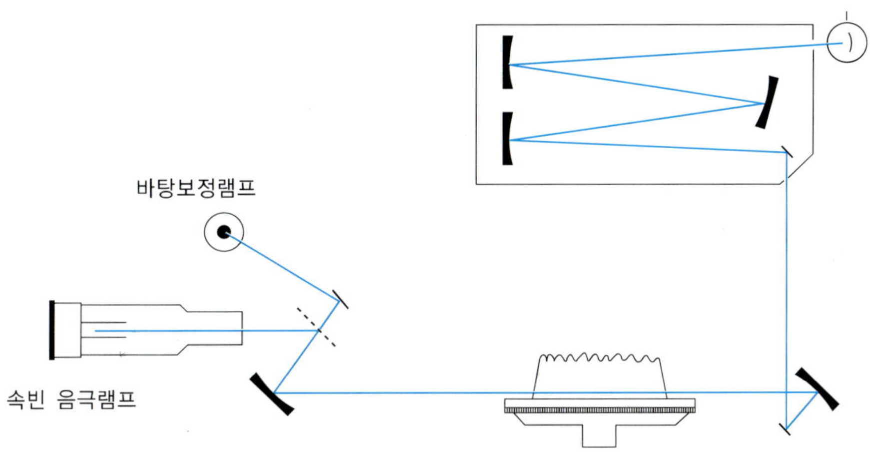

그림 5-65. 바탕보정을 위한 단일광선 장치

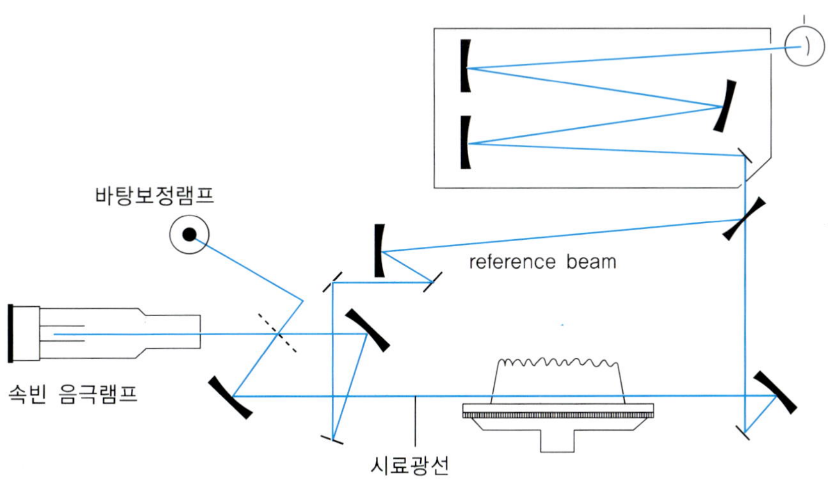

그림 5-66. 바탕보정을 위한 이중광선장치

c) 렌즈(Lenses)

렌즈의 촛점거리는 파장에 따라 변한다. 왜냐하면 굴절율은 파장에 의존하기 때문이며 300nm이하에서 예민하다. 일반적으로 렌즈를 사용하는 광학기기는 파장이 바뀔때 렌즈의 재배치, 불꽃교체 또는 속빈음극램프의 교체등이 간단하지 않다. 그리고 선택된 파장에서 스팩트럼의 다른 범위에서 발생하는 손실을 감안하여 렌즈를 설계해야 한다. 렌즈는 보통 UV 영역을 위주로 설계한다. 왜냐하면 분석신호들이 대부분 UV 영역이며 평균 굴절율이 250nm 근처이기 때문이다. 렌즈는 좋은 재질의 실리카 유리로 만들어지며 190nm에서 900nm의 파장범위에서 높은 광투과율을 제공한다. 공기와 접촉하는 유리표면에서 반사됨으로서 빛의 손실이 발생한다. 이것은 일반적으로 각 렌즈 표면에 약 7%씩 또는 광통과경로내의 전체에서 15% 이다. 유리로 만든 렌즈는 순수한 실리카유리보다 적은 광투과율을 가지며 250nm이하에서 특히 더 많은 손실을 보인다. 낮은 파장에서의 손실은 렌즈의 표면에 먼지나 기름때 등에 의해 발생한다.

d) 반사경(Mirrors)

거울 사용시 초점은 파장에 따라 변하지 않는다. 공통적으로 사용되는 모든 반사기기에서 평면거울은 필요한 곳으로 광선을 꺽는데 사용할 수 있고 곡면 거울은 기기 모든 부분에서 적당한 지점들에 상을 형성하는 소재로 사용할 수 있다. 그러나 비록 초점이 파장에 따라 변화하지 않더라도 거울의 설계상 다른 문제점들이 나타날 수 있다. 반사경들의 기하학적 배치 때문에 집합거울이 축에서 벗어난 각도에서 사용되어야 할 경우도 있다.

이 상황에서 구형의 오목거울은 심하게 산란되고 그 상은 많이 일그러질 것이다. 이 일그러짐은 원추형의 거울을 사용함으로서 없엘수 있다. 즉 거울은 서로 다른 수평반경과 수직반경을 가진다. 거울은 그 앞 표면에 진공증착으로 알루미늄을 일정하게 입인 것이다. 적당한 알루미늄 피막은 190nm에서 900nm의 전파장 범위에서 90% 이상의 반사율을 가지도록 증착된다. 알루미늄 피막은 박막(1.5×10^{-3}mm)이기 때문에 부드러운 조직에 긁혀도 쉽게 손상될 수 있다. 화학적인 증기 또한 피막을 손상시키고 손때가지도 치명적인 손상의 원인이된다. 정교한 알루미늄은 실리카 또는 마그네슘 불화물 같은 물질의 농축필름을 도포하여 보호하고 이것은 또한 반사율을 약간 증가시킨다.

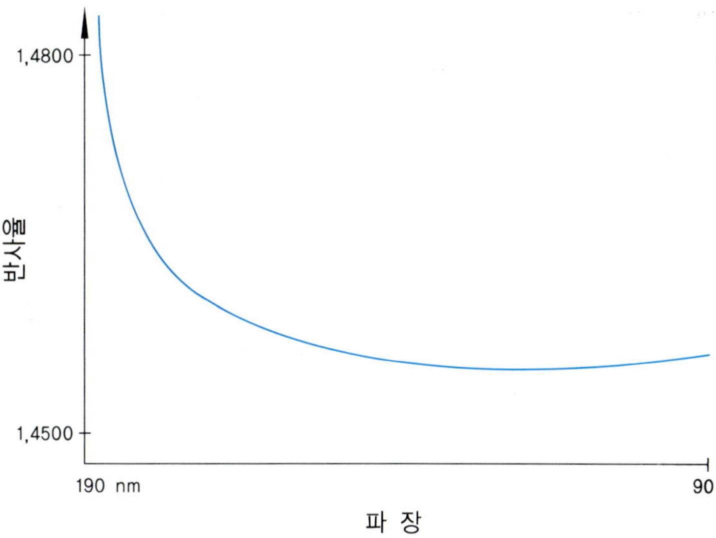

그림 5-67. 파장에 따른 다양한 반사율

(5) 검출기(Detectors)

원자흡광광도계에서 검출기로 통상 사용되는 장치는 광증폭관이다. **원자흡광분석에서** 요구하는 파장범위(UV-VIS)에서 같은 감도를 갖는 다른 장치는 없다. 광증폭관은 단색화 장치에 의해 선택된 파장에서 빛의 세기에 비례하는 전기적 신호를 나타낸다. 이 전기적 신호는 증폭되고 흡광도의 정량측정에 이용된다(그림 5-68).

음극은 전자를 방출하는 물질로 덮혀있으며 음극에 높은 세기의 빛을 비춰주면 더 많은 수의 전자들을 방출한다. 근접한 전극은 음극(Cathode)에 대한 양전위로 유지되고 음극으로 부터의 전자는 두 번째 전극에 유도된다. 이 두 번째 전극을 쌍극(dynode)이라 부른다. 각 전자가 쌍극에 도달할 때 첫 번째 쌍극보다 더 높은 전위를 가진 다른 쌍극에 차례로 유도되는 더 많은 수의 두 번째 전자들을 방출한다. 방출된 전자의 수는 각각의 연속적인 쌍극지대에 서 증가된다. 이것은 광증폭관이 갖는 이름 그 자체로 증배과정이다. 광증배관은 일반적으로 9~13개의 쌍극지대를 가진다. 그리고 음극에서 생산되는 전자흐름은 10^8까지 전체전류를 증폭한다.

그것은 원자흡광기기에서 얻은 빛의 세기가 필요한 정량측정을 하도록 더 증폭할 수 있는 유용한 크기의 전류를 이끌어 낸다. 쌍극에 공급되는 전위는 보통 300~1000V의 전체전위가 같은 단계로 분리되도록 저항기의 회로를 사용해 유도된다. 예를 들어 광증폭관의 전위가 900V 라면 9개의 쌍극이 있고 첫 번째 쌍극은 100V의 전위를 갖는다. 두 번째 쌍극은 200V …등등이다. 광증폭과정의 잇점은 근접전위로서 넓은 범위로 변화시킬수 있으며 이 기술은 일반적으로 증폭기의 감도에 맞도록 신호의 크기를 조절하는 것이다.

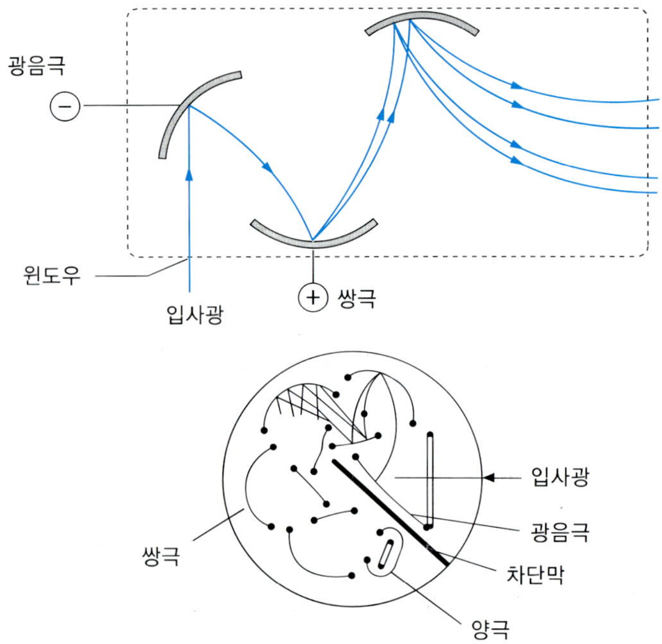

그림 5-68. 전형적인 광증배관의 전극배치

(6) 정보판독장치(Readout Systems)

원자흡광 광도계의 정보판독시스템은 광증배관으로부터 나온 전기적 신호를 변환시켜 분석적인 데이터로 바꾸는 장치이다. 증폭의 가장 간단한 장치는 전압을 올리기 위한 광증폭관 출력장치와 적절한 크기의 간단한 기기로 구성되어있다. 광증배관은 단색화 장치애서 분리된 공명선의 세기(I_0)에 비례하는 DC신호를 출력한다. 분석된 원자들이 측정부위에 들어왔을 때 공명선의 세기는 I_t 로 줄어들고 줄어든 비율만큼 광증배관에 의해 DC 신호로 출력된다. 상응하는 I_0 와 I_t, 두개의 증폭된 전압은 그들의 비율로 환산하여 측정된다. 이 비율의 수치는 전기적으로 도출되고, 그 결과는 측정시료의 흡광도로서 기기에 나타난다.

이 기본 장치의 근본적인 문제는 최종신호가 분석적으로 유용하지 않은 성분을 가지고 있다는 것이다. 이러한 유효하지 않은 성분들은 광증배관의 암전류(즉, 빛이 없을때에도 전류가 흐름)로부터 나오고, DC전류는 속빈 음극램프보다 광원으로부터 나온 빛에 의해 유도된다(예를 들면 불꽃에 의한 빛의 방출). 만약에 유효한 성분들이 분석적으로 정확한 신호와 구별되지 않는다면 그 결과는 잘못된 것이다. 이것을 피하려면 분석적으로 유효한 신호들은 속빈음극램프로부터 빛을 변화하여 '암호화(Coded)하고' 증폭기 내에서 동시에 검출되어 광증배관으로 부터의 신호들을 해석화 한다.

유효하지 않은 신호들이 '암호화' 되지 않는다면, 그것들은 시스템에 의해서 효과적으로 제거되고 분석적으로 정확한 신호만이 받아들여 져야 한다. 비교적 간단한 개념들은 수년동안 믿을만한 정보판독시스템으로 이용되어 왔지만 마이크로 프로세스의 출현과 이것의 관련된 기술은 신호과정과 정보판독 시스템의 광범위한 발전을 이끌어 왔다. 현대 기기들의 마이크로 프로세스와 컴퓨터 프로그램들은 분석적으로 유효한 신호들을 해석할 수 있는 세련된 방법을 제공한다. 이중광선 장치에서 마이크로 프로세스는 시간-분활(Time-Share)의 편리함을 제공하고, 이중광선의 시간조절과 단일광선과 비교광선의 세기의 감시와 동시에 보증램프의 바탕의 세기를 감시한다. 이 간단한 기기는 일반적으로 디지털 정보판독시스템에 의해 전기적으로 적분값으로 바뀌어서 모든 분석결과를 간단히 분석자에게 보여준다. 분석결과들은 간단한 흡광치로부터 얻을 수 있거나, 그것들은 적당한 수의 함축적인 지시농도 값으로 나타낼 수 있다.

일반적으로 전기적 과정의 깊은 이해는 실제적인 분석자에게는 불필요하다. 왜냐하면 이것들은 기기안에서 자동적으로 점검되고 조절된다. 그러나 신호과정의 견지에서 분석자는 몇가지 조작법의 연습이 필요하다. 불꽃 원자화에서는 신호크기의 작은 변화들도 시료를 흡수하는 동안 계속적으로 진행되기 때문에 바늘이 움직이는 미터기 대신 디지털 판독장치들로 대체되어 측정결과를 쉽게 읽어 낼수 있다.

디지털 시스템은 신호크기 안에서 최소 변화들에 의해 영향받지만 이 시스템은 그 변화들의 수치로 나타내어 빠르게 관찰한다. 이와 반대로 전자적 적분기술이 사용됐으면 이 과정들에서 각각의 신호들은 분활된 시간동안(몇초동안) 전기적으로 모아지고 저장된 후 그들은 전자적으로 크기와 시간으로서 '평균화' 된다. 그 값은 디지털 표시장치에 안정된 수치로써 재현되어 유도된다. '정확한 정보판독 정밀성(readout precision)'은 수초가 지난 뒤에 적분되고, 대부분의 기기들은 적분시간을 분석자가 선택할 수 있도록 분석조건을 최적화 한다.

(7) 정량분석(Quantitative Analysis)

AAS는 정성분석보다는 정량분석에 주로 이용된다. 실제로 원자흡수스펙트럼이 매우 예민하여 단순하고 감도와 검출한계가 좋기 때문에 시료 중 미지원소 존재여부를 확인하는 데에는 다른 방법들에 비해서 매우 정확하다. 그러나 광원을 원소마다 계속 바꾸어 끼어야 하는 등 조작이 번거롭기 때문에 정성분석에는 효율적으로 이용되지 못하고 있다.

AAS에 의한 정량은 다른 분석법과 마찬가지로 주로 표준곡선법(또는 검정곡선법)과 표준물첨가법(standard aeeition method)에 의한다.

a) 표준곡선법

AAS에서는 비색법과는 달리 일정한 농도에 대응하는 흡광도가 항상 일정하지 않고 측정시의 조건에 따라 달라지기 때문에 시료를 분석할 때마다 시료와 동시에 표준용액의 흡광도를 측정하여 표준곡선을 만드는 것이 좋다. 또한 Beer-Lambert법칙에 따르면 흡광도와 농도는 직선관계로 비례해야 하지만 흔히 직선에서 벗어남을 알 수 있다.

실험적으로 얻은 표준곡선은 이상적으로는 흡광도가 농도에 직선적으로 비례한다. 그러나 농도가 진해지면 흡광도가 농도만큼 증가되지 않는데 그 원인으로는 자체흡수를 들 수 있다. 이온화 방해를 받는 경우도 농도가 진해지면 전체적으로 이온화도가 적어져 흡광도가 농도에 비하여 커진다. 따라서 표준시료용액의 매트릭스를 시료와 같거나 비슷하게 만들어야 하며, 또한 시료의 농도는 가능한 한 표준곡선에서 직선에 가까운 농도의 범위내에 들어가도록 조절하는 것이 좋다.

b) 표준물 첨가법

표준곡선법에서는 표준시료용액의 매트릭스가 시료용액과 같거나 비슷하게 만들어야 하는 어려움이 있다. 따라서 AAS에서는 표준물 첨가법이 많이 이용된다. 두 개 이상의 시료용액의 일정 분취액을 메스플라스크에 옮겨 넣고 그 중 하나는 눈금까지 묽히고 나머지에는 일정량의 분석성분을 가한 다음 묽힌다. 각각의 흡광도를 측정하여 농도와 직선관계가 얻어지면 다음 식으로 계산한다.

$$C_x = C_S \cdot \frac{A_X}{(A_T - A_X)}$$

식에서 C_X 는 시료용액의 희석농도, C_S 는 첨가한 표준물만의 농도, A_X 와 A_T은 희석

시료용액과 표준물 첨가용액의 흡광도이다.

표준물첨가법에 의한 검량선에서 직선이 흡광도가 zero인 횡축과 만나는 점(C_1)까지의 값이 시료의 농도가 된다. 바탕보정이 제대로 안되면 그 오차가 결과에 직접 포함되므로 바탕보정을 철저히 해야 하는 난점이 있기도 하다.

분석을 하기 위해선 감도 및 검출한계, 시료농도, 스펙트럼 방해등을 고려하여 적당한 분석파장을 선택해야 한다. 가능한 한 세기가 가장 큰 공명선을 사용해야 하지만 농도가 진할 때나 다른 스펙트럼의 방해가 있으면 다른 분석파장을 택해야 한다.

시료용액의 농도가 흡광도와 농도의 직선범위에서 벗어나는 경우는 전처리를 해야 한다. 농도가 큰 때에는 희석이 필요한데 그에 따른 오차를 가능한 한 적게 해야 한다. 적당한 농도범위보다 적어서 검출이 안되던가 검출한계 근처 농도일 때는 농축을 해야 한다.

AAS분석은 수용액에서 분석하는 것이 일반적이나 시료에 따라서는 유기용매를 사용하기도 한다. 농축을 하기 위하여 용매추출을 할 경우 추출액을 그대로 사용한다. 또 석유제품등과 같이 물에녹지 않는경우나 점도 및 표면장력을 같게 맞추어 주기 곤란할 때도 유기용매를 사용한다. 이 때 용매는 버너의 플라스틱 모세관이나 분무상자를 녹이거나 연화 시켜지 않는 것을 이용해야 한다.

c) 감도 및 검출한계

AAS에서 감도(sensitivity)는 원자증기에 쪼여주는 입사선의 1%(흡광도로 0.0044에 해당함)를 흡수하는 시료의 농도(μl/ml 또는 ppm)로 정의한다. 한편 검출한계(detection limit)는 흡수 signal과 noise의(S/N)가 2가 되는 시료의 농도를 의미한다.

d) 장단점

AAS를 화학분석에 이용함에 있어서 중요한 특징은 선택성이 좋고 감도가 높으며, 반복하는 유사분석을 단시간에 행할 수 있고, 방해물질이 비교적 적어서 시료를 용해시킨 후 다른 화학적인 처리 없이 직접 측정이 가능할 뿐만 아니라 때로는 시료를 파괴하지 않고 분석할 수 있다는 점이다.

AAS로 분석이 가능한 원소는 알칼리금속 및 알카리토금속 등 약 65종의 원소인데 검출한계는 불꽃형의 원자화장치에서는 10^{-6}~10^{-9}g, 비불꽃형에서는 10^{-10}~10^{-12}g 정도이며 오차 범위가 1%이내이므로 다른 흡광분석법이나 질량분석법등보다 정확성이 있으며 적용범위가 대단히 넓다.

이와 같이 AAS를 이용하여 각종 시료중에 있는 극미량 성분의 분석이 가능해짐으로써 농학, 미생물학, 의학, 식품화학, 금속공학, 석유화학 등 여러 가지 분야에서 응용되고 있으며 특히 순수한 물질의 순도결정 생체세료의 분석 및 공기가 음식물등에 함유된 유해금속의 오염도를 측정함으로써 환경위생학, 범죄수사에도 이용도가 크며 물론 산업보건 분야에서도 그 적용성이 매우 높다.

이상과 같은 이점과 응용면을 가지고 있는 반면 피할 수 없는 결점은 광원을 보유하고 있는 원소만이 분석이 가능하며 비금속등은 분석이 거의 불가능하다. 또한 원소를 바꾸어서 분석할 때는 그 때마다 광원을 갈아 끼워야 하기 때문에 여러 가지 원소를 동시에 분석할 수 없다는 점 등이다. 그러나 산업보건 분야에서는 Pb, Cd, Mn, Cr, Zn, As등 상대적으로 관심 원소들이 제한되어 있으므로 AAS의 이러한 제한점이 큰 문제가 되지 않는다.

e) 정확도와 정밀도(Accuracy and Precision)

① 정확도(Accuracy)

이것은 참값이나 인정된 값에 측정된 농도가 얼마나 가깝게 접근하느냐에 대한 척도이다. 숫자상으로 이것은 평균값(X^-)와 참값(X)과의 차이이다.

$$상대적정확도 = \frac{X - X^-}{X}$$

$$\% \text{ 정확도} = 100 \times \frac{X - X^-}{X}$$

원자흡광방법은 비교방법이고 그의 최종 정확도는 근본적으로 다음 사항에 달려있다.

㉠ 시료채취 절차에 대한 정확도

채취된 시료는 분석목적 물질이 포함되어 있어야 한다. 그렇지 않으면 결과는 유효하지 않게 될 것이며 일반적으로 시료의 채취방법은 표준화되어 있어며 그대로 잘 이행하여야 한다. 시료선택과 준비과정에서 시료의 오염이 없도록 주의해야 한다.

㉡ 원래 시료물질로 부터 회수되는 분석물의 정확도

㉢ 준비된 검량용액의 정확도

㉣ 기기가 표준시료에 대해 검량할 수 있는 정확도

㉤ 검량선의 각 위치에 대한 해석의 정확도

분석방법의 절대적인 정확도를 얻기 위한 실제적인 방법은 정확히 알고 있는 성분의 물질을 취하고 그것을 정해진 방법으로 분석하는 것이다. 물론 이것은 성분분석에 이용되는 방법이 자체적으로 의심 없이 정확한 정도를 미리 가정하는 것이다. 일반적으로 안정된 정확도의 판정방법들이 알려져 있으며 실험실간의 비교가 다른 방법에 대한 상대적인 정확도를 얻기 위해 종종 이용된다. 이런 비교들은 표준물질에 대한 인정할 수 있는 농도를 설정하기 위해서 가끔 이용되지만 어떤 기기(방법)들은 낮은 농도에서 큰 오류를 보이기도 하기 때문에 세심한 주의가 필요하다.

② 정밀도(Precision)

측정이 'N' 번 반복되었을 때 모든 측정값들이 동일해야 할 것이다. 분석적 정밀도는 어떠한 재현성을 나타내는가의 척도이다. 이것은 표준편차 'S'로 표현되거나 또는 % 상대표준편차(% RSD)로 나타낸다.

$$표준편차 = \frac{\sum(X - - Xi)^2}{N-1}$$

$$\%상대표준편차 = 100 \times \frac{S}{X^-}$$

엄격히 말해서 표준편차는 'n'이 충분히 클때 절대적으로 유효하다. 원자흡광에서 실제적 목적을 위해 표준편차는 'n'이 적어도 30번 측정이 취해짐으로서 받아들일 수 있다. 원자흡광법의 분석적 정밀도는 정확히 알고 있는 검정 그래프의 정확한 해석에 달려있다. 불꽃법과 흑연로 법에서 검출기 또는 증폭기의 일정한 반응과 안정한 빛 출력과 같은 요소들은 현대 전자장비들에 의해 엄격하게 조절된다. 버너 분무장치의 적절한 조정으로 1% 상대표준편차로 재현되는 결과는 쉽게 얻을수 있다. 재현할 수 있는 정밀도의 한계는 약 0.1 RSD 이다. 흑연로 원자화기애서 정밀도는 온도 프로그램의 재현성에 의해 영향을 받을 것이다. 원자가 생성되는 분해 메커니즘의 재현성에 의해 영향을 받는다. 분석법의 전체 정밀도는 무게를 재는 것과 희석시키는 것 등의 준비절차의 정밀도에 의해 제한받는다. 분석정밀도에서 기기적 정밀도와 다른 요소에 의한 정밀도 사이의 차이를 인식한다는 것은 중요하다. 기기적 정밀도는 같은 용액으로부터 반복측정에 대한 정밀도이다.

시료 준비에서의 정밀도는 동일한 과정으로 서로 다른 시료를 준비하는 데의 측정정밀도에 달려있다. 정밀도와 정확도의 개념이 그림 5-69, 5-70, 5-71에 있다. 그림 5-69는 좋은 정밀도, 빈약한 정확도, 그림 5-70은 분석적 정밀도가 빈약한 상태, 그림 5-71은 좋은 정밀도, 정확도를 나타내는데 그 결과 치들이 모두 참값에 밀접하게 모여 있다.

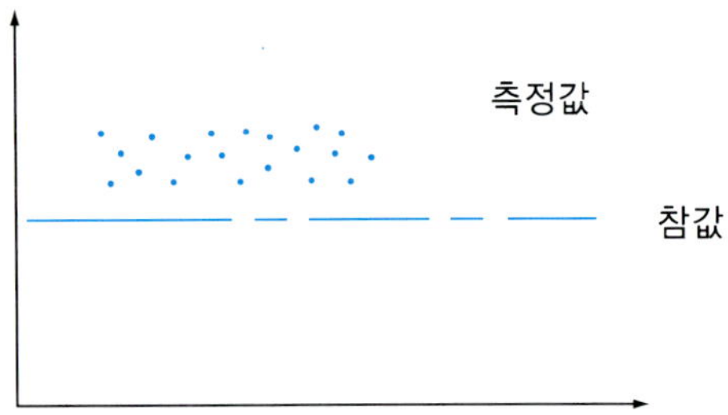

그림 5-69. 정밀도 양호, 정확도 불량

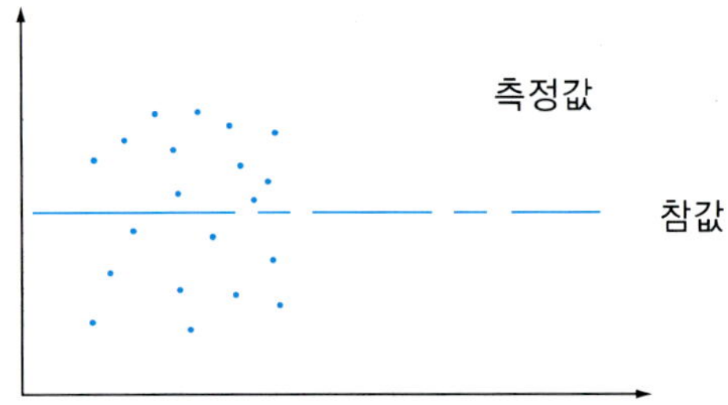

그림 5-70. 정확도 불량

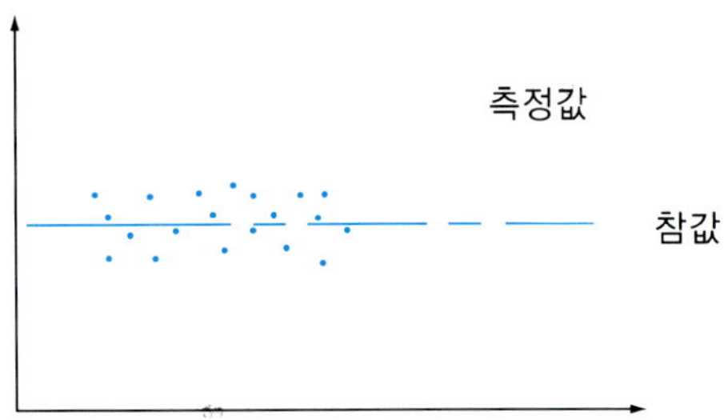

그림 5-71. 정밀도, 정확도 모두양호

(8) 안전성(Safety)

안전실습은 아무리 잘 작동하는 분석실험에 있어서도 절대적으로 필요한 부분이며 원자흡광 분광기는 잠재된 위험이 존재하는 것을 인식하고 있어야 한다. 원자흡광 기기의 작동에는 고압가스, 노출된 불꽃, 가연성 용매, 부식성 액체, 독성 시약, 유독 증기, 뜨거운 위험물과 자외선 파장 등의 위험요소들이 산재해 있다.

그리고 일반적인 목적으로 만든 실험실의 안전규칙은 원자흡광 실험을 위해서 전적으로 안전하다고 볼 수 없으므로 모든 실험실은 분석과 기기적인 절차에 맞는 안전규칙을 수립하는 것이 필요한데 다음 사항들을 고려하여 제정한다.

a) 배출장치(Exhaust System)

불꽃 분석은 다량의 열을 내고(1분당 약 500kj) 그 연무와 증기는 어떤 분석(불꽃 또는 흑연로)에서는 독성을 나타낼 수 있다. 열, 연무, 증기는 효율적인 배출 시스템에 의해 기기로 부터 배출된다. 그 시스템은 관계있는 모든 규칙에 부합되도록 전문적으로 설치하여야 하며 조명은 기기와 근접시킨다. 분석자들은 불꽃이나 Furnace를 가동시키기 전에 배출팬의 스위치를 항상 켜야한다.

b) 압출가스 실린더(Compressed Gas Cylinders)

압출가스의 올바른 위치는 통풍이 잘 되고 시원한 실험실 밖의 분리된 저장고이고 모든 조절부분은 안전성 규칙을 만족해야 한다. 모든 실린더는 벽이나 다른 딱딱한 구조로 된 확실히 안전한 곳에 저장한다. 가스는 지울 수 없는 색깔로 표시하고 분리된 영구적인 파이프를 통하여 실린더로 부터 실험실로 공급한다. 공급라인을 위한 개폐밸브는 각 기기장치와 가까운 거리에 위치시킨다. 그 최종 설치는 규칙적으로 솔과 비눗물이나 누출검사용액으로 누출여부를 검사하는 것이다.

c) 가스호스와 연결(Gas Hoses and Connections)

기기생산자들이 공급한 유연한 짧은 가스호스는 영구적인 가스공급 파이프와 기기를 연결하는데 사용한다. 아주 질긴 호스도 절단될 수 있으므로 충격을 받거나 탈선되지 않도록 배열한다. 모든 호스와 연결체는 공인된 적합품과 인정품을 사용하여 설치하도록 한다. 이 가스공급 시스템은 매일 점검하는 것이 이상적이다.

d) 아세틸렌(Acetylene)

어떤 환경 아래서 아세틸렌은 자발적으로 폭발 할 수 있고 이것은 폭발성의 acetylide가 될 수 있으므로 항상 아래의 규칙을 준수하도록 한다.

아세틸렌은 65%이상의 탄소를 함유하는 탄소튜브나 놋쇠 튜브를 통과하면 안된다. 아세틸렌은 106kpa(15psi, 1.0kg/cm^2) 이상의 높은 압력을 가하면 안된다. 어떤 장소에서는 62kpa(9psi, 0.6kg/cm^2)이상의 높은 압력 공급은 특별히 금지한다. 아세틸렌은 구리, 은, 액체수은, 가스상태의 염소나 기름과 직접 연결하지 않는다.

e) 산화 질소(Nitrous Oixde)

산화질소는 기름과 자발적으로 연소할 경우 질식제라는 것을 기억해야 하고 실린더로부터 나온 산화질소가 그 냉각 효과로 공급조절기를 얼게 할 수 있다. 산화질소 공급장치의 누출시험을 완벽히 하고 가스 공급장치를 정지할 때마다 자주 누출시험을 한다. 산화질소를 사용하기 전에 기름 오염의 대비를 하고 공급선(line)의 기름을 완전히 제거한다. 공급조절기(regulator)는 열 방지 테이프를 사용하거나 설치된 히터장치를 사용한다.

f) 가연성 용매(Flamable Solvents)

불꽃과 가연성 용매의 결합은 잠재적으로 매우 위험하다는 것을 항상 기억해 두어야 한다. 사용하는 용매는 분석적 요구와 가장 높은 섬광점(flash point)과 일치해야 한다. 덮개안의 작은 구멍(최대 지름 2mm)를 통하여 최소의 용매를 모세관에 공급하고 항상 덮개가 있는 용기를 사용한다. 배출 용기는 개방되고 환기가 잘 되는 장소에서 사용하고 자주 비워야 한다. 유리 재질의 배출용기를 사용하면 안 되는데 반사가 일어나면 깨어질 수 있기 때문이다.

표 5-9. 원자흡광분석에 사용되는 일반적인 유기용매

	증발점 ℃	끓는점 ℃	비 중
4-methyl-pentan-2-one(MIBK)	22	118	0.79
2-methyl, propan-1-ol	23	108	0.78
m-xylene	29	139	0.80
cyclohexanone	34	155	0.948
kerosene	39-74	175-325	0.78
iso-amylalcohol	43	132	0.81
3-heptanone(ethylbutylketone)	46	148	0.818
Shellsol T	50	186-214	0.75
2, 6-dimethyl, heptan-4-one(DIBK)	60	166	0.806
cyclohexanol	68	161	0.96
tetrahydronaphthalene(Tetralin)	71	207	0.97

g) 버너(Burners)

공기-아세틸렌 버너는 산화질소-아세틸렌 불꽃을 동시에 사용할 수 없다. 그러나 산화질소-아세틸렌 버너는 공기-아세틸렌 불꽃을 사용할 수 있다. 산화제로 산소 및 산소가 포함된 공기를 사용하면 않된다. 막힌 버너를 사용하면 배수장치안의 압력이 증가하기 때문에 액체밀봉에 틈이 생긴다. 버너 슬롯을 청소하기 전에는 반드시 불꽃을 끈 상태로 변환시켜야 한다. 불꽃은 항상 감시하고 버너는 매우 뜨거우므로 제거할 때에는 항상 보호 장갑을 사용한다.

h) 액체 배수장치(Liquid Trap)

용액의 상당량은 분무기를 통하여 흡출(aspirate)되는데 불꽃에 도달하지 않고 버려지는 용액은 버너/분무실 시스템에 누출이 없는 경우 배출된다.

이것을 수용하는 것이 액체 배수장치이다. 분석을 시작하기 전에 액체 배수장치의 포화정도를 점검하는 것이 안전하다. 현대기기는 빈 액체배수 장치 상태로 작동되는 것을 막기 위하여 내부 장금장치(interlock)가 작합하게 설계되어 있다. 내부 잠금장치를 파손(defect)하지 않도록 한다.

i) 자외선 방사(Ultraviolet Radiation)

속빈 음극램프(HC-lamp), 무전극 방출램프(ED-lamp), 그리고 불꽃은 항상 위험한 자외선을 방출한다. 자외선을 방출하는 광원을 직접 응시하면 않된다. 기기를 조작할 때는 항상 불꽃 덮개를 닫고 조작하며 안전성이 공인된 안경을 착용하는 것이 좋다.

j) 열의 위험(Heat Hazards)

분석자의 부주의로 개방된 불꽃, 뜨거운 분석 furnace, 버너와 다른 뜨거운 표면의 열 위험에 노출될 수 있다. 기기 사용중에는 불꽃 덮개를 닫아야 하고 버너안에 불꽃이 있는 동안 시료부분에 손을 넣어서는 않된다. 버너는 맨손으로 만지지 말고 항상 보호장갑을 사용하도록 한다. 또한 불꽃이 있는 상태에서 버너 슬롯 청소를 하지않도록 한다.

6 유기화합물 검사

산업안전보건법은 유해화합물에 노출되어 있는 근로자를 보호하기 위하여 유해인자의 분류기준을 설정하고 있는데, 흡입 섭취 또는 피부를 통하여 흡수될 때 급성 또는 만성장해를 일으킬 우려가 있는 물질, 또는 사망하게 할 수 있는 물질 및 폭발 또는 인화성이 높은 물질들을 유해인자로 정하고 있다. 유해인자에는 화학적 인자, 분진, 물리적인자 등이 있다.

이중 화학적 인자에는 유기화합물 113종, 금속류 23종, 산 및 알칼리 17종, 가스 상 물질류 15종, 허가대상유해물질 14종, 금속가공유 1종이 있다. 화학적인자중 종의 수가 가장 많은 유기화합물은 주로 용매로 많이 쓰이는데 인체에 유해한 것을 유기용제라 부르고 있다. 사람의 건강을 손상시키고 동식물의 서식 또는 생육에 지장을 미치는 우려가 있고, 오존층을 파괴하여 사람의 건강을 손상시킬 수 있는 있는 물질을 특정 화학물질이라고 불렀으나 최근 개정된 산업안전보건법 시행규칙(2005.6.30)에서는 특정화합물이라는 용어는 쓰지 않고 유해화합물에 포함시키고 있다.

1. 유기화합물의 분류 및 물리화학적 성질과 그 건강장해

유기화합물은 유기용제에 해당하는 탄화수소, 염소(Cl)가 들어 있는 염화탄화수소, 알콜, 에테르, glycol유도체, 에스테르, 케톤, 알데하이드, 지환식탄화수소, 기타 화합물이 있다. 이들에 해당하는 유기화합물과 이들의 증기압, 주요건강장해, 적정배체시 고려할 질병, 소인 등을 표 6-1~5에 나타내었다. 질소가 들어 있는 유기화합물인 니트로-아미노탄화수소, 시안화합물, 페놀, 산등은 표 6-6에 나타내었다.

유기용제의 경우는 공통적으로 마취작용과 피부점막자극자용이 있으므로 중추신경장해, 만성염증성피부질환 및 심한 결막염 등을 공통적으로 고려할 질환으로 열거하였다(표 6-1). 표 1에서 '고려할 건강상태'라고 열거된 것은 근로자의 배치 전 또는 정기건강진단에 참여하는 산업의학 전문의들이 적정배치 또는 업무적합성평가를 위해 고려해야 할 질병들이다. 그러나 근로자에게 이러한 질병이 발견된다고 해서 모두 배치해서는 안 된다는 것은 아니며 개별적인 질명상태, 노출정도(노출기간, 노출농도, 노출빈도, 노출형태 등)를 고려하여 판단해야 한다.

표 6-1. 유기화합물의 군별 물리화학적 성질과 그 건강장해*

화학적 분류		분류번호	유기용제명	증기압(20℃)	주요 건강장해: 피부점막자극	중추신경	간독성	신독성	조혈기독성	기타독성	적정배치시 고려할 질병/소인	비고
탄화수소	지방족 탄화수소	유기화합물-105	n-Hexane (hexane)	155	△	△				다발성신경염	말초신경이상	BEI: 2,5-hexanedione
		유기화합물-106	Heptane	6.1kPa	○	○						
		유기화합물-15	Diethylene triamine	0.37	◎							
		유기화합물-67	2,3-Epoxy-1-propanol	0.9	○	○						
		유기화합물-38	1,3-Butadiene	1,840	△	○						
	지방족 또는 방향족 탄화수소의 혼합물	유기화합물-1	Gasoline	250-400	△							여러용제(주로 지방족탄화수소)의 혼합물로 화학적으로 명확히 구분되지 않음.
		유기화합물-85	Turpentine	3	○	○		○		과민성 피부반응	←피부 알레르기	
		유기화합물-47	Stoddard solvent	1,360	○	◎	◎	△				
	방향족 탄화수소	유기화합물-36	Benzene	76	○	○	△	△	◎		혈액질환	BEI: 혈중 벤젠·요중 페놀·요중 S-페닐머캅토산·알카리포스파타제·요중 뮤콘산
		유기화합물-88	Toluene	24	○	○	△	△			알콜중독	BEI: 마뇨산
		유기화합물-81	Xylene	*o*-4.9 *m*-6 *p*-6.9	△	△	△	△				BEI: 메틸마뇨산
		유기화합물-48	Styrene	5	○	○				말초신경장해	말초 신경이상	BEI: 만델릭산, PGA
		유기화합물-65	Ethyl benzene	7.1	○	○	△	△				

독성이 큰 순서 : ◎ > ○ > △

* "근로자건강진단 실무지침 제 1권 - 특수건강진단 개요", p171~176. 한국산업안전공단 산업보건연구회, 2006. 3.

표 6-2. 유기화합물의 그룹별 물리화학적 성질과 그 건강장해

화학적 분류		분류 번호	유기용제명	증기압 (20℃)	주요건강장해						적정배치 시 고려할 질병/소인	비고
					피부 점막 자극	중추 신경	간 독성	신 독성	조혈기 독성	기타독성		
염화탄화수소	포화 지방족	유기 화합물-19	Dichlorometh-ane	348.9	○	◎	△			심장독성(체내에서Co로 대사)	빈혈, 심혈관질환, 흡연력에 유의	
		유기 화합물-21	1,2-Dichloroe-thylene	62	◎	◎	△	△			간염 및 신장염에 특히 유의 알콜중독 *; 부정맥	마취작용 강하다. 염소수가 많을수록 간 및 신장독성이 강해진다. (1,1,1-Trichloroethane은 예외) *BEI: 삼염화초산, 총삼염화에탄올
		유기 화합물-91	Trichlorometh-ane(Chloroform)	159.6	△	◎	◎	◎				
		유기 화합물-46	Carbon tetrachloride	89.6	△	◎	◎	◎				
		유기 화합물-35	1,1,1-Trichlor-oethane*	101	△	○	△	△				
		유기 화합물-92	1,1,2-Trichlor-oethane	25	△	○	◎	△				
		유기 화합물-86	1,1,2,2-Tetrachl-oroethane	4.9	○	◎	◎	○				
		유기 화합물-94	1,2,3-Trichlor-opropane	3.0	○	○	○	○				
		유기 화합물-22	Dichlorofluor-omethane	1,360	○	◎		△		호흡기 자극 및 폐부종		
		유기 화합물-34	Methyl chloride	<1		◎	○	○	△	심근 손상		
	불포화 지방족	유기 화합물-21	1,2-Dichloroe-thylene	180	△	○	△	△		말초신경염	알콜중독 TCE: 부정맥, 말초신경이상	간 및 신장독성은 포화지방족보다 약함. BEI: #삼염화초산 또는 총삼염화물 BEI: ##삼염화초산
		유기 화합물-93	Trichloroethyl-ene#	57.8	△	◎	△	△				
		유기 화합물-86	Tetrachloroe-thane##	4.9	○	◎	△	△				
	방향족	유기 화합물-84	Chlorobenzene	9	△	○	△	△				
		유기 화합물-20	*o*-Dichloroben-zene	1	◎	○	△	△				

독성이 큰 순서 : ◎ > ○ > △

표 6-3. 유기화합물의 그룹별 물리화학적 성질과 그 건강장해

화학적 분류	분류 번호	유기용제명	증기압 (20℃)	주요건강장해 피부 점막 자극	중추 신경	간 독성	신 독성	조혈기 독성	기타 독성	적정배치 시 고려할 질병/소인	비고
알콜	유기화합물-31	Methyl alcohol	96	△	◎	△	△		*시신경 장해	알콜중독, *시신경이상	분자량이 클수록 독성이 커진다(메타놀은 예외) 피부자극증상은 케톤이나 초산에스테르류보다 약하다.
	유기화합물-74	Isopropyl alcohol	32.4	△	○	△	△				
	유기화합물-41	1-Butyl alcohol	4.4	△	○	△	△				
	유기화합물-42	2-Butyl alcohol	12.7	△	○	△	△				
	유기화합물-72	Isobutyl alcohol	8.9	△	○	△	△				
	유기화합물-74	Isopropyl alcohol	2.3	△	◎	△	△				
에테르	유기화합물-16	Diethyl ether	440	△	◎	△	△				마취작용이 강하다.
	유기화합물-17	1,4-Dioxane	29	○	△	○	○				
	유기화합물-87	Tetrahydrofuran	14.2	◎	○	△	△				
	유기화합물-83	bis-Chloromethyl-ether	180 ~264	○					폐암 유발		
glycol 유도체	유기화합물-25	Ethylene glycol-monomethyl ether	6	△	○		○	○	생식 독성 (거의 없음)	생식기능에 대한 문진유의 혈액질환 (빈혈 등)	피부자극은 없으나 피부흡수는 잘된다.
	유기화합물-56	Ethylene glycol-monomethyl ether-acetate	1.2	△	○		○	○			
	유기화합물-77	Ethylene glycol-monomethyl ether-acetate	2	○	○		△	○			
	유기화합물-39	Ethylene glycol-monobutyl ether	0.76	△	○		○	○			
	유기화합물-40	Ethylene glycol-monobutyl ether-acetate	0.25 ~0.3	△	○		○	○			

독성이 큰 순서 : ◎ > ○ > △

표 6-4. 유기화합물의 그룹별 물리화학적 성질과 그 건강장해

화학적 분류	분류번호	유기용제명	증기압(20℃)	주요건강장해						적정배치 시 고려할 질병/소인	비고
				피부점막자극	중추신경	간독성	신독성	조혈기독성	기타독성		
에스테르	유기화합물-78	Isoamyl acetate	3	△	○	△					
	유기화합물-73	Isoamyl alcohol	4	△	○	△					
케톤	유기화합물-55	Acetone	184.8	△	○					*말초신경 질환	마취작용, 피부점막자극이 강하다. *:n-hexane과 동일한 대사물에 의함
	유기화합물-18	Diisobutyl ketone	2.4	△	◎						
	유기화합물-32	Methyl ethyl - ketone	71.2	○	○						
	유기화합물-27	Methyl butyl - ketone	12	◎	◎				*말초신경장해		
	유기화합물-30	Methyl-n-amyl-ketone	2.6	○	△						
	유기화합물-33	Methyl isobu-tyl-ketone	16	◎	◎	△					
알데하이드	유기화합물-2	Glutaraldehyde	0.01	◎							
	유기화합물-57	Acetaldehyde	740	○	◎				심혈관계 및 생식장애		
지환식탄화수소	유기화합물-49	Cyclohexanone	3.4	○	△	△	△				탄소가 환상으로 결합하여 방향족화합물과 구조가 비슷하나 그 성질은 지방족과 비슷하다.
	유기화합물-28	*o*-Methyl-cyclohexanone	3.0 (25℃)	○	△	△	△				
	유기화합물-50	Cyclohexanol	0.8	△	○	△	△				
	유기화합물-29	Methylcyclohex-anol	<1	△	○	△	△				
	유기화합물-51	Cyclohexane	4.5	○	○						
	유기화합물-52	Cyclohexene	6.7	○	△						

독성이 큰 순서 : ◎ > ○ > △

표 6-5. 유기화합물의 그룹별 물리화학적 성질과 그 건강장해

화학적 분류	분류 번호	유기용제명	증기압 (20℃)	주요건강장해						적정배치시 고려할 질병/소인	비고
				피부 점막 자극	중추 신경	간 독성	신 독성	조혈 기 독성	기타독성		
기타	유기 화합물-76	Carbon disulfide	280	△	◎	○	○		다발성신경염, 정신분열증 증세, 심장독성, 생식독성	말초신경, 심혈관질환, 고혈압, 신장염에 특히 유의, 생식기증문진	
	유기 화합물-13	N,N-Dimethyl-formamide	3	◎		◎	△			간염에 유의	
	유기 화합물-80	Cresol	o-4.9 m-6 p-6.9	◎	△	○	○			간염에 유의	phenol에 의한 피부장해와 유사
	유기 화합물-101	Phthalic anhydride	0.05	○					호흡기과민성유발	천식에 유의	
	유기 화합물-102	Pyridine	26kPa	○	○	○	○				
	유기 화합물-103	Hydrazine	1.92 kPa	○		○	○	○	폐손상 유발		
	유기 화합물-108	Hydroquinone	0.133 Pa이하	○	○				피부감작 및 색소탈락 눈의 자극		phenol에 의한 피부장해와 유사
	유기 화합물-43	1-Bromopropane	0.25 -0.3	△	△			△	생식기 독성		
	유기 화합물-12	N,N-dimethyl-acetamide	1.5	△	○	○	○				
	유기 화합물-24	Maleic anhydride	0.1	◎							
	유기 화합물-26	Mehylene bis-phenyl-isocyanate	0	◎						강한 천식 유발물질	

독성이 큰 순서 : ◎ > ○ > △

표 6-6. 유기화합물의 그룹별 물리화학적 성질과 그 건강장해

화학적 분류	분류번호	화학물질명	주요건강장해	기타건강장해	비고
방향족 니트로-아미드 화합물	허가대상물-1	Dichlorobenzidine	방광암유발		건강진단 내용도 동일하므로, 방광암 유발물질군으로 분류하는 것이 좋다.
	허가대상물-2	a-Naphthylamine*			
	허가대상물-4	*o*-Tolidine(3,3'-dimethyl-denzidine)			
	허가대상물-5	Dianisidine(3.3'-dimethoxy- benzidine)			
	유기화합물-37	Benzidine*			
	유기화합물-3	β-Naphthylamine*			
	유기화합물-23	Magenta			
	유기화합물-70	Auramine			
	유기화합물-11	*p*-Dimethylaminoazobenzene	발암물질(동물; 간, 방광)	피부감작성	방향족 니트로, 아미노 화합물 중에서 방광암을 유발하지 않고, 기타 건강장해를 일으키는 물질들로 분류
	유기화합물-14	4,4-Diamino-3,3'-dichlorodiphenylmethane(MOCA)	발암물질(동물; 폐, 간, 방광 등)	혈뇨, 단백뇨, methemoglobinemia	
	유기화합물-8	*p*-Nitrochlorobenzene	methemoglobinemia		
	유기화합물-7	*p*-Nitroaniline	methemoglobinemia	간장해	
	유기화합물-10	N,N-Dimethylaniline	methemoglobinemia	중추 신경장해	
	유기화합물-53	Aniline&homologues	methemoglobinemia	생식장해 및 간장해	
	유기화합물-54	Acetonitrile	methemoglobinemia	심혈관계, 신경계장해	
니트로 탄화수소 방향족	유기화합물-9	Dinitrotoluene	methemoglobinemia	심혈관계 및 피부질환	
	유기화합물-6	Nitrobenzene	methemoglobinemia	간 장해 및 신경장해	
니트로	유기화합물-4	Nitroglycerin		심혈관계, 신경계장해	
	유기화합물-5	Nitromethane	methemoglobinemia		
시안 화합물	산및알카리-3	Sodium cyanide	화학적질식제		화학적질식제로서 하나의 동일한 독성작용을 하는 물질군으로 분류
	가스-5	Hydrogen cyanide			
	산및알카리-4	Potassium cyanide			
	유기화합물-58	Acrylonitrile	화학적질식제	발암성	
	유기화합물-100	*o*-Phthlalodinitrile			
페놀	유기화합물-96	Phenol			
	유기화합물-97	Pentachlorophenol	피부점막자극, 대사율항진, 체온상승		pentachlorophenol과 그 나트륨염으로 분류.
산	유기화합물-5	Hydrochloric acid	피부 및 점막자극		무기산으로 분류
	산및알카리-5	Nitric acid			
	산및알카리-8	Sulfuric acid			
	산및알카리-1	Acetic anhydride			
	산및알카리-7	Trichloroacetic acid			

2. 유기용제 (Volatile Organic Compounds 혹은 Organic Solvents)

1) 정의

비수용성물질을 잘 녹이는 액체로 상온에서 휘발성이 높고, 용액으로부터 용제(용매)를 제거하면 용해되어 있던 물질(용질)이 그대로 회수되는 성질을 가지고 있는 유기화합물을 유기용제라고 한다. 휘발성이 높아 실내·실외의 대기중에서 사람에게 노출될 가능성이 있는 물질이다. 실험실에서는 유기용매라고 하며, 산업장에서 사용되는 경우는 유기용제라고 한다.

2) 용도

단독으로, 또는 혼합해서 사용한다. 세척용으로 사용되는 염소계 용제는 단독으로 사용되며, 트리클로로에틸렌, 테트라클로로에틸렌 등이 이에 속한다. 일반적으로 여러 가지 용제를 혼합해서 사용하며, 톨루엔, n-헥산, 초산에틸, 메틸에틸케톤, 알코올 등이 많이 이용되고 있다.

3) 사용상의 주의점

유기용제는 휘발성, 지용성, 인화 · 폭발성이 있으므로 취급상 주의해야 한다.

일반적으로 비점이 낮아서, 증발, 휘발하기 쉬우므로 폐를 통하며 많이 흡수된다. 지방을 녹이는 성질이 있으므로, 중추 · 말초신경장해를 일으키고, 급성 중독으로는 마취작용이 있다. 또한 피부로부터의 흡수를 방지하기 위해서 보호크림을 바르거나, 장갑 등을 낀다. 인화 · 폭발성이 있으므로 화재 · 폭발의 위험이 크다.

4) 분류

화학구조에 따라 분류하면 의한 분류하면 탄화수소, 염소(Cl)가 들어 있는 염화탄화수소, 알콜, 에테르, glycol유도체, 에스테르, 케톤, 알데하이드, 지환식탄화수소, 니트로-아미노탄화수소, 기타 화합물 등으로 나눌 수 있다(표 6-1).

5) 생체내 흡수, 대사, 배출 및 생물학적 반감기

(1) 흡수

유기용제는 주로 호흡기를 생채내로 흡수된다. 톨루엔의 경우 흡기된 양의 약 70%가 혈액 중으로 흡수된다. 흡수된 유기용제는 간을 통과하여 대사되고 대사산물이 소변으로 배출된다. 일부는 피부를 통해 흡수되어 독성을 나타낸다. 지용성인 톨루엔 · 크실렌등은 blood brain barrier(혈액뇌관문)를 통과하여 중추신경계에 영향을 미칠 수 있고, 메틸염화수은 등은 태아태반관문을 통과하여 태아에게 영향을 미치기 때문에 주의를 요한다.

(2) 대사

주로 간에서 일어나며 산화, 환원, 수화, 포합 등의 과정을 거쳐 수용성대사산물이 되어 체외로 배설된다.

톨루엔: 흡입량의 약 20%가 호기 중으로 배설된다. 대부분은 생체내에서 산화되어 안식향산이 되고, 글리신-포합 후, 마뇨산 또는 크레졸로서 요 중으로 배설된다.

o-, *m*-, *p*-크실렌(xylene): 2개의 메틸기중 한개가 산화포합되어, 메틸마뇨산과 일부 크실레놀로 배설된다.

스티렌, 에틸벤젠: 모두 만델릭산, 페닐글리옥실산, 마뇨산으로 요중으로 배설된다.

트리클로로에틸렌: 트리클로로초산과 트리클로로에탄올의 글루크론산포합물이 요중으로 배설된다.

n-헥산: 2,5-hexanedione, 5-hydroxy-2-hexanol, 2,5-dimethylfuran, 헥산디온 γ-valerlactone으로 배설된다.

메타놀: 메타놀, 개미산으로 요중으로 배설된다. 일부는 포름아미드로 요중으로 배설된다.

이황화탄소: 2-thiothiazolidine-4-carbomic acid(TTCA)으로 요중으로 배설된다.

벤젠 · 페놀: potassium phenylsulfonate, 페닐글루크론산으로 요중으로 배설된다.

(3) 배설

① 기도배설: 휘발성이 있는 벤젠, 톨루엔 등이 호기로 배설된다.

② 요중배설: 많은 유기용제가 간에서 대사된다. 지용성용제는 수용성의 대사산물이 되어 신장을 통해 요중으로 배설된다. 미량의 유기용제는 변화되지 않은 채로 요중으로 배설된다.

③ 소화관 배설: chinoform의 대사산물과 같이 담즙 중에 함유되어 소화관내로 배설되기도 한다.

(4) 생물학적 반감기

유기물질의 배설속도, 즉 축적정도를 표시하는 변수로 생물학적 반감기가 있다. 생체내 화학물질 존재량의 반이 생체로부터 소실되는데 필요한 시간을 말한다. 축적되기 쉬운 물질일수록 반감기는 길게 된다.

6) 유기용제가 생체에 미치는 영향

유기용제의 공통적 독성으로는 증기폭로에 따른 전신증상으로 마취작용과 국소작용으로는 눈, 코, 인후 등의 점막에 대한 자극, 또 액상의 용제가 피부가 닿아 일으킬 수 있는 염증, 각화, 균열 등을 들 수 있다.

(1) 말초신경장애

n-헥산이나 메틸-n-부틸케톤(MBK)에 장기간 폭로되면 말초신경장해가 일어난다. 유기용제 사용자에서 말초신경장해가 일어났을 때, 우선 n-헥산의 사용유무를 확인하여야 한다. 이황화탄소도 말초신경장해를 일으킨다.

n-헥산에 의한 발증은 서서히 일어나며 통상적으로 발증으로부터 1~3개월에 최고에 달한다. MBK에 의한 말초신경장해도 발증은 서서히 진행되고, 3~5개월에 최고에 달한다. n-헥산에 의한 건강장해로는 손이나 발의 마비를 호소하는 증례가 가장 많다. 이외에도 수족의 저림, 동통, 수족의 탈력(脫力)감이나 나른함, 수족이 붓는 증상 등이 초기발현 증상이다. 경증에서는 감각장해가, 중증에서는 근위축을 동반한 운동장해가 나타난다. MBK에 의한 만성건강장해로는 손이나 발의 탈력감 또는 간헐적인 찌르는 듯한 저림 등이 있다. 이황화탄소에 의한 말초신경장해로는 사지말초부위에 침으로 찌르는 듯한, 개미가 기는 듯한 이상감각이 최초로 나타난다. 경증에서는 사지 또는 양 하지에 이상감각을 나타내지만 통상 운동·감각형의 다발신경장해를 나타낸다. 일반적으로 운동장해에 의한 감각장해가 먼저 나타나는 수가 많다.

(2) 중추신경장해

유기용제에 의한 중추신경장해는, 발병형식과 병상에 따라 급성중독과 만성중독으로 대별할 수 있다. 급성중독이 흔히 나타난다.

① 급성중독

유기용제는 일반적으로 휘발성이 강하고, 상온에서 공기 중으로 증발하기 쉽다. 유기용제에는 마취작용이 있는데, 클로로포름이나 에틸에테르는 마취작용이 아주 강하여 예로부터 중요한 외과수술용의 전신마취제였다. 트리클로로에틸렌도 강한 마취작용으로 한 때 마취제로 사용되었다. 그 외 마취작용으로 급성 중독을 일으키기 쉬운 용제로 1,1,1-트리클로로에탄이 있다.

급성중독증상은 마취작용이 주가 된다. 작업장에서 호소하는 두통, 두중, 현기증, 권태감 등은 마취작용이 현저해지기 전에 나타나는 증상이다. 중증에서는 명정(酩酊)상태가 되고, 구음장해나 실조성 보행을 보이게 된다. 보다 중증에서는 의식장해가 나타난다.

② 만성중독

유기용제 만성폭로에 의해 중추신경장해가 나타나는 경우에는 가벼운 급성 중독증상, 즉, 마취작용이 반복되었던 예가 많다. 만성중독을 나타내는 용제로는 이황화탄소가 대표적이다. 이황화탄소의 중독증상으로는 정신증상이 나타난다. 전구증상으로는 두통, 불면, 현기증, 오심, 구토, 식욕부진, 작업의욕저하, 자극성 항진, 기억감퇴, 억울감이 나타난다. 수면장해는 초기증상으로 중요하고 불면, 다몽, 악몽에 시달린다. 정신증상으로는 병식(insight of disease)이 없고 기억과 기명력이 저하하고, 지남력상실(disorientation), 의식수준의 저하가 보인다. 정신증상에서도 전신권태감, 두통, 현기증, 기명력 감퇴 등의 신경증상은 작업하지 않으면 하루정도로 급속하게 회복된다. 그 외의 현저한 증상도 대다수는 수일에 거쳐, 길게는 2~3개월에 증상이 소실된다.

이황화탄소외에 중추신경장해를 일으키는 용제로 메틸알코올이 있는데 시력장해 및 시신경 위축을 보인다.

(3) 시신경장해

유기용제중 시신경을 침해하는 물질로서 메타놀이 가장 잘 알려져 있다. 초산메틸도 대사되어 메틸알코올이 되기 때문에 시력저하를 일으킨다고 생각되고 있다. 처음으로 나타나는 안증상은 백태가 끼거나, 회색빛을 띄고, 사물이 희미하게 보인다고 호소하는 경우가 많다. 그 후 시력장해는 서서히 진행한다.

(4) 망막장해

이황화탄소의 장기간 폭로에 의해 동맥경화성 변화의 하나로서 망막장해(망막증)가 일어난다.

(5) 간장해

유기용제중, 염소계의 용제, 특히 염소의 수가 많을수록 간에 대한 장해가 크다. 즉, o-디클로로벤젠, 클로로벤젠, 클로로포름, 사염화탄소, 1,2,-디클로로에틸렌, 1,1,2,2,-테트라클로로에탄이 이에 속한다. 염소계 용제외에는 크레졸, 1,4-디옥산, N,N-디메틸포름아미드가 간장에 영향이 있는 것으로 알려져 있다. 이들 용제의 간에서의 장해부위는 간세포로, 직접 간세포에 작용하여 장해하는 것으로 알려져 있다. 이들은 간세포의 마이크로좀의 효소에 의해 대사되는데, 이때 생성되는 활성의 중간대사산물이 간세포의 막 구조를 장해한다.

유기용제에 의해 발생하는 간장해와 기타 원인에 의한 간장해의 감별은 대단히 어렵다. 따라서 작업력, 폭로력, 폭로상태, 작업환경 측정결과, 기타 건강진단 소견 등을 자세하게 조사하여 그 결과를 신중하게 읽고 판정해야 한다.

(6) 동맥경화성 병변

이황화탄소의 장기 폭로에 의해 여러 가지 동맥경화성변화가 일어나며, 망막장해(망막증), 신장해, 뇌혈관 장해, 허혈성 심질환 등이 포함된다.

(7) 기타영향

① 신장에 미치는 영향

염소계, 방향족 및 지방족탄화수소, 글리콜 유도체, 크레졸, 피리딘, 이황화탄소 등이 신장에 영향을 미친다고 알려져 있다. 이중 이황화탄소를 제외하고는 모두 세뇨관을 장해한다. 유기용제의 신장에의 영향은 경미하며, 통상적인 폭로로는 신장해는 거의 보이지 않는다.

② 혈액에 대한 영향

벤젠에 의한 재생 불량성 빈혈이 대표적이다. 벤젠은 골수조혈기능을 장해하여, 적혈구, 백혈구, 혈소판의 생성을 저해한다. 유기용제로서는 글리콜유도체가 있다.

에틸렌글리콜은 적혈구를 용혈시키는 작용이 있다. 용혈이 일어나면 적혈구 수는 감소하고 혈색소량도 감소한다. 즉 빈혈이 일어난다. 용혈이 일어나면 빈혈 외에 황달이 일어난다.

7) 유기용제 중독의 진단방법

유기용제중독인가 아닌가는 노동자 자신이 느끼는 자각증세가 기본이 되며 각 물질에 따라 특수건강진단(산업안전보건법 시행규칙, 규칙 별표13)을 통해 알아낸다. 그러나 앞에서 살펴보았듯이 유기용제 중독증상을 빈혈이나 다른 질병의 증상으로 오진하기 쉽기 때문에 작업경력과 현재 하고 있는 작업, 사용물질 등을 건강 진단 시 충분히 얘기하는 것이 중요하다.

유기용제는 일정한 시간이 경과되면 몸 밖으로 빠져나가 진단이 어려워지기 때문에 톨루엔의 경우 작업종료 직후, TCE는 금요일 오후에 소변을 채취하여 측정하는 것이 가장 정확하다.

(1) 필수검사항목

- 작업력 및 노출력조사
- 과거병력조사
- 자각증상조사
- 임상진찰
- 임상검사(혈액학적 검사, 요검사, 간기능검사)

(2) 선택검사항목

- 혈액정밀검사, 신기능검사, 간기능검사, 각 유기용제에 따른 정밀검사
- 소변 중 대사물 측정

(3) 유기용제중독의 인정기준

유기용제에 한번 중독되면 치료가 어렵고 후유증이 남는다. 그러나 유기용제는 소변이나 땀으로 빠져나가기 때문에 일정한 시간이 지나면 중독의 근거도 찾기 어려워 법적으로 직업병을 인정받기가 어렵다.

따라서 유기용제중독이 되기 전에 미리 작업환경을 개선하여 중독을 예방하고 특수건강진단을 정기적으로 받아 초기에 발견하고 치료하여야한다.

3. 유기화합물의 대사산물 측정방법

생물학적노출지표검사는 혈액, 소변, 모발 등 생체시료로 부터 유기화합물 그 자체, 또는 유기화합물의 대사산물 또는 생화학적 변화산물 등을 혈액, 소변 등 생체시료로부터 분석 하여 유기 화합물의 노출에 의한 체내 흡수정도 또는 건강영향 가능성 등을 평가하는 것을 말한다. 여기서는 유기화합물의 지표물질 중 필수지표물질인 메틸마뇨산, 마뇨산, 삼염화초산, 총삼염화에탄올, 선택지표물질인 메탄올, 벤젠, 권장지표물질인 톨루엔과 페놀의 측정법을 알아보고자 한다.

1) 요중 hippuric acid, methylhippuric acid 측정법

(요중 마뇨산, 메틸마뇨산)

(1) G. C법

(원리)

방향족 용제의 산성대사산물은, 마뇨산, 만델린산, 메틸마뇨산 및 페닐글리옥실산을 포함하여, 산화된 요를 ethyl acetate로 추출한다. 추출액을 건조시켜 대사산물의 trimethyl-silyl-유도체를 형성하는 시약으로 처리한다.

(기구 및 시약)

① 표준원액

1mg/ml hippuric acid in methanol

1mg/ml mandelic acid in methanol

1mg/ml methylhippuric acid in methanol

1mg/ml phenylglyoxylic acid in methanol

② 표준액 : 500, 1000, 2000mg/l용액

③ 내부표준물질 : 10mg/ml heptadecanoic acid in methanol

④ ammonium sulfate, 5% sulfuric acid, ethyl acetate, Tris-Silⓡ

⑤ GC-FID

컬럼 : 1.2m×2mmid, 3% OV-1 on 80/100 mesh Gas chrom Q injector, detector : 250℃

온도프로그램 : 130℃에서 6분, 12℃/min, 최종온도 215℃

N2 flow rate : 20ml/min

(방법)

① 15ml screw-cap tube에 요 1ml를 넣고, 내부표준용액 100㎕를 넣는다. 1g ammonium sulfate와 0.2ml의 5% H_2SO_4를 넣는다.

② 4ml ethyl acetate를 넣고 2분간 흔들면서 추출한다. 원심분리하여 유기층 2ml를 5ml의 유리마개 있는 conical centrifuge tube에 옮긴다.

③ 40℃에서 N_2 stream(증기)하에서 추출액을 건조시키고, 100㎕ Tri-Sil을 더하고 뚜껑을 닫은 후, 75℃에서 5분간 가열한다.

④ 냉각후, 용액 1㎕를 주입한다.

(계산)

표준검량곡선으로부터 계산(1000mg/l의 quality control specimen으로 매법분석)

(주의사항)

정상뇨의 마뇨산농도는 500~1200mg/l이며, 만델린산농도는 5mg/l이하이다.

페닐글리옥실산과 *m*-, *p*-메틸마뇨산은 정상인의 용에서는 검출되지 않는다.

아스피린 대사산물로서 salicyluric acid는 내부표준물질전에 유출되며, 방해하지 않는다.

(2) HPLC법(요중 hippuric acid & methylhippuric acid)

(원리)

특이적이며, 민감한 HPLC법은 전처리 없이 직접분석이 가능하다.

(기구 및 시약)

① HA, MHA(*m*-, *p*-, *o*-)

② methanol/water/acetic acid(20/80/0.2)

③ 표준용액 : 0.25~2.00mg/ml

④ High-Performance Liquid Chromatography

⑤ 분리관 : 4.0mm×150mm, Lichrosorb RP 18, 10μ, 분리관온도 : 25℃

⑥ UV-detector 254nm, Flow : 1.2ml/min

(방법)
각 용액에 동량의 물 또는 대조뇨를 첨가한 혼합액을 직접 HPLC에 주입

(계산)
표준곡선으로부터 계산

2) 요중 total trichloro-compounds 측정법

(1) G.C법

[Trichloroethanol 측정]

(원리)
trichloroethanol의 글루쿠론산포함체(glucuronide conjugate)는 β-glucuronidase 존재하에 over night incubation에 의해 가수분해된다. 용액을 아세톤으로 희석하고, electron capture(EC) chromatography에서 직접 분석한다.

(기구 및 시약)
① 표준원액 : 1mg/ml trichloroethanol in water
② 요표준액 : 50, 100, 200, 400 mg/l
③ β-glucuronidase - 3000 Fishman units/ml : Type H-2 β-glucuronidase용액 1 ml를 pH 4.5 acetate buffer 30 ml로 희석
④ acetone
⑤ ECD 있는 GC
분리관 : 4ft×2 mm id., glass column, 10% Carbowax 20M on 60/80 mesh chromosorb W injector, column : 150℃, detector : 200℃, 5% methan in argon flow rate : 75 ml/min

(방법)
① 15ml screw-cap tube에 요 1 ml를 넣고, 1 ml β-glucuronidase용액을 넣는다. 마개를 막고 37℃에서 18시간 incubation한다. 50ml의 volumetric flask에 옮기고, acetone으로 플라스크를 닦으면서 채우고 잘 섞은 다음 1㎕를 GC에 주입한다.

(계산)

표준검량곡선으로부터 계산(100 mg/ltrichloroethanol을 함유한 quality control specimen으로 매번분석)

(주의사항)

TCE, TCA 및 정상요중 물질은 방해하지 않는 것으로 보인다.

[요중 삼염화초산(TCA)측정]

(원리)

TCA는 산화된 요에서 톨루엔으로 추출된다. boron trifluoride-methanol시약이 톨루엔 추출액에서 직접 산성 메칠유도체를 형성하는데 사용된다. 결과적으로 용액은 ECD를 갖춘 GC에서 분석된다.

(기구 및 시약)

① 표준원액 - 1mg/ml TCA in water

② 요표준액 - 50, 100, 200, 400mg/l

③ 1mol/ l sulfuric acid

④ oluene

⑤ 유도체시약 - 14% boron trifluoride in methanol(Sigma 제품)

⑥ GC(ECD)

1.5 m × 2 mm i.d., glass column, 5% OF-1 on 60/80 m도 Chromosorb W

injector : 185℃, column : 110℃, detector : 160℃, N2 : 45 ml/min

(방법)

① 15ml screw-cap tube에 요 50㎕를 넣고 0.5 ml의 1mol/l H_2SO_4를 넣는다. 8 ml의 톨루엔으로 4분간 흔들면서 추출한다.

② 층을 분리하기 위해 마개를 막고 80℃에서 10분간 가열한 후, 실온에서 냉각시킨다. 톨루엔층 2 ml를 다른 tube에 옮긴다.

③ 유도체시약 0.2 ml를 넣고 섞는다. 마개를 하고 1시간 80℃에서 가열한다.

④ 실온에서 냉각시킨 후 물을 1 ml 더한다. 30초 흔든 후 필요하면 원심분리한다. 톨루엔층 2㎕를 주입한다.

(계산)

표준검량곡선으로부터 계산(100 mg/l TCA를 함유한 quality control specimen을 매번 분석)

(주의사항)

TCE뿐 아니라 그 대사산물도 이 과정에서 방해물질로 작용하지 않는다. 요자체의 성분도 방해물질로 작용하지 않는다.

3) 요중, 혈중 메탄올 측정법

(1) GC에 의한 방법

(원리)

표본을 동량의 내부표준물질(internal standard : methyl ethyl ketone)과 섞는다. 혼합액을 직접 FID를 갖춘 gas chromatograph(GC)에 주입한다.

(기구, 시약, 조건)

① 표준원액 : 100 mg/ml 메탄올

② 혈액, 요표준액 : 50, 100, 200, 500, 1,000 mg/ml 메탄올

③ 내부표준용액 : MEK 1 ml/lwater

④ FID를 갖춘 gas chromatograph와 교체할 수 있는 glass injector

분리관(column): 6′ ×1/8″ stainless-steel, 0.2% carbowax on 60/80 mesh Carbo-Pack C

조건 : 주입구 : 200℃, 분리관 125℃

검출기 : 200℃, N2 유속 : 17 ml/min

(방법)

① 표본(혈액 또는 요) 0.1 ml를 plastic micro-centrifuge tube에 옮긴다.

② 0.1 ml의 internal standard용액(MEK)을 넣고 섞는다.

③ 0.5 μl의 물을 미리 넣어 놓은 syringe에 0.5 μl의 표본을 뽑아 직접 GC에 주입한다.

(계산)

표준검량곡선으로부터 계산한다(표준용액 200 mg/l을 함유한 정도관리표본(qulity control specimen)을 매번 분석).

(주의사항)

재현성 있는 결과를 얻기 위해 주입기술이 표준화되어야 하고 주입구의 glass insert와 septum은 10~20개 사용 후에는 바꿔야 한다.

(기준)

정상 혈중 메탄올 농도 : 1.5 mg/l

정상 요중 메탄올 농도 : 50 mg/l(단 200ppm(260 mg/m^{3}의 TLV에 폭로된 근로자의 경우)

4) 전혈 중 벤젠(헤드스페이스 GC)

(분석 원리)

대사되지 않은 형태로 혈액이나 소변 중에 남아 있는 벤젠 자체를 분석함으로써 직접 유기용제 폭로의 정도를 측정할 수 있다. 혈액이나 소변 중의 대사되지 않은 유기용제 자체는 헤드스페이스 GC법을 이용해 분석한다.

(시료 채취)

헤드스페이스 용 바이알에 0.5 ml의 시트르산 덱스트로오스 용액을 가하고 셉텀으로 마개를 한다. 혈액 1 ml를 가했을 때 해당되는 부피에 유성 펜으로 표시를 한다. 작업 종료 직후 또는 오전, 오후 작업 종료 직후 혈액을 1 ml 이상 채취한다. 유기용제 성분의 휘발로 인한 손실을 막기 위해, 미리 준비한 용기에 표시된 눈금에 맞춰 직접 혈액을 헤드스페이스 용 바이알에 채취한다. 헤드스페이스 부피에는 큰 차이가 없으므로 가하는 시료의 부피가 지나치게 정밀할 필요는 없다. 분석 전짜기 시료는 냉장보관하고, 분석은 시료 채취 후 24시간 이내 완료한다.

(기구, 시약)

용량플라스크 1L 1개, 100 ml 3개, 10 ml 7개

자동피펫 10~100, 200~1,000 µl

헤드스페이스 GC 바이알

벤젠(표준물질)

이소부탄올(내부표준물질)

Sodium citrate

Dextrose

Citric acid

탈이온수

(시약 조제)

① 표준용액 조제

- 벤젠 20 mg(23 μl)을 100 ml 용량플라스크에 옮기고 탈이온수로 표선을 채워 200 ppm 표준용액을 만든다. 이것을 표준용액 원액으로 한다.
- 표준용액 원액을 0.5 ml 취하여 10 ml 용량플라스크에서 탈이온수로 희석하여 10 ppm 용액을 만든다. 이 용액을 0.5, 1.5, 2.5 ml 씩 취하여 10 ml 용량플라스크에서 탈이온수로 희석하여 0.5, 1.5, 2.5 ppm의 용액을 만들고 다시 각 용액을 1/10으로 희석하여 0.05, 0.15, 0.35 ppm의 표준용액을 만든다. 이 6가지 농도의 표준용액을 검량선용 표준용액으로 한다. 탈이온수를 blank로 한다.

② 내부표준용액 및 시약 조제

- 이소부탄올 100 mg(120 μl)을 100 ml 용량플라스크에 옮기고 탈이온수로 표선을 채워 1,000 ppm 표준용액을 만든다.
- 이소부탄올 1,000 ppm 표준용액을 2 ml 취하여 100 ml 용량플라스크에서 탈이온수로 희석하여 20 ppm 용액을 만든다. 이 용액을 내부표준용액으로 사용한다.
- Citric acid 4 g, sodium citrate 13.2 g, dextrose 14.7 g을 1 L 용량플라스크에 옮기고 탈이온수로 표선을 채워 citric acid dextrose 용액을 만든다.

(시료 전처리)

시트르산 덱스트로오스 용액 0.5 ml, 혈액 1 ml가 들어 있는 헤드스페이스 바이알에 내부표준용액 0.5 ml를 가하고 3분간 잘 섞어준 후 헤드스페이스 가스크로마토그래피용 분석시료로 한다.

(기기 조건)

① GC 조건

- 컬럼 Carbowax-20 25m×0.32 mm ID×0.3㎛ film thickness
- 온도
  - · oven 70℃
  - · injector 220℃
  - · detector(FID) 250℃
- flow : total 100 ml/min
- split ratio 50:1

5) 혈중 톨루엔(헤드스페이스법)

(기구 및 시약)

톨루엔	용량플라스크 1 L 1개, 10 ml 4개
이소부탄올 20 ppm 수용액	자동피펫 10~100 ml, 200~1,000 ml
탈이온수	헤드스페이스 GC용 바이알

citric acid dextrose용액

(citric acid 4.8 g, sodium citrate 13.2 g, dextrose 14.7 g → 1 L 탈이온수)

(표준용액 조제)

- 톨루엔 20 mg(23 ml)/100 ml 탈이온수(200 ppm)
- 200 ppm 0.5 ml → 10 ml(10 ppm) 0 ml → 10 ml : blank
  0.5 ml → 10 ml : 0.5 ppm → 0.05 ppm
  1.5 ml → 10 ml : 1.5 ppm → 0.15 ppm
  2.5 ml → 10 ml : 2.5 ppm → 0.25 ppm

(표준용액 및 시료 전처리)

시료 혹은 표준용액 1 ml
↓ 내부표준용액 0.5 ml
↓ citric acid dextrose 용액 0.5 ml
헤드스페이스 GC 측정

(GC 조건)

- 컬럼 carbowax-20 25 m×0.32 mm ID×0.3㎛ film thickness
- 온도
  - · oven 70℃
  - · injector 220℃
  - · detector(ECD) 250℃
- flow : total 100 ml/min
- split ratio 50:1

6) 요중 Phenol 측정법(G.C법)

(원리)

요를 가수분해한 후, 용매추출을 통해 FID에 의해 직접 분석한다.

(기구 및 시약)

① stock standard : 1 mg/ml phenol in 1% HCl

② working standard : 5, 10, 20, 40, 8 0mg/l

③ perchloric acid

④ Diisopropyl ether

⑤ GC(FID)

분리관: 1.5 m×4 mm id., glass column, 2% polyethylene glycol adipate on chromosorb W

Injector : 200℃, column : 150℃, detector : 250℃

N2 flow rate : 60 ml/min

(방법)

① 10 ml volumetric flask에 요 5 ml를 넣고 2 ml perchloric acid를 더한다. 느슨하게 마개를 막고 95℃에서 2시간 가열한다.

② 냉각시킨 후 1 ml diisopropyl ether를 넣고, 물로 10 ml 되도록 채운 후 1분 동안 세게 흔든다.

③ 층이 분리되면, 유기층을 5㎕ 주입한다.

(계산)

표준곡선으로부터 계산(50 mg/lphenol을 함유한 quality control specimen을 매번분석)

(주의사항)

phenol은 정상인의 요에서도 평균 5~8 mg/l(2~18 범위) 존재한다. 정상요에서 *p*-cresol 농도는 평균 약 90 mg/l, 범위는 20~200 mg/l이다.

7 중금속(Heavy metal)

1. 서론

금속원소는 주기율표에서 붕소와 아스타틴을 연결하고 있는 것이 많으며, 수소를 제외한 1족(구리 등), 2족(스트론튬·베릴륨·마그네슘·아연·카드뮴·수은 등), 붕소를 제외한 3족(우라늄·알루미늄·탈륨 등), 탄소와 규소를 제외한 4족(주석·납 등), 질소를 제외한 5족(비소·안티몬 등), 산소를 제외한 6족(크롬·셀렌 등), 할로겐족을 제외한 7족(망간 등), 8족(철·코발트·니켈·백금 등)의 원소들이 이에 해당한다.

이들 가운데 비중이 비교적 큰 원소(일반적으로 4~5 이상인 것)는 중금속이라 불리며, 이에 해당하는 것으로는 아연·망간·철·카드뮴·코발트·니켈·구리·납·수은·백금 등이 있다. 금속, 특히 중금속이 사람에게 주는 영향으로 각 증상이 나타나기 전에 일어나는 생리적 기능 장애와 정신적 기능 장애의 방지가 세계적 과제로 되어 있다. 중금속중독에 있어서 나쁜 영향을 가장 먼저 받는 장기를<臨界臟器: 임계장기: critical organ>라 하고, 그 영향을 임계영향(critical effect)이라고 한다. 한편 임계영향보다도 낮은 양의 변화로서 나타나는 영향을 임계하 영향(subcritical effect)이라고 한다. 예컨데 납중독에서 헴합성 장애(또는 신경전도속도 저하)를 임계영향, 적혈구의 δ-아미노레불린산 탈수효소의 활성저하는 임계하 영향이라 할 수 있다.

사람의 생활과 특히 밀접한 관계가 있는 중금속 중독으로는 직업이 원인이 되어서 발생하는 산업중독(납·수은·크롬·망간·아연 등에 의한 중독), 대기·식품·음료수·토양 등 일상적인 환경오염으로 유발되는 환경중독(생태계 중독: 미나마타병, 이타이이타이병, 우유에 오염된 아비산에 의한 집단 비소중독 등), 음독자살·독살 등과 같은 법의학상의 중독(비소중독 등) 등이 있다. 중금속 중독인 경우의 동물체에 대한 영향, 즉 장해에는 피부, 눈, 비강·구강의 점막, 인후 등의 국소장해(직접적 자극 또는 알레르기)와 전신장해(폐·혈액·신경계 등의 장기장해)가 있다. 요즈음은 특히 중금속의 암 등 악성종양 발생과의 관계와 다음 세대에 대한 영향(기형, 염색체나 유전자의 이상에 의한 돌연변이 등의 발생) 등이 주목되고 있다. 이미 사람에게 악성종양을 일으킨다는 사실이 확인된 중금속으로는 비소(장해 부위는 피부·폐), 니켈(비강·부비강·폐), 크롬(폐), 카드뮴(전립선) 등이 있다. 중금속중독 치료에는 페니실라민, Ca-EDTA 등의 킬레이트제 등이 이용되고 있으며, 축적된 중금속의 체외 배출 촉진에 의한 원인요법이 주로 이용되고 있다.

1) 납(Lead)

납은 원소기로 Pb, 원자번호82, 원자량 207.2, 비중11.35(20℃), 녹는점 327.5℃, 끓는점 1740℃인, 푸른빛 도는 흰색의 금속이다. 550~600℃에서 증기가 형성되고, 공기 중의 산소와 결합하여 산화납의 흄이 된다. 작업장에 흄(fume)과 더스트(dust)의 형태로 존재한다. 근로자가 납에 노출되는 작업장은 납광산, 납제련, 납 용점, 축전지 제조, 자동차 제조, 크리스탈 유리 제조, 페인트·안료 제조 및 그 분무 도장, 도자기 제조, 인쇄, 선박 해체, 합금 등이 대표적이다. 납의 독성은 주로 조혈 계, 신경계, 신장에 나타난다.

납은 호흡기, 소화기, 피부, 태반 등을 통해 체내에 들어오게 된다. 소화기를 통해 들어온 납은 대부분이 흡수되지 않은 채 대변으로 배설되고, 호흡기를 통해 들어온 납은 그 35~50% 가량이 흡수된다. 피부 흡수는 무기 납의 경우 거의 무시 할 수 있을 정도이나, 유기 납의 경우 문제시된다. pH와 공존하는 음이온이 흡수에 영향을 미친다. 흡수된 납의 76%는 소변으로, 16%는 대변으로, 8% 이하가 털, 손톱, 발톱, 땀, 젖 등으로 배설되며, 체내에 축적되는 납은 90%이상이 뼈에 축적된다. 체내의 납 총량이 동일하다 해도 혈액이 산성일 때는 혈액 속에 유리되어 각 장기에 작용하여 중독증상을 나타내고, 혈액이 염기성으로 기울면 3가의 인산염이 되어 뼈의 석회질 부분에 침착하여 중독증상을 나타내지 않을 수 있다. 직업적으로 노출되지 않는 개인도 음식물, 식수, 공기 등을 통해 1일에 100~350 μg를 섭취하는 것으로 알려져 있다. 체내의 납 농도는 남자가 거의 모든 조직에서 여자보다 높다.

전혈 중 납 농도는 최근의 폭로를 나타내는 지표이다. 연조직(soft tissue) 중의 농도를 반영하며, 생리적 영향을 반영하지는 못한다. 전혈 중 납의 90%는 적혈구에 결합되어 있다. 납을 흡입하면 전혈 중 납 농도는 즉시 상승한다.

직업적으로 납에 노출되지 않는 정상인의 혈 중 납 농도는 평균 4~22 μg/dl로 알려져 있다. ACGIH BEI는 50 μg/dl, 독일 BAT는 30 μg/dl(여자), 70 μg/dl(남자), WHO action level은 40μg/dl 이며, 우리나라 근로자 건강진단 실시기준의 관리한계는 60 μg/dl 이상이다.

(1) 전혈중 납의 분석

① 분석원리

전혈 중 납 농도는 원자흡광분석기(atomic absorption spectrometer: AAS)로 분석한다. 혈액은 대단히 복잡한 매질이므로 AAS의 바탕보정이 필요할 뿐 아니라, 표준물첨가법(standard additon method)에 의해 검량선을 작성한다.

② 기구 및 시약

사용하는 모든 초자기구는 20% 질산에 4시간 이상 담가두었다가 탈이온수로 7회 헹구어 사용한다. 원자흡광분석기는 GTA-96 graphite tube atomizer 가 장착된 D_2 램프 보정방식의 AAS를 사용한다. 흑연튜브는 pyrolytic coated partitioned tube를 사용한다.

탈이온수는 초순수 제조장치로 제조한 비저항 18MΩ의 것을 사용한거나 AAS용 탈이온수를 구입하여 사용하며, Triton X-100, $(NH_4)_2HPO_4$, 1000ppm Pb 표준용액과 HNO_3는 특급제품을 사용한다.

③ 시료채취 방법 및 전처리

근로자의 정맥혈은 헤파린 또는 EDTA 처리된 튜브와 1회용 주사기를 이용하여 채취한다. 채취시간은 작업 전, 작업 중, 작업 후 아무 때나 상관없다. 오염되지 않도록 주의해야 한다. 밀봉하여 -20 ℃에서 보관하면 장기간 보관이 가능하다. 전혈은 0.2% Triton X-100/0.2%$(NH_4)_2HPO_4$ 용액에 20배로 희석하여 AAS에 주입한다. 전혈은 3분이상 잘 섞어준 다음 취하여 희석하고 표준물첨가법(standard additon method)에 의해 검량선을 작성한다.

④ 기기조건

흑연로 조건은 표와 같다. 이 조건은 사용하고 있는 기기의 매뉴얼을 참고하여 최적조건을 찾아야 한다.

분석파장은 283.3nm, 램프 전류는 5mA, 슬릿 나비는 0.5nm, 슬릿 높이는 Normal, D_2 램프에 의한 바탕보정을 한다. 자동시료주입기 또는 매뉴얼로 15~25㎕의 시료를 흑연튜브에 주입한다.

표 7-1. 전혈 중 납 분석을 위한 원자흡광분석 흑연로 조건

Step No.	Temp(℃)	Time(sec)	Gas flow (ℓ /min)	
1	2700	3	3	
2	2300	2	3	
3	2200	2	3	
4	2200	1	3	
5	600	1	3	read
6	600	10	3	read
7	450	7	0	
8	250	8	0	
9	120	20	0	
10	95	40	3	
11	85	5	3	

⑤ 검량선 작성 및 결과 처리

시판되는 1000 ppm Pb 표준용액을 탈이온수로 단계적으로 희석하여 Pb 10, 30, 50, 70 μg/dl 표준용액을 만든다. 0.2% Triton X-100/0.2%$(NH_4)_2HPO_4$ 용액 1.8 μl에 Pb 표준용액 0.1 μl, 정상인 전혈 0.1 μl를 가하여 잘섞어 표준물첨가법에 의한 검량선 작성용 시료로 한다. 0.2% Triton X-100/0.2%$(NH_4)_2HPO_4$ 용액 1.8 μl에 탈이온수 0.1 μl, 시료 전혈 0.1 μl를 가하여 잘 섞어 분석용 검체로 한다.

데이터를 해석할 때는 지속적인 관찰이 중요하며, 음식물 및 기타 환경에서의 노출, 폭로기간, 적혈구 량, 약물 복용 여부($CaNa_2EDTA$, d-penicillamine등의 킬레이트제) 등을 고려해야 한다.

(2) 소변 중 납 분석(Pb in urine)

소변 중 납은 최근의 흡수를 나타내는 지표이다. 폭로 10일 후에 농도가 상승한다. 직업적으로 노출되지 않는 건강인의 소변 중 납 농도는 10~50 μl/l로 알려져 있다. ACGIH BEI는 150 μl/g creatinine이다.

소변의 채취는 혈액 채취에 비해 noninvasive sampling 이라는 장점이 있다. 채취시간은 작업 전, 작업 중, 작업 후 아무 때나 상관없다. 오염에 주의해야 할 뿐 아니라 용기나 침전에의 흡착으로 인한 손실에도 주의해야 한다.

개체간, 개체내 변동에 대한 데이터 해석 시 고려 사항은 음식물 및 기타 환경에서의 노출, 수분 섭취항, 신장기능. 약물 복용 여부($CaNa_2EDTA$, d -penicillamine 등의 킬레이트제) 등이다.

① M. Hirata et. al, Int. Atch. Occup. environ. Health, 68, 58-63, 1995

황산과 질산의 혼액을 회화시키고 그 잔액의 pH를 3.5로 조절한 다음 APDC (ammonium pyrrolidine dithocarbamate)로 킬레이트를 생성한다. MIBK(methyl isobutyl ketone)로 추출하여 불꽃 원자흡광분석기로 분석한다.

② K.S. Subramanian, Anal.Chem, 55, 1064-1067, 1983

소변 2.5ml를 5ml 파이렉스 유리 용량 플라스크에 취하고 10% NH_4NO_3 용액 250㎕와 10% HNO_3 500㎕를 가한다. 탈이온수로 표선 5ml 를 맞추고 마개를 하여 20초 동안 진탕 혼합기(vortex mixer)로 혼합한 다음 이 용액을 10㎕ 취해 AAS에 도입한다. Urine Contol(Fish # 2934-80, Level 1)에 Pb를 첨가하여 검량선을 작성한다. 기기조건은 다음과 같다.

표 7-2. 소변 중 납 분석을 위한 원자흡광분석 흑연로 조건

Lamp current 7.0mA , Wavelength 283.3nm, Slit 0.7nm, Nitrogen flow 300ml/min(no gas flow during the atomization cycle), Integration time 5.0sec

	Temp. (℃)	Time (ramp/hold)
Drying step	120	30/30
Ashing step	500	10/40
Atomization step	2300	1/3
Cleaning step	2700	1/3

③ F. Arai et, al, Ind. Jealth, 32, 67-78, 1994

소변시료 5ml를 테플론 용기에 취하고 농질산 2.5ml를 가한 후 마개를 하여 130℃ hot-air-circulating desiccator에 90분간 둔다. 용기를 꺼내어 4℃로 유지되는 냉방에서 식힌다. 내용물을 탈이온수로 씻어 파이렉스마개가 달린 파이렉스 튜브에 옮기고 탈이온수 적당량을 가해 10ml로 한다. 이것을 비불꽃법 AAS용 시료로 한다.

2) 카드뮴(Cadmium)

카드뮴은 원소기호 Cd, 원자번호 48, 원자량 112.4 비중 8.642, 녹는점 320.9℃, 끓는점 765℃인, 푸른빛 도는 흰색의 금속이다. 같은 2B족 원소인 아연과 밀접한 관계가 있어 자연계에서는 언제나 아연과 함께 존재한다. 공기 중의 산소와 결합하여 황갈색의 산화

카드뮴 흄이 된다. 카드뮴은 부식에 대한 저항이 크기 때문에 다른 금속의 코팅에 많이 쓰이며, 니켈-카드뮴 축전기, 합금에 이용된다. 여러 가지 카드뮴 화합물이 색소, 플라스틱 안정제, 반도체에 사용된다. 급성중독의 경우 기도 및 폐에 대한 자극이 강하고, 만성중독의 경우는 신장장해와 골격계장해가 대표적이다. 공해질환으로서 이타이 이타이 병을 일으킨 사건은 유명하다.

카드뮴은 호흡기와 소화기를 통해 체내에 들어오게 된다. 작업장에서는 호흡기가 에어로졸, 더스트, 흄의 주된 흡수경로이다. 흡입된 카드뮴의 0.1~50% 정도가 흡수되는데, 흡수정도는 카드뮴 화합물의 입자크기와 용해도에 좌우된다. 소화기를 통해 들어온 카드뮴은 건강한 사람의 경우 3~7%가 흡수되나, 칼슘, 철, 또는 단백질이 부족한 경우 20%까지 흡수율이 높아진다. 카드뮴의 생물학적 반감기는 10~30년으로 보고되고 있다. 배설은 주로 소변을 통해 이루어지며 하루 배설량은 체내총량의 0.01~0.02%에 불과하다. 조직과 혈장 중의 카드뮴은 저분자 단백질 메탈로치오네인(metallothonein)에 결합되어있다. 카드뮴과 결합할 메탈로치오네인이 충분하지 못하면 카드뮴의 독성이 나타난다고 생각된다. 혈액 중의 카드뮴은 주로 적혈구에 존재한다. 저폭로시 체내 카드뮴의 40~80%는 간과 신장에 축적되고 20%가 근육에 축적된다. 폭로가 증가하면 신장의 카드뮴은 감소하고 간의 카드뮴은 증가한다. 직업적으로 노출되지 않는 개인도 음식물, 특히 해산물을 통해 카드뮴에 폭로될 수 있다. 흡연도 주요한 비직업적 폭로경로이다.

전혈 중 카드뮴 농도는 최근의 폭로를 나타내는 지표이다. 직업적으로 카드뮴에 노출되지 않는 정상인의 전혈 중 카드뮴 농도는 평균 0.047~4.5μg/dl로 알려져 있다. ACGIH BEI는 10 μg/dl, 독일 BAT는 15 μg/dl, WHO action level은 0.5 μg/dl이며, 우리나라 근로자 건강진단 실시기준의 관리한계는 3 μg/dl 이상이다.

(1) 전혈 중 카드뮴 분석

① 분석원리

전혈 중 카드뮴 농도는 흑연로가 부착된 AAS로 분석한다. 혈액은 대단히 복잡한 매질이므로 AAS의 바탕보정이 필요할 뿐 아니라, 표준물 첨가법에 의해 검량선을 작성하여야 한다.

② 기구 및 시약

사용하는 모든 초자기구는 20% 질산에 4시간 이상 담가두었다가 탈이온수로 7회 헹구어 사용한다. 원자흡광분석기는 graphite tube atomizer가 장착된 D_2 램프로 보정방식의

AAS를 사용한다. 흡연튜브는 pyrolytic coated partitioned tube를 사용한다.

탈이온수는 초순수 제조장치로 제조한 비저항 18MΩ의 것을 사용하거나 AAS용 초순수를 구입하여 사용한다. Triton X-100, $(NH_4)_2HPO_4$, 1000ppm Cd 표준용액과 HNO_3는 특급 제품을 사용한다.

③ 시료채취 방법 및 전처리

근로자의 정맥혈은 헤파린 또는 EDTA 처리된 튜브와 1회용 주사기를 이용하여 채취한다. 채취시간은 작업 전, 작업 중, 작업 후 아무 때나 상관없으며 오염되지 않도록 주의해야 한다. 밀봉하여 -20℃에서 보관하면 장기간 보관이 가능하다. 전혈은 0.2% Triton X-100/0.2%$(NH_4)_2HPO_4$ 용액에 20배로 희석하여 AAS에 주입한다. 전혈은 3분 이상 잘 섞어준 다음 취하여 희석하고 표준물 첨가법에 의해 검량선을 작성한다.

④ 기기조건

흑연로 조건은 표와 같다.

표 7-3. 전혈 중 카드뮴 분석을 위한 원자흡광분석기 흑연로 조건

<table>
<tr><th>Step No.</th><th>Temp(℃)</th><th>Time(sec)</th><th colspan="2">Gas flow(ℓ /min)</th></tr>
<tr><td>10</td><td>2500</td><td>3</td><td>3</td><td rowspan="10">read</td></tr>
<tr><td>9</td><td>2200</td><td>2</td><td>3</td></tr>
<tr><td>8</td><td>2000</td><td>3</td><td>3</td></tr>
<tr><td>7</td><td>2000</td><td>0.7</td><td>3</td></tr>
<tr><td>6</td><td>600</td><td>1</td><td>3</td></tr>
<tr><td>5</td><td>600</td><td>30</td><td>0</td></tr>
<tr><td>4</td><td>600</td><td>10</td><td>0</td></tr>
<tr><td>3</td><td>130</td><td>10</td><td>0</td></tr>
<tr><td>2</td><td>110</td><td>20</td><td>3</td></tr>
<tr><td>1</td><td>85</td><td>5</td><td>3</td></tr>
</table>

분석파장은 228.8nm, 램프 전류는 4mA, 슬릿 나비는 0.5nm, 슬릿 높이는 Normal, D_2 램프에 의한 바탕보정을 한다. 자동시료주입 또는 매뉴얼로 15~20 μl의 시료를 흑연튜브에 주입한다.

⑤ 검량선 작성 및 결과 처리

시판되는 1000ppm Cd 표준용액을 탈이온수로 단계적으로 희석하여 Cd 0.2, 0.4, 0.6, 0.8 ㎍/dl 표준용액을 만든다. 0.2% Triton X-200/0.2%$(NH_4)_2HPO_4$ 용액 1.8ml에 Cd 표준용액 0.1ml, 정상인 전혈 0.1ml를 가하여 잘 섞어 표준물첨가법에 의한 검량선 작성용 시료로 한다. 0.2% Triton X-100/0.2%$(NH_4)_2HPO_4$ 용액 1.8ml에 탈이온수 0.1ml, 시료 전혈 0.1ml를 가하여 잘 섞어 분석용 검체로 한다.

데이터를 해석할 때는 음식물 및 흡연여부를 고려해야 한다.

(2) 소변 중 카드뮴 분석

배설 반감기가 길기 때문에 소변 채취시간은 중요하지 않지만 오염에 주의해야 한다. 작업장 밖에서, 산 세척된 플라스틱병이나 유리병에 받아야 하며, 색깔이 있는 플라스틱이나 고무는 피해야 한다.

소변 중의 카드뮴 농도는 만성 카드뮴 폭로를 반영한다. 직업적으로 폭로되지 않는 건강인의 소변 중 카드뮴 농도는 평균 0.5~1.0 ㎍/l 으로 알려져 있으며, 연령, 흡연, 공해 환경의 영향을 받는다. 대부분의 근로자를 신장장해로부터 보호하기 위해 채택된 ACGIH BEI는 10 ㎍/g createtnine 이다. 소변 중 카드뮴 5 ㎍/g creatinine 이상이라면 장기간 폭로 또는 최근의 고폭로 결과일 수 있다. 독일 BAT는 15 ㎍/g creatinine, WHO action level은 5 ㎍/g creatinine이다.

① R. Fraile et. al, Fresenius. J. Anal. Chem, 343, 319-323, 1992

소변시료는 1% v/v HNO_3에 보존한다. 4ml 플라스틱 튜브에서 0.05% w/v Triton X-100로 9+1로 희석한다. 검량선 작성용 표준용액은 1% v/v HNO_3-0.05% w/v Triton X-100 용액으로 0.5~4 ㎍/l 범위로 매일 신선하게 준비한다.

기기조건은 다음과 같다.

표 7-4. 소변 중 카드뮴 분석을 위한 원자흡광분석 흑연로 조건

Wavelength 228.8nm, Spectral bandwidth 0.5nm, Lamp current 5.0mA, sample volume 20 ㎕, Integration time 5sec, Calibration mode Peak area.

Parameter	Step											
	1	2	3	4	5	6	7	8	9	10	11	12
Temp.(℃)	90	120	200	425	425	1500	1500	2800	2800	40	40	
Time(sec)	5	5	5	5	30	2	1.5	5	1	2	13	2
Argon(ml/min)	3	3	3	3	3	0	0	0	3	3	3	3

② K. S. Subramanian, Anal. Chem, 55, 1064-1067, 1983

소변 205ml를 5ml 파이렉스 유리 용량플라스크에 취하고 10%$(NH_4)_2HPO_4$용액 100 μl와 10% HNO_3 100 μl를 가한다. 탈이온수로 표선 5ml를 맞추고 마개를 하여 20초 동안 진탕 혼합기(vortex mixer)로 혼합한 다음 이 용액을 10 μl 취하여 AAS에 도입한다. 검량선 작성용 표준용액은 0.2%$(NH_4)_2HPO_4$-0.2% HNO_3으로 매일 신선하게 준비한다. 기기조건은 다음과 같다.

표 7-5. 전혈 중 납 분석을 위한 원자흡광분석 흑연로 조건

Lamp curret 6.0 mA, Wavelenfth 228.8 nm, Slit 0.7 nm, Nitrogen flow 300 ml/min (no fas flow during the atomization cycle), Integration time 5.0 sec

	Temp. (℃)	Time (ramp/hold)
Drying step	120	30/20
Ashing step	500	10/30
Atomization step	1500	1/3
Cleaning step	2700	1/3

③ 일본 마쯔시다 공장 분석실 매뉴얼

■ 시약

2% $PdCl_2$ 용액; $PdCl_2$ 1g을 HCl 10ml에 녹이고 탈이온수로 희석하여 50ml로 한다.

2.5% $Mg(NO_3)_2$ 용액: $Mg(NO_3)_2 \cdot 6H_2O$ 4.33g을 탈이온수에 녹여 100ml로 한다.

질산 희석액: 혼액 solution(질산 20ml, 2% $PdCl_2$ 용액 10ml, 2.5% $Mg(NO_3)_2$ 용액 20ml)

Cd 표준용액; 10, 20, 30 μg/l

기기조건은 다음과 같다.

표 7-6. 전혈 중 납 분석을 위한 원자흡광분석 흑연로 조건

Zeeman AAS(Perkin Elmer 5100-ZL), 분석파장 228.8nm, 슬릿나비 0.7nm

	Temp.(℃)	Time(ramp/hold)	Ar gas(mℓ/min)
Drying step 1	110	1/20	250
Drying step 2	130	1/20	250
Ashing step	700	5/20	250
Atomization step	1600	0/3	50
Cleaning step	2000	1/2	250

Calibration: Method of additions calibration

	Urine	Water	Dil.soln.	Aq.std.		
				10μ g/l	20μ g/l	30μ g/l
Reagent blank		0.7ml	0.3ml			
Std 0 μg/l	0.2ml	0.5ml	0.3ml			
Std 5 μg/l	0.2ml	0.4ml	0.3ml	0.1ml		
Std 10 μg/l	0.2ml	0.4ml	0.3ml		0.1ml	
Std 15 μg/l	0.2ml	0.4ml	0.3ml			0.1ml
Urine sample	0.2ml	0.5ml	0.3ml			

3) 크롬(Cromium)

크롬은 원소기호 Cr, 원자번호 24, 원자량 52, 비중 17.20, 녹는점 1900℃, 끓는점 2642℃인 은백색의 금속이다. 크롬과 크롬화합물은 스테인리스 합금, 색소, 도금, 촉매, 항부식성 제품 생산에 쓰인다. 크롬은 +2, +3, +6의 원자가를 가질 수 있고 다양한 화합물을 이루며, 그 독성의 정도도 다양하다. 크롬은 인체에 필요한 영양소이기도 하다.

크롬의 급성중독은 심한 신장장해를 일으키며, 만성중독은 코, 폐, 위장의 점막에 병변을 일으킨다. 장기간 흡입하는 경우 발암성도 의심되고 있다.

크롬화합물의 체내흡수는 원자가와 용해도에 좌우된다. 입자크기가 커지면 흡수정도가 감소하고, 용해도가 증가하면 흡수정도가 증가한다. Cr(Ⅲ) 은 피부흡수가 어려우나 Cr(Ⅵ)은 쉽게 피부를 통과한다. 위장관에 들어온 수용성 Cr(Ⅵ)은 10% 정도만 흡수되고 나머지는 대변으로 배설된다. 수용성 Cr(Ⅵ)의 주 배설경로는 소변이다. Cr(Ⅵ)이 인체 내에서 환원되어 Cr(Ⅲ)으로 배설된다. 수용성 크롬화합물은 폭로기간 중과 폭로직후 몇 시간 중에 빠르게 배설된다. Cr(Ⅲ)는 단백질과 결합하여 적혈구를 통과하지 않으나, 수용성 Cr(Ⅵ)는 세포막을 쉽게 통과하여 효소에 의해 Cr(Ⅲ)로 환원된다. 따라서 전혈중 크롬 농도는 Cr(Ⅲ)과 Cr(Ⅵ)에의 장기간 폭로를 반영하며, 혈청 중 크롬은 Cr(Ⅲ) 흡수를 반영한다. 단백질과 결합한 Cr(Ⅲ)이 주로 체내를 순환하며, 조직 중 에서도 주로 이 형태로 존재한다. 체내의 크롬은 주로 간, 신장, 폐에 축적된다.

직업적으로 폭로되지 않는 개인도 음식물, 흡연 등을 통해 크롬에 노출되며, 그 경우 평균 전혈중 농도 0.012~0.034 μg/dl, 혈청중 농도 0.004~0.035 μg/dl, 소변중 농도 0.23~1 μg/l로 알려져 있다. ACGIH BEI 는 소변 중 총 크롬에 대해 10 μg/g creatinine(increase during shift), 30 μg/g(end-of-shift and end of workweek)이다. 전자는 만성 폭로력이 있는

근로자의 근무일 동안의 폭로를 평가하는 기준이다. 새로이 폭로된 근로자의 경우 소변 중 크롬 농도 증가가 훨씬 적을(5 ㎍/g creatinine)것으로 예상된다. 후자는 8시간 동안 수용성 Cr(Ⅵ) 흄 0.05mg/m' 에 노출된 MMA (manual metal arc) 용접공을 기준으로 작성되었으며, 만성폭로력이 있는 근로자에게만 적용된다. 우리나라 근로자 건강진단 실시기준의 주의한계는 소변 중 크롬에 대해 50 ㎍/l 이상이다.

(1) 혈청 중 크롬 분석

① 분석원리

혈청 중 크롬 농도는 AAS로 분석한다. 혈청은 복잡한 매질이므로 AAS의 바탕보정이 필요할 뿐 아니라, 표준물첨가법에 의해 검량선을 작성한다. 특히, AAS의 크롬 분석 파장은 가시광선 영역에 가까운 장파장(357.9nm)으로, D_2 램프에 의한 바탕보정이 힘들고 지만(Zeeman) 방식의 바탕보정이 필요하다.

② 기구 및 시약

사용하는 모든 초자기구는 20% 질산에 4시간 이상 담가두었다가 탈이온수로 7회 헹구어 사용한다. 원자흡광분석기는 Zeeman graphite tube atomizer가 장착된 AAS를 사용한다. 흑연튜브는 pyrolytic coated patitioned tube 를 사용한다.

탈이온수는 초순수 제조장치로 제조한 비저항 18㏁의 것을 사용한거나 시판 AAS용 초순수를 사용한다. Triton X-100, 1000ppm Cr 표준용액과 HNO_3는 특급 제품을 사용한다.

③ 시료채취 방법 및 전처리

근로자의 정맥혈은 혈청분리용 튜브와 1회용 주사기를 이용하여 채취한다. 오염되지 않도록 주의해야 한다. 밀봉하여 -20℃에서 보관하면 장기간 보관이 가능하다. 혈청은 첨가제가 없는 튜브에 채취된 혈액을 원심분리하여 얻는다. 혈청시료는 0.1% Triton X-100 용액에 10배로 희석하여 AAS에 주입한다. 시료는 3분 이상 잘 섞어준 다음 취하여 희석하고 표준물첨가법에 의해 검량선을 작성한다.

④ 기기조건

흑연로 조건은 표와 같다.

표 7-7. 혈청 중 크롬 분석을 위한 원자흡광분석기 흑연로 조건

Step No.	Temp(℃)	Time(sec)	Gas flow(ℓ /min)	
1	90	10	3	
2	90	10	3	
3	110	15	3	
4	110	10	3	
5	1100	15	3	
6	1100	15	3	
7	1100	2	0	
8	2600	0.8	0	read
9	2600	2	0	read
10	2750	2	3	
11	2750	5	3	

분석파장은 357.9nm, 램프 전류는 7mA, 슬릿 나비는 0.2nm, 슬릿 높이는 Reduced, 지만(Zeeman)효과에 의한 바탕보정을 하였다. 자동시료주입기로 30 μl의 시료를 흑연튜브에 주입하였다.

⑤ 검량선 작성 및 결과 처리

시판되는 1000ppm Cr 표준용액을 탈이온수로 단계적으로 희석하여 Pb 0.5, 1.0, 1.5, 2.0 μg/dl 표준용액을 만든다. 0.1 Triton X-100 용액 0.8ml에 Cr 표선 작성용 시료로 한다. 0.1% Triton X-100 용액 0.8ml에 탈이온수 0.1ml, 시료 혈청 0.1ml를 가하여 잘 섞어 분석용 검체로 한다.

(2) 소변 중 크롬 분석

① 분석원리

소변 중 크롬 농도는 AAS로 분석한다. 소변은 복잡한 매질이므로 AAS의 바탕보정이 필요할 뿐 아니라, 표준물첨가법에 의해 검량선을 작성한다. 특히, AAS의 크롬 분석 파장은 가시광선 영역에 가까운 장파장(357.9nm)으로, D_2 램프에 의한 바탕보정이 힘들고 지만(Zeeman)방식의 바탕보정이 필요하다.

② 기구 및 시약

사용하는 모든 초자기구는 20% 질산 4시간 이상 담가두었다가 탈이온수로 7회 헹구어 사용한다. 원자흡광분석기는 Zeeman graphite tube atomizer가 장착된 Zeeman AAS를 사용한다. 흑연튜브는 pyrolytic coated partitioned tube를 사용한다.

탈이온수는 초순수 제조장치로 제조한 비저항 18MΩ인 것을 사용하거나 시판되는 AAS용 초순수를 구매하여 사용한다. Triton X-100, 1000ppm Cr 표준용액과 HNO_3는 특급 제품을 사용한다.

③ 시료채취 방법 및 전처리

소변을 채취할 때는 특히 근로자의 옷이나 몸으로부터의 오염을 주의해야 한다. 소변시료는 분석 전까지 냉장 또는 냉동 보관한다.

소변시료는 0.1% Triton X-100 용액에 10배로 희석되어 AAS에 주입된다. 시료는 3분 이상 잘 섞어준 다음 취하여 희석하고 표준물첨가법에 의해 검량선을 작성한다.

④ 기기조건

흑연로 조건은 표와 같다.

표 7-8. 소변 중 크롬 분석을 위한 원자흡광분석기 흑연로 조건

Step No.	Temp(℃)	Time(sec)	Gas flow(l/min)	
1	90	10	3	
2	90	10	3	
3	110	15	3	
4	110	10	3	
5	1100	15	3	
6	1100	15	3	
7	1100	2	0	
8	2600	0.8	0	read
9	2600	2	0	read
10	2750	2	3	
11	2750	5	3	

분석파장은 357.9nm, 램프 전류는 7mA, 슬릿 나비는 0.2mA, 슬릿 높이는 Reduced, 지만(Zeeman)효과에 의한 바탕보정을 한다. 자동시료주입기로 30 μl의 시료를 흑연튜브에 주입한다.

⑤ 검량선 작성 및 결과 처리

시판되는 1000ppm Cr 표준용액을 탈이온수로 단계적으로 희석하여 Pb 0.5, 1.0, 1.5. 2.0 μg/dl 표준용액을 만든다. 0.1 Triton X-100 용액 0.8ml에 Cr 표준용액 0.1ml, 정상인 소변 0.1% Triton X-100 용액 0.8ml에 탈이온수 0.1ml, 시료 소변 0.1ml를 가하여 잘 섞

어 분석용 검체로 한다.

작업 후 채취한 1회 소변 중의 크롬 존재는 폭로를 암시하지만, 소변 채취 당일의 폭로강도와 이전의 고폭로를 구분할 수는 없다.

4) 망간(Manganese)

망간은 원소기호 Mn, 원자번호 25, 원자량 54.94, 비중 7.20~7.4, 녹는점 1260℃, 끓는점 1962℃, 회백색의 금속이다. 반응성이 매우 크고 일곱 종류의 원자가를 가질 수 있다. 광석 중에는 주로 검은색의 이산화망간(MnO_2) 형태로 존재한다. 망간은 합금의 경도를(hardness)를 증가시킬 목적으로 첨가되는 수가 많고, 이산화망간은 건전지 제조에 쓰인다. 근로자는 망간광석 분쇄작업, 광석제련, 용접, 건전지제조업 등에서 망간에 노출된다. 만성중독을 일으키는 것은 2가의 망간 화합물이고, 3가 이상의 망간 화합물은 부식성을 나타낼 뿐이다. 직업성 망간중독은 신경계의 이상으로 나타난다.

망간은 호흡기, 소화기, 피부 등을 통해 체내에 들어오게 된다. 호흡기를 통한 경로가 가장 많다. 소화기를 통해 들어온 망간은 4% 정도가 흡수된다. 적혈구 속의 망간이 혈장에 비해 5배정도 많다. 체내에 흡수된 망간은 혈액에서 신속하게 제거되고 체내의 총량의 43% 정도는 뼈에 침착되며, 내장기관은 간, 뇌하수체, 소장, 췌장 순으로 침착된다. 소변 중 망간의 배설농도가 낮은 경우 망간은 간에 축적된다. 담즙을 통해 대변으로 주로 배설되며 소변중 배설은 섭취량의 6%에 불과하다. 그러나 유기망간인 2-메칠사이클로펜타디에닐 트리카보닐 망간(MMT: 2-methylcyclopentadienyl manganese tricarbonyl)에 폭로되었을 경우에는 총 MMT 흡수량의 30%가 소변으로 배설된다.

직업적으로 망간에 노출되지 않는 정상인의 전혈 중 망간 농도는 평균 0.57~2.33 μg/dl, 소변 중 망간 농도는 평균 0.15~1.75 μg/l로 알려져 있다.

(1) 전혈중 망간 분석

① 분석원리

전혈 중 망간 농도는 AAS로 분석한다. 혈액은 대단히 복잡한 매질이므로 AAS의 바탕보정이 필요할 뿐 아니라, 표준물 첨가법에 의해 검량선을 작성한다.

② 기구 및 시약

사용하는 모든 초자기구는 20% 질산에 4시간 이상 담가두었다가 탈이온수로 7회 헹구어 사용한다. 원자흡광분석기는 graphite tube atomizer 가장착된 D_2 램프 보정방식의 AAS를 사용한다. 흑연튜브는 pyrolytic coated partitioned tube를 사용한다.

탈이온수는 초순수 제조장치로 제조한 비저항 18MΩ의 것을 사용하거나 AAS용 시판 초순수를 구매하여 사용한다. Triton X-100, 1000ppm Mn 표준액과 HNO_3는 특급 제품을 사용하였다.

③ 시료채취 방법 및 전처리

근로자의 정맥혈은 헤파린 또는 EDTA 처리된 튜브와 1회용 주사기를 이용하여 오염되지 않도록 주의해서 채취한다. 밀봉하여 -20℃에서 보관하면 장기간 보관이 가능하다. 전혈시료는 0.1% Triton X-100 용액에 20배로 희석하여 AAS에 주입한다. 시료는 3분 이상 잘 섞어준 다음 취하여 희삭하고 표준물첨가법에 의해 검량선을 작성한다.

④ 기기조건

흑연로 조건은 표와 같다.

표 7-9. 전혈 중 망간 분석을 위한 원자흡광분석기 흑연로 조건

Step No.	Temp(℃)	Time(sec)	Gas flow(l/min)	
1	90	10	3	
2	90	10	3	
3	110	15	3	
4	110	10	3	
5	1150	15	3	
6	1150	15	3	
7	1150	2	0	
8	2400	0.7	0	read
9	2400	2	0	read
10	2500	2	3	
11	2500	5	3	

분석파장은 279.5nm, 램프 전류는 5mA, 슬릿 나비는 0.2nm, 슬릿 높이는 Normal, D_2 램프에 의한 바탕보정을 하였다. 자동시료주입기로 15 ㎕의 시료를 흑연튜브에 주입한다.

⑤ 검량선 작성 및 결과 처리

시판되는 1000ppm Mn 표준용액을 탈이온수로 단계적으로 희석하여 전혈중 망간 분

석을 위해서는 Mn 1, 3, 5, 7 μg/dl 표준용액을 만든다. 0.1% Triton X-100 용액 0.8ml에 Mn 표준용액 0.1ml, 정상인 전혈 0.1ml를 가하여 잘 섞어 표준물 첨가법에 의한 검량선 작성용 시료로 한다. 0.1% Triton X-100 용액 0.8ml에 탈이온수 0.1ml, 시료 전혈 0.1ml를 가하여 잘 섞어 분석용 검체로 한다.

(2) 소변중 망간 분석

① 분석원리

소변 중 망간 농도를 AAS로 분석한다. 소변은 대단히 복잡한 매질이므로 AAS의 바탕보정이 필요할 뿐 아니라, 표준물첨가법에 검량선을 작성한다.

② 기구 및 시약

사용하는 모든 초자기구는 20% 질산에 4시간 담가두었다가 탈이온수로 7회 헹구어 사용한다. 원자흡광분석기는 graphite tube atomizer가 장착된 D_2 램프보정 방식의 AAS를 사용한다. 흑연튜브는 pyrolytic coated partitioned tube를 사용한다.

③ 시료채취 방법 및 전처리

소변을 채취할 때는 특히 근로자의 옷이나 몸으로부터의 오염을 주의해야 한다. 소변시료는 분석전 까지 냉장 또는 냉동 보관한다. 시료는 3분 이상 잘 섞어준 다음 취하여 희석하고 표준물첨가법에 의해 검량선을 작성한다.

④ 기기조건

흑연로 조건은 표와 같다.

분석파장은 279.5nm, 램프 전류는 5mA, 슬릿나비는 0.2nm, 슬릿 높이는 Normal이며, D_2 램프에 의한 바탕보정을 한다. 자동시료주입기로 15 μl의 시료를 흑연튜브에 주입한다.

⑤ 검량선 작성 및 결과 처리

시판되는 1000ppm Mn 표준용액을 탈이온수로 단계적으로 희석하여 소변 중 망간 분석을 위해서는 Mn 5, 10, 20, 30 μg/l 표준용액을 만든다. 0.1% Triton X-100 용액 0.8ml에 탈이온수 0.1ml, 시료 소변 0.1ml를 가하여 잘 섞어 분석용 검체로 한다.

표 7-10. 소변 중 망간 분석을 위한 원자흡광분석기 흑연로 조건

Step No.	Temp(℃)	Time(sec)	Gas flow(ℓ /min)	
1	90	10	3	
2	90	10	3	
3	110	15	3	
4	110	10	3	
5	1150	15	3	
6	1150	15	3	
7	1150	2	0	
8	2400	0.7	0	read
9	2400	2	0	read
10	2500	2	3	
11	2500	5	3	

5) 수은(Mercury)

수은은 원소기호 Hg, 원자번호 80, 원자량 200.5, 비중 13.546(20℃), 녹는점 -38.85℃, 끓는점 356.6℃, 증기압 0.0018 torr(25℃)인, 은빛의 액체금속이다. +1, +2의 원자가가 가질 수 있다. 수은은 유일한 액체 중금속으로서 온도계, 압력계, 형광등, 아말감에 사용되며, 수은 화합물들은 살충제, 방부제, 건전지, 색소 등에 사용된다. 유기수은 화합물, 수용성 Hg(Ⅱ) 화합물은 매우 유독하다. 50년대 일본에서 공해질환으로서 미나마따 병을 일으킨 사건은 유명하며, 우리나라에서도 형광등 및 온도계 제조업체에서 직업성 수은중독이 발생한바 있다. Hg(Ⅰ) 화합물은 경구섭취 되었을 때 독성이 덜한데, 위장에서 비교적 난용성인 Hg_2Cl_2를 형성하기 때문으로 생각된다. 알칼리수은은 지용성이고 신경조직에 축적되며. 더 천천히 배설되어 혈액 중에 머무르는 시간이 길다. 거의 완전히 흡수되며 매우 유독하다. 생체 내에서 금속수은 또는 무기수은이 알킬수은으로 생체변환 되기도 한다. 금속수은은 대부분 증기 형태로 기도를 통해 흡수된다. 흡수된 수은 증기의 약80%는 폐포에서 빨리 흡수된다. 반면에 경구섭취에서는 소화관 점막에서의 흡수율이 나빠서 0.01%이하만이 흡수된다. 금속수은이 직접 피하로 들어가면 주요장기의 상해가 크다. 금속수은은 흡수되면 후에 단시간은 혈액 중에 Hg(0)은 Hg(Ⅱ)로 산화되어 조직단백질과 결합한다. 장기 수은 폭로자의 혈액 중 수은은 적혈구와 혈장에 거의 같은 비율로 분포한다.

무기수은 화합물은 호흡기, 소화기 어느 경로라도 흡수된다. 소화기로 들어온 무기수은염은 10~22%가 흡수된다. 수은이온은 혈액-뇌관문을 통과하기 어려워 무기수은 화합

물의 폭로에서는 뇌내 축적은 잘 일어나지 않는다.

수은의 축적장기는 금속수은에서는 신장, 뇌이며, 무기수은염에서는 신장이다. 수은은 주로 대변과 소변으로 배설되는데, 폭로 직후에는 호기 중으로도 배설된다.

WHO action level은 25 ㎍/l 이며, 우리나라 근로자 건강진단실시 기준의 관리한계는 소변 중 수은 300 ㎍/l 이상(금속수은, 무기수은), 50 ㎍/l 이상(알킬수은) 이다.

(1) 소변 중 수은 분석

① 분석원리

소변 중 수은을 산성조건에서 환원, 수은증기를 생성시켜 분석하는 증기생성 원자흡광 분석기(vapor generation-atomic absorption spectrometer)로 분석한다.

② 기구 및 시약

사용하는 모든 초자기구는 20% 질산에 4시간 이상 담가두었다가 탈이온수로 7회 헹구어 사용한다. 원자흡광분석기는 VGA-76 vapor generation accessory가 장착된 D_2 램프 보정방식의 AAS를 사용한다.

탈이온수는 초순순 제조장치로 제조한 비저항 18㏁의 것을 사용하거나 시판 AAS용 탈이온수를 구매하여 사용한다. HCl(37%), H_2SO_4, 1000ppm Hg 표준용액, $NaBH_4$는 특급시약을 사용한다. NaOH, $KMnO_4$, $NH_2OH \cdot HCl$은 특급시약을 사용한다.

③ 시료채취 방법 및 전처리

소변을 채취할 때는 특히 근로자의 옷이나 몸으로부터의 오염을 주의해야 한다. 소변시료는 분석 전까지 냉장 또는 냉동 보관한다. 시료는 3분 이상 잘 섞어준 다음 취하여 희석하고 표준물첨가법에 의해 검량선을 작성한다.

④ 기기조건

분석파장은 253.7nm, 램프 전류는 4mA, 슬릿 나비는 0.5nm, 슬릿 높이는 Normal, D_2 램프에 의한 바탕보정을 한다. 증기생성장치에 5M HCl와 환원제 0.3% $NaBH_4$ + 0.5% NaOH를 각각 유속 1ml/min로 도입한다.

⑤ 검량선 작성 및 결과 처리

시판되는 1000ppm Hg 표준용액을 탈이온수로 단계적으로 희석하여 Hg10, 20, 30 ㎍/l

표준용액을 만든다. 표준용액을 시료와 똑같이 $KMnO_4$ 처리하여 증기생성－원자흡광분석기에 도입한다. 탈이온수를 시료와 똑같이 $KMnO_4$ 처리하여 공시료(blank)로 한다.

(2) 전혈 중 수은 분석

유기수은 폭로와 최근의 음식물 섭취를 평가하는데 있어 보다 의미가 있는 지표가 될 수 있다.

① 분석원리(MJ. Trepka et. al, Archives of Environmental Health, 52(2), 134–138, 1997)

전혈은 산 혼액－$KMnO_4$로 처리하여 유기물을 산화시키고 증기생성－원자흡광분석기에 도입한다. 전혈은 3분이상 잘 섞어준 다음 취한다. 1ml 전혈을 vortex mix하고 Triton X-100 20 ㎕, 산 혼액(105% HNO_3 : 1.5% H_2SO_4) 9ml, 1-옥탄올 0.250 ㎕, 5% $KMnO_4$용액 몇 방울을 가한다. 반응용기의 가장자리에 실리콘 디포머(silicon defoamer)를 발라둔다. 시료를 $NaBH_4$와 혼합하여 증기생성－원자흡광분석기에 도입한다. 일간 정밀도는 8.5%, 0.215~0.618 ㎍/l 범위에서 정확도는 -22.3-2.3%였다.

② 시료채취 방법 및 전처리

근로자의 정맥혈은 헤파린 또는 EDTA 처리된 튜브와 1회용 주사기를 이용하여 오염되지 않도록 주의해서 채취한다. 밀봉하여 -20℃에서 보관하면 장기간 보관이 가능하다.

③ 기기조건

분석파장은 253.7nm, 램프 전류는 4mA, 슬릿 나비는 0.5nm, 슬릿 높이는 Normal이며, D_2 램프에 의한 바탕보정을 한다. 증기생성장치에 5M HCl와 환원제 0.3% $NaBH_4$ + 0.5% NaOH가 각각 유속 1ml/min로 도입하고, 시료용액은 유속 8ml/min로 도입한다.

④ 검량선 작성 및 결과 처리

시판되는 1000ppm Hg 표준용액을 탈이온수로 단계적으로 희석하여 Hg 10, 20, 30 ㎍/l 표준용액을 만든다. 표준용액을 시료와 똑같이 처리하여 증기생성-원자흡광분석기에 도입한다. 탈이온수를 시료와 똑같이 $KMnO_4$ 처리하여 공시료(blank)로 한다.

D.E. Nixon *et. al*, J. Anal.Tox, 20(1), 17-22, 1996

<시약조제>

① 0.05% $K_2Cr_2O_7$: $K_2Cr_2O_7$ 0.5g을 탈이온수 1000ml에 녹인다.

② 5% $KMnO_4$: $KMnO_4$ 25g을 탈이온수 500ml에 녹인다.
갈색병에 담아 실온에 보관한다.

③ 5% HCl : conc. HCl 50ml을 탈이온수 1000ml에 가한다.

④ 3% HCl : conc. HCl 240ml, silicone antifoaming agent 5ml를 탈이온수 8000ml에 녹인다.

⑤ 5% $SnCl_2$ 50g을 5% HCl 1000ml에 녹인다.

⑥ 회화용 산혼액 : 탈이온수 1500ml, conc. HNO_3 250ml, conc. H_2SO_4 25ml를 혼합한다.

⑦ Hg 표준용액 : 시판되는 1000 ppm 용액을 0.05% $K_2Cr_2O_7$ 용액으로 희석하여 조제한다.

▸ 무기수은 분석을 위한 전처리(고전적인 강산-과망간산염 회화)

회화용 산혼액 6.5ml에 5% $KMnO_4$ 2ml를 가하고 잘 섞는다. 전혈 0.5ml(소변의 경우 1.0ml)를 가하고 실온에서 60분간 매 15분마다 vortex한다. 3000rpm에서 10분간 원심분리하고 상층액을 따라낸다. 탈이온수를 가해 부피를 9.0ml로 조절한다.

▸ 유기수은 분석을 위한 전처리(강산-과황산염 회화)

$K_2S_2O_8$ 0.2g, conc. HNO_3 4ml, H_2SO_4 0.5ml를 잘 섞는다. 전혈 0.5ml(소변의 경우 1.0ml)를 가하고 dry block heater에서 95℃로 30분 동안 가열한다.

거품발생이 그치고 질소산화물의 흄이 혼합물 위에 나타나면 회화가 완결된 것으로 본다.

▸ 기기조건

- spectrophotometer	wavelength slit	253.7nm 0.7nm
- liquid flow rates	5% $SnCl_2$ 3% HCl sample	1.14ml/min 1.40ml/min 1.40ml/min
- gas flow rate	atgon	60cm^3/min

부 록

[별표 11의2] <신설 03.7.7>

유해인자의 분류기준(제81조제1항관련)

1. 화학적인자의 분류기준

가. 폭발성물질 : 대기중의 산소없이 급속하게 기체를 발생시킴으로써 발열적으로 반응하며 폭발 또는 폭연되는 고체·액체·페이스트·제라틴 상태의 물질 또는 기체물질

나. 산화성물질 : 스스로 산화하여 화재를 일으키거나 다른 물질(특히 가연성물질)과 접촉 또는 혼합되는 경우 화재 또는 폭발을 일으키는 물질

다. 극인화성물질 : 인화점이 0℃ 미만이고 끓는점이 35℃ 이하인 액체 물질 또는 상온·상압하에서 공기와 접촉하면 인화성을 갖는 기체 물질

라. 고인화성물질 : 인화점이 21℃ 미만인 액체물질 또는 에너지 공급없이 주위의 온도에서 공기와 접촉하여 발열하며 최종적으로 발화하는 물질

마. 인화성물질 : 인화점이 21℃ 이상, 55℃ 이하인 액체물질

바. 금수성물질 : 물 또는 습기찬 공기와 접촉하여 폭발성 또는 인화성 기체를 방출하는 물질

사. 고독성물질 : 흡입·섭취 또는 피부를 통하여 흡수될 때 극소량으로 사망하게 하거나 건강에 급성 또는 만성장해를 일으키는 물질로서 다음 중 어느 하나에 해당하는 물질을 말한다.

(1) 경구투여시 $LD_{50} \leq 25mg/kg(rat)$

(2) 24시간 경피처리시 $LD_{50} \leq 50mg/kg$(rat 또는 rabbit)

(3) 4시간 연속흡입시

· 가스 또는 증기 $LC_{50} \leq 0.5mg/l/4hr(rat)$

· 입자 또는 에어로졸 $LC_{50} \leq 0.25mg/l/4hr(rat)$

아. 독성물질 : 흡입·섭취 또는 피부를 통하여 흡수될 때 소량으로 사망하게 하거나 건강에 급성 또는 만성장해를 일으키는 물질로서, 다음 중 어느 하나에 해당하는 물질을 말한다.

(1) 경구투여시 $25 < LD_{50} \leq 200mg/kg(rat)$

(2) 24시간 경피처리시 $50 < LD_{50} \leq 400mg/kg$ (rat 또는 rabbit)

(3) 4시간 연속흡입시

· 가스 또는 증기 $0.5 < LC_{50} \leq 2mg/l/4hr(rat)$

· 입자 또는 에어로졸 $0.25 < LC_{50} \leq 1mg/l/4hr(rat)$

자. 유해물질 : 흡입·섭취 또는 피부를 통하여 흡수될 때 급성 또는 만성장해를 일으킬 우려가 있는 물질로서 다음 중 어느 하나에 해당하는 물질을 말한다.

(1) 급성독성

(가) 경구투여시 $200 < LD_{50} \leq 2,000mg/kg(rat)$

(나) 24시간 경피처리시 $400 < LD_{50} \leq 2,000mg/kg$ (rat 또는 rabbit)

(다) 4시간 연속흡입시

· 가스 또는 증기 $2 < LC_{50} \leq 20mg/l/4hr(rat)$

· 입자 또는 에어로졸 $1 < LC_{50} \leq 5mg/l/4hr(rat)$

(2) 아급성독성

(가) 경구투여시 무영향농도(NOEL) ≤ 50mg/kg/90day(rat)

(나) 경피처리시 무영향농도(NOEL) ≤ 100mg/kg/90day(rat)

(다) 6시간 연속흡입시

무영향농도(NOEL) ≤ 0.5mg/ l /6hr/90day(rat)

(3) 그 밖의 장해

(가) 해당물질에 반복적 또는 장기적으로 노출된 경우의 사망 또는 심각한 손상

(나) 임상관찰 또는 기타 적절한 방법에 따른 평가에 의해 시각·청각 및 후각을 포함한 중추 또는 말초신경계에서의 주요 기능장애

(다) 혈액의 골수세포 생산감소 등 임상학적으로 나타나는 일관된 변화

(라) 간·신장·신경계·폐 등의 표적기관의 손상

(마) 헤모글로빈의 기능을 약화시키는 등 혈액이나 조혈계의 장애

(바) 그 밖에 해당 물질로 인한 신체기관의 기능장애 또는 비가역적 변화

차. 부식성물질 : 동물 또는 인체피부 접촉시 피부조직(세포)을 파괴시키는 물질(pH 2 이하의 강한 산 또는 pH 11.5 이상의 알칼리 물질에 의한 반응을 포함)

카. 자극성물질 : 흡입하거나 피부 또는 눈과 접촉할 때 자극을 일으키는 물질로서 다음 중 어느 하나에 해당하는 물질을 말한다.

(1) 피부자극성 : 피부자극성시험에서 피부에 4시간 노출시 적어도 24시간 동안 지속되는 피부염증, 부종이 발생하거나 그와 상응하는 반응이 발생하는 물질 또는 실제 사람의 피부에 염증을 일으키는 물질

(2) 눈자극성 : 눈자극실험결과 노출후 72시간 이내 각막혼탁·결막충혈·결막수종 또는 홍채의 손상이 발생하며 24시간 이상 지속되는 물질 또는 실제로 사람의 눈에 병소를 일으키는 물질

(3) 호흡기계자극성 : 사람에게서 심각한 호흡기계의 자극을 일으키는 물질

타. 과민성물질 : 다음중 어느 하나에 해당하는 물질을 말한다.

(1) 흡입과민성 : 인구집단을 대상으로 실시한 흡입과민성 조사결과 과민반응이 평균적 빈도보다 많이 일어나는 물질

(2) 피부과민성 : 피부접촉실험시 상당수의 사람 또는 동물에게서 과민반응이 일어나는 물질

파. 발암성물질 : 사람에게 암을 일으키거나 그 발생을 증가시키는 물질

하. 변이원성물질 : 흡입 또는 섭취되거나 피부를 통하여 흡수될 때 유전자변이 또는 유전자결함을 유발하거나 그 발생율을 증대시킬 우려가 있는 물질

거. 생식독성물질 : 흡입 또는 섭취되거나 피부를 통하여 흡수될 때 그 자손에게 비유전성 악영향 또는 암수의 생식기능·능력장애를 일으키거나 그 발생율을 증대시킬 우려가 있는 물질

2. 물리적 인자의 분류기준

가. 소음 : 소음성난청을 유발할 수 있는 85데시벨(A) 이상의 시끄러운 소리

나. 진동 : 착암기, 핸드해머 등의 공구를 사용함으로써 발생되는 백납병·레이노현상·말초순환장해 등의 국소 진동과 차량 등을 이용함으로써 발생되는 관절통·디스크·소화장해 등의 전신진동

다. 방사선 : 직접·간접으로 공기 또는 세포를 전리하는 능력을 가진 알파선·베타선·감마선·엑스선·중성자선 등의 전자선

라. 이상기압 : 게이지 압력이 매 제곱센티미터당 1킬로그램을 초과하거나 미만인 기압

마. 이상기온 : 고열·한냉·다습으로 인하여 열사병·동상·피부질환 등을 일으킬 수 있는 기온

3. 생물학적인자의 분류기준

가. 혈액매개감염인자 : 인간면역결핍바이러스, B형·C형간염바이러스, 매독바이러스 등 혈액을 매개로 하여 다른 사람에게 전염되어 질병을 유발하는 인자

나. 공기매개감염인자 : 결핵·수두·홍역 등 공기 또는 비말핵 등을 매개로 호흡기를 통하여 전염되는 인자

다. 곤충 및 동물매개감염인자 : 쯔쯔가무시증, 렙토스피라증, 신증후군출혈열 등 동물의 배설물 등에 의하여 전염되는 인자 및 탄저병·브루셀라 등 가축 또는 야생동물로부터 사람에게 감염되는 인자

[별표 11의3] <신설 03.7.7., 개정 2005.10.7.>

작업환경측정대상 유해인자(제93조제1항관련)

1. 화학적 인자

가. 유기화합물 (113종)

(1) 글루타르알데히드 (Glutaraldehyde) $HOC(CH_2)_3CHO$
(2) 니트로글리세린 (Nitroglycerin)
(3) 니트로메탄 (Nitromethane)
(4) 니트로벤젠 (Nitrobenzene)
(5) *p*-니트로아닐린 (*p*-Nitroaniline)
(6) *p*-니트로클로로벤젠 (*p*-Nitrochlorobenzene)
(7) 디니트로톨루엔 (Dinitrotoluene)
(8) 디메틸아닐린 (Dimethylaniline, N,N-Dimethylaniline)
(9) 디메틸아민 (Dimethylamine)
(10) N,N-디메틸아세트아미드 (N,N-Dimethylacetamide)
(11) 디메틸포름아미드 (Dimethylformamide)
(12) 디에탄올아민 (Diethanolamine)
(13) 디에틸렌 트리아민 (Diethylene triamine)
(14) 2-디에틸아미노에탄올 (2-Diethylaminoethanol)
(15) 디에틸 에테르 (Diethyl ether)
(16) 디에틸아민 (Diethylamine)
(17) 1,4-디옥산 (1,4-Dioxane, Diethyl dioxide)
(18) 디이소부틸케톤 (Diisobutylketone)
(19) 디클로로메탄 (Dichloromethane)
(20) *o*-디클로로벤젠 (*o*-Dichlorobenzene)
(21) 1,2-디클로로에틸렌 (1,2-Dichloroethylene)
(22) 디클로로플루오로메탄 (Dichlorofluoromethane)
(23) 1,1-디클로로-1-플루오로에탄 (1,1-Dichloro-1-fluoroethane)
(24) 디하이드록시벤젠 (Dihydroxybenzene)
(25) 2-메톡시에탄올 (2-Methoxyethanol ; 에틸렌 글리콜 모노 에테르, EGME)

(26) 메틸렌디(비스)페닐 디이소시아네이트 (4,4'-Methylenedi(bis) phenyl diisocyanate)
(27) 메틸 아민 (Methyl amine)
(28) 메틸 알코올 (Methyl alcohol)
(29) 메틸 에틸 케톤 (Methyl ethyl ketone)
(30) 메틸 이소부틸 케톤 (Methyl isobutyl ketone)
(31) 메틸 클로라이드 (Methyl chloride)
(32) 메틸 n-부틸케톤 (Methyl n-butyl ketone)
(33) 메틸 n-아밀케톤 (Methyl n-amylketone)
(34) o-메틸시클로헥사논 (o-Methyl cyclohexanone)
(35) 메틸시클로헥사놀 (Methyl cyclohexanol)
(36) 메틸클로로포름 (Methyl chloroform)
(37) 말레익 언하이드라이드(무수 말레인) (Maleic anhydride)
(38) 프탈릭 언하이드라이드(무수 프탈산) (Phthalic anhydride)
(39) 벤젠 (Benzene)
(40) 1,3-부타디엔 (1,3-Butadiene)
(41) sec-부틸알콜 (sec-부탄올) (sec-Butyl alcohol)
(42) n-부틸알콜 (1-부탄올) (n-Butyl alcohol)
(43) 1-브로모프로판 (1-Bromopropane)
(44) 2-브로모프로판 (2-Bromopropane)
(45) 브롬화 메틸 (Methyl bromide)
(46) 비닐 아세테이트 (Vinyl acetate)
(47) 사염화탄소 (Carbon tetrachloride)
(48) 스티렌 (Styrene)
(49) 시클로헥사논 (Cyclohexanone)
(50) 시클로헥사놀 (Cyclohexanol)
(51) 시클로헥산 (Cyclohexane)
(52) 시클로헥센 (Cyclohexene)
(53) 아닐린과 아닐린동족체 (Aniline & homologues)
(54) 아세토니트릴 (Acetonitrile)
(55) 아세톤 (Acetone)
(56) 아세트알데히드 (Acetaldehyde)
(57) 아크릴로니트릴 (Acrylonitrile)
(58) 아크릴아미드 (Acrylamide)

(59) 알릴글리시딜에테르 (Allylglycidylether)
(60) 에탄올아민 (Ethanolamine)
(61) 에틸 벤젠 (Ethyl benzene)
(62) 에틸아민 (Ethylamine)
(63) 에틸 아크릴레이트 (Ethyl acrylate)
(64) 에틸렌 글리콜 디니트레이트 (Ethylene glycol dinitrate)
(65) 2-메톡시에틸아세테이트 (2-Methoxyethyl acetate, EGMEA)
(66) 2-에톡시에탄올 (2-Ethoxy ethanol, EGEE)
(67) 2-에톡시에틸아세테이트 (2-Ethoxyethylacetate, EGEEA)
(68) 2-부톡시에탄올 (2-Butoxyethanol, EGBE)
(69) 에틸렌 글리콜 모노 부틸 아세테이트 (Ethylene glycol mono butyl acetate)
(70) 에틸렌 글리콜 (Ethylene glycol)
(71) 에틸렌 클로로하이드린 (Ethylene chlorohydrin)
(72) 에틸렌이민 (Ethyleneimine)
(73) 2,3-에폭시-1-프로판올 (2,3-Expoxy-1-propanol)
(74) 1,2-에폭시프로판 (1,2-Epoxypropane)
(75) 에피클로로히드린 (Epichlorohydrin)
(76) 요오드화 메틸 (Methyl iodide)
(77) 이소부틸 알콜 (Isobutyl alcohol)
(78) 이소아밀 알콜 (Isoamyl alcohol)
(79) 이소프로필 알콜 (Isopropyl alcohol)
(80) 이염화 에틸렌 (Ethylene dichloride)
(81) 이황화탄소 (Carbon disulfide)
(82) 초산 메틸 (Methyl acetate)
(83) 초산 부틸 (n-Butyl acetate)
(84) 초산 에틸 (Ethyl acetate)
(85) 초산 프로필 (n-Propyl acetate)
(86) 초산 이소부틸 (Isobutyl acetate)
(87) 초산 이소프로필 (Isopropyl acetate)
(88) 초산 이소아밀 (Isoamyl acetate)
(89) 크레졸(모든 이성체) (Cresol, all isomers)
(90) 크실렌(오르토, 메타, 파라이성체) (Xylene, *o*, *m*, *p*-isomers)
(91) 클로로벤젠 (Chlorobenzene)

(92) 1,1,2,2-테트라클로로에탄 (1,1,2,2-Tetrachloroethane)
(93) 1,1,2-트리클로로에탄 (1,1,2-Trichloroethane)
(94) 1,2,3-트리클로로프로판 (1,2,3-Trichloropropane)
(95) 테트라하이드로퓨란 (Tetrahydrofuran)
(96) 톨루엔 (Toluene)
(97) 톨루엔-2,4-디이소시아네이트 (Toluene-2,4-diisocyanate)
(98) 톨루엔-2,6-디이소시아네이트 (Toluene-2,6-diisocyanate)
(99) 트리에틸아민 (Triethylamine)
(100) 트리클로로메탄 (Trichloromethane)
(101) 트리클로로에틸렌 (Trichloroethylene)
(102) 퍼클로로에틸렌 (Perchloroethylene)
(103) 페놀 (Phenol)
(104) 펜타클로로페놀 (Pentachlorophenol)
(105) 포름알데히드 (Formaldehyde)
(106) 스토다드 솔벤트 (Stoddard solvent)
(107) 프로필렌 이민 (Propylene imine)
(108) 피리딘 (Pyridine)
(109) 하이드라진 (Hydrazine)
(110) 헥사메틸렌 디이소시아네이트 (Hexamethylene diisocyanate)
(111) 헥산 (Hexane, n-Hexane)
(112) 헵탄 (Heptane, n-Heptane)
(113) 황산디메틸 (Dimethylsulfate)
(114) 1목 내지 113목의 규정에 의한 물질을 중량비율 1% 이상 함유한 제제

나. 금속류(23종)

(1) 구리 (Copper)
  (가) 흄 (Fume)
  (나) 분진과 미스트 (Dusts and Mists, as Cu)
(2) 납 및 그 무기화합물 (Lead and inorganic compounds, as Pb)

(3) 니켈 (Nickel, as Ni)
  (가) 원소 (Elemental)
  (나) 가용성 무기화합물 (Soluble inorganic compounds)
  (다) 불용성 무기화합물 (Insoluble inorganic compounds)
  (라) 니켈카르보닐 (Nickel carbonyl)
(4) 망간 및 그 무기 화합물 (Manganese and inorganic compounds, as Mn)
(5) 바륨 및 그 가용성화합물 (Barium and soluble compounds, as Ba)
(6) 백금 (Platinum)
  (가) 금속 (Metal)
  (나) 가용성 염 (Soluble salts)
(7) 산화마그네슘 (Magnesium oxide)
(8) 셀레늄 및 그 화합물 (Selenium and compounds, as Se)
(9) 수은 (Mercury, as Hg)
  (가) 알킬화합물 (Alkyl compounds)
  (나) 아릴화합물 (Aryl compounds)
  (다) 원소 및 무기형태 (Elemental and inorganic forms)
(10) 산화아연 (Zinc oxide)
  (가) 흄 (Fume)
  (나) 분진 (Dust)
(11) 안티몬과 그 화합물 (Antimony and compounds, as Sb)
(12) 알루미늄 및 그 화합물 (Aluminum and compounds, as Al)
  (가) 금속분진 (Metal dust)
  (나) 피로파우더 (Pyro powders)
  (다) 흄 (Fumes)
  (라) 가용성 염 (Soluble salts)
  (마) 알킬 (Alkyls, NOS)
(13) 요오드 (Iodine)
(14) 은 (Silver)
  (가) 금속 (Metal)
  (나) 가용성 화합물 (Soluble compounds, as Ag)
(15) 이산화티타늄 (Titanium dioxide)
(16) 주석 (Tin, as Sn)
  (가) 금속 (Metal)

(나) 산화 및 무기화합물 (Oxide & inorganic compounds, except tin hydride)

(다) 유기화합물 (Organic compounds)

(17) 지르코니움과 그 화합물 (Zirconium and compounds, as Zr)

(18) 산화철 분진과 흄 (Iron oxide dust and fume, as Fe)

(19) 카드뮴 및 그 화합물 (Cadmium and compounds, Cd)

(20) 코발트 및 그 무기화합물 (Cobalt and inorganic compounds, as Co)

(21) 크롬과 그 무기화합물 (Chromium and inorganic compounds, as Cr)

(가) 금속과 크롬3가 화합물 (Metal and Cr Ⅲ compounds)

(나) 수용성 6가크롬 화합물 (Water soluble Cr Ⅵ compounds)<신설 2005.10.7.>

(다) 불용성 6가크롬 화합물 (Insoluble Cr Ⅵ compounds)<신설 2005.10.7.>

(22) 텅스텐 (Tungsten, as W)

(가) 금속과 불용성 화합물 (Metal and insoluble compounds)

(나) 가용성 화합물 (Soluble compounds)

(23) 오산화바나듐 (Vanadium pentoxide)

(가) 분진과 흄 (Dust and fume)

(24) 1목 내지 23목의 규정에 의한 물질을 중량비율 1% 이상 함유한 제제

다. 산 및 알칼리류 (17종)

(1) 개미산 (Formic acid)

(2) 과산화수소 (Hydrogen peroxide)

(3) 무수초산 (Acetic anhydride)

(4) 불화수소 (Hydrogen fluoride)

(5) 브롬화수소 (Hydrogen bromide)

(6) 수산화나트륨 (Sodium hydroxide)

(7) 수산화칼륨 (Potassium hydroxide)

(8) 시안화나트륨 (Sodium cyanide)

(9) 시안화칼륨 (Potassium cyanide)

(10) 시안화칼슘 (Calcium cyanide)

(11) 아크릴산 (Acrylic acid)

(12) 염화수소 (Hydrogen chloride)

(13) 인산 (Phosphoric acid)

(14) 질산 (Nitric acid)

(15) 초산 (Acetic acid)

(16) 트리클로로아세트산 (Trichloro acetic acid)
(17) 황산 (Sulfuric acid)
(18) 1목 내지 17목의 규정에 의한 물질을 중량비율 1%이상 함유한 제제

라. 가스상 물질류 (15종)

(1) 불소 (Fluorine)
(2) 브롬 (Bromine)
(3) 산화에틸렌 (Ethylene oxide)
(4) 삼수소화비소 (Arsine)
(5) 시안화수소 (Hydrogen cyanide)
(6) 암모니아 (Ammonia)
(7) 염소 (Chlorine)
(8) 오존 (Ozone)
(9) 아황산가스 (Sulfur dioxide)
(10) 이산화질소 (Nitrogen dioxide)
(11) 일산화질소 (Nitric oxide)
(12) 일산화탄소 (Carbon monoxide)
(13) 포스겐 (Phosgene)
(14) 포스핀 (Phosphine)
(15) 황화수소 (Hydrogen sulfide)
(16) 1목 내지 15목의 규정에 의한 물질을 중량비율 1%이상 함유한 제제

마. 영 제30조의 규정에 의한 허가대상유해물질 (14종)

(1) 디클로로벤지딘과 그 염 (Dichlorobenzidine and its salts)
(2) 알파-나프틸아민과 그 염 (α-naphthylamine and its salts)
(3) 크롬산아연 (Zinc chromate, as Cr)
(4) 오르토-톨리딘과 그 염 (o-Tolidine and its salts)
(5) 디아니시딘과 그 염 (Dianisidine and its salts)
(6) 베릴륨 (Beryllium & compounds)
(7) 비소 및 그 무기화합물 (Arsenic and inorganic compounds, as As)
(8) 크롬광 (Chromite or processing (chromate), as Cr)
(9) 삭제<2005.10.7.>

(10) 휘발성 콜타르피치 (Coal tar pitch volatiles, as benzene soluble aerosol)
(11) 황화니켈 (Nickel subsulfide, as Ni)
(12) 염화비닐 (Vinyl chloride)
(13) 벤조트리클로리드 (Benzotrichloride)
(14) 석면 (Asbestos, crysotile)
(15) (1) 내지 (12) 및 (14)의 규정에 의한 물질을 중량비율 1% 이상 함유한 제제
(16) (13)의 규정에 의한 물질을 중량비율 0.5% 이상 함유한 제제<신설 2005.10.7.>

바. 삭제〈2005.10.7.〉
사. 금속가공유 (Metal working fluids, 1종)

2. 물리적 인자 (2종)

가. 8시간 시간가중평균 80dB 이상의 소음
나. 보건규칙 제7장의 규정에 의한 고열

3. 분진(6종)

(1) 광물성 분진(Mineral dusts)
(가) 규산(Sillica)
1) 석영(Quartz)
2) 크리스토바라이트(Cristobalite)
3) 트리디마이트(Trydimite)
(나) 규산염(Sillicates, less than 1％ crytalline sillica)
1) 운모(Mica)
2) 포틀랜드 시멘트(Potland cement)
3) 솝 스톤(Soap stone)
4) 활석(Talc, non-asbestiform)
5) 흑연(Graphite)
(다) 그 밖에 광물성 분진(Particulates)
(2) 곡물분진(Grain dust)
(3) 면분진(Cotton dust)

(4) 목분진(Wood dust)
  (가) 연목(Soft wood)
  (나) 강목(Hard wood)
(5) 용접흄(Welding fume)
(6) 유리섬유(Glass fiber)

4. 그 밖에 노동부장관이 정하여 고시하는 인체에 해로운 유해인자

[별표 12의2] (신설 2005.10.7.)

특수건강진단 대상유해인자(제98조제3호관련)

1. 화학적 인자

가. 유기화합물(108)

(1) 가솔린(Gasoline)
(2) 글루타르알데히드(Glutaraldehyde)
(3) β-나프틸아민(β-Naphthylamine)
(4) 니트로글리세린(Nitroglycerin)
(5) 니트로메탄(Nitromethane)
(6) 니트로벤젠(Nitrobenzene)
(7) *p*-니트로아닐린(*p*-아미노니트로벤젠, *p*-Nitroaniline)
(8) *p*-니트로클로로벤젠(*p*-Nitrochlorobenzene)
(9) 디니트로톨루엔(Dinitrotoluene)
(10) 디메틸아닐린(아미노디메틸벤젠, Dimethylaniline)
(11) *p*-디메틸아미노아조벤젠(*p*-Dimethylaminoazobenzene)
(12) N,N-디메틸아세트아미드(N,N-Dimethylacetamide)
(13) 디메틸포름아미드(N,N-디메틸포름아미드, Dimethylformamide)
(14) 4,4-디아미노-3,3-디클로로디페닐메탄(4,4'-Diamino-3,3'-Dichlorodiphenylmethane)
(15) 디에틸렌트리아민(Diethylenetriamine)
(16) 디에틸에테르(에틸에테르, Diethylether)
(17) 1,4-디옥산(1,4-Dioxane)
(18) 디이소부틸케톤(Diisobutylketone)
(19) 디클로로메탄(이염화메틸렌, Dichloromethane)
(20) *o*-디클로로벤젠(*o*-Dichlorobenzene)
(21) 1,2-디클로로에틸렌(이염화아세틸렌, 1,2-Dichloroethylene)
(22) 디클로로플루오로메탄(디클로로모노플루오로메탄, Dichlorofluoromethane)
(23) 마젠타(Magenta)
(24) 말레익 언하이드라이드(무수 말레인산, Maleic anhydride)
(25) 2-메톡시에탄올(에틸렌 글리콜 모노 메틸 에테르, 메틸셀로솔브, 2-Methoxye-

thanol)
(26) 메틸렌 비스페닐 이소시아네이트(Methylene bisphenyl isocyanate)
(27) 메틸 n-부틸 케톤(메틸부틸케톤, Methyl n-buthyl ketone)
(28) *o*-메틸 시클로헥사논(*o*-Methyl cyclohexanone)
(29) 메틸 시클로헥사놀(Methyl cyclohexanol)
(30) 메틸 n-아밀 케톤(2-헵타논, Methyl n-amyl ketone)
(31) 메틸 알코올(Methyl alcohol)
(32) 메틸 에틸 케톤(Methyl ethyl ketone)
(33) 메틸 이소부틸 케톤(Methyl isobutyl ketone)
(34) 메틸 클로라이드(클로로메탄, Methyl chloride)
(35) 메틸 클로로포름(1,1,1-트리클로로에탄, Methyl chloroform)
(36) 벤젠(Benzene)
(37) 벤지딘과 그 염(Benzidine and its salts)
(38) 1,3-부타디엔(1,3-Butadiene)
(39) 2-부톡시에탄올(에틸렌 글리콜 모노부틸 에테르, 부틸셀로솔브, 2-Butoxyethanol, EGBE)
(40) 2-부톡시에탄올아세테이트(에틸렌 글리콜 모노부틸 에테르 아세테이트, 2-Butoxyethanolacetate)
(41) 1-부틸 알코올(1-부탄올, n-Butyl alcohol)
(42) 2-부틸 알코올(2-부탄올, sec-Butyl alcohol)
(43) 1-브로모프로판(1-Bromopropane)
(44) 2-브로모프로판(2-Bromopropane)
(45) 브롬화메틸(Methylbromide)
(46) 사염화탄소(Carbontetrachloride)
(47) 스토다드 솔벤트(Stoddard solvent)
(48) 스티렌(Styrene)
(49) 시클로헥사논(Cyclohexanone)
(50) 시클로헥사놀(Cyclohexanol)
(51) 시클로헥산(Cyclohexane)
(52) 시클로헥센(Cyclohexene)
(53) 아닐린(아미노벤젠)과 그 동족체(Aniline & homologues)
(54) 아세토니트릴(Acetonitrile)
(55) 아세톤(Acetone)

(56) 아세트산 2-에톡시에틸(에틸렌 글리콜 모노에틸 에테르 아세테이트, 2-Ethoxyethyl acetate)
(57) 아세트알데히드(Acetaldehyde)
(58) 아크릴로니트릴(Acrylonitrile)
(59) 아크릴아미드(Acrylamide)
(60) 2-에톡시에탄올(에틸렌 글리콜 모노에틸 에테르, 셀로솔브, 2-Ethoxyethanol)
(61) 에틸렌 글리콜(1,2-디히드록시에탄, Ethylene glycol)
(62) 에틸렌 글리콜 디니트레이트(니트로글리콜, Ethylene glycol dinitrate)
(63) 에틸렌 이민(Ethylene imine)
(64) 에틸렌 클로로하이드린(2-클로로에탄올, Ethylene chlorohydrin)
(65) 에틸벤젠(Ethylbenzene)
(66) 에틸아크릴레이트(에틸아크릴엑시드, Ethylacrylate)
(67) 2,3-에폭시-1-프로판올(글리시돌, 2,3-Epoxy-1-propanol)
(68) 에피클로로하이드린(Epichlorohydrin)
(69) 염소화비페닐(Polychlorobiphenyl)
(70) 오라민(Auramine)
(71) 요오드화 메틸(Methyl iodide)
(72) 이소부틸 알코올(Isobutyl alcohol)
(73) 이소아밀 알코올(이소펜틸 알코올, Isoamyl alcohol)
(74) 이소프로필 알코올(Isopropyl alcohol)
(75) 이염화 에틸렌(1,2-디클로로에탄, Ethylene dichloride)
(76) 이황화탄소(Carbon disulfide)
(77) 초산 2-메톡시에틸(에틸렌 글리콜 모노메틸 에테르 아세테이트, 셀로솔브아세테이트, 2-Methoxyethyl acetate)
(78) 초산 이소아밀(초산 펜틸, Isoamyl acetate)
(79) 콜타르(Coal tar pitch volatiles)
(80) 크레졸(Cresol)
(81) 크실렌(Xylene)
(82) 클로로메틸메틸에테르(Chloromethylmethylether)
(83) bis-클로로메틸에테르(클로로에테르, bis-chloromethylether)
(84) 클로로벤젠(Chlorobenzene)
(85) 테레핀유(Oil of turpentile)
(86) 1,1,2,2-테트라클로로에탄(사염화아세틸렌, 1,1,2,2-Tetrachloroethane)

(87) 테트라하이드로퓨란(Tetrahydrofuran)
(88) 톨루엔(Toluene)
(89) 톨루엔 2,4-디이소시아네이트(Toluene-2,4-diisocyanate)
(90) 톨루엔 2,6-디이소시아네이트(Toluene-2,6-diisocyanate)
(91) 트리클로로메탄(클로로포름, Trichloromethane)
(92) 1,1,2-트리클로로에탄(1,1,2-Trichloroethane)
(93) 트리클로로에틸렌(Trichloroethylene)
(94) 1,2,3-트리클로로프로판(1,2,3-Trichloropropane)
(95) 퍼클로로에틸렌(테트라클로로에틸렌, Perchloroethylene)
(96) 페놀(Phenol)
(97) 펜타클로로페놀(Pentachlorophenol)
(98) 포름알데히드(Formaldehyde)
(99) β-프로피오락톤(β-Propiolactone)
(100) o-프탈로디니트릴(o-Phthalodinitrile)
(101) 프탈릭언하이드라이드(무수 프탈산, Phthalic anhydride)
(102) 피리딘(Pyridine)
(103) 하이드라진(Hydrazine)
(104) 헥사메틸렌 디이소시아네이트(Hexamethylene diisocyanate)
(105) 헥산(n-헥산, Hexane)
(106) 헵탄(n-헵탄, Heptane)
(107) 황산디메틸(Dimethylsulfate)
(108) 히드로퀴논(1,4-디히도록시벤젠, Hydroquinone)
(109) (1) 내지 (108)의 규정에 의한 물질을 중량비율 1% 이상 함유한 제제

나. 금속류(19)

(1) 구리(분진, 흄 및 미스트에 한함)(Copper dusts, fume and Mists, as Cu)
(2) 납(연)과 그 무기화합물(Lead and inorganic compounds, as Pb)
(3) 니켈과 그 화합물(Nickel and inorganic compounds, as Ni)
(4) 망간과 그 화합물(Manganese and inorganic compounds, as Mn)
(5) 산화아연(분진에 한함)(Zinc oxide dust, as Zn)
(6) 산화철(분진 및 흄에 한함)(Iron oxide dust and fume, as Fe)
(7) 삼산화비소(Arsenic)
(8) 수은과 그 화합물(Mercury and compounds, as Hg)

(9) 안티몬과 그 화합물(Antimony and compounds, as Sb)
(10) 알루미늄과 그 화합물(Aluminum and compounds, as Al)
(11) 4알킬연(Tetraalkyl lead)
(12) 오산화바나듐(분진 및 흄에 한함)(Vanadium pentoxide dust and fume, as V_2O_5)
(13) 요오드(Iodine)
(14) 주석과 그 무기화합물(Tin and inorganic compounds, as Sn)
(15) 지르코니움과 그 화합물(Zirconium and compounds, as Zr)
(16) 카드뮴과 그 화합물(Cadmium and compounds, as Cd)
(17) 코발트(분진 및 흄에 한함) (Cobalt dust and fume, as Co)
(18) 크롬과 그 화합물(Chromium and compounds, as Cr)
(19) 텅스텐과 그 화합물(Tungsten and compounds, as W)
(20) (1) 내지 (19)의 규정에 의한 물질을 중량비율 1% 이상 함유한 제제

다. 산 및 알카리류(8)

(1) 무수초산(무수 아세틱엑시드, Acetic anhydride)
(2) 불화수소(불산, Hydrogen fluoride)
(3) 시안화나트륨(Sodium cyanide)
(4) 시안화칼륨(Potassium cyanide)
(5) 염화수소(Hydrogen chloride)
(6) 질산(Nitric acid)
(7) 트리클로로아세트산(삼염화초산, Trichloroacetic acid)
(8) 황산(Sulfuric acid)
(9) (1) 내지 (8)의 규정에 의한 물질을 중량비율 1% 이상 함유한 제제

라. 가스상 물질류(14)

(1) 불소(Fluorine)
(2) 브롬(Bromine)
(3) 산화에틸렌(Ethylene oxide)
(4) 삼수소화비소(Arsine)
(5) 시안화수소(Hydrogen cyanide)
(6) 아황산가스(Sulfur dioxide)
(7) 염소(Chlorine)
(8) 오존(Ozone)

(9) 이산화질소(Nitrogen dioxide)
(10) 일산화질소(Nitric oxide)
(11) 일산화탄소(Carbon monoxide)
(12) 포스겐(Phosgene)
(13) 포스핀(인화수소, Phosphine)
(14) 황화수소(Hydrogen sulfide)
(15) (1) 내지 (14)의 규정에 의한 물질을 중량비율 1% 이상 함유한 제제

마. 영 제30조의 규정에 의한 허가대상물질(13)

(1) 디클로로벤지딘과 그 염(Dichlorobenzidine and its salts)
(2) α-나프틸아민과 그 염(α-naphthylamine and its salts)
(3) 크롬산 아연(Zinc chromate, as Cr)
(4) *o*-톨리딘과 그 염(*o*-Tolidine and its salts)
(5) 디아니시딘과 그 염(Dianisidine and its salts)
(6) 베릴륨(Beryllium & compounds, as Be)
(7) 비소 및 그 무기화합물(Arsenic and inorganic compounds, as As)
(8) 크롬광(Chromite or processing (chromate), as Cr)
(9) 휘발성 콜타르피치(코우크스 제조 또는 취급업무)(Coal tar pitch volatiles, as benzene soluble aerosol)
(10) 황화니켈(Nickel subsulfide, as Ni)
(11) 염화비닐(Vinyl chloride)
(12) 벤조트리클로리드(Benzotrichloride)
(13) 석면(Asbestos, crysotile)
(14) (1) 내지 (11) 및 (13)의 규정에 의한 물질을 중량비율 1% 이상 함유한 제제
(15) (12)의 규정에 의한 물질을 중량비율 0.5% 이상 함유한 제제

바. 금속가공유 : 미네랄 오일미스트(광물성 오일, Oil mist, mineral)

2. 분진(6)

(1) 곡물 분진(Grain dust)
(2) 광물성 분진(Mineral dusts)
(3) 면분진(Cotton dust)

(4) 목분진(Wood dust)
(5) 용접 흄(Welding fume)
(6) 유리섬유 분진(Glass fiber)

3. 물리적 인자(8)

(1) 보건규칙 제58조제1호 내지 제3호의 소음작업·강렬한 소음작업 및 충격소음작업에서 발생하는 소음
(2) 보건규칙 제58조제4호의 "진동작업"에서 발생하는 진동
(3) 보건규칙 제123조제1호의 "방사선"
(4) 고기압
(5) 저기압
(6) 유해광선(자외선, 적외선, 마이크로파 및 라디오파)

[별표 12의3] (신설 2005.10.7.)

특수건강진단의 시기 및 주기(제99조제3항관련)

구 분	대상 유해인자	시 기	주 기
		배치후 첫 번째 특수건강진단	
1	N,N-디메틸아세트아미드 N,N-디메틸포름아미드	1월 이내	6월
2	벤젠	2월 이내	6월
3	1,1,2,2-테트라클로로에탄 사염화탄소 아크릴로니트릴 염화비닐	3월 이내	6월
4	석면, 면분진	12월 이내	12월
5	광물성분진 목분진 소음 및 충격소음	12월 이내	24월
6	제1호 내지 제5호의 대상 유해인자를 제외한 별표 12의2의 모든 대상 유해인자	6월 이내	12월

【규칙 별표 14】(개정 2000.9.28., 2005.6.30., 2005.10.7.)

특수건강진단기관의 인력·시설 및 장비기준(제102조 관련)

1. 삭제(99.8.28)

2. 특수건강진단기관

가. 인력기준

(1) 다음의 1에 해당하는 의사 1인 이상

(가) 「의료법」에 의한 산업의학과 전문의 또는 산업의학과 레지던트 4년차의 수련과정에 있는 자

(나) 「의료법」에 의한 예방의학과 전문의(환경 및 산업보건 전공)

(다) 산업의학관련기관의 산업의학 분야에서 또는 사업장의 전임보건관리자로서 4년 이상 실무나 연구업무에 종사한 의사. 다만, 임상의학전문의 자격자에 대하여는 산업의학 분야에 2년간 실무나 연구업무에 종사한 것으로 인정한다.

(2) 「의료법」에 의한 간호사 2인이상

(3) 「의료기사등에 관한 법률」에 의한 임상병리사 1인이상

(4) 「의료기사등에 관한 법률」에 의한 방사선사 1인이상

(5) 「고등교육법」에 의한 전문대학 또는 이와 동등이상의 학교에서 화학·화공학·약학 또는 산업보건학을 전공한 자 또는 산업위생관리산업기사 이상인 자 1인이상

나. 시설기준

(1) 진료실

(2) 방음실(청력검사용)

(3) 임상병리검사실

(4) 엑스선촬영실

다. 장비기준

(1) 시력검사기

(2) 청력검사기(오디오체커 제외)

(3) 현미경

(4) 백혈구 백분율계산기

(5) 항온수조
(6) 원심분리기
(7) 단백굴절계(동 기기보다 성능이 우수한 기기 보유시 제외)
(8) 천칭(0.01밀리그램 이하까지 측정이 가능한 것)
(9) 광전광도계(동 기기보다 성능이 우수한 기기 보유시 제외)
(10) 엑스선촬영기(간접촬영 및 직접촬영을 할 수 있어야 함)
(11) 자동혈구계수기
(12) 자동혈액화학(생화학)분석기 또는 간기능검사, 혈액화학검사, 신장기능검사에 필요한 기기
(13) 폐기능검사기
(14) 냉장고
(15) 원자흡광광도계 또는 그 이상의 성능을 가지는 기기
(16) 가스크로마토그래피 또는 그 이상의 성능을 가지는 기기. 단, 사업장 부속의료기관으로서 특수건강진단기관으로 지정받거나 지정받은 경우에는 당해 사업장의 유해인자의 유무에 따라 위(15) 또는 (16)의 기기중 모두를 갖추지 아니할 수 있다.

※ 비고

1. 제2호다목(8)·(9)·(15)·(16)의 장비는 당해 기관이 제96조의 규정에 의한 지정측정기관, 제128조의 규정에 의한 안전·보건진단기관으로 지정을 받고자 하거나 지정받아 동일한 장비를 보유하고 있는 경우에는 분석능력 등을 감안하여 이를 공동활용할 수 있다.
2. 제103조의2의 규정에 의한 정도관리에 합격한 기관과 분석계약을 체결한 경우에는 제2호다목(15) 및 (16)의 장비를 갖추지 아니할 수 있다.

A

Acetaldehyde CH_3CHO m.w. 44.05

Human Toxicity: General narcotic action. Large doses may cause death by respiratory paralysis. Symptoms of chronic intoxication resemble those of chronic alcoholism, *cf. Clinical Toxicology of Commercial Products*, R. E. Gosselin *et al.*, Eds. (Williams & Wilkins, Baltimore, 4th ed., 1976) Section II, pp 124.

Caution: Irritating to mucous membranes.

Acetic acid CH_3COOH m.w. 60.05

Caution: Ingestion may cause severe corrosion of mouth and G.I. tract, with vomiting, hematemesis, diarrhea, circulatory collapse, uremia, death. Chronic exposure may cause erosion of dental enamel, bronchitis, eye irritation, *cf.* Patty's *Industrial Hygiene and Toxicology* vol. 2C, G. D. Clayton, F. E. Clayton, Eds. (Wiley-Interscience, New York, 3rd ed., 1982) pp 4909-4911.

Acetic anhydride $(CH_3CO)_2O$ m.w. 102.09

Caution: Produces irritation and necrosis of tissues in liquid or in vapor state. Avoid contact with skin, eyes.

Acetone CH_3COCH_3 m.w. 58.08

Caution: Prolonged or repeated topical use may cause erythema, dryness. Inhalation may produce headache, fatigue, excitement, bronchial irritation, and in large amounts, narcosis. Serious poisoning rare.

Acetonitrile CH_3CN m.w. 41.05

Caution: Avoid breathing vapors. May cause skin irritation.

Acrylamide CH_2=$CHCONH_2$ m.w. 71.08

Caution: Highly toxic and irritant. Cause CNS paralysis. Can be absorbed through unbroken skin.

Acrylic acid CH_2=$CHCO_2H$ m.w. 72.06

Caution: Strong irritant.

Acrylonitrile CH_2=$CHCN$ m.w. 53.06

Caution: Highly toxic through cyanide effect. *Note:* This substance has been listed as a carcinogen by the EPA: *Second Annual Report on Carcinogens* (NTP 81-43, Dec. 1981) pp 19-22.

Aluminum Al a.w. 26.98154

Human Toxicity: Evidence that dust may cause "aluminosis" or aluminum pneumoconiosis not definitive: E. Browning, *Toxicity of Industrial Metals* (Appleton-Century-Crofts, New York, 2nd ed., 1969) pp 3-22.

Ammonia H_3N m.w. 17.03

Caution: Inhalation of concentrated vapor causes edema of respiratory tract, spasm of the glottis, asphyxia. Treatment must be prompt to prevent death. *cf.* Patty's *Industrial Hygiene and Toxicology* vol. 2B, G. D. Clayton, F. E. Clayton, Eds. (Wiley-Interscience, New York, 3rd ed. 1981) pp 3045-3052.

Aniline C_6H_7N m.w. 93.12

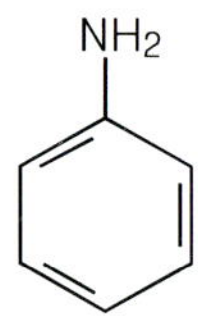

Human Toxicity: Intoxication may occur from inhalation, ingestion, or cutaneous absorption. *Acute:* cyanosis, methemoglobinemia, vertigo, headache, mental confusion. *Chronic:* anemia, anorexia, weight loss, cutaneous lesion, *Clinical Toxicology of Commercial Products*, R. E. Gosselin *et al.*, Eds. (Williams & Wilkins, Baltimore, 4th ed., 1976) Section Ⅲ, pp 29-35.

Antimony Sb a.w. 121.75

Human Toxicity: Antimony and its compounds have been reported to cause dermatitis, keratitis, conjunctivitis and nasal septal ulceration by contact, fumes or dust.

Caution: Avoid conditions in which nascent hydrogen will react with antimony to form stibine(SbH_3), which is extremely toxic(nausea, vomiting, headache, hemolysis, hematuria, abdominal pain, death). Stibine can be liberated from storage batteries when nascent hydrogen reacts, in an acid medium, with antimony present in the battery plates: E. Browning, *Toxicity of Industrial Metals* (Appleton-Century-Crofts, New York, 2nd ed., 1969) pp 23-38.

Arsenic As a.w. 74.9216

Note: In German and other languages ***Arsenik*** Means arsenic trioxide.

Caution: Most forms of arsenic are toxic. *Acute* symptoms following ingestion relate to irritation of the G.I. tract: nausea, vomiting, diarrhea which can progress to shock and death. *Chronic* poisoning can result in exfoliation and pigmentation of skin, herpes, polyneuritis, altered hematopoiesis, degeneration of liver and kidneys: Vallee *et al. Arch. Ind. Health* 21, 132 (1960); E. Browning, *Toxicity of Industrial Metals* (Appleton-Century-Crofts, New York, 2nd ed., 1969) pp 36-60. This substance and certain arsenic compounds have been listed as carcinogens by the EPA: *Second Annual Report on Carcinogens* (NTP 81-43, Dec. 1981) pp 31-36.

Arsine AsH_3 m.w. 77.93

Caution: Inhalation of as little as 0.5 ppm may be dangerous. Headache, vomiting, anorexia, paresthesia, abdominal pains, chills, hematemesis, hemoglobinuria and anuria may occur within a few hours after exposure. Death results from renal failure, pulmonary edema: Doig, *Lancet* 2, 88(1958); Valle *et al.*, *Arch. Ind. Health* 21, 132(1960); E. Browning, *Toxicity of Industrial Metals* (Appleton-Century-Crofts, New York, 2nd ed., 1969) pp 53-60.

Asbestos, chrysotile $Mg_6(Si_4O_{10})(OH)_8$

Caution: Occupational exposure to the dust can result in mesothelioma, squamous cell carcinoma and adenocarcinoma of the lung after a long latent period. This substance has been listed as carcinogens by the EPA: *Second Annual Report on Carcinogens* (NTP 81-43, Dec. 1981) pp 37-41.

B

Barium Ba a.w. 137.33

Caution: All water or acid soluble barium compounds are *poisonous!*

Benzene C_6H_6 m.w. 78.11

Human Toxicity: Acute (from ingestion or inhalation): irritation of mucous membranes, restlessness, convulsions, excitement, depression. Death may follow from respiratory failure. *Chronic:* bone marrow depression and aplasia; rarely, leukemia. Harmful amounts may be absorbed through skin. This substance has been listed as a carcinogen by the EPA: *Second Annual Report on Carcinogens* (NTP 81-43, Dec. 1981) pp 47-50.

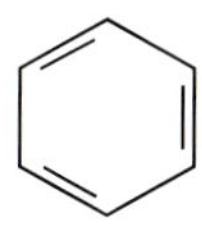

Beryllium Be a.w. 9.01218

Human Toxicity: Death may result from short exposure to very low concentrations of the element and its salts. Contact dermatitis, chemical conjunctivitis, corneal burns, nonhealing ulceration at site of injury, subcutaneous nodules may occur following exposure. *Acute:* pneumonitis may result from single exposure to beryllium and occasionally is fatal. *Chronic:* pulmonary granulomatous disease may appear in 3 months to 15 years, often after short exposure to low concentration. Uncertainty as to complete recovery. Death rate about 25%. *Reviews:* J. Schubert, "Beryllium and Berylliosis" in *Sci. Am.* 199, no. 2, pp 27-33(1958); *Beryllium: Its Industrial Hygiene Aspects*, H. E. Stokinger, Ed. (Academic Press, New York, 1966) 318 pp. This substance and cetain beryllium compounds have been listed as a carcinogen by the EPA: *Second Annual Report on Carcinogens* (NTP 81-43, Dec. 1981) pp 58-60.

Benzotrichloride $C_7H_5Cl_3$ m.w. 195.48

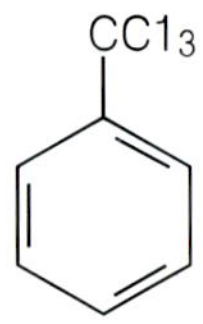

Bromine Br a.w. 79.904

Human Toxicity: Ingestion of solution may cause severe gastroenteritis and death. Dermal contact with concentrated solutions may cause corrosion. Serious irritation of respiratory tract mucosa may follow inhalation of vapor. *Antidote:* For ingestion, ammonia or thiosulfates. *See:* Patty's *Industrial Hygiene and Toxicology* vol. 2B, G. D. Clayton, F. E. Clayton, Eds. (Wiley-Interscience, New York, 3rd ed. 1981) pp 2965-2972.

1,3-Butadiene CH_2=CHCH=CH_2 m.w.54.09

Caution: May be irritating to skin, mucous membranes, and narcotic in high concentrations.

***n*-Butyl acetate** $CH_3COO(CH_2)_3CH_3$ m.w. 116.16

Caution: Irritating; may cause conjunctivitis. Narcotic in high concentrations, E. Browning, *Toxicity and Metabolism of Industrial Solvents* (Elsevier, New York, 1965) pp 529-532, 591-593.

2-Butoxyethanol, EGBE $HOCH_2CH_2CH_2OC_2H_5$

***n*-Butyl alcohol** $CH_3CH_2CH_2CH_2OH$ m.w. 74.12

Caution: May cause irritation of mucous membranes, contact dermatitis, headache, dizziness, drowsiness.

***sec*-Butyl alcohol** $CH_3CH_2CH(OH)CH_3$ m.w. 74.12

C

Cadmium Cd a.w.112.41

Caution: Ingestion of metal and sol compounds causes increased salivation, choking, vomiting, abdominal pain, anemia, renal dysfunction, diarrhea, tenesmus. *Inhalation*(dust or fumes): throat dryness, cough, headache, vomiting, chest pain, extreme restlessness and irritability, pneumonitis, possibly bronchopneumonia. Implicated as causative agent in Itai-Itai disease in Japan. *See* E. Browning, *Toxicity of Industrial Metals* (Appleton-Century-Crofts, New York, 2nd ed., 1969) pp 98-108; Flick *et al.*, *Environ.* Res. 4, 71-85(1971); Fassett, *Ann. Rev. Pharmacol.* 15, 425-435(1975). This substance and certain cadmium compounds have been listed as carcinogens by the EPA: *Second Annual Report on Carcinogens* (NTP 81-43, Dec. 1981) pp 68-72.

Calcium cyanide $Ca(CN)_2$ m.w. 92.12

Carbon disulfide CS_2 m.w. 76.14

Caution: Poisoning usually occurs from inhalation but also may be caused by ingestion and skin absorption. *Acute Toxicity:* euphoria, restlessness, mucous membrane irritation, nausea, vomiting, unconsciousness, terminal convulsions. *Chronic Toxicity:* marked psychic disturbances ranging from extreme irritability to mania with hallucinations, tremors, auditory and visual disturbances, weight loss, blood dyscrasias. Dermal contact with concentrated solutions may cause burning pain, erythema, exfoliation. *See: Clinical Toxicology of Commercial Products*, R. E. Gosselin *et al.*, Eds. (Williams & Wilkins, Baltimore, 4th ed., 1976) Section Ⅲ, pp 83-86.

Carbon monoxide CO m.w. 28.01

Caution: Combines with the hemoglobin of the blood to form carboxyhemoglobin which is useless as an oxygen carrier. *Toxic symptoms:* Headache, mental dullness, dizziness, weakness, nausea, vomiting, loss of muscular control, increased then decreased pulse and respiratory rates collapse, unconsciousness, death. *Antidote:* Oxygen. *See.* Patty's *Industrial Hygiene and Toxicology* vol. 2C, G. D. Clayton, F. E. Clayton, Eds. (Wiley-Interscience, New York, 3rd ed. 1982) pp 4114-4124.

Carbon tetrachloride CCl_4 m.w. 153.84

Human Toxicity: Poisoning by inhalation, ingestion or skin absorption. *Acute:* nausea, vomiting, diarrhea, headache, stupor, renal damage leading to anuria and azotemia, liver injury. Can be fatal. *Chronic:* primarily liver damage but kidney injury and visual disturbances also occur. Skin contact can lead to dermatitis through defatting action.

Caution: Alcohol intensifies action. This substance has been listed as a carcinogen by the EPA: *Second Annual Report on Carcinogens* (NTP 81-43, Dec. 1981) pp 73-75.

Chlorine Cl a.w. 35.453

Caution: A powerful irritant. Can cause fatal pulmonary edema. Threshold odor detection: 0.2-0.4 ppm. *cf.* Patty's *Industrial Hygiene and Toxicology* vol. 2B, G. D. Clayton, F. E. Clayton, Eds. (Wiley-Interscience, New York, 3rd ed. 1981) pp 2954-2965.

Chlorobenzene C_6H_5Cl m.w. 112.56

Chromium Cr a.w.51.996

Caution: Chromium acid or chromate salts constitute industrial hazards. Irritant effects on the skin and respiratory passages lead to ulceration. Oral ingestion may lead to severe irritation of the gastrointestinal tract, circulatory shock and renal damage. Chromium(Ⅲ) compounds show little or no toxicity. This substance and certain chromium compounds have been listed as carcinogens by the EPA: *Second Annual Report on Carcinogens* (NTP 81-43, Dec. 1981) pp 81-87.

Cobalt Co a.w. 58.9332

Caution: Inhalation of the dust may cause pulmonary symptoms. Powder may cause dermatitis. Ingestion of sol salts produces nausea and vomiting by local irritation. E. Browning, *Toxicity of Industrial Metals* (Appleton-Century-Crofts, New York, 2nd ed., 1969) pp 132-142.

Copper Cu a.w. 63.546

Toxicity: Copper itself probably has little or no toxicity, although there are conflicting reports in the literature. Soluble salts, notably copper sulfate, are strong irritants to skin, mucous membranes. Copper oxide fumes can cause metal fume fever. A relationship between copper and hemochromatosis has been reported. *See* E. Browning, *Toxicity of Industrial Metals* (Appleton-Century-Crofts, New York, 2nd ed., 1969) pp 145-152.

Cresol $HOC_6H_4CH_3$ m.w. 108.13

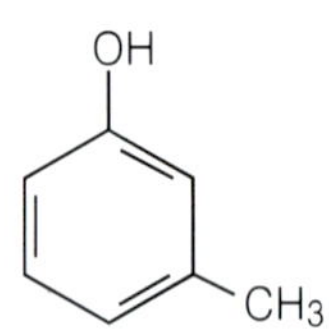

m-cresol

Human Toxicity: Orally 8 g or more produces rapid circulatory collapse, death. Chronic poisoning from oral or percutaneous absorption may produce digestive disturbances, nervous disorders with faintness, vertigo, mental changes, skin eruptions, jaundice, oliguria, uremia.

Caution: General protoplasmic poison. *See also* Phenol.

Cyclohexane C_6H_{12} m.w. 84.16

Caution: High concentrations may act as narcotic, skin irritant: E. Browning, *Toxicity and Metabolism of Industrial Solvents* (Elsevier, New York, 1965) pp 130-134.

Cyclohexanol $C_6H_{12}O$ m.w. 100.16

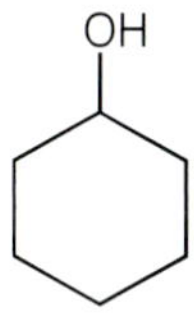

Caution: Narcotic-like action. Has caused liver, kidney, vascular injury in experimental animals: E. Browning, *Toxicity and Metabolism of Industrial Solvents* (Elsevier, New York, 1965) pp 385-388.

Cyclohexanone $C_6H_{10}O$ m.w. 98.14

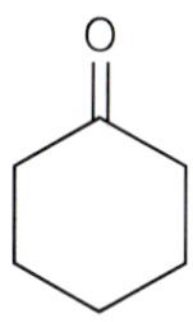

Cyclohexene C_6H_{10} m.w. 82.14

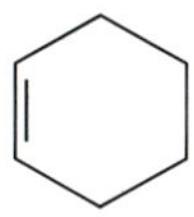

D

Dianisidine and its salts $C_{14}H_{16}N_2O_2$ m.w. 244.28

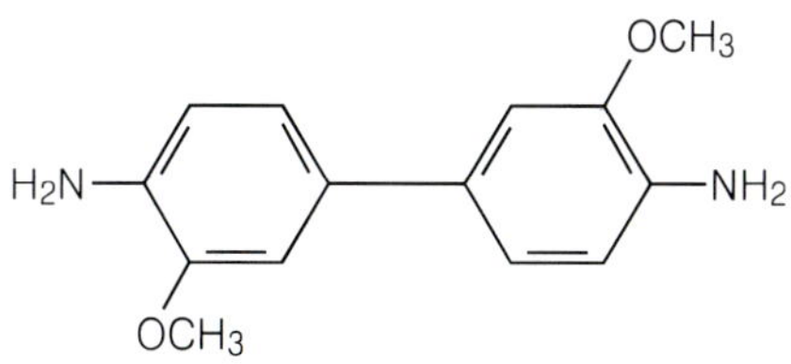

***o*-Dichlorobenzene** $C_6H_4Cl_2$ m.w. 147.01

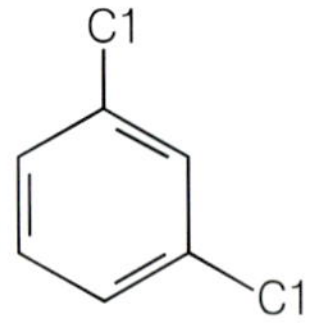

m-dichlorobenzen

Caution: Can cause injury to liver, kidneys. High concentrations cause CNS depression.

Dichlorobenzidine $(C_6H_3ClNH_2)_2$ m.w. 253.13

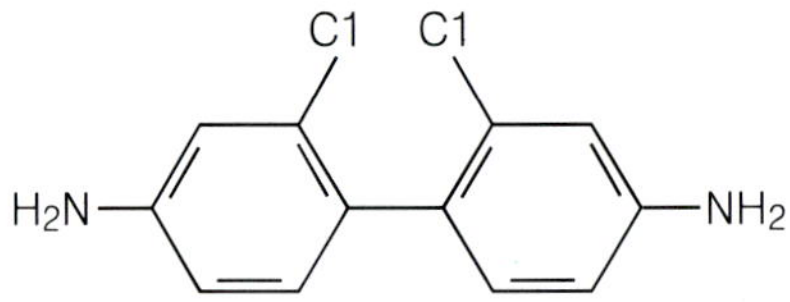

Note: This substance has been listed as carcinogens by the EPA: *Second Annual Report on Carcinogens* (NTP 81-43, Dec. 1981) pp 115-117.

1,2-Dichloroethylene ClCH=CHCl

1,1-Dichloro-1-fluoroethane Cl_2FCCH_3

Dichlorofluoromethane Cl_2FCH

Dichloromethane CH_2Cl_2

Diethanolamine $(HOCH_2CH_2)_2NH$ m.w. 105.14

Diethylamine $(C_2H_5)_2NH$ m.w. 73.14

Caution: May be irritating to skin, mucous membranes.

2-Diethylaminoethanol $(C_2H_5)_2NCH_2CH_2OH$ m.w. 117.19

Diethyl ether $CH_3CH_2OCH_2CH_3$

N,N-Dimethylacetamide $CH_3CON(CH_3)_2$ m.w. 87.12

Caution: On decompound can emit fumes highly irritating to eyes, mucous membranes.

Dimethylamine $(CH_3)_2NH$ m.w. 45.08

Caution: Irritating to skin, mucous membranes.

Dimethylaniline, N,N-Dimethylaniline $C_8H_{11}N$ m.w. 121.18

Oily liq. *Poisonous!*

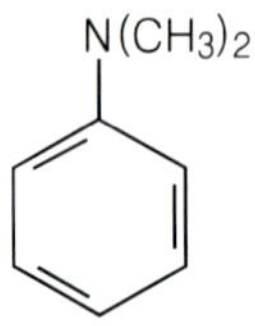

Dimethylformamide $HCON(CH_3)_2$ m.w. 73.09

Human Toxicity: Vapor harmful. Irritating to skin, eyes and mucous membranes. Liver injury has been produced in experimental animals by prolonged inhalation of 100 ppm: Kittila, *loc. cit.* pp 221-224.

Dimethylsulfate $(CH_3)_2SO_4$ m.w. 126.13

Caution: Extremely hazardous. No warning characteristics (e.g. odor, irritation). Delayed appearance of symptoms may permit unnoticed exposure to lethal quantities. Liquid produces severe blistering, necrosis of skin. Sufficient skin absorption can occur to give serious poisoning. Vapors, after relatively asymptomatic latent period, cause severe inflammation and necrosis of eyes, mouth, respiratory tract. Severe and fatal pulmonary damage may result. Systematically causes prostration, convulsions, delirium, paralysis, coma, delayed damage to kidneys, liver, heart with ensuing death in severe cases: *See* E. Browning, *Toxicity and Metabolism of Industrial Solvents* (Elsevier, New York, 1965) pp 713-721. This substance has been listed as a carcinogen by the EPA: *Second Annual Report on Carcinogens* (NTP 81-43, Dec. 1981) pp 129-130.

Dinitrotoluene $C_7H_6N_2O_4$

1,4-Dioxane, Diethyl dioxide $C_4H_8O_2$ m.w. 88.10

Caution: May cause CNS depression, necrosis of liver and kidneys. May be irritating to skin, lungs, mucous membranes. This substance has been listed as a carcinogen by the EPA: *Second Annual Report on Carcinogens* (NTP 81-43, Dec.1981) pp 131-133.

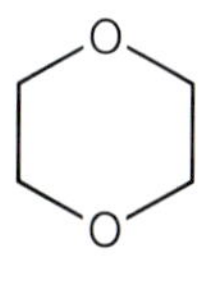

E

1,2-Epoxypropane, Propylene oxide C_3H_6O m.w. 58.08

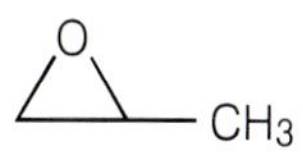

Epichlorohydrin C_3H_5ClO m.w. 92.53

Caution: Strong skin irritant, sensitizer. Chronic exposure can cause kidney injury.

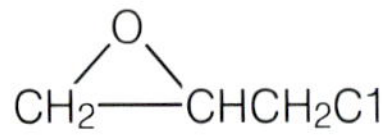

Ethanolamine $HOCH_2CH_2NH_2$ m.w. 61.08

2-Ethoxy ethanol, Ethylene glycol monoethyl ether $HOCH_2CH_2OC_2H_5$ m.w. 90.12

2-Ethoxyethylacetate $C_2H_5OCH_2CH_2OOCCH_3$ m.w. 172.22

Ethyl acetate $CH_3COOCH_2CH_3$ m.w. 88.10

Ethyl acrylate $CH_2{=}CHCOOCH_2CH_3$ m.w. 100.11

Caution: The monomer is highly irritating to eyes, skin, mucous membranes. Lethargy and convulsions may occur if vapors of the monomer are inhaled in high concentrations.

Ethylamine $CH_3CH_2NH_2$ m.w. 45.08

Caution: Irritating to skin, mucous membranes, respiratory tract.

Ethyl benzene $C_6H_5CH_2CH_3$ m.w. 106.16

Caution: Irritating to eyes, skin, mucous membranes, and in high concentrations narcotic.

Ethylene chlorohydrin $ClCH_2CH_2OH$ m.w. 80.52

Caution: Inhalation of vapor has been fatal. May cause nausea, vomiting, pains in head and chest, stupefaction. More toxic by skin contact than orally. Irritates mucous membranes and cause kidney and liver degeneration. *cf.* Patty's *Industrial Hygiene and Toxicology* vol. 2C, G. D. Clayton, F. E. Clayton, Eds. (Wiley Interscience, New York, 4th ed., 1982) pp 4675-4684.

Ethylene dichloride $ClCH_2CH_2Cl$ m.w. 98.96

Caution: Vapors produce irritation of respiratory tract and conjunctiva, corneal clouding, equilibrium disturbances, narcosis, abdominal cramps. This substance has been listed as a carcinogen by the EPA: *Second Annual Report on Carcinogens* (NTP 81-43, Dec. 1981) pp 118-120.

Ethylene glycol $HOCH_2CH_2OH$ m.w. 62.07

Human Toxicity: Constitutes a hazard when ingested: *e.g.,* drinking of antifreeze fluid. Transient stimulation of CNS followed by depression; vomiting, drowsiness, coma, respiratory failure, convulsions; renal damage, which may proceed to anuria, uremia, death. Lethal dose in humans about 1.4 ml/kg or 100 ml. *See:* E. Browning, *Toxicity and Metabolism of Industrial Solvents* (Elsevier, New York, 1965) pp 594-600; 686-690; Patty's *Industrial Hygiene and Toxicology* vol. 2C, G. D. Clayton, F. E. Clayton, Eds. (Wiley Interscience, New York, 3rd ed., 1982) pp 3817-3832.

Ethylene oxide C_2H_4O m.w. 44.05

Caution: Highly irritating to eyes, mucous membranes. High concentrations can cause pulmonary edema.

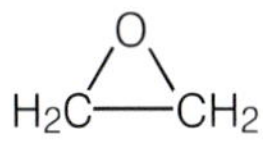

Ethyleneimine C_2H_5N m.w. 43.07

Caution: Strongly irritation to eyes, skin, mucous membranes. Can be a skin sensitizer.

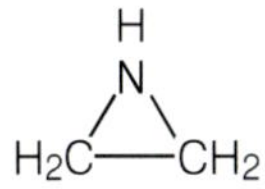

2,3-Expoxy-1-propanol, Glycidol $C_3H_6O_2$ m.w. 74.08

Caution: Moderately irritating to skin, mucous membranes. Can cause stimulation of CNS followed by depression. Absorbed through skin.

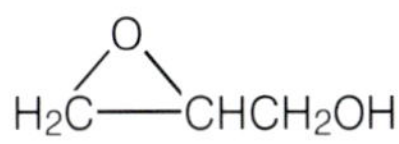

F, G

Fluorine F a.w. 18.998403

Caution: Dangerous to inhale. Strong caustic action on eyes, skin, mucous membranes. Chronic absorption can cause mottled enamel of teeth, osteosclerosis and calcification of ligaments.

Formaldehyde, Gas HCHO m.w. 30.03

Caution: Intensely irritating to mucous membranes, high concentrations are intolerable. This substance has been listed as a carcinogen by the EPA: *Second Annual Report on Carcinogens* (NTP 81-43, Dec. 1981) pp 134-136. For a discussion of the assessment, regulation and evaluation of carcinogenicity *see:* F. Perera, C. Petito, *Science* 216, 1285(1982).

Formaldehyde, Formalin, Formol, solution

Human Toxicity: Vapors intensely irritating to mucous membranes. Topical application may produce an irritant dermatitis. Ingestion may cause severe abdominal pain, hematemesis, hematuria, proteinuria, anuria, acidosis, vertigo, coma, death, *cf. Clinical Toxicology of Commercial Products*, R. E. Gosselin et al., Eds. (Williams & Wilkins, New York, 4th ed., 1976) Section Ⅲ, pp 166-168.

Formic acid HCOOH m.w. 46.02

Human Toxicity: Dangerously caustic to skin! Chronic absorption has been reported to cause albuminuria, hematuria.

Glutaraldehyde $HOCCH_2CH_2CH_2CHO$ m.w. 100.1

Caution: Causes severe eye irritation in rabbits.

H

Heptane, n-Heptane $CH_3(CH_2)_5CH_3$ m.w. 100.20

Caution: May be irritating to respiratory tract and, in high concentrations, narcotic.

Hexamethylene diisocyanate, 1,6-Diisocyanatohexane $OCN(CH_2)_6NCO$ m.w. 168

Hexane, n-hexane $CH_3(CH_2)_4CH_3$ m.w. 86.17

Caution: May be irritating to respiratory tract and, in high concentrations, narcotic.

Hydrazine H_2NNH_2 m.w. 32.05

Caution: Strong caustic action on skin, mucous membranes. Can cause injury to liver, blood: Back, Thomas, *Ann. Rev. Pharmacol.* 10, 395(1970). Hydrazine and its salts are carcinogenic in mice and rats: *IARC Monographs* 4, 127-136(1974).

Hydrochloric acid, A solution of hydrogen chloride gas(HCl) in water. m.w. 36.47

Human Toxicity: External-concentrated solutions cause severe burns; permanent visual damage may occur. Dermatitis and photosensitization may result from industrial contact. *Inhalation*-cough, choking; inflammation and ulceration of respiratory tract may occur. *Ingestion*-corrosion of mucous membranes, esophagus, stomach; dysphagia, nausea, vomiting, intense thirst, diarrhea. Circulatory collapse and death may occur.

Hydrogen bromide HBr m.w. 80.92

Caution: May be highly irritating to eyes, skin, mucous membranes, respiratory tract.

Hydrogen chloride HCl m.w. 36.47

Human Toxicity: See Hydrochloric acid.

Hydrogen cyanide HCN m.w. 27.03

Human Toxicity: High concentration produces tachypnea (causing increased intake of cyanide); then dyspnea, paralysis, unconsciousness, convulsions and respiratory arrest. Headache, vertigo, nausea and vomiting may occur with lesser concentrations. Chronic exposure over long periods may cause fatigue, weakness. Exposure to 150 ppm for ½ to

1 hr may endanger life. Death may result from a few min exposure to 300 ppm. Average fatal dose: 50 to 60 mg. Antidote: Sodium nitrite and sodium thiosulfate, *cf. Patty's Industrial Hygiene and Toxicology* vol. 2C, G. D. Clayton, Eds. (Wiley-Interscience, New York, 3rd ed., 1982) pp 4850-4853.

Hydrogen fluoride HF m.w. 20.01

Caution: Extremely corrosive to skin and eyes. Causes severe burns which may not be painful or visible for several hours. See also Hydrofluoric Acid.

Hydrofluoric Acid, A solution of hydrogen fluoride gas in water.

Caution: Acute effects: External contact-liquid or vapor causes severe irritation of eyes and eyelids which may result in prolonged or permanent visual defects or total destruction of eyes. Skin contact may result in severe burns. Inhalation-extreme irritation of respiratory tract, pulmonary inflammation, congestion. Ingestion-necrosis of esophagus and stomach with nausea, vomiting, diarrhea, circulatory collapse, death. *Chronic effects:* (from inhalation or ingestion), may cause fluorosis. Symptoms-weight loss, malaise, anemia, leukopenia, discoloration of teeth, osteosclerosis.

Hydrogen peroxide H_2O_2 m.w. 34.02

Caution: Strong oxidizer. Undiluted form can cause burns of skin, mucous membranes.

Hydrogen sulfide H_2S m.w. 34.08

Human Toxicity: Extremely hazardous. Collapse, coma, and death from respiratory failure may come within a few seconds after one or two inspirations. Insidious poison, since sense of smell may be fatigued and fail to give warning of high concentrations. Low concentrations produce irritation of conjunctiva and mucous membranes. Headache, dizziness, nausea, lassitude may appear after exposure, *Clinical Toxicology of Commercial Products*, R. E. Gosselin et al., Eds. (Williams & Wilkins, Butimore, 4th ed., 1976) Section Ⅲ, pp 169-173.

I, L

Iodine I a.w. 126.9045

Human Toxicity: Ingestion of large quantities causes abdominal pain, nausea, vomiting, diarrhea. In severe cases, purging, excessive thirst and circulatory failure may develop. Amounts of 2 to 4 g have been fatal. The solid element is intensely irritating to eyes, skin, mucous membranes. *See Clinical Toxicology of Commercial Products*, R. E. Gosselin *et al.*, Eds. (Williams & Wilkins, Baltimore, 4th ed., 1976) Section Ⅲ, pp 181-182.

Iron Fe a.w. 55.847

Isoamyl acetate $CH_3COOCH_2CH_2CH(CH_3)_2$ m.w. 130.18

Isoamyl alcohol $(CH_3)_2CHCH_2CH_2OH$ m.w. 88

Isobutyl acetate $CH_3COOCH_2CH(CH_3)_2$ m.w. 116.16

Isobutyl alcohol $(CH_3)_2CHCH_2OH$ m.w. 74.12

Caution: May be mildly irritating to skin, mucous membranes, and in high concentrations, narcotic.

Isopropyl acetate $CH_3COOCH(CH_3)_2$ m.w. 102.13

Isopropyl alcohol $CH_3CHOHCH_3$ m.w. 60.09

Human Toxicity: Ingestion or inhalation of large quantities of the vapor may cause flushing, headache, dizziness, mental depression, nausea, vomiting, narcosis, anesthesia, coma. 100ml can be fatal. *See:* E. Browning, *Toxicity and Metabolism of Industrial Solvents* (Elsevier, New York, 1965) pp 335-341.

Lead Pb a.w. 207.2

Human Toxicity: Acute: most common in young children with history of pica; anorexia, vomiting, malaise, convulsions due to increased intracranial pressure. May leave permanent brain damage. Blood lead increased above, 0.05 mg%. *Chronic:* children show weight loss, weakness, anemia. Lead poisoning in adults is usually occupational due mainly to inhalation of lead dust or fumes. Wristdrop and colic rarely occur. More often there are vague G.I. and CNS complaints. Pb content of blood >0.05 mg% and of urine >0.08 mg per liter support a diagnosis of Pb poisoning. Provocative excretion test using Edathamil may be helpful in confirming excess Pb absorption. Review of toxicity: *Clinical Toxicology of Commercial Products,* R. E. Gosselin *et al.*, Eds. (Williams & Wilkins, Baltimore, 4th ed., 1976) Section Ⅲ, pp 194-202; *Lead Toxicity,* R. L. Singhal, J. A. Thomas, Eds. (Urban & Schwarzenberg, Baltimore, 1980) 514 pp.

M

Magnesium oxide MgO m.w. 40.32

Maleic anhydride $C_4H_2O_3$ m.w. 98.06

Caution: Powerful irritant. Causes burns. Avoid contact with skin, eyes, clothing. Inhalation can cause pulmonary edema. Avoid exposure to concentrated vapor. In case of contact, immediately flush skin or eyes with plenty of water for at least 15 min.

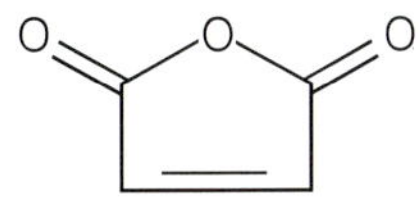

Manganese Mn a.w. 54.9380

Human Toxicity: Occurs by inhalation of the dust or fumes. Symptoms: languor, sleepiness, weakness, emotional disturbances, spastic gait, paralysis. Picture resembles parkinsonism: E. Browning, *Toxicity of Industrial Metals* (Appleton-Century-Crofts, New York, 2nd ed., 1969) pp 213-225.

Mercury Hg a.w.80

Human Toxicity: Readily absorbed via respiratory tract (elemental mercury vapor, mercury compound dusts), intact skin, and G.I. tract, although occasional incidental swallowing of metallic mercury is without harm. Spilled and heated elemental mercury is particularly hazardous. *Acute:* sol salts have violent corrosive effects on skin and mucous membranes; severe nausea, vomiting, abdominal pain, bloody diarrhea; kidney damage; death usually within 10 days. *Chronic:* inflammation of mouth and gums, excessive salivation loosening of teeth; kidney damage; muscle tremors, jerky gait, spasms of extremities; personality changes, depression, irritability, nervousness. Phenyl and alkyl mercurials can cause skin burns and be absorbed by the skin. Burning sensation is delayed several hours and thus gives no warning. Alkyls have affinity for brain tissue and may cause permanent damage. Phenyls are no more toxic than inorganic Hg. *Antidote:* Dimercaprol(BAL). *See:* E. Browning, *Toxicity of Industrial Metals* (Appleton-Century-Crofts, New York, 2nd ed., 1969) pp 226-242.

2-Methoxyethanol $CH_3OCH_2CH_2OH$ m.w. 76

2-Methoxyethyl acetate $CH_3OCH_2CH_2OOCCH_3$

Methyl acetate CH_3COOCH_3 m.w. 74.08

Caution: Irritating to respiratory tract and, in high concentrations, narcotic.

Methyl alcohol CH_3OH m.w. 32.04

Caution: Poisoning may occur from ingestion, inhalation or percutaneous absorption. *Acute Effects:* Headache, fatigue, nausea, visual impairment or complete blindness(may be permanent), acidosis, convulsions, mydriasis, circulatory collapse, respiratory failure, death. Death from ingestion of less than 30 ml has been reported. Usual fatal dose 100-250 ml. *Chronic:* Visual impairment, *cf.* Patty's *Industrial Hygiene and Toxicology* vol. 2C, G. D. Clayton, F. E. Clayton, Eds. (Wiley-Interscience, New York, 3rd ed., 1982) pp 4528-4541.

Methyl amine CH_3NH_2 m.w. 31.06

Caution: Irritating to eyes skins, respiratory tract.

Methyl bromide CH_3Br m.w. 94.95

Human Toxicity: Inhalation causes dizziness, headache, nausea, vomiting, abdominal pain, mental confusion, tremors, convulsions, pulmonary edema, coma; death from respiratory or circulatory collapse may occur. Chronic exposure can cause CNS depression or kidney injury, *Clinical toxicology of Commercial Products*, R. E. Gosselin et al., Eds. (Williams & Wilkins, Baltimore, 4th ed., 1976) Section Ⅲ, pp 233-237.

Methyl n-butyl ketone $CH_3COC_4H_9$ m.w. 100.16

***o*-Methyl cyclohexanone** $C_8H_{12}O_3$ m.w. 156

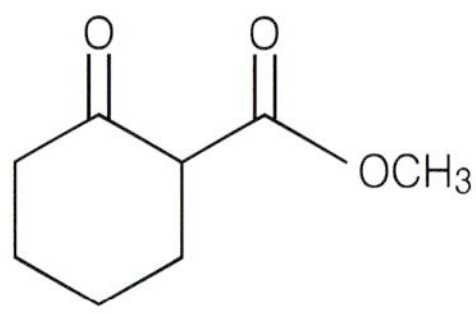

Methyl chloride CH_3Cl m.w. 50.49

Human Toxicity: Injury to liver, kidneys, CNS may occur, *cf.* Patty's *Industrial Hygiene and Toxicology* vol. 2B, G. D. Clayton, F. E. Clayton, Eds. (Wiley-Interscience, New York, 3rd ed., 1981) pp 3436-3442.

Methyl chloroform $ClCOOCH_2Cl$ m.w. 129

Methyl ethyl ketone $CH_3COCH_2CH_3$ m.w. 72.10

Methyl iodide CH_3I m.w. 141.95

Caution: May produce severe narcosis; lung irritation from acute exposure. Prolonged contact with skin can cause vesicant burns.

N

α-Naphthylamine $C_{10}H_9N$ m.w. 143.18

Caution: Harmful dust and vapor.

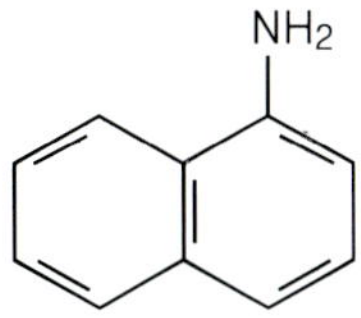

β-Naphthylamine $C_{10}H_9N$ m.w. 143.18

Note: This substance has been listed as carcinogens by the EPA: *Second Annual Report on Carcinogens* (NTP 81-43, Dec. 1981) pp 161-162.

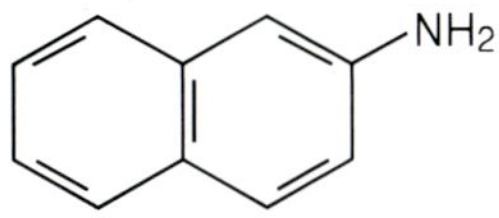

Nickel Ni a.w. 58.69

Caution: May cause dermatitis in sensitive individuals, Ingestion of soluble salts causes nausea, vomiting, diarrhea: E. Browning, *Toxicity of Industrial Metals* (Appleton-Century-Crofts, New York, 2nd ed., 1969) pp 249-260.

Nickel carbonyl $Ni(CO)_4$ m.w. 170.73

Caution: Vapors may cause irritation, congestion and edema of lungs. Prolonged exposure may cause cancer of lungs, nasal sinuses.

Nitric acid HNO_3 m.w. 63.02

Caution: Ingestion causes burning and corrosion of mouth, esophagus, stomach; abdominal tenderness, shock, death. Continued exposure to vapor may cause chronic bronchitis; chemical pneumonitis may occur. Carbonated alkalies must not be used as antidote in case of poisoning by ingestion.

Nitric oxide NO m.w. 30.01

Caution: Immediately on contact with air, nitric oxide is converted to the highly poisonous nitrogen dioxide, nitrogen tetroxide, or both. Gas masks plus adequate ventilation are mandatory when handling even small amounts in the laboratory. *See also* Nitrogen Dioxide.

***m*-Nitroaniline** $C_6H_6N_2O_2$ m.w. 138.12

Caution: Highly toxic: absorbed through skin. Avoid breathing dust; avoid contact with skin, eyes, clothing. In case of contact, immediately flush skin or eyes with plenty of water for at least 15 min; for eyes get medical attention. Wash clothing before reusing. Acute exposure can cause methemoglobinemia, cyanosis. Chronic exposure may cause liver damage.

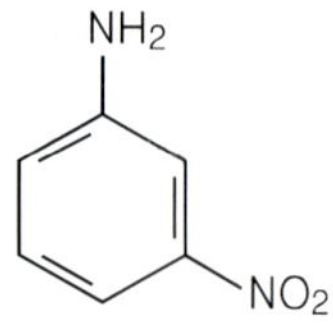

***p*-Nitroaniline** $C_6H_6N_2O_2$ m.w. 138.12

Caution: See *m*-Nitroaniline.

Nitrobenzene $C_6H_5NO_2$ m.w. 123.11

Caution: Rapidly absorbed through skin, vapor hazardous. Do not get in eyes, on skin, on clothing. Avoid breathing vapor. Use only with adequate ventilation. In case of contact, immediately remove all contaminated clothing, including shoes, and flush skin or eyes with plenty of water for at least 15 min; for eyes, get medical attention. Wash clothing before reusing. May cause headaches, drowsiness, nausea, vomiting, methemoglobinemia with cyanosis: E. Browning, *Toxicity and Metabolism of Industrial Solvents*(Elsevier, New York, 1965) pp 298-303.

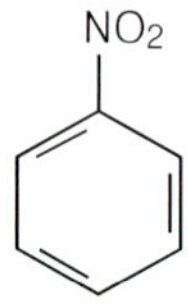

***p*-Nitrochlorobenzene** $ClC_6H_5NO_2$

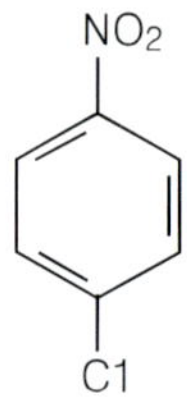

Nitrogen dioxide NO_2 m.w. 46.01

Caution: One of the most insidious gases. Inflammation of lungs may cause only slight pain or pass unnoticed, but the resulting edema several days later may cause death. 100 ppm is dangerous for even a short exposure, and 200 ppm may be fatal: Y. Henderson, H. W. Haggard, *Noxious Gases*. A.C.S. Monograph Series, no. 35 (Reinhold, New York, 2nd ed., 1943) pp 134-137, 141.

Nitroglycerin $C_3H_5N_3O_9$ m.w. 227.09

Human Toxicity: Acute poisoning: occurring especially in industrial workers: nausea, vomiting, abdominal cramps, headache, mental confusion, delirium, bradypnea, bradycardia, paralysis, convulsions, methemoglobinemia and cyanosis, circulatory collapse, death. *Chronic poisoning:* severe headache, hallucination, skin rashes. Alcohol aggravates symptoms. Toxic effects may occur by ingestion, inhalation of dust or absorption through intact skin, *cf.* Patty's *Industrial Hygiene and Toxicology* vol. 2C, G. D. Clayton, F. E. Clayton, Eds. (Wiley-Interscience, New York, 3rd ed., 1982) pp 4186-4188.

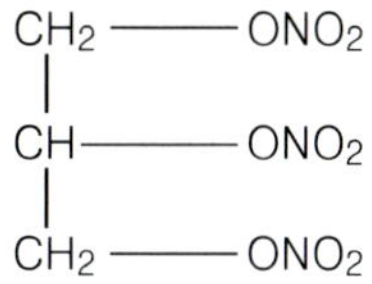

Nitromethane CH_3NO_2 m.w. 61.04

O, P

Ozone O_3 m.w. 48.00

Caution: High concentrations may cause severe irritation of respiratory tract, eyes.

Pentachlorophenol C_6Cl_5OH m.w. 266.35

Caution: Ingestion causes increase then decrease of respiration, blood pressure, urinary output; fever; increased bowel action; motor weakness; collapse with convulsions and death. Causes lung, liver, kidney damage; contact dermatitis. May be absorbed through skin. More toxic in organic solvents. Dust causes sneezing. *See:* Patty's *Industrial Hygiene and Toxicology* vol. 2A, G. D. Clayton, F. E. Clayton, Eds. (Wiley-Interscience, New York, 3rd ed., 1981) pp 2604-2612.

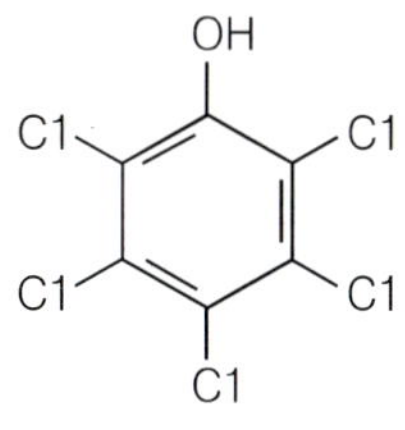

Phenol C_6H_5OH m.w. 94.11

Human Toxicity: Ingestion of even small amounts may cause nausea, vomiting, circulatory collapse, tachypnea, paralysis, convulsions, coma, greenish or smoky-colored urine, necrosis of mouth and G.I. tract, icterus, death from respiratory failure, sometimes from cardiac arrest. Average fatal dose is 15 g but death from as little as one gram has been reported. Fatal poisoning may also occur by skin absorption following application to large areas. Chronic poisoning with renal and hepatic damage may occur from industrial contact. *See* C. J. Polson, R. N. Tattersall, *Clinical Toxicology* (Lippincott, Philadelphia, 1969) pp 51-62; Deichmann, Keplinger in Patty's *Industrial Hygiene and Toxicology* vol. 2A, G. D. Clayton, F. E. Clayton, Eds.(Wiley-Interscience, New York, 3rd ed., 1981) pp 2567-2584.

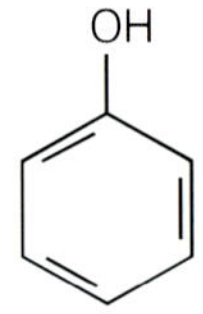

Phosgene $Cl_2C{=}O$ m.w. 98.92

Human Toxicity: Insidious poison as it is not irritating immediately, even when fatal concentrations are inhaled. May cause severe pulmonary edema (may be quickly fatal) or pneumonia. Inhalation of high concentrations causes choking, constricted feeling in chest, coughing, painful breathing, bloody sputum. Vapors strongly irritating to the eyes. *cf.* Patty's *Industrial Hygiene and Toxicology* vol. 2C, G. D. Clayton, F. E. Clayton, Eds. (Wiley-Interscience, New York, 3rd ed. 1982) pp 4126-4128.

Warning: Paper soaked in alcoholic or carbon tetrachloride solution contiguous 10% of a mixture of equal parts of *p*-dimethylaminobenzaldehyde and colorless diphenylamine, then dried, will turn from yellow to deep orange in the presence of approx the max allowable concentration of phosgene, and should always be used where the generation of this gas is possible or suspected.

Phosphine H_3P m.w. 34.00

Human Toxicity: Pain in region of diaphragm, a feeling of coldness. Weakness, vertigo, dyspnea, bronchitis, edema, lung damage, convulsions, coma, death: L. T. Fairhall, *Industrial Toxicologey* (Hafner, New York, 2nd ed., 1969) pp 91-92.

Phosphoric acid H_3PO_4 m.w. 98.00

Human Toxicity: Concentrated solutions are irritating to skin, mucous membranes.

Phthalic anhydride $C_8H_4O_3$ m.w. 148.11

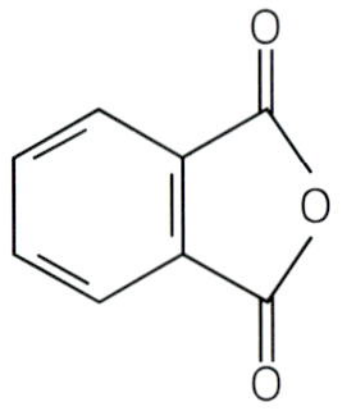

Platinum Pt a.w. 195.08

Human Toxicity: Inhalation of the dust of sol platinum salts is irritating and may cause rhinorrhea, sneezing, tightness of chest, shortness of breath, cyanosis, wheezing, cough. May cause dermatitis: E. Browning, *Toxicity of Industrial Metals* (Appleton-Century-Crofts, New York, 2nd ed., 1969) pp 270-275.

Potassium cyanide KCN m.w. 65.11

Human Toxicity: Poisoning may occur by ingestion, absorption through injured skin or inhalation of hydrogen cyanide, liberated by action of carbon dioxide or other acids. Strong solutions are corrosive to skin. For symptoms *see* Hydrogen Cyanide.

Potassium hydroxide KOH m.w. 56.10

Human Toxicity: Extremely corrosive. Ingestion may produce violent pain in throat and epigastrium, hematemesis, collapse. If not immediately fatal, stricture of esophagus may develop, *cf. Clinical Toxicology of Commercial Products*, R. E. Gosselin *et al.*, Eds. (Williams & Wilkins, Baltimore, 4th ed., 1976) Section Ⅲ, pp 206-212.

n-Propyl acetate $CH_3COOCH_2CH_2CH_3$ m.w. 102.13

Caution: May be irritating to skin, mucous membranes, and in high concentrations, narcotic.

Pyridine C_5H_5N m.w. 79.10

Human Toxicity: May cause CNS depression, irritation of skin and respiratory tract. Large doses may produce G.I. disturbances, kidney and liver damage. *See* E. Browning, *Toxicity and Metabolism of Industrial Solvents* (Elsevier, New York, 1965) pp 304-309.

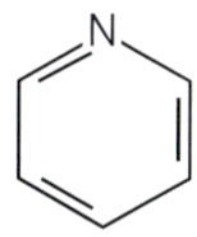

S

Selenium Se a.w. 78.96

Caution: Occupational exposure has caused pallor, nervousness, depression, garlic odor of breath and sweat, G.I. disturbances, dermatitis. Liver injury has been produced in experimental animals.

Silver Ag a.w. 107.868

Caution: Does not cause serious toxic manifestation, but prolonged absorption of silver compounds can lead to grayish blue discoloration of skin, known as argyria or argyrosis. Inhalation of dust should be avoided. Many silver salts are irritating to skin, mucous membranes. *See* E. Browning, *Toxicity of Industrial Metals* (Appleton-Century-Crofts, New York, 2nd ed., 1969) pp 296-301.

Sodium cyanide NaCN m.w. 49.02

Caution: See Hydrogen Cyanide.

Sodium hydroxide NaOH m.w. 40.01

Human Toxicity: Corrosive to all tissues. Ingestion: vomiting, prostration, collapse. Constrictive scarring may result. Inhalation of the dust or concentrated mist may cause damage to respiratory tract.

Caution: Evacuation of stomach should not be attempted.

Stoddard solvent White spirits. A petroleum distillate. Liquid. Distillation range: Not less than 50% at 350°F, dry end point not above 410°F. Flash point 100-110°F. Insoluble in water. Miscible with absolute alcohol, benzene, ether, chloroform, carbon tetrachloride, carbon disulfide, and oils except castor oil.

USE: In dry cleaning, as solvent.

Sulfur dioxide SO_2 m.w. 64.07

Caution: Intensely irritating to eyes, respiratory tract.

Sulfuric acid H_2SO_4 m.w. 98.08

Caution: Corrosive to all body tissues. Inhalation of concentrated vapor may cause serious lung damage. Contact with eyes may result in total loss of vision; skin contact may produce severe necrosis. Ingestion may cause severe injury and death. Frequent skin contact with diluted solution has caused dermatitis, *cf. Clinical Toxicology of Commercial Products*, R. E. Gosselin *et al.*, Eds (Williams & Wilkins, Baltimore, 4th ed.,, 1976) section Ⅲ, pp 2-6.

Styrene $C_6H_5CH{=}CH_2$ m.w. 104.14

Caution: May be irritating to eyes, mucous membranes, and in high concentrations, narcotic.

7

Tetrahydrofuran C_4H_8O m.w. 72.10

Caution: Distil only in presence of a reducing agent, such as ferrous silfate; peroxide explosions have occurred: *Angew. Chem.* 68, 182(1956).

Caution: Irritating to skin, eyes, mucous membranes. Narcotic in high concentrations.

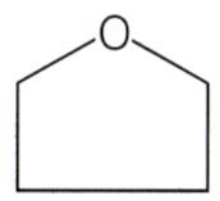

1,1,2,2-Tetrachloroethane $Cl_2CHCHCl_2$ m.w. 167.86

Caution: Powerful narcotic; liver poison. For symptoms *see* Carbon tetrachloride.

Tin Sn a.w. 119.69

Titanium dioxide TiO_2 m.w. 79.90

Note: The rutile structure is common among metal fluorides and oxides of the type MF_2 and MO_2.

***o*-Tolidine** $C_{14}H_{16}N_2$ m.w. 212.28

Note: Keep well closed and protected from light.

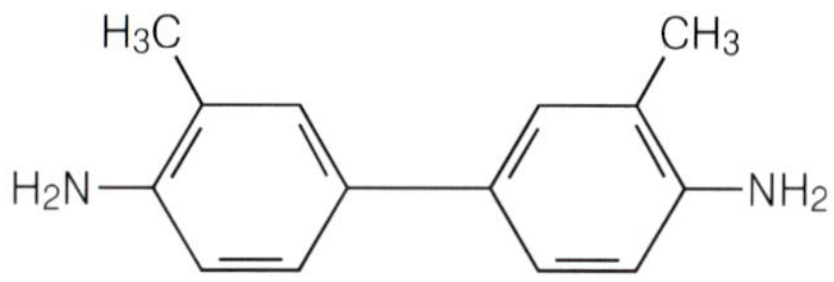

Toluene $C_6H_5CH_3$ m.w. 92.13

Caution: May cause mild macrocytic anemia but not leukopenia. Less toxic than benzene. Narcotic in high concentrations: E. Browning, *Toxicity and Metabolism of Industrial Solvents* (Elsevier, New York, 1965) pp 66-76.

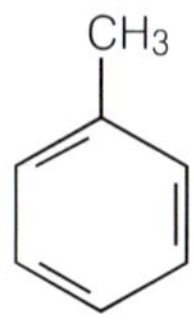

Toluene-2,4-diisocyanate $C_6H_5CH_3(NCO)_2$ m.w. 174.15

Caution: Causes skin irritation, allergic eczema, also bronchial asthma.

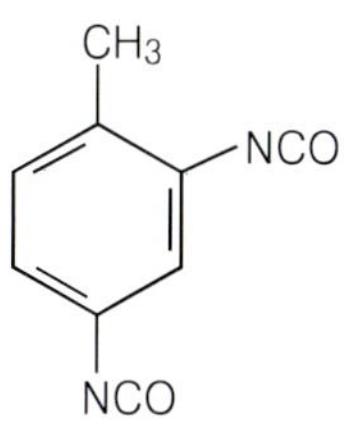

Toluene-2,6-diisocyanate $C_6H_5CH_3(NCO)_2$ m.w. 174.15

Trichloroacetic acid CCl_3COOH m.w. 163.40

Caution: Very corrosive! When sufficient penetration has occurred, the parts should be irrigated with sodium carbonate solution.

1,1,2-Trichloroethane $CH_2ClCHCl_2$ m.w. 133.42

Caution: Irritating to eyes, mucous membranes, and, in high concentrations, narcotic.

Trichloroethylene $CCl_2{=}CHCl$ m.w. 131.40

Caution: Use with adequate ventilation. Preserve trichloroethylene in sealed, light-resistant ampuls or in frangible, light-resistant glass tubes. Avoid prolonged exposure of the product to excessive heat. It must be dispensed in the unopened glass container in which it was placed by the manufacturer.

Human Toxicity: Moderate exposures can cause symptoms similar to alcohol inebriation. Higher concentrations can have narcotic effect. Deaths occurring after heavy exposure have been attributed to ventricular fibrillation. Liver injury is not definitely established in occupational exposures. Found to induce hepatocellular carcinomas in National Cancer Institute tests on mice: *Chem. & Eng. News* 54, 4(Apr. 5, 1976).

1,2,3-Trichloropropane $ClCH_2CHClCH_2Cl$

Trichloromethane CCl_3H

Triethylamine $(CH_3CH_2)_3N$ m.w. 101.19

Tungsten W a.w. 183.85

V, X, Z

Vanadium pentoxide V_2O_5 m.w. 181.90

Human Toxicity: Reported to be a respiratory irritant and to cause skin pallor, greenish-black tongue, chest pain, cough, dyspnea, palpitation, lung changes. When ingested, causes G.I. disturbances. May also cause a popular skin rash: Zenz *et al.*, *Arch. Environ. Health* 5, 542(1962); E. Browning, *Toxicity of Industrial Metals* (Appleton-Century-Crofts, New York, 2nd ed., 1969) pp 340-347.

Vinyl acetate $CH_3COOCH{=}CH_2$ m.w. 86.09

Vinyl chloride $CH_2{=}CHCl$ m.w. 62.50

Caution: Causes "vinyl chloride disease". May be narcotic in high concentrations. Consult latest Government regulations on allowable concentrations in air. If spilled on skin rapid evaporation can cause local frostbite. This substance has been listed as carcinogens by the EPA: *Second Annual Report on Carcinogens* (NTP 81-43, Dec. 1981) pp 238-240.

Xylene, dimethylbenzene,*o,m,p*-isomers $C_6H_4(CH_3)_2$ m.w. 106.16

Caution: May be narcotic in high concentrations. Chronic toxicity not well defined, but is less toxic than benzene.

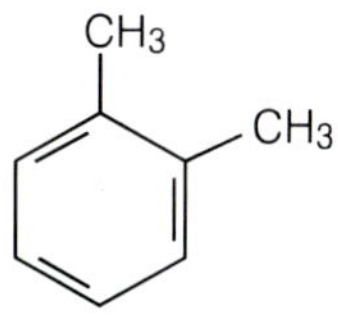

Zinc oxide ZnO m.w. 81.38

Human Toxicity: Freshly formed fumes, as from welding, may cause metal fume fever with chills, fever, tightness in chest, cough and leukocytes.

Zirconium Zr a.w. 91.22

Human Toxicity: Zirconium and its salts generally have low systemic toxicity. A granulomatous disease of the skin, particularly in the axilla, has been reported in users of a deodorant contiguous sodium zirconium lactate: *See* E. Browning, *Toxicity of Industrial Metals* (Appleton-Century-Crofts, New York, 2nd ed., 1969) pp 356-360. Consult latest Government regulations on use in aerosol antiperspirants.

찾아보기

ㅋ, ㅌ

ㅍ, ㅎ

Index

A

B

C

D

E, F

생체시료분석
및 실습

생체시료분석학 및 실습

정가 / 26,000

2006년 8월 20일 제 1 판 1쇄 발 행
2013년 8월 25일 제 1 판 2쇄 발 행

편 저 자 : 한국임상병리학과 교수협의회
임상화학분과

발 행 자 : 최 병 진

발 행 처 : 도서출판 **고 려 의 학**
(110-524) 서울시 종로구 명륜 4가 91
Tel. 765-0333 / 0337
Fax. 743-2288

등록번호 : 제 1-519호 1978. 6. 29.

ISBN 89-7043-503-4

※ 낙장 및 파본은 교환해 드립니다.

표 준 주

ACS와 IUPAC에서 권장함.

[a]가장 안정하거나 잘 알려진 동위원소의 질량수
[b]가장 반감기가 긴 동위원소의 질량

원소기호	O 8	원자번호
이름	산소	
원자량	15.9994	
안정한산화수	−2 3.5	전기음성도

← 전 이 금 속

주기 \ 족	1 (IA)	2 (IIA)	3 (IIIB)	4 (IVB)	5 (VB)	6 (VIB)	7 (VIIB)	8	
1	H 1 수소 1.00794 1 2.2								
2	Li 3 리튬 6.941 1 1.0	Be 4 베릴륨 9.01218 2 1.5							
3	Na 11 나트륨 22.98977 1 1.0	Mg 12 마그네슘 24.305 2 1.2							
4	K 19 칼륨 39.098 1 0.9	Ca 20 칼슘 40.08 2 1.0	Sc 21 스칸듐 44.9559 3 1.2	Ti 22 타이타늄 47.90 4 1.3	V 23 바나듐 50.9415 5 1.5	Cr 24 크로뮴 51.996 3 1.6	Mn 25 망가니즈 54.9380 2 1.6	Fe 26 철 55.845 3 1.6	C 2
5	Rb 37 루비듐 85.4678 1 0.9	Sr 38 스트론튬 87.62 2 1.0	Y 39 이트륨 88.9059 3 1.1	Zr 40 지르코늄 91.22 4 1.2	Nb 41 나이오븀 92.9064 5 1.2	Mo 42 몰리브데넘 95.94 6 1.4	Tc 43 테크네튬 98.9062[b] 7 1.4	Ru 44 루테늄 101.07 (3,4) 1.4	Rl 1 3
6	Cs 55 세슘 132.9054 1 0.9	Ba 56 바륨 137.327 2 1.0	La* 57 란타넘 138.9055 3 1.1	Hf 72 하프늄 178.49 4 1.2	Ta 73 탄탈럼 180.9479 5 1.3	W 74 텅스텐 183.84 6 1.3	Re 75 레늄 186.2 7 1.5	Os 76 오스뮴 190.2 4 1.5	Ir 4
7	Fr 87 프랑슘 (223)[a] 1 0.9	Ra 88 라듐 226.0254[b] 2 1.0	Ac** 89 악티늄 (227)[a] 3 1.0	Rf 104 러더포듐 (261)[a] 4 —	Db 105 더브늄 (262)[a] 5 —	Sg 106 시보귬 (266) — —	Bh 107 보륨 (264) — —	Hs 108 하슘 (269) — —	M 마 —

란타넘족 원소	* 6	Ce 58 세륨 140.116 3 1.1	Pr 59 프라세오디뮴 140.90765 (3,4) 1.1	Nd 60 네오디뮴 144.24 3 1.1	Pm 61 프로메튬 (145)[a] 3 1.1	S 3
악티늄족 원소	** 7	Th 90 토륨 232.0381[b] 4 1.1	Pa 91 프로탁티늄 231.03588 5 1.1	U 92 우라늄 238.02891 6 1.2	Np 93 넵투늄 (237) 5 1.2	Pu 4